KLEINE ENZYKLOPÄDIE DER

Mineralien

KLEINE ENZYKLOPÄDIE DER

Mineralien

Éric ASSELBORN
Pierre-Jacques CHIAPPERO
Jacques GALVIER

Unter der Leitung von
Hervé CHAUMETON

KÖNEMANN

Originaltitel:
Petit guide encyclopédique. Les Minéraux
ISBN 2-84416-035-2

Übersetzung aus dem Französischen:
Dipl. Übers. Georgia Mais
Dipl. Übers. Milena Meyer
Dipl. Übers. Marietta Müller
Dipl. Übers. Tanja Güllicher
Dipl. Übers. Katrin Prüß

Printed in Germany

ISBN 3-8331-1313-8

10 9 8 7 6 5 4 3 2 1
X IX VIII VII VI V IV III II I

INHALT

Die Proben, die in den Einzelbeschreibungen vorgestellt werden, stammen aus Privatsammlungen, so vor allem aus denen der Autoren, sowie aus folgenden öffentlichen Sammlungen:

Ecole nationale supérieure des Mines de Paris: 2, 5, 7 , 8, 9, 12, 16, 22, 23, 26, 29, 30, 31, 35, 38, 39, 40, 42, 48, 50, 51, 53, 56, 57, 58, 61, 62, 70, 73, 75, 77, 78, 80, 83, 84, 85, 89, 94, 97, 99, 100, 107, 111, 117, 121, 122, 124, 125, 127, 130, 131, 132, 137, 138, 139, 144, 147, 149, 151, 153, 154, 158, 160, 163, 169, 171, 172, 174, 175, 176, 179, 181, 183, 185, 186, 187, 196, 197, 198, 200, 203, 208, 212, 213, 214, 215, 216, 219, 222, 223, 225, 228, 230, 235, 237, 240, 241, 242, 243, 246, 249, 251, 252, 255, 256, 258, 259, 260, 262, 273, 276, 283, 286.

Muséum national d'Histoire naturelle de Paris: 44, 86, 105.

Muséum d'Histoire naturelle de Genève: 103, 269.

Muséum de Minéralogie de Strasbourg: 18, 34, 43, 47, 206, 209, 266, 274, 278.

U.E.R. de Sciences exactes et naturelles de Clermont II: 201, 272, 279.

Die einzelnen beschriebenen Minerale
und ihre Stelle in der Klassifikation der Minerale

I. Klasse: 1–11
II. Klasse: 12–60
III. Klasse: 61–75
IV. Klasse: 76–109
V. Klasse: 110–132
VI. Klasse: 133–150
VII. Klasse: 151–195
VIII. Klasse: 196–284
IX. Klasse: 285–287

Symbole und Namen der chemischen Elemente

Ac Actinium
Ag Silber
Al Aluminium
Am Americium
Ar Argon
As Arsen
At Astat
Au Gold
B Bor
Ba Barium
Be Beryllium
Bh Bohrium
Bi Bismut
Bk Berkelium
Br Brom
C Kohlenstoff
Ca Calcium
Cd Cadmium
Ce Cer
Cf Californium
Cl Chlor
Cm Curium
Co Cobalt
Cr Chrom
Cs Cäsium
Cu Kupfer
Db Dubnium
Dy Dysprosium
Er Erbium
Es Einsteinium
Eu Europium
F Fluor
Fe Eisen
Fm Fermium
Fr Francium
Ga Gallium
Gd Gadolinium
Ge Germanium
H Wasserstoff
He Helium
Hf Hafnium
Hg Quecksilber
Ho Holmium
Hs Hassium
I Iod
In Indium
Ir Iridium
K Kalium
Kr Krypton
La Lanthan
Li Lithium
Lr Lawrencium
Lu Lutetium
Md Mendelevium
Mg Magnesium
Mn Mangan
Mo Molybdän
Mt Meitnerium
N Stickstoff
Na Natrium
Nb Niob
Nd Neodym
Ne Neon
Ni Nickel
No Nobelium
Np Neptunium
O Sauerstoff
Os Osmium
P Phosphor
Pa Protactinium
Pb Blei
Pd Palladium
Pm Promethium
Po Polonium
Pr Praseodym
Pt Platin
Pu Plutonium
Ra Radium
Rb Rubidium
Re Rhenium
Rf Rutherfordium
Rh Rhodium
Rn Radon
Ru Ruthenium
S Schwefel
Sb Antimon
Sc Scandium
Se Selen
Sg Seaborgium
Si Silicium
Sm Samarium
Sn Zinn
Sr Strontium
Ta Tantal
Tb Terbium
Tc Technetium
Te Tellur
Th Thorium
Ti Titan
Tl Thallium
Tm Thulium
U Uran
Uub Ununbium
Uun Ununnilium
Uuu Unununium
V Vanadium
W Wolfram
Xe Xenon
Y Yttrium
Yb Ytterbium
Zn Zink
Zr Zirconium

EINLEITUNG

Was ist ein Mineral?

Ein Mineral ist ein natürlicher, meist fester Körper, der durch eine genaue chemische Zusammensetzung und eine regelmäßig angeordnete Atomstruktur in seinem Volumen charakterisiert wird.

Es gibt auch Minerale natürlicher Verbindungen, die amorph sind, wie der Opal, der keine geordnete Kristallstruktur hat, oder das Quecksilber, das im Gestein flüssig vorliegt. Quecksilber erstarrt bei –39 °C. Diese Definition muss jedoch genauer gefasst werden:

– Minerale, die sich unter natürlichen physikalisch-chemischen Bedingungen aus Stoffen bilden, die aus der Einwirkung des Menschen stammen, werden als natürlich angesehen (Minerale der Bleischlacken aus Lavrion, Griechenland);

– Minerale, die sich unter natürlichen physikalisch-chemischen Bedingungen in Abbaustätten bilden, werden ebenfalls als natürlich angesehen (neugebildete Minerale in Bergwerksstollen).

Mineralbezeichungen

Mit wenigen Ausnahmen – Minerale die seit der Antike bekannt sind und die in der modernen mineralogischen Nomenklatur bewahrt wurden – enden alle Mineralnamen mit -it oder -ith. Dies geht auf das griechische Wort *lithos:* Stein zurück.

Diese als erste verwendete Terminologie beinhaltet oftmals Erze oder Edelsteine, die sehr früh Aufmerksamkeit erregten. So findet sich der Name „Cinnabarit" schon in den Schriften des Theophrast aus dem Jahre 315 v.Chr. Die heutige Praxis, ein Mineral nach einer Person oder mit einem Wort zu benennen, das sich auf die Chemie, auf bestimmte äußere Eigenschaften (Aussehen, Habitus) oder auf seine Ursprungsfundstätte bezieht, wurde im 18. Jahrhundert von Werner und Haüy eingeführt.

Die Namen der Minerale, die sich auf das Aussehen oder den Habitus beziehen, werden oft aus griechischen oder lateinischen Wurzeln gebildet. Die von Haüy beschriebenen und benannten Minerale zeigen dies deutlich (Anatas, vom griechischen *anatasis:* Streckung, oder Axinit vom griechischen *axis:* Beil).

Werner war der Erste, der 1783 ein Mineral nach einer Person nannte: Prehnit zu Ehren des Obersts von Prehn. Heute ist das sehr verbreitet, und die Personen, nach denen Minerale benannt werden, sind oft Geologen, Mineralogen, Fachleute oder Laien, berühmte Wissenschaftler, manchmal Sammler, aber auch juristische Personen wie die Firma Carlsberg, die eine Meteoritenuntersuchung finanzierte, in deren Verlauf ein neues Mineral beschrieben wurde, das den Namen Carlsbergit erhielt (CrN).

Einige Beispiele:
– Asbecasit [$Ca_3(Ti, Sn) As_6Si_2Be_2O_{20}$]: Der Name bezieht sich eindeutig auf die Chemie des Minerals, das aus As, Be, Ca, Si besteht.
– Bariandit, benannt nach P. Bariand, Kustos des mineralogischen Museums der Sorbonne
– Vesignieit, benannt nach Colonel L. Vésignié, einem französischen Sammler
– Sklodowskit, benannt nach Maria Sklodowska, Mädchenname der Marie Curie
– Ixiolith, benannt nach dem König Ixion aus der griechischen Mythologie
– Chameanit, Mineral, dessen Ursprungsfundstätte Chaméane, Puy-de-Dôme ist, wo es kürzlich beschrieben wurde

Mineralklassen

Die Klassifikation der Minerale beruht auf chemischen und strukturellen Kriterien. Sie wurde von Berzellius geschaffen, von Strunz vervollständigt und wird heute allgemein benutzt. Die Klassifikation berücksichtigt die Art der Anordnung der Anionen, die im Allgemeinen auf der rechten Seite der chemischen Formel eines Minerals stehen (z. B. Krokoit $Pb^{++}CrO^{--}$). Die unterschiedlichen Minerale werden in 9 Klassen von I bis IX eingeteilt.

I. Klasse: Elemente

Diese Klasse umfasst ungefähr 80 Minerale, die aus einem oder mehreren, gemischten (legierten) Elementen bestehen.

Die meisten dieser Elemente sind selten. Man unterscheidet:
– gediegene Metalle (Gold, Silber, Kupfer, die Platingruppe Pt, Os, Ir, u. a.) mit starkem Metallglanz und erhöhter Dichte. Sie sind formbar und nicht spaltbar.

– Halbmetalle (Bi, Sb, As, Te, u. a.) mit Metall- bis Halbmetallglanz und erhöhter Dichte. Sie sind mehr oder weniger formbar und spaltbar.
– Metalloide (Kohlenstoff, Schwefel), die spröde sind, eine geringe Dichte haben und in verschiedenen Formen auftreten, wie z. B. der Kohlenstoff mit den bekanntesten Polymorphen Graphit und Diamant.

Gediegenes Silber (Ag) zeigt einen für Metalle typischen Glanz.

II. Klasse: Sulfide und Sulfosalze

Diese Klasse umfasst etwa 350 Minerale, aufgeteilt in zwei Unterklassen. Die erste, die Unterklasse der Sulfide, umfasst die Antimonide, die Telluride usw. In dieser Unterklasse sind die gebundenen Kationen die der Metalle Fe, Pb, Zn, Cu, Sb, Bi, Ag, As, Co, Ni, Mo, Mn, Tl, V, W und Sn. Zur zweiten Unterklasse, den Sulfosalzen, gehören die Minerale, in denen Schwefel in der Anionengruppe an ein oder mehrere Halbmetalle wie As, Sb, Ge, Bi (z.B. Aikinit $CuPbBiS_3$ oder Andorit $PbAgSb_3S_6$) gebunden ist. Die als Kationen gebundenen Metalle können Ag, Cu, Pb, Sn, Bi, Fe, Sb, Tl sein.
Die Minerale dieser Klasse sind im Allgemeinen weich und brüchig, mit Ausnahme des Pyrit und des Sperrylith. Sie sind zuweilen auch schneidbar.

III. Klasse: Halogenide

Etwa 130 Minerale gehören zu dieser Klasse. Die Anionen sind die Halogene F, Cl, Br und I. Die Chloride (Cl) und Fluoride (F) sind die häufigsten Bestandteile dieser Klasse, z. B. Steinsalz NaCl, Flussspat CaF_2.

Die physikalischen Eigenschaften dieser Halogenide sind Sprödigkeit, Härte und geringe Dichte, die meisten dieser Minerale sind wasserlöslich.

IV. Klasse: Oxide und Hydroxide

In dieser Klasse mit ungefähr 320 Mineralen besetzen Sauerstoff (O) und das Hydroxylion $(OH)^-$ die Anionenposition. Man unterscheidet drei Unterklassen:

- die einfachen Oxide wie Kassiterit [SnO_2]
- die mehrfachen Oxide wie Chromit [$FeCr_2O_4$], bei dem in einem Mineral mehrere Metalle oder Metalloide als Kationen nebeneinander vorliegen
- die Hydroxide, bei denen die $(OH)^-$-Gruppe die Position des Anions einnimmt.

Mit einigen Ausnahmen sind einfache und mehrfache Oxide harte Minerale mit relativ hoher Dichte, dagegen sind die Hydroxide nicht sehr hart.

V. Klasse: Karbonate und Borate

Ungefähr 200 Mineralien gehören zu dieser Klasse mit zwei Unterklassen: Karbonate und Borate.

Die erste Unterklasse ist recht groß und umfasst etwa 100 Minerale, davon sind drei teilweise stark vertreten: Calcit (Kalkspat), Aragonit und Dolomit. Die Anionengruppe besteht hier aus $(CO_3)^{--}$. Die Karbonate sind nicht sehr hart, sie sind brüchig und lassen sich im Allgemeinen leicht spalten. Sie schäumen in Kontakt mit Säuren auf (Bildung von CO_2).

Die zweite Unterklasse besteht aus ungefähr 100 Mineralen, in denen $(BO_3)^{--}$ und manchmal $(BO_4)^{4-}$ die Anionengruppe bilden. Die Minerale dieser Unterklasse haben meist Glasglanz, sie sind farblos bis weiß, weisen eine geringe Härte und Dichte auf. Die bekanntesten Borate sind die hydrierten Borate wie Borax. Ihre Aufbewahrung ist schwierig, denn sie hydrieren außerhalb ihrer natürlichen Vorkommen leicht. So wandelt sich Borax an Luft fast sofort in Tincalconit um.

VI. Klasse: Sulfate, Chromate, Molybdate, Wolframate

Etwa 230 Minerale umfasst die VI. Klasse. Sie haben ein anionisches Radikal vom Typ $(XO_4)^{--}$ mit X = S (Sulfate), Cr (Chromate), Mo (Molybdate) oder W (Wolframate). Jedes Radikal bestimmt eine Unterklasse. Die erste, die Unterklasse der Sulfate, ist die größte mit fast 200 Mineralen. Man unterscheidet die wasserlosen Sulfate wie den Schwerspat ($BaSO_4$, Baryt) und die hydrierten Sulfate (die zahlenmäßig größte), z. B. Chalkantit $[Cu(SO_4)\cdot 5H_2O]$.

Mit Ausnahme der Kupferverbindungen sind die Sulfate meist schwach gefärbt, alle sind brüchig und weich.

Die anderen Unterklassen sind die Chromate, Molybdate, Wolframate. Sie umfassen insgesamt etwa 30 Mineralien, die im Allgemeinen recht selten sind. Die Minerale dieser Unterklassen sind meist spröde und haben nur eine geringe Härte.

VII. Klasse: Phosphate, Arsenate, Vanadate

Diese Klasse umfasst ungefähr 250 Arten, davon sind viele selten und bilden nur kleine Kristalle, zuweilen sind sie nur unter der Stereolupe zu erkennen. Man unterscheidet drei Unterklassen:

– Phosphate mit dem anionischen Radikal $(PO_4)^{---}$. Diese Minerale sind meist stark gefärbt und können große Kristalle bilden.

– Arsenate mit dem anionischen Radikal $(AsO_4)^{---}$. Die bekanntesten Vertreter sind Adamin, Mimetesit und Erythin, die anderen Minerale der Unterklasse sind seltener.

– Vanadate mit dem anionischen Radikal $(VO_4)^{---}$. Mit Ausnahme des Vanadinits sind die Minerale dieser Unterklasse selten.

VIII. Klasse: Silikate

Die Klasse der Silikate ist zahlenmäßig die größte (fast ein Drittel aller Minerale). Die verschiedenen Minerale werden durch die Tetraedergruppen $[SiO_4]^{4-}$ charakterisiert, die aus einem Siliziumatom in der Mitte und vier Sauerstoffatomen an den Tetraederecken bestehen. Diese Tetraeder sind untereinander über eine oder mehrere Ecken oder über die Kationen Mg^{2+}, Fe^{2+}, Fe^{3+}, Ca^{2+}, Na^{+}, K^{+} usw. verknüpft. Das Tetraeder ist die Grundstruktur aller Silikate. Je nach Anordnung der Tetraeder unterscheidet man sechs Unterklassen. In der Beschreibung der Minerale findet sich die Zugehörigkeit jedes Minerals zu einer der Unterklassen als Index zur Nummer der Klasse.

Die Buchstaben N, S, C, I, P und T bezeichnen dabei die Nesosilikate, die Sorosilikate, die Cyclosilikate, die Inosilikate, die Phyllosilikate bzw. die Tektosilikate, z. B. VIII_s = Klasse der Silikate, Unterklasse der Sorosilikate.

Unterklasse der Nesosilikate

Die Tetraeder $(SiO_4)^{4-}$ sind voneinander isoliert und über Kationen verknüpft. Man unterscheidet drei wichtige Gruppen in dieser Unterklasse.

Die Gruppe der Granate umfasst die Minerale mit der allgemeinen Formel $A_3B_2(SiO_4)$, mit A = Ca, Mn, Mg, Fe und B = Al, Fe, Cr.

Die Olivingruppe umfasst die Minerale der Fayalit ($Fe_2(SiO_4)$) – Forsterit ($Mg_2(SiO_4)$)-Mischungsreihe.

Die letzte Gruppe, die der Aluminosilikate, besteht aus folgenden Mineralen: Andalusit, Sillimanit und Disten, drei Struktur-Polymorphen $Al_2O(SiO_4)$.

Stolzit ($PbWO_4$) ist ein Wolframat.

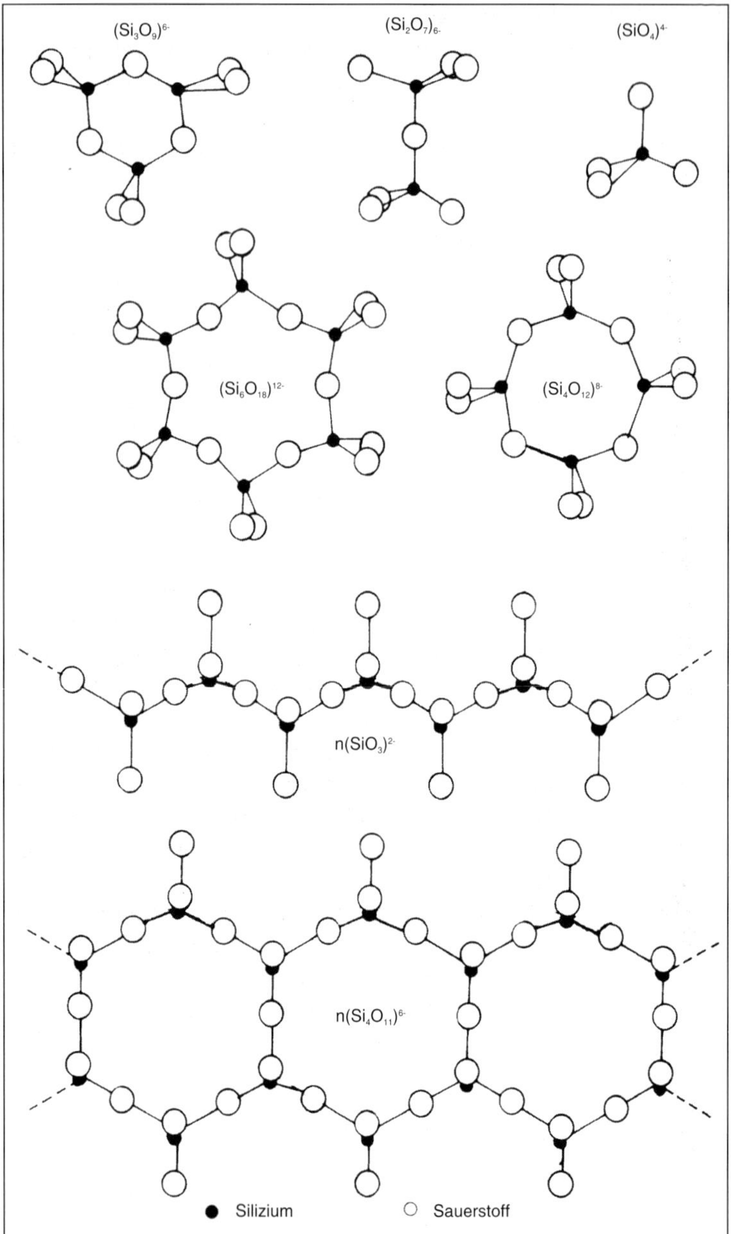

Einige Strukturgruppen der VIII. Klasse

Unterklasse der Sorosilikate

Die Basis der Struktur sind Anordnungen von zwei Tetraedern, die untereinander über eine Ecke verknüpft sind und so das Molekül $(Si_2O_7)^{6-}$ bilden.
Diese Unterklasse umfasst inbesondere die Epidotgruppe: Epidot – Allanit – Zoisit.

Unterklasse der Cyclosilikate

Drei, vier oder sechs Tetraeder verbinden sich über zwei ihrer Ecken und bilden Ringstrukturen mit den chemischen Formeln: $(Si_3O_9)^{6-}$, $(Si_4O_{12})^{8-}$ und $(Si_6O_{18})^{12-}$. Diese Unterklasse umfasst die Turmalingruppe mit den wichtigsten Vertretern Schörl, Dravit und Elbait. Die anderen, selteneren Minerale sind Buergerit $NaFe_3 Al_6[F, O_3)_3, (Si_6O_{18})]$, Uvit $CaMg_3(Al_5Mg)\ [(OH)_4, (BO_3)_3, (Si_6O_{18})]$ und Liddicoatit $[Ca(Li, Al)_3Al_6(OH)_4, (BO_3)_3, (Si_6O_{18})]$.
Die Beryllgruppe gehört ebenfalls zu dieser Unterklasse.

Unterklasse der Inosilikate

In der Struktur der Minerale, die zu dieser Unterklasse gehören, ordnen sich die Tetraeder $(SiO_4)^{4-}$ zu einfachen oder doppelten Ketten. Die Basisanionengruppen können daher $(SiO_3)^{2-}$, $(SiO_3)_2^{4-}$ und $(SiO_3)_3^{6-}$ für einfache Ketten sein, und $(Si_4O_{11})^{6-}$ für die doppelten Ketten, die auch Bandsilikate genannt werden. Die Minerale haben im Allgemeinen einen gestreckten, zuweilen faserigen Habitus, der der Streckung der Silikatketten entspricht. Zwei große Gruppen werden in dieser Unterklasse unterschieden: Pyroxene (Kettensilikate) und Amphibole (Bandsilikate).
Innerhalb dieser Gruppen sind isomorphe Substitutionen der Kationen häufig und vielfältig. Da die chemische Zusammensetzung stark variieren kann, ist die Bestimmung dieser Minerale oft nur mit Hilfe der Röntgenkristallografie, der chemischen Analyse und/oder der Bestimmung der optischen Eigenschaften möglich.

Unterklasse der Phyllosilikate

Die Struktur der Minerale dieser Unterklasse ist durch Blätter charakterisiert, die aus über drei Ecken verknüpften Tetraedern $(SiO_4)^{4-}$ bestehen. Die Stapelung der Blätter erfolgt über Kationen wie Al^{+++}, Fe^{++} oder Mg^{++} und $(OH)^-$-Gruppen. Daher rührt die charakteristische vollkommene basale Spaltbarkeit der Phyllosilikate. Die anionische Basisgruppe ist $(Si_4O_{10})^{4-}$. In Glimmern (Biotit, Phlogopit, Muskovit, Lepidolith) oder Chloriten (Pennin, Kammererit) kann Aluminium einen Teil des Siliziums ersetzen. Neben der Gruppe der Glimmer und der Chlorite umfasst diese Unterklasse auch Talk und Tonminerale (Montmorillonit, Kaolinit u. a.).

Unterklasse der Tektosilikate

In der Struktur der Tektosilikate sind alle Tetraeder miteinander über ihre Ecken verknüpft und bilden so ein dreidimensionales Gerüst mit der Strukturformel (SiO_2). Dieses Netz charakterisiert die Polymorphe der Siliziumfamilie. Die anderen Tektosilikate sind Alumosilikate, in denen ein Teil des Siliziums durch Aluminiumatome ersetzt ist. Drei große Gruppen von Mineralen gehören zu dieser Unterklasse: Feldspäte, Feldspatoide und Zeolithe.

Die erste Gruppe besteht aus der Untergruppe der Alkalifeldspäte wie Orthoklas, Mikroklin und den Varietäten Sanidin und Adular. Die zweite ist die Untergruppe der Plagioklase und Kalkalkalifeldspäte und umfasst die Minerale, die eine kontinuierliche Mischungsreihe mit dem Natriumendglied Albit $(NaAlSi_3O_8)$ und dem Kalkendglied Anorthit $(CaAl_2Si_2O_8)$ bilden.

Die Gruppe der Feldspatoide umfasst die Natrium- und Kalium-Aluminosilikate, die in siliziumuntersättigten magmatischen Gesteinen auftreten. Die beiden häufigsten Vertreter sind Nephelin und Leucit.

Die Gruppe der Zeolithe umfasst die hydrierten Natrium- und Calcium-Alumosilikate, deren Alumosilikatgerüst gestreckte Hohlräume besitzt, die Kanäle bilden. Ionen wie Ca^{++}, Na^{+}, OH^{-} usw. können diese Hohlräume einnehmen.

IX. Klasse: Organische Verbindungen des Mineralreichs

Diese Klasse umfasst etwa 30 Minerale mit genau definierter kristallografischer Struktur, darunter Whewellit und Mellit, zwei Verbindungen, die mehr oder weniger direkt in Lagerstätten fossiler Brennstoffe (Stein-, Braunkohle) zu finden sind. Bernstein gehört zu dieser Klasse. Es ist ein amorpher Kohlenwasserstoff fossiler Nadelbaumharze.

Andere Verbindungen, darunter Öle, Teere, Wachse usw., gehören aufgrund der Zusammensetzung und der Polymerisation der organischen Ketten ebenfalls zu dieser Klasse. Allen diesen Strukturen liegen die Elemente C, H, O, N und S zugrunde.

Beschreibung der Minerale

Bei der Bestimmung eines Minerals sind die ersten Kriterien unbestritten die Form, man kann auch sagen, die Art, wie es sich „ausdrückt".
Das Mineral kann z. B. Kristalle bilden, in denen man sofort eine einfache Form wie den Skalenoeder oder den Würfel erkennt, aber vielfach kann man nur das Verhältnis der verschiedenen Längen der kristallografischen Elemente feststellen, die den Kristall bestimmen.
Einige konventionelle Begriffe werden benutzt, um die Form eines Kristalls zu bestimmen (siehe Abbildung unten).
Es ist aber klar, dass die Verwendung bestimmter Begriffe subjektiv ist. Man kann sie zuweilen durch eine vollständigere Beschreibung ersetzen oder anschaulichere Eigenschaftswör-

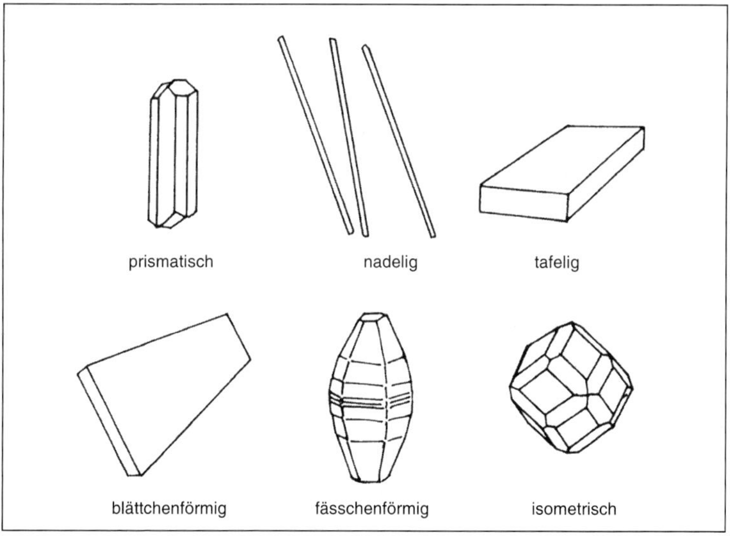

Habitus – typische Arten

ter benutzen, die sich auf die Form normaler Gegenstände beziehen, also von tönnchenförmigen, schiffchenförmigen Kristallen sprechen.

Die Minerale bilden auch kompakte Kristallanordnungen (Kristallaggregate). Zur Beschreibung solcher Formen benutzt man Begriffe, die für die Struktur von Kristallaggregaten geeignet sind (siehe Abbildung unten).

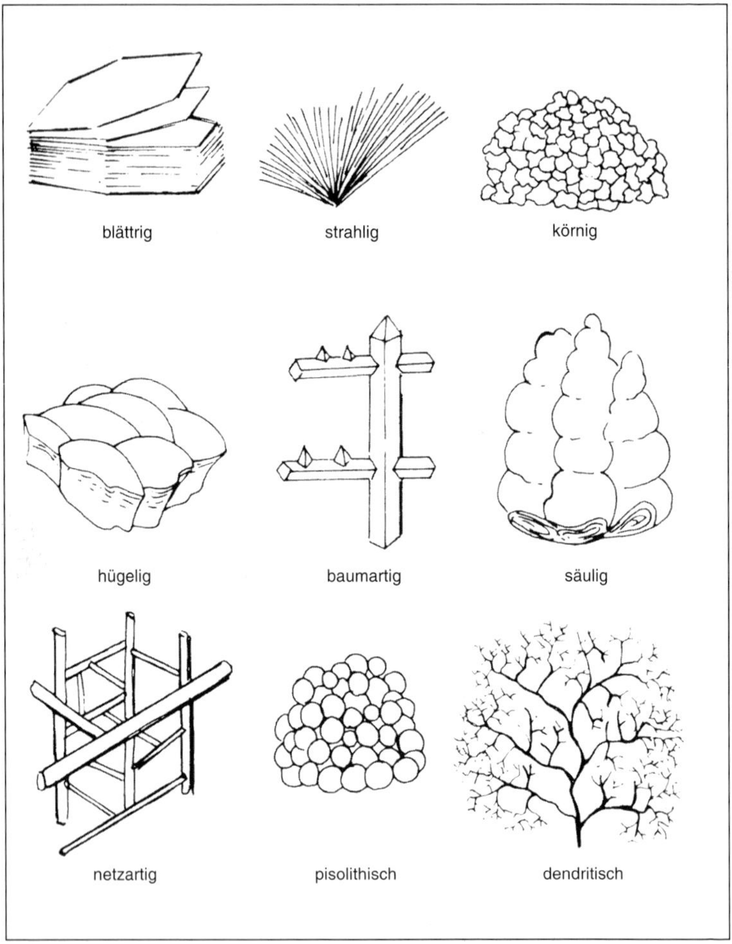

Kristallanordnungen – typische Arten

Grundbegriffe der Kristallografie

Für die meisten von uns ist die Vorstellung eines Minerals mit kristalliner Struktur die eines geometrischen Gebildes, das von ebenen Flächen begrenzt wird. Diese schneiden sich an den Kanten, die in den Ecken zusammenlaufen. Kristalle mit diesen „idealen“ Formen heißen idiomorph. Aber in den meisten Fällen werden die Kristalle beim Wachstum behindert durch die gleichzeitige Entwicklung von Nachbarmineralen. Dann besitzen sie nicht die oben beschriebene schöne Raumaufteilung. Dieser so genannte xenomorphe Kristall besitzt jedoch ebenfalls eine Kristallstruktur. Der kristalline Zustand offenbart sich nicht nur in der äußeren Form des Minerals. Die geometrischen Eigenschaften, die einen Kristall ausmachen und die wir bei den idiomorphen Kristallen wahrnehmen, sind im Inneren eines jedes Kristalls vorhanden. Die wissenschaftliche Untersuchung der Kristalle, die Kristallografie, entdeckte die allgemeinen Eigenschaften des kristallinen Zustands.

Einige grundlegende Gesetze

Unveränderlichkeit der Flächenwinkel (Winkelkonstanz)

Das erste kristallografische Gesetz, dessen erste Fassung (Näherung) auf Sténon (1699) zurückgeht, und das von Romé de Lisle (1772) allgemeingültig formuliert wurde, verknüpft über den konstanten Wert des Winkels zweier bestimmter Flächen eines Kristalls, des Flächenwinkels, die kristalline Form mit der Mineralart.

Periodische Struktur (Periodizität) der Kristalle und Kristallgitter

Mit Abbé R. J. Haüy und der Netztheorie der Kristalle machte die Kristallografie einen großen Schritt nach vorne. Es wurde berichtet, der Forscher habe aufgrund einer Ungeschicklichkeit – ein Calcitkristall fiel ihm aus der Hand – diese Theorie entdeckt. Der Calcitkristall zerbrach auf dem Boden in eine Vielzahl von Rhomboedern mit gleichen Formen. Haüy glaubte, dass es eine untere Grenze der Größe dieser Rhomboeder geben müsse, bis zu der alle Eigenschaften des Minerals vorlägen.

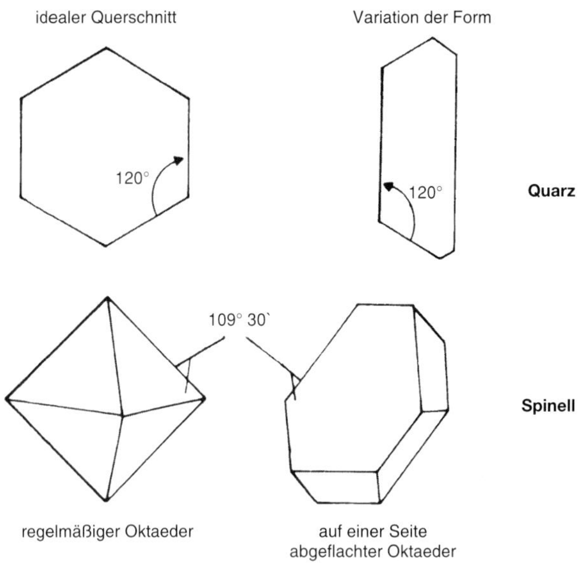

Konstanz des Flächenwinkels
für Kristalle einer Mineralart

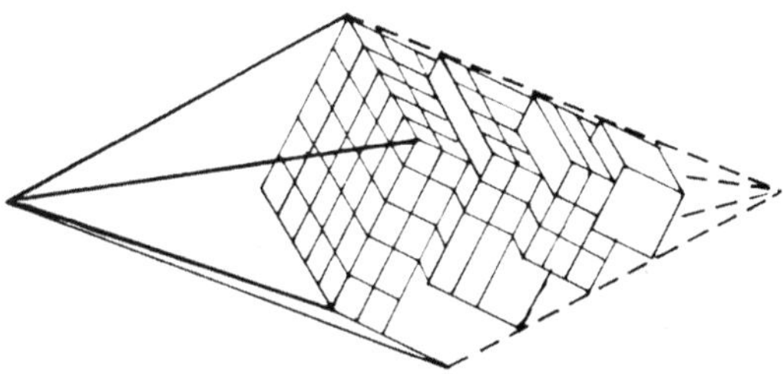

Zerlegung eines Calcitskalenoeders
in rhomboedrische Spaltelemente

Die Entdeckung der Röntgenstrahlen und ihre Anwendung in der Kristallografie bestätigten diese Vorstellung. Das kleinste Volumen heißt heute Elementarzelle. Diese kann ein beliebiges Parallelepiped sein und ist definiert durch die „Länge“ der drei abschließenden Kanten (a, b, c), die Gitterparameter, die in Ångstrøm (10^{-10} m) angegeben werden, und die Winkel α, β, γ von jeweils zwei Kanten zueinander. Beispiel: Die Elementarzelle von Calcit (Kalkspat) ist rhomboedrisch, die von Galenit (Bleiglanz) ist kubisch. Um ein dreidimensionales Kristallgitter aufzubauen, werden Elementarzellen nebeneinander entlang aller drei Achsenrichtungen aufgereiht.

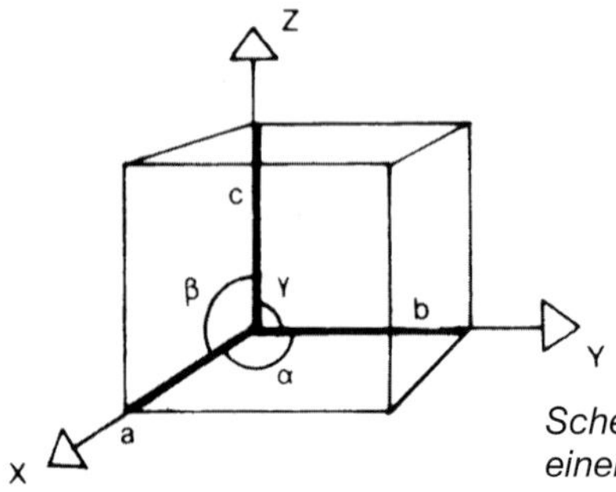

Schematische Darstellung einer Elementarzelle mit den verschiedenen Parametern

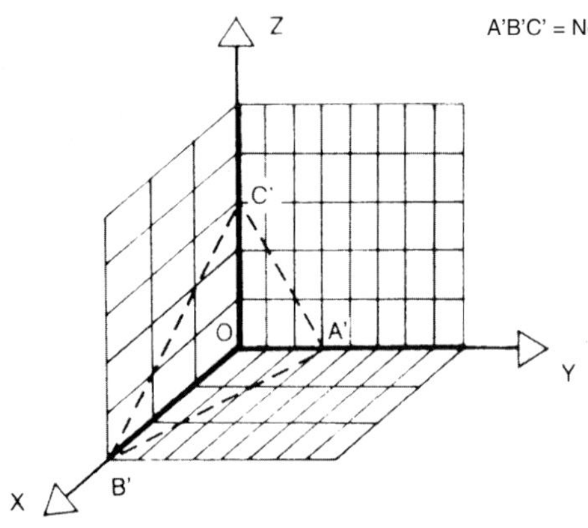

Schematische Darstellung eines Kristallgitters und einer kristallografischen Ebene (A'B'C')

Begriff des Abschneidens

Haüy zeigte ebenfalls, dass die verschiedenen Kristallformen, die ein Mineral zeigen kann (mehrere Hundert für Calcit), aus einer einfachen Form (homothetisches Parallelepiped der Zelle) durch

Abschneiden von Kanten und Ecken entstehen, d. h. durch Ersetzen einer Ecke oder einer Kante durch eine Fläche. Dieses Abschneiden erfolgt allerdings nicht beliebig, denn eine ganzzahlige Anzahl von Elementarzellen muss verschwinden. Die Längen der abgeschnittenen Kanten der einfachen Form sind ganzzahlige Vielfache der Längen a, b und c der Elementarzelle.

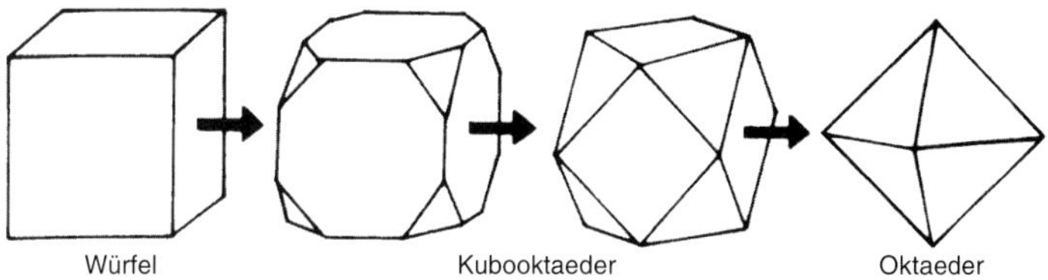

Übergang vom Würfel zum Oktaeder durch Abschneiden der Ecken eines kubischen kristallinen Festkörpers

Indizierung der Fläche (Miller'sche Indizes)

Mit Hilfe der Miller'schen Indizes kann man die Dichte der Netzebenen, also die Anzahl der Elementarzellen pro Oberflächeneinheit erfassen. Je kleiner die Indizes, desto höher die Elementarzellendichte. Für ein bestimmtes Mineral sind die Ebenen der höchsten Dichte die am besten ausgebildeten, entweder durch natürliche Flächen oder durch Spaltbarkeiten.

Beispiel einer Berechnung der Indizierung

Gegeben seien zwei Ebenen ABC und A'B'C' im dreiachsigen Koordinatensystem, das die Symmetrie des Kristalls darstellt.

Die Ebenen schneiden die Achsen bei

1a	2b	3c	für ABC
2a	4b	6c	für A´B´C´

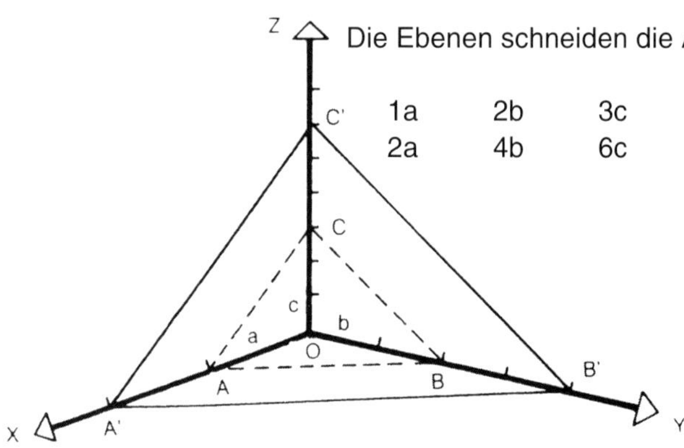

Da die Schnittpunkte immer in der Reihenfolge a b c geschrieben werden, können wir auf die Ausschreibung der Buchstaben verzichten. Nehmen wir jetzt die Reziproken der Schnittpunktwerte und multiplizieren mit dem kleinsten gemeinsamen Nenner, um ganze Zahlen zu erhalten, haben wir die Miller´schen Indizes errechnet:

Schnittpunkte	Reziproken (und gemeins. Nenner)	Miller´sche Indizes
1 2 3	1/1 1/2 1/3 (x 6)	6 3 2
2 4 6	1/2 1/4 1/6 (x 12)	6 3 2

Es wird offensichtlich, dass diese zwei parallelen Flächen beide zu der Familie der Flächen mit den Miller´schen Indizes (632) gehören. Eine bestimmte Fläche hat also bei einer bestimmten Mineralart immer die gleiche Indizierung, egal wie gut oder schlecht sie ausgebildet ist.

Sonderfälle

– Die Ebene, die eine kristallografische Achse im negativen Bereich schneidet, hat einen Miller'schen Index mit einem Minuszeichen

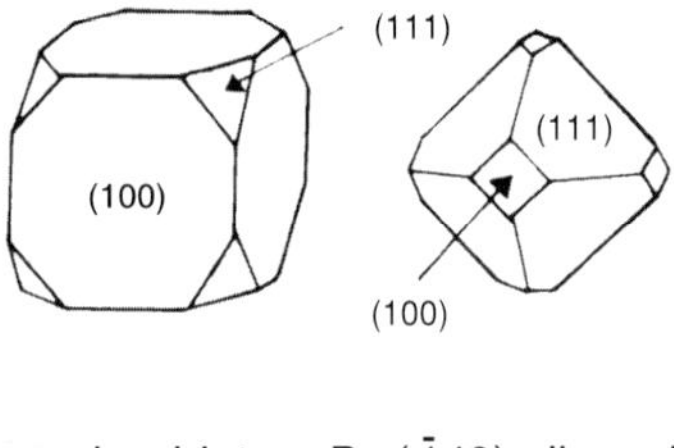

über der Zahl, so schneidet z. B. ($\bar{1}$10) die a-Achse im negativen Bereich.

– Die Ebenen, die parallel zu einer kristallografischen Achse liegen, haben einen entsprechenden Miller'schen Index gleich 0 (Schnittpunkt unendlich, 1/unendlich = 0). So wird eine Ebene, die parallel zu den Achsen b und c liegt, mit (100) indiziert.

– Die Flächen liegen „in einer Zone“ um eine Achse, wenn sie parallel zu ihr sind. Die Schnittkanten aller dieser Flächen miteinander sind parallel der Zonenachse.

– Eine Richtung oder Linie (kristallografische Achse, Kante oder Zone) wird mit eckigen Klammern indiziert, z. B. werden die kristallografischen Achsen X, Y und Z mit [100], [010] und [001] indiziert.

– Die kristalline geschlossene Form (siehe unten), die aus homologen Flächen besteht, wird mit geschweiften Klammern indiziert, z. B. {100}. Hiermit sind die sechs Flächen impliziert, die durch die Rotation einer (100)-Fläche um die drei kristallografischen Achsen entstehen könnten, also (100), (010), (001), $(\bar{1}00)$, $(0\bar{1}0)$, $(00\bar{1})$.

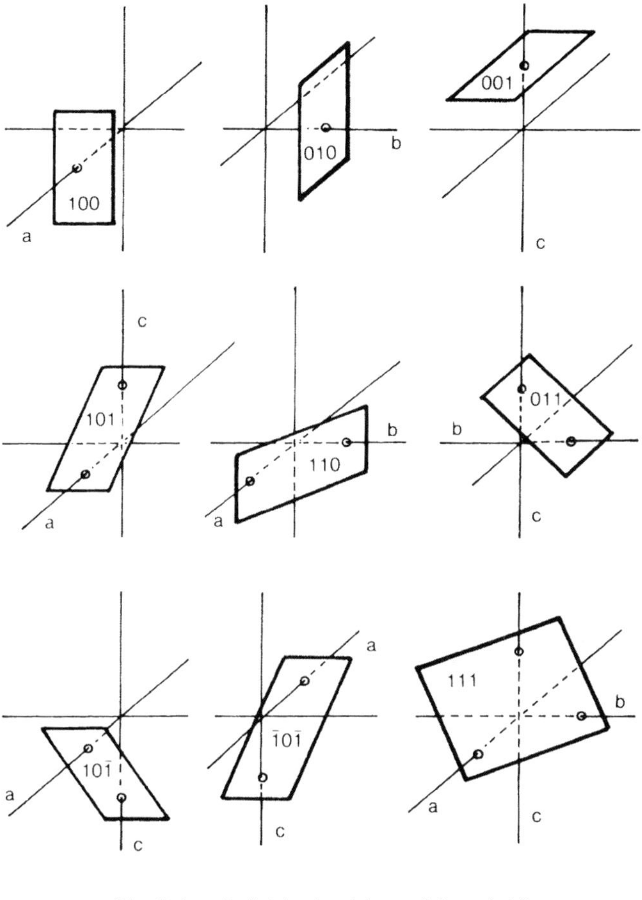

Die mit einem Buchstaben bezeichneten Achsen sind die, welche von der dargestellten kristallografischen Ebene geschnitten werden.

Indizierung einiger besonderer Ebenen

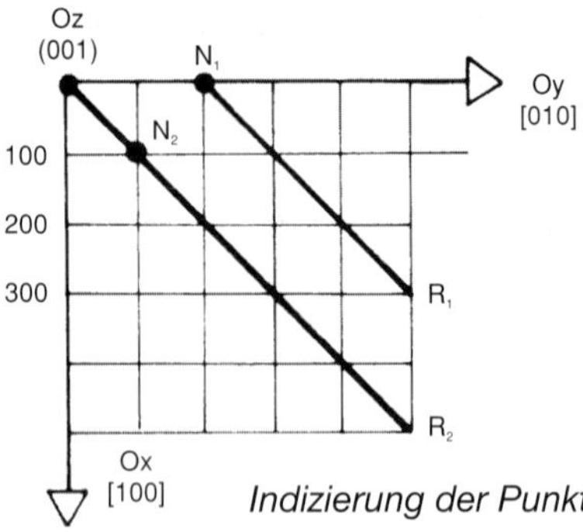

R_1 = Zone [020]
R_2 = Zone [110]

N_1 = Punkte 020
N_2 = Punkte 020

Die Indizierung eines Punktes des Kristallgitters entspricht den Achsenabschnitten p, q, r auf den kristallografischen Achsen. Die Indizierung einer Zone entspricht den Werten p, q, r des ersten Punktes, auf den sie trifft.

Indizierung der Punkte und Zonen eines Kristallgitters

Kristallsymmetrie

In einem Kristall drückt sich die Symmetrie dadurch aus, dass man nach Durchführung einer geometrischen Operation eine mit der Ausgangskonfiguration identische Kristallkonfiguration erhält. Die Symmetrie ist umso höher, je mehr solche Möglichkeiten bestehen. Drei solcher geometrischer Operationen, oder Symmetrie-Operationen, gibt es, nämlich Drehung, Spiegelung und Inversion. Es ist zu beachten, dass die Symmetrie eines Kristalls direkt mit der Symmetrie der Elementarzelle verknüpft ist.*

Drehung

Bei der Drehung wird der Kristall um eine Achse (Symmetrieachse) gedreht, um sich wieder mit sich selbst in Deckung zu bringen. Diese Symmetrieachsen (mit A bezeichnet) sind in natürlichen Kristallen mit Drehungen um 180° (zweizählige Drehachse A_2), um 120° (dreizählige Drehachse A_3), um 90° (vierzählige Drehachse A_4) sowie um 60° (sechszählige Drehachse A_6). (Internationales Symbol für solche Achsen sind 2, 3, 4, 6)

Spiegelung

Das Symmetrieelement der Spiegelung heißt Spiegel oder auch Symmetrie-Ebene. Ein Punkt im Abstand n zu einer solchen Ebene besitzt im Abstand n hinter dieser Ebene ein Äquivalent. Die Gerade, die die beiden Punkte verbindet, liegt senkrecht zur Ebene.

Inversion

Dies ist eine Symmetrie relativ zu einem Punkt, dem Symmetriezentrum des Systems. Eine Fläche im Abstand n zu diesem Punkt

* In der nun folgenden Darstellung werden der Einfachheit halber die Drehachsen mit der Abkürzung A, die Spiegelungsebene mit M und das Inversionszentrum mit C gekennzeichnet. Es sei hier darauf verwiesen, dass dies nur zum Teil der international anerkannten Beschriftung der

hat aufgrund dieser Operation ein Äquivalent, eine parallele aber invertierte Fläche im Abstand n hinter diesem Punkt.

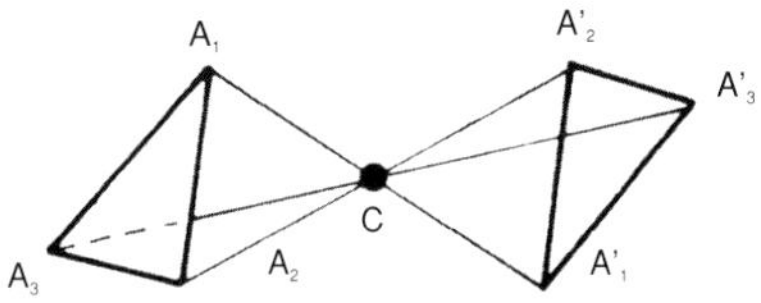

C = Symmetriezentrum

Symmetrieoperation durch Inversion

Man unterscheidet zwei Arten von Symmetrie:
– die direkte Symmetrie mit der Drehung
– die indirekte Symmetrie, bei der die Inversion mit einer Drehung gekoppelt wird. In diesem Fall gibt es neue Symmetrieelemente, die Drehinversionsachsen oder Gyroiden heißen. Nur die Drehinversionsachsen $\bar{A}_3$, $\bar{A}_4$ und $\bar{A}_6$ sind neu, denn das Symmetrieelement $\bar{A}_2$ entspricht einer Spiegelebene.

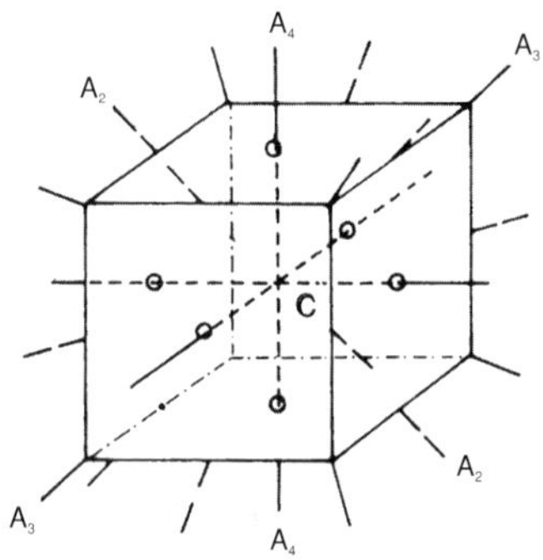

A = Symmetrieachse

C = Symmetriezentrum

M'₁ und M'₂ = senkrecht zueinander stehende Symmetrieebenen

M = Symmetrieebene

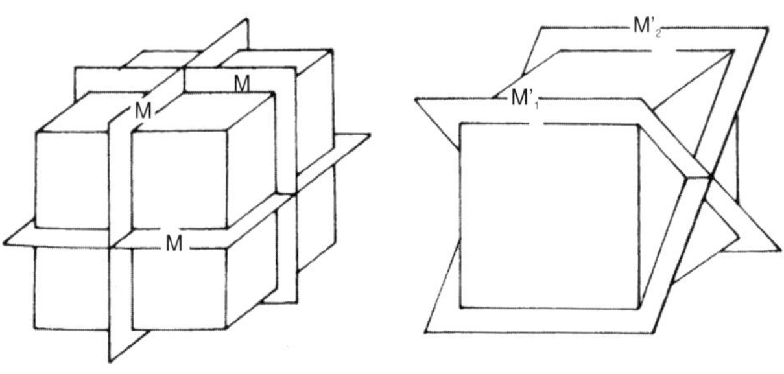

Indizierung von Symmetrieachsen, -ebenen und -zentrum

Symmetrieelemente entspricht. Ausführliche Informationen: „Lehrbuch der Mineralogie“ von Ramdohr und Strunz.

Einige Symmetrieelemente sind nicht unabhängig voneinander. So bewirken eine zweizählige Achse und ein Symmetriezentrum die Existenz einer senkrechten Spiegelebene zu dieser Achse. Die Kopplung aller möglichen Symmetrieelemente führt zur Definition von 32 Symmetrieklassen (auch Kristallklassen oder Punktgruppen genannt).

Die sieben Kristallsysteme

Wie oben gesagt, hängt die Symmetrie eines Kristalls von der Konfiguration seines Kristallgitters ab. In der Natur sind sieben Kristallsysteme definiert, die 32 Punktgruppen umfassen. Auf keinen Fall kann die Symmetrie eines Kristalls höher sein als die seines Gitters.

Drei Definitionen

Für ein bestimmtes Kristallsystem gilt, dass
– *die Holoedrie* eine maximale Anzahl von homologen Flächen (48 für das kubische System) bei der Maximalzahl der Symmetrieelemente erlaubt.
– *die hemiedrischen Klassen* eine niedrigere Symmetriestufe haben und maximal nur die Hälfte der Flächen des Holoeders (24 für das kubische System) möglich ist.
– *die tetartoedrischen Klassen* eine noch niedrigere Symmetrie besitzen und maximal nur ein Viertel der Flächen der Holoedrie dort auftreten kann (12 für das kubische System).
Hinweis: Eine Klasse heißt *enantiomorph*, wenn dort Formen ohne Symmetrie-Ebene oder -Zentrum vertreten sind. Hierbei sind Formen möglich, die durch Drehung um eine Achse nicht in Deckung gebracht werden können und die spiegelbildlich zueinander stehen wie die rechte und die linke Hand. Beispiel: Gyroeder und Pentagon-Icositetraeder der hemiedrischen Klasse des kubischen Systems.

Kristallform

Am Beispiel der Holoedrie des kubischen Systems sieht man, dass ein Kristall, der diese perfekt vertritt, aus 48 homologen Flächen besteht. Eine solche Form heißt Hexakisoktaeder. Ein Mineral, das in der Holoedrie des kubischen Systems kristallisiert, kann manchmal mehr als 48 Flächen haben, wenn mehrere Formen miteinander kombiniert sind. So ergibt sich aus der Kom-

bination eines Würfels {100} (6 Flächen) mit einem Hexakisoktaeder {123} (48 Flächen) ein Kristall mit 54 Flächen.
Ein Kristall ist eine „geschlossene Form“, wenn er nur von homologen Flächen begrenzt ist. Umgekehrt kann eine „offene Form“ nicht von nur einer Indizesgruppe beschrieben werden, eine andere „offene Form“ oder Pinakoid (d. h. in eine oder mehrere Richtungen nicht begrenzt) muss mit ihr kombiniert werden, um das Gebilde zu schließen.

Kubisches System

Für die einfache Zelle gilt a = b = c und $\alpha = \beta = \gamma$. Die einfache Form ist ein Würfel.
Dieses System besitzt fünf Symmetrieklassen, eine holoedrische, drei hemiedrische und eine tetartoedrische Klasse.

Holoedrische Klasse $3A_4$, 3M, $4A_3$, $6A_2$, 6M’, C (internationale Symbole m, Z)

Entsprechend der Schnitte dieser Symmetrieelemente ergeben sich die folgenden einfachen unterschiedlichen Formen:
- Hexakisoktaeder {123} (48 homologe Flächen)
- Tetrahexaeder {210} (24 homologe Flächen)
- Rhombendodekaeder {110} (12 homologe Flächen)
- Tetragon-Trioktaeder oder Trapezoeder {211} (24 Flächen)
- Trigon-Trioktaeder {122} (24 Flächen)
- Oktaeder {111} (8 Flächen)

Flussspat und Galenit kristallisieren in der Holoedrie des kubischen Systems.

Hemiedrische tetraedrische Klasse $3A_4$, $4A_3$, 6M

In dieser Symmetrieklasse gibt es Würfel, Rhombendodekaeder und Tetrakishexaeder.
Die einfachen Formen der tetraedrischen Hemiedrie sind:
- Tetraeder {111} (4 Flächen)
- Tetragon-Tritetraeder {211} (12 Flächen)
- Trigon-Tritetraeder {221} (12 Flächen)
- Hexakistetraeder {321} (24 Flächen)

Beispiele: Zinkblende und Tetraedit

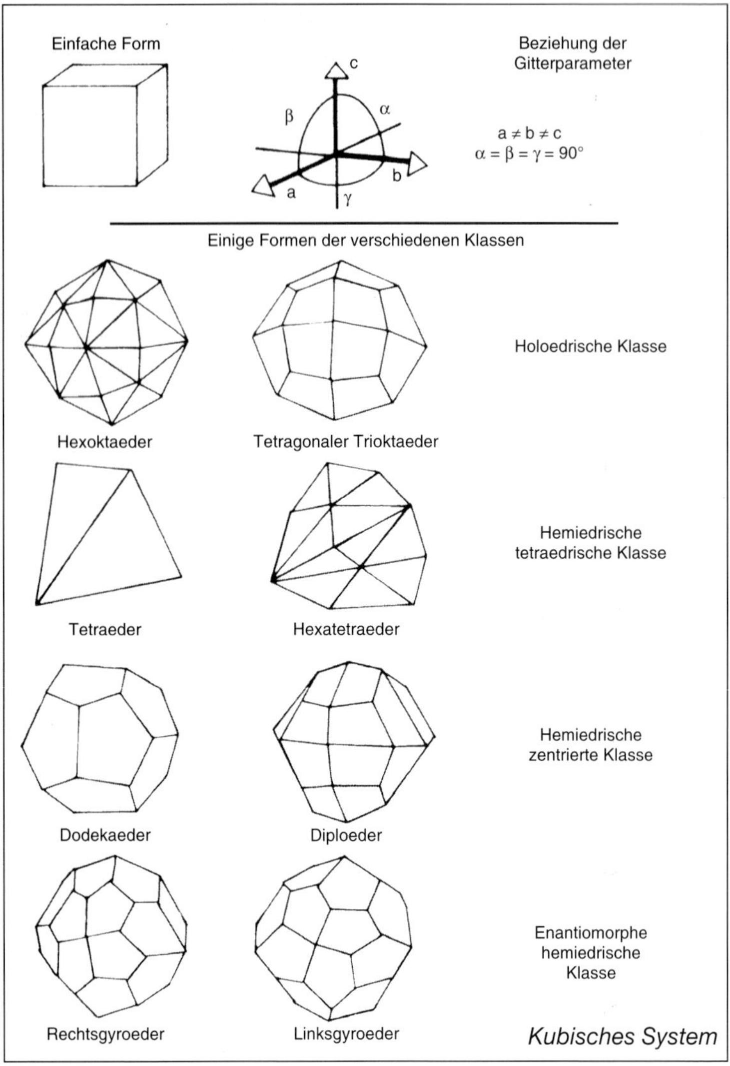

Hemiedrische zentrierte Klasse $3A_2$, 3M, $4A_3$, C

Die einfachen Formen der Holoedrie gibt es auch hier, mit Ausnahme des Tetrahexaeders und des Hexakisoktaeders:

- Pentagondodekaeder {210} (12 Flächen)
- Diploeder oder Didodekaeder {321} (24 Flächen)

Hemiedrische enantiomorphe Klasse $3A_4$, $4A_3$, $6A_2$

Diese Symmetrieklasse konnte mit Sicherheit noch keiner Mineralart zugeordnet werden. Alle einfachen Formen der Holoedrie sind vorhanden, mit Ausnahme der Hexoktaedrie, die zu einem Gyroeder ({321} mit 24 Flächen) bildet. Es gibt Links- und Rechtsgyroeder.

Tetartoedrische enantiomorphe Klasse $3A_2$, $4A_3$

Die typische Form dieser Symmetrieklasse, der Pentagon-Tritetraeder ({321} mit 12 Flächen), ist selten. Nur die Formen des Holoeders, des Würfels und des Rhombendodekaeders gibt es, ebenso die Formen der tetartoedrischen zentrierten Hemiedrie.

Tetragonales System (quadratisch)

Die einfache Form ist ein gerades Prisma mit quadratischer Grundfläche. Für die Elementarzelle gilt $a = b \neq c$ und $\alpha = \beta = \gamma = 90°$. Die Symmeetrielemente des Gitters, also der Holoedrie, sind A_4, M $2A_2$, 2M', $2A''_2$, 2M'', C, der Symmetriegrad ist gleich 16. Dieses System umfasst sieben Symmetrieklassen, eine holoedrische, vier hemiedrische und zwei tetartoedrische.

Holoedrische Klasse

Der einfache Festkörper besteht aus 2 Formen {100} und {001}. Die Basis {001} bilden Pinakoide.

Die charakteristische Form der Holoedrie ist die ditetragonale Dipyramide (16 homologe Seiten).

Die anderen einfachen Formen haben nur 8 oder 4 Flächen, denn nicht alle Symmetrieelemente sind eingebunden:

- tetragonaler Oktaeder der ersten Art {101}
- tetragonaler Oktaeder {111} mit abgeschnittenen Ecken
- oktagonales Prisma
- tetragonales Prisma der zweiten Art {110}.

Hemiedrische enantiomorphe Klasse A_4, $2A'_2$, $2A''_2$

Der Grad der Symmetrie dieser Klasse ist 8. Die Formen der Holoedrie bleiben, mit Ausnahme der ditetragonalen Dipyramide, die das tetragonale Trapezoeder bildet (rechts und links).

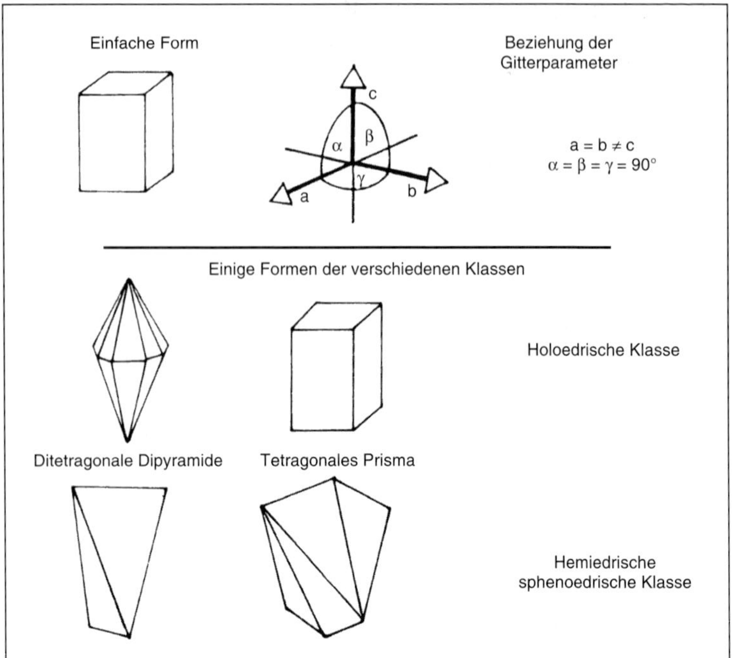

Tetragonales System

Hemiedrische sphenoedrische Klasse $\bar{A}_4$, $2A'_2$, $2A''_2$

Die einfachen Formen dieser Symmetrieklasse sind:

– Sphenoeder {112} oder trigonaler Tetraeder mit gleichschenklig dreieckigen Flächen

– Disphenoeder (rhombischer Skalenoeder) mit 8 Flächen

Hemiedrische pyramidale Klasse A_4, 2M', 2M''

In dieser Symmetrieklasse bleiben die einfachen prismatischen Formen unverändert. Dagegen werden die Dipyramiden zu Pyramiden mit Pedienbasis, da die Spiegelebene zur Achse A_4 fehlt.

– tetragonale Pyramide.

Sehr wenige Minerale kristallisieren in dieser Symmetrieklasse, z. B. Diaboleit.

Hemiedrische zentrierte Klasse A_4, M, C

Ditetragonale Prismen und Dioktaeder werden zu Prismen und Oktaedern mit beliebiger Orientierung, z. B. Scheelit.

Tetartoedrische enantiomorphe Klasse A_4

– Tetragonale Pyramide mit Pedienbasis (001)

– sphenoedrische Tetartoedrie $\overline{A}_4$

Die Minerale dieser Klasse sind sehr selten.

Hexagonales System

Die Symmetrieelemente dieses Systems sind A_6, M, $3A'_2$, 3M', $3A''_2$, 3M'', C. Die Symmetrie des Gitters entspricht einer Elementarzelle aus einem geraden Prisma mit rautenförmiger Basis (orthorhombische Zelle). Der einfache Festkörper entsteht aus der Kombination von drei dieser Prismen und wird von einem hexagonalen Prisma abgeschlossen. Die kristallografischen Achsen sind entlang der Kanten der Elementarzelle orientiert. Eine horizontale Achse OT wird bei 120° zu Ox und Oy zugefügt, somit ergibt sich $a_1 = a_2 = a_3 \neq c$, $\alpha = \beta = 90°$ und $\gamma = 120°$ und eine Indizierung mit vier Miller'schen Indices.

Holoedrische Klasse

In dieser Klasse gibt es:

– die dihexagonale Dipyramide mit abgeschnittenen Ecken $\{21\overline{3}0\}$ (24 Flächen)

– die hexagonale Dipyramide $\{20\overline{2}1\}$ mit abgeschnittenen Kanten

– die hexagonale Dipyramide $\{11\overline{2}0\}$ durch Abschneiden der Ecken.

Minerale, die in der Holoedrie dieses hexagonalen Systems kristallisieren, sind z. B. Graphit, Beryll, Covellin.

Hemiedrische enantiomorphe Klasse A_6, $3A'_2$, $3A''_2$

Aufgrund des Fehlens von Spiegelebenen und Symmetriezentren werden rechte und linke Kristalle beobachtet. Nur die dihexagonale Dipyramide wird zum Polyeder mit 12 Flächen, das rechte oder linke hexagonale Trapezoeder.

Hemiedrische pyramidale Klasse A_6, 3M', 3M''

Das Fehlen der Spiegelebene M betrifft die Dipyramiden, dies führt zu Pyramiden mit Pedienbasis. Dies gilt für Greenockit.

Hemiedrische zentrierte Klasse A_6, M, C

Dihexagonale Dipyramiden bilden zwei hexagonale Dipyramiden mit beliebiger Orientierung in Bezug auf die einfache Form. Das gleiche gilt für die dihexagonalen Prismen. Beispiel: Apatite.

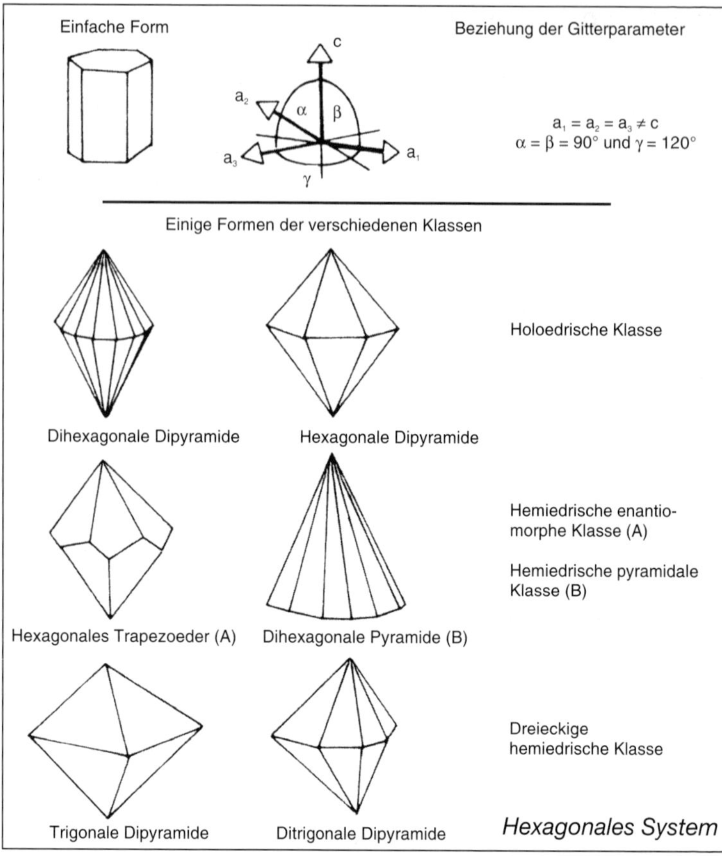

Hemiedrische dreieckige Klasse A_6, $3A'_2$, 3M''

Charakteristische Formen dieser Klasse sind die trigonale Pyramide (oder dreieckige Bipyramide) und die ditrigonale Dipyramide. Die Prismen werden zu trigonalen und ditrigonalen Prismen.

Tetartoedrische dreieckige Klasse $\bar{A}_6$

Die einzigen bewahrten Formen der Holoedrie sind die Basen (0001). Die Formen dieser Klasse sind die trigonalen Prismen und die trigonalen Dipyramiden.

Tetartoedrische enantiomorphe Klasse A_6

Die einzigen Formen dieser Klasse sind Prismen mit Basis und hexagonale Pyramiden.

Rhomboedrisches System

Elementarzelle ist ein Rhomboeder (Parallelepiped mit 6 gleichen rautenförmigen Flächen). Der einfache Festkörper ist ebenfalls ein Rhomboeder. Zur Erleichterung bezieht man sich eher auf einen Bezugspunkt der hexagonalen Achse $a = b \neq c$, $\alpha = \beta = 90°$ und $\gamma = 120°$. Die Symmetrie des Systems ist A_3, $3A_2$, 3M, C. Der Grad der Symmetrie der Holoedrie ist gleich 12.

Holoedrische Klasse

Die Formen der Holoedrie sind:
- Rhomboeder
- Basen oder Pinakoide (0001)
- hexagonale $(10\bar{1}0)$ und dihexagonale Prismen

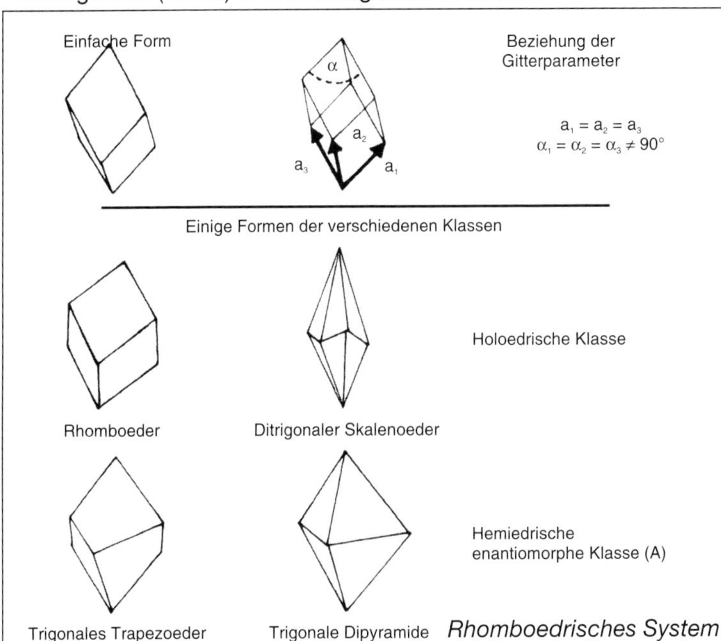

Rhomboedrisches System

- hexagonale Dipyramide
- ditrigonale Skalenoeder

Hemiedrische enantiomorphe Klasse A_3, $3A_2$

Die hexagonalen und dihexagonalen Prismen erzeugen ditrigonale und trigonale Prismen; die Skalenoeder ergeben rechte und linke trigonale Trapezoeder (6 Flächen). Die hexagonale Dipyramide wird zu linken und rechten trigonalen Dipyramiden. Dies ist der Fall bei Rechts- und Links-Quarz.

Hemiedrische pyramidale Klasse A_3, M

Die beiden Enden des Kristalls können unterschiedliche Formen aufweisen (Turmalin).

Hemiedrische zentrierte Klasse

Alle Formen der Holoedrie bleiben erhalten, außer den dihexagonalen Prismen, die zu hexagonalen Prismen werden.

Tetartoedrische enantiomorphe Klasse A_3

Die Vertreter dieser Klasse sind sehr selten.

Orthorhombisches System

Die Elementarzelle dieses Gitters ist ein gerades Prisma mit rechteckiger Grundfläche: $a \neq b \neq c$ und $\alpha = \beta = \gamma = 90°$.

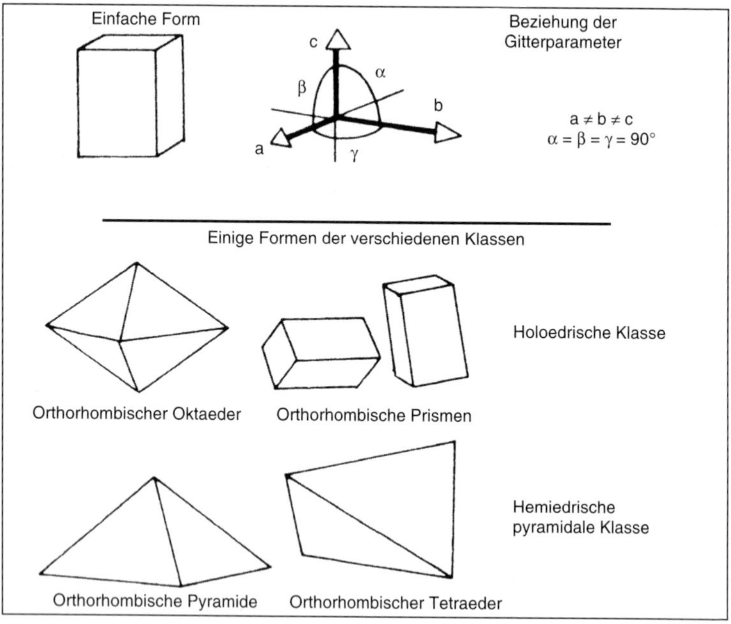

Orthorhombisches System

Die Gittersymmetrie ist A_2, M, A'_2, M', A''_2, M'', C. Der Grad der Symmetrie ist gleich 8.

Holoedrische Klasse

Die einfache Form besteht aus drei Pinakoiden {100}, {010} und {001}. Die Formen der Holoedrie sind:

– orthorhombischer Oktaeder durch schräges Abschneiden auf allen Flächen des einfachen Prismas durch Wirken aller Symmetrieelemente.

– Prismen mit 4 Flächen durch Abschneiden im rechten Winkel zur Spiegelebene.

Die wichtigsten Minerale dieser Klasse sind Baryt (Schwerspat), Schwefel und Markasit.

Hemiedrische pyramidale Klasse, A_2, M', M''

Ohne die Spiegelebene M reduziert sich der dazu parallele Pinakoid auf eine Fläche oder Pedie. Auf einem Kristall gibt es also zwei Abschlüsse, aufgrund des Unterschieds in der Achse A_2, der mit der fehlenden Spiegelebene zusammenhängt. Die Dipyramiden werden zu orthorhombischen Pyramiden. Die Prismen mit den Normalenflächen zur fehlenden Spiegelebene bleiben.

Hemiedrische enantiomorphe Klasse A_2, A'_2, A''_2

Die Formen der Holoedrie bleiben erhalten mit Ausnahme des orthorhombischen Oktaeders, der zwei Tetraeder (Rechts- und Linksformen) oder Sphenoide bildet.

Monoklines System

Die Elementarzelle dieses Gitters ist ein schiefes Prisma mit rechteckiger Basis: $a \neq b \neq c$ und $\alpha = \gamma \neq 90°$ und $\beta = 90°$.

Der einfache Festkörper ist ein geneigtes Prisma mit rautenförmiger Basis. Die Gittersymmetrie ist A_2, M, C und der Grad der Symmetrie ist gleich 4.

Holoedrische Klasse

Die auf der Spiegelebene geneigte Fläche wiederholt sich vier Mal und bildet ein monoklines Prisma (geneigt oder gerade).

Zahlreiche Mineralien kristallisieren in dieser Klasse: Erythrin, Arsenopyrit, Realgar usw.

Die beiden anderen Klassen, hemiedrisch deckungsgleich C und hemiedrisch enantiomorph A_2, sind selten beziehungsweise nicht häufig.

Triklines System

Die Elementarzelle dieses Gitters ist ein Parallelepiped: $a \neq b \neq c$ und $\alpha \neq \beta \neq \gamma \neq 90°$, ebenso für den einfachen Festkörper.
Das einzige Symmetrieelement ist das Symmetriezentrum, der Symmetriegrad ist gleich 2.

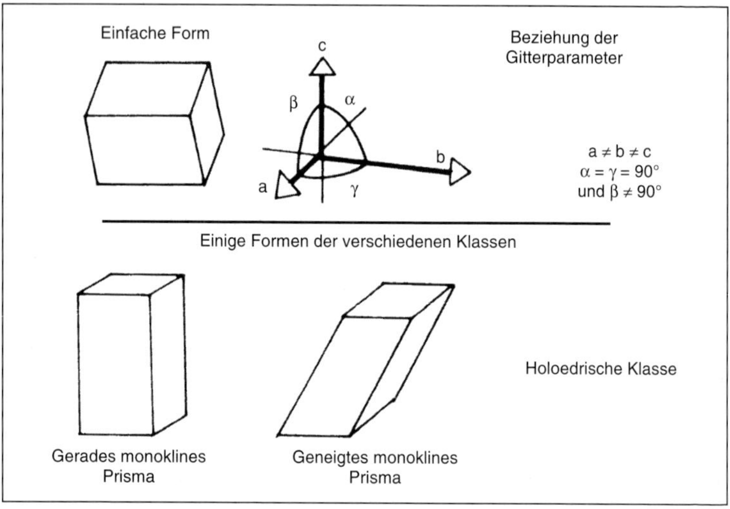

Monoklines System

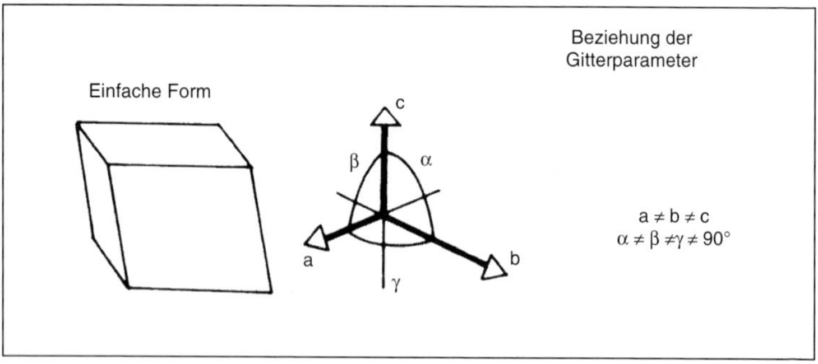

Triklines System

Holoedrische Klasse

Eine kristalline Form dieser Klasse hat also maximal zwei homologe Flächen (hkl) und $(\bar{h}\,\bar{k}\,\bar{l})$.

Die Plagioklase und Disthen kristallisieren in dieser Klasse.

Hemiedrische Klasse

Keine Fläche besitzt ein Homolog, so z. B. bei Iranit.

Zwillinge

In der Natur bilden Kristalle eines Minerals normalerweise Gruppen oder Aggregate beliebiger Orientierung. Ein Zwilling ist eine Verbindung von zwei oder mehreren Kristallen nach strengen geometrischen, wiederholbaren und genau festgelegten Gesetzen. Diese Verbindung besteht in einer gemeinsamen Ebene oder Gitterzone zwischen den zwei Kristallen.

Arten von Zwillingen

Je nach Entstehung unterscheidet man drei Arten von Zwillingen. Zwei davon sind häufig. Es handelt sich einerseits um Wachstumszwillinge, die während des Wachstums von zwei geometrisch zusammenhängenden Kristallen entstehen, und andererseits um Zwillinge durch polymorphe Umwandlung. Bei letzterem bewahrt das Mineral die äußere Form des Ausgangskristalls, besteht in Wirklichkeit aber aus einer Zwillingsanordnung mehrerer Kristalle niedriger Symmetrie. Das klassische Beispiel hierfür ist Leucit, der oberhalb von 600 °C kubische Symmetrie besitzt. Wenn die Temperatur darunter sinkt, dann erfolgt eine Symmetriemodifikation und das Mineral rekristallisiert im tetragonalen System. Der Ausgangskristall ist also ohne Veränderung der äußeren Form in eine Zwillingsanordnung von drei tetragonalen Kristallen übergegangen.

Aussehen von Zwillingen

Kontakt- und Durchwachstumszwillinge. Ein Kontaktzwilling besteht aus Einzelkristallen, die über eine genau definierte Verwachsungsfläche miteinander verbunden sind. Dieser Zwilling kann einfach sein (z. B. Manebacher, Bavenoer Zwilling oder Spinellzwillinge) oder sich wiederholen und pseudo-hexagonale Gruppen bilden (zyklische Zwillinge), z. B. Chrysoberyll, Aragonit. Die so genannten Durchwachstumszwillinge bestehen aus Einzelkristallen, die sich durchdringen. Klassische Beispiele für Durchwachstumszwillinge sind die Zwillinge des Staurolith. *Mimetische Zwillinge* haben das Aussehen eines Kristalls höherer Symmetrie und entstehen oft aus polymorpher

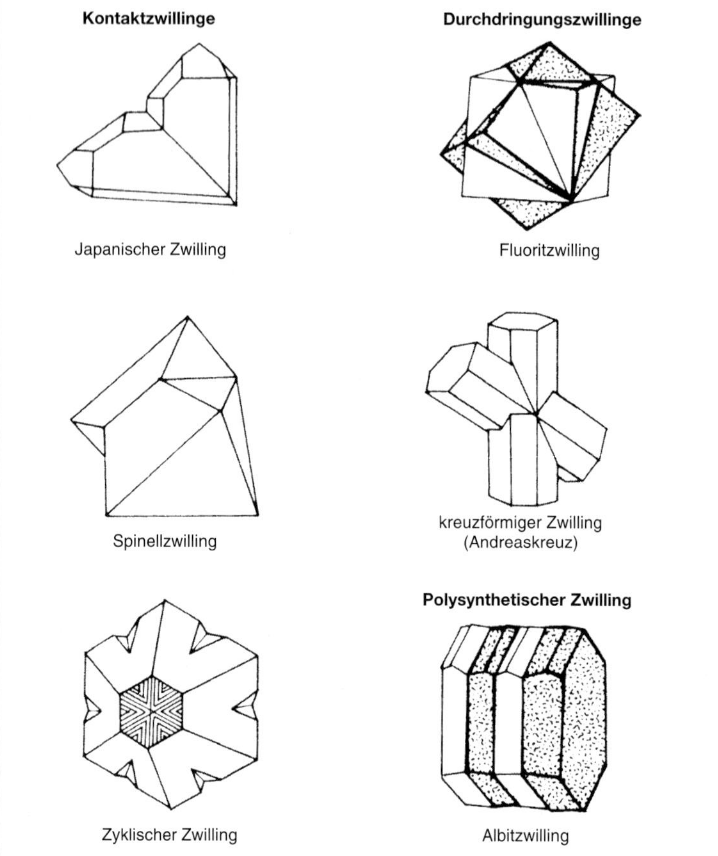

Einige Arten von Zwillingen

Umwandlung. Dies gilt für Leucit-, Boracit- und Perovskitzwillinge.

Polysynthetische Zwillinge. Dieser Ausdruck wird benutzt, wenn der Zwilling sich sehr oft im selben Kristall wiederholt. Dies gilt für Albitzwillinge in Plagioklasen.

Epitaxie

Epitaxie ist eine Art von Zwillingen, bei denen Kristalle von verschiedenen Mineralarten beteiligt sind. Solche Epitaxien sind zwischen Rutil und Hämatit, zwischen Staurolith und Disten, ebenso wie zwischen Xenotim und Zirkon bekannt.

Amorphe und metamikte Minerale

Amorphe Minerale besitzen keine Kristallstruktur. Sie können von Natur aus amorph sein wie der Opal, aber auch amorph werden. So können radioaktive Minerale, die ursprünglich eine Kristallstruktur hatten, aufgrund der Strahlung eingeschlossener radioaktiver Elemente wie Uran oder Thorium usw. instabil werden. Diese Minerale heißen metamikt. Sie haben im Allgemeinen Glasglanz bis fettigen Glanz und sind braun bis pfefferschwarz. In Pegmatiten sind z. B. Allanit und Zirkon fast immer metamikt.

Physikalische Eigenschaften

Wie alle natürlichen Stoffe haben auch die Minerale physikalische Eigenschaften, die direkt bestimmt (Farbe, Transparenz) oder gemessen (Dichte, Härte usw.) werden können. Der Sammler muss sich mit den üblicherweise verwendeten Begriffen zur Beschreibung der physikalischen Eigenschaften eines Minerals sowie den entsprechenden Definitionen vertraut machen. Dies hilft bei der Bestimmung eines Minerals.

Glanz

Man unterscheidet zwei Hauptgruppen: Metallglanz und nichtmetallischen Glanz.

Die erste charakterisiert opake Metalle: Oxide, Sulfide und Sulfosalze sowie gediegene Metalle. Einige Minerale, die wie Zinkblende nicht das gesamte Licht reflektieren, haben den so genannten Halbmetallglanz.

Die zweite Gruppe, der nichtmetallische Glanz, umfasst den Glasglanz (Glas, Quarz), den fettigen Glanz (Schwefel, Bernstein), den Diamantglanz (Diamant, Cerussit) und den Perlmuttglanz.

Farbe

Es gibt drei Kategorien.

Idiochromatische (Eigen-)Färbung

Minerale dieser Kategorie besitzen eine Eigenfarbe aufgrund ihrer chemischen Bestandteile (Kupferminerale sind grün oder blau) oder aufgrund der Art der chemischen Bindung (Kohlenstoffpolymorphe: durchsichtiger farbloser Diamant und opaker schwarzer Graphit).

Malachit [$(Cu_2CO_3)(OH_2)$] ist ein Kupfermineral.

Allochromatische (Fremd-)Färbung

Einige reine Minerale sind farblos, aber zuweilen finden sich auch gefärbte Stücke von ihnen. Diese anormale Färbung beruht auf Gitterfehlern oder Verunreinigungen (chemischen Spurenelementen). Dasselbe chemische Element führt übrigens nicht zwingend zur selben Farbe. Die Färbung kann auch vom Einschluss feiner Partikel eines anderen Minerals herrühren (hämatoider Quarz, Glimmerquarz usw.).

Pseudochromatische (scheinbare) Färbung

Im Inneren des Minerals entstehen optische Phänomene wie Interferenzen und Lichtbeugung. Beispiele sind Opal, Mondstein sowie der Asterismus einiger Korunde.
In vielen Fällen ist die Bestimmung einer Mineralart aufgrund der Farbe nicht zuverlässig. Es gibt nämlich nur wenige idiochromatische Minerale.

Strich

Der Strich liefert interessante Informationen über die Farbe des Minerals. Man erzeugt ihn, indem man mit der Probe über eine matte Porzellanoberfläche reibt. Die Strichfarbe wird von Verunreinigungen des Minerals wenig beeinflusst, somit kann man einige Bestimmungen bestätigen, besonders bei Mineralen gleicher Farbe. Klassische Beispiele sind Hämatit (rotbrauner Strich) und Goethit (ockergelber Strich).

Die Begriffe „durchsichtig“ und „durchscheinend“

Ein Mineral ist durchsichtig, wenn man durch es hindurch einen Gegenstand erkennen kann. Es ist durchscheinend, wenn nur ein Teil des Lichtes durchgelassen wird. Bei einem opaken Mineral wird das gesamte Licht entweder absorbiert oder an der Oberfläche reflektiert.

Spaltbarkeit und Bruch

Ein Mineral kann auf zwei Arten brechen: entlang einer ebenen Fläche (Spaltung) oder nach einer unregelmäßigen Fläche (Bruch).
Die Spaltbarkeit ist direkt von der Kristallstruktur abhängig. Genau wie eine Kristallfläche ist die Spaltebene eine Gitterebene höchster Dichte. Sie wird also von der parallelen Nachbarfläche durch einen großen Gitterabstand getrennt. Somit stellen diese besonderen Ebenen Bereiche geringerer

Festigkeit gegenüber Schlag- oder Verformungsbeanspruchung dar.
Die Spaltung ist je nach Dichte des Kristallgitters schwerer oder leichter. Ein Mineral mit einer vollkommenen Spaltbarkeit ist entlang einer anderen Richtung sehr schwer zu brechen.
Es gibt zuweilen Trennungsebenen, die nicht mit der Spaltung verknüpft sind. Diese Eigenschaft, die durch den Beginn der Verwitterung, Zwillingsebenen usw. erklärt werden kann, heißt „parting“ (Abtrennung).
Es gibt verschiedene Arten von Brüchen: muschelig (Quarz), beliebig oder unregelmäßig und splittrig (Amphibole).

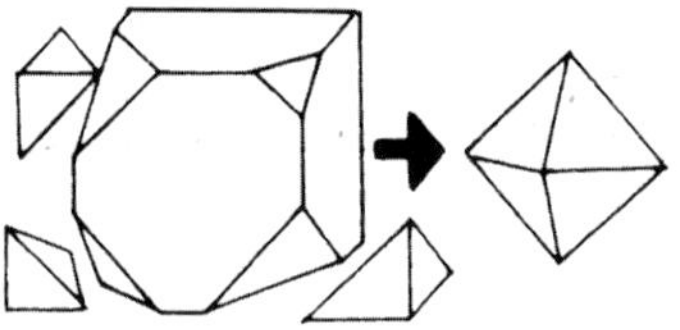

Oktaedrische Spaltbarkeit von Flussspat

Härte

Härte ist laut Definition die Festigkeit, die ein Mineral gegenüber Ritzen aufweist. Die Härte ist eine vektorielle Eigenschaft, die von der Kristallstruktur und somit von der Anisotropie des Minerals abhängt. Sie kann also je nach Ritzrichtung variieren, und das zuweilen sehr stark. So hat Disten die Härte 5 entlang der Streckung des Kristalls, und 7 senkrecht dazu.
Mohs hat eine empirische Skala der relativen Härte mit 10 Mineralen vorgeschlagen. Das weichste hat die Härte 1, das härteste die Härte 10.

1 – Talk	6 – Orthoklas
2 – Gips	7 – Quarz
3 – Calcit	8 – Topas
4 – Flussspat	9 – Korund
5 – Apatit	10 – Diamant

Die Vickers-Skala, die auf wissenschaftlichen Methoden beruht, ermöglicht die Messung der absoluten Härte eines Minerals. Die Messergebnisse werden in kg/mm^2 angegeben.

Der Härteversuch erfordert einige Sorgfalt. Er muss auf monokristallinen Oberflächen oder kompakten Aggregaten durchgeführt werden, sonst kann der Wert völlig falsch sein. So lässt sich Kreide, die aus Calcit besteht, leicht mit dem Fingernagel ritzen (Härte 1,5), während Calcit die Härte 3 hat.

Beziehung zwischen der relativen Härte nach Mohs und der absoluten Härte nach Vickers

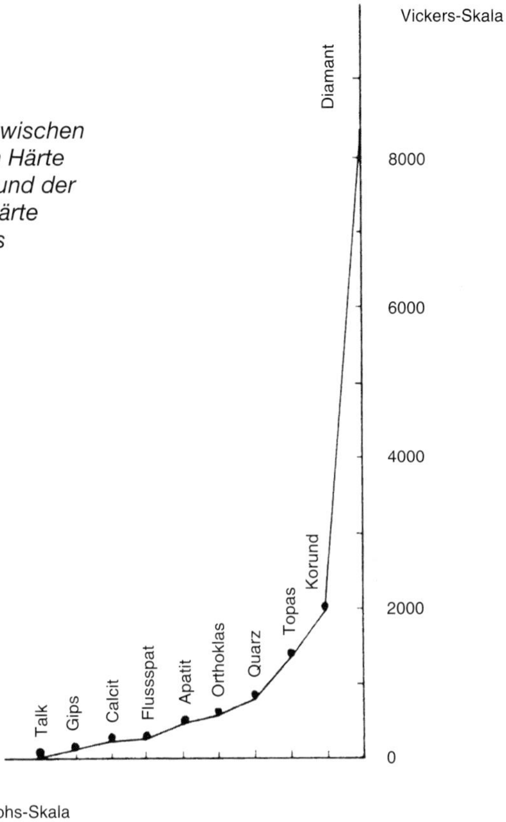

Dichte

Die Dichte ist das Verhältnis des Gewichts des Minerals zum Gewicht derselben Menge Wasser. Es ist eine skalare Eigenschaft, ihr Wert ist im gesamten Volumen des Minerals gleich. Sie kann auf verschiedene Weise gemessen werden. Die einfachste ist die

Methode der Schwereflüssigkeiten (Suspensationsmethode/ Schwebemethode). Durch fortschreitende Verdünnung der Flüssigkeiten mit Aceton oder Alkohol kann man die Dichte von Mineralien bis 3,3 hinreichend genau bestimmen. Flüssigkeiten mit Dichten über 4 gibt es, aber sie sind sehr toxisch und belastend. Im wesentlichen werden zwei Flüssigkeiten benutzt: Bromoform (Dichte 2,9) und Methylenjodid (Dichte 3,3). Diese sind ebenfalls stark toxisch, sie sind in gut belüfteten Räumen oder unter einer Abzugshaube zu handhaben.
Die Anwendung dieser dichten Flüssigkeiten beruht auf einem einfachen Prinzip: Ein Mineral mit einer höheren Dichte als die Flüssigkeit versinkt, sonst schwimmt es. Wenn das Mineral eine geringere Dichte hat als die Flüssigkeit, kann man durch fortschreitende Verdünnung der Flüssigkeit die Dichte näherungsweise bestimmen. Die Dichte der Flüssigkeit ist direkt auf der Skala eines Pyknometers abzulesen.

Magnetismus

Einige Minerale wie Magnetit werden von einem Magneten angezogen. Diese Minerale heißen paramagnetisch. Umgekehrt heißen die Minerale, die keine Reaktion auf einen Magneten zeigen, diamagnetisch.

Radioaktivität

Einige Minerale, die radioaktive Elemente enthalten, wie Uran oder Thorium, geben Strahlung ab. Diese ist leicht mit Hilfe eines Szintillationszählers oder eines Geiger-Müller-Zählers zu bestimmen, wenn die Größe der Minerale oder die Konzentration der radioaktiven Elemente ausreichend groß ist.

Lumineszenz

Wenn man einige Minerale auf eine bestimmte Art behandelt, so strahlen sie Licht aus: Sie sind lumineszent. Die Minerale, die bei Schlageinwirkung Licht abstrahlen, heißen tribolumineszent. Andere, die bei Erwärmung so reagieren, heißen thermolumineszent. Die klassische Art der Lumineszenz ist die Fluoreszenz. Sie entsteht bei einigen Mineralen bei Bestrahlung mit UV-Licht. Es gibt zwei Arten von UV-Licht: langwelliges UV-Licht mit Wellenlängen von 3000 und 4000 Å und kurzwelliges UV-Licht mit Wellenlängen von 1800 bis 3000 Å.

Diese Fluoreszenz kann bei einigen Mineralen durchgehend auftreten. In diesem Fall gibt es ein Nachleuchten konstanter Farbe sowohl unter kurz- als auch unter langwelligem UV-Licht. Gelbes Antunit fluoresziert z. B. intensiv grün.
Sie kann auch nur bei einer Art von Strahlung auftreten. Scheelit ist bläulich weiß unter kurzem UV und reagiert nicht oder sehr wenig bei langem UV.
Normalerweise nicht fluoreszierende Minerale können fluoreszierend werden, wenn sie Verunreinigungen enthalten. Die Fluoreszenz solcher Minerale ist manchmal auf eine Lagerstätte begrenzt. In diesem Fall kann das Phänomen zur Wiedererkennung dienen.

Löslichkeit und Geschmack

Einige Minerale sind wasserlöslich. Diese Löslichkeit tritt manchmal mit einem Geschmack auf, der ein gutes Bestimmungskriterium sein kann. Salmiak schmeckt z. B. sehr unangenehm, der Geschmack von Steinsalz oder Kochsalz ist ebenfalls ganz charakteristisch. Vorsicht! Manche Salze sind giftig.

Chemische Eigenschaften

Obwohl die Kenntnis der physikalischen Eigenschaften eines Minerals, wie festgestellt, sehr wichtig für die Bestimmung ist, sind auch die chemischen Eigenschaften für eine richtige Bestimmung unerlässlich. Je nach Untersuchungsmethode (klassische Chemie, Kristallchemie) ist diese Bestimmung der Mineralart mehr oder weniger genau. Die herkömmliche Chemie ist bei der Bestimmung hilfreich und liefert zusätzlich einige „Rezepte“ zur Reinigung der Proben. Für jedes vorgestellte Mineral werden im Kastentext unter der Beschreibung diese „Rezepte“, die manchmal reich an Hinweisen sind, vorgestellt.
Die Kristallchemie greift auf hochentwickelte Untersuchungstechniken zurück (Röntgenstrahlen, Spektrophotometrie usw.), auf die der interessierte Laie nur selten Zugriff hat. Die Bestimmung eines Minerals erfolgt hier ganz anders als bei der herkömmlichen Chemie. Die Kristallchemie verknüpft die chemische Zusammen-

setzung eines Minerals mit seiner Kristallstruktur. Über die Raumanordnung der Atome und die auftretenden Bindungsarten wird die geometrische Anordnung der verschiedenen Elemente im Kristallgitter bestimmt. So kann jede Mineralart bestimmt, ihre Eigenschaften erklärt werden.

Lagerstättenkunde

Dieser Teilbereich der Geologie beschäftigt sich besonders mit der Untersuchung der Lagerstätten. Die Suche nach wirtschaftlich interessanten Mineralen (z. B. Metalle) hat viel zur Entwicklung dieses Faches beigetragen. Da bestimmte Mineralarten eng mit bestimmten Arten von Lagerstätten verknüpft sind, ist es wünschenswert, dass der interessierte Laie einige Kenntnisse in diesem Bereich hat.

Orthomagmatische Lagerstätten

Diese Lagerstätten sind direkt mit der Anwesenheit eines intrusiven Magmas zu einem bestimmten Zeitpunkt verknüpft.

Disseminierte Lagerstätten

In diesen Lagerstätten sind die Minerale akzessorische Bestandteile des Muttergesteins und darin dispers verteilt. Das betroffene Gestein ist oft basisch (Peridotit, Gabbro). Beispiele: Platin-, Diamantlagerstätten (in Kimberliten)

Segregationslagerstätten

Diese Lagerstätten bestehen aus Mineralen, die sich in Schichten oder Linsen innerhalb des Magmenkörpers konzentriert haben. Dies geschieht bei der Gravitationsdifferentiation im Verlauf der Kristallisation des Magmas. Beispiel: Chromitlagerstätten

Pegmatitische Lagerstätten (siehe magmatische Gesteine)

Pneumatolytische Lagerstätten

Sie bilden sich aus heißen magmatischen Fluiden geringer Dichte (Wasserdampf, CO_2, F, Cl u. a.). Sie trennen sich vom Magma gegen Ende der Kristallisation. Die verbreitetste Reaktion der

Pneumatolyte ist die Greisenisierung der Gesteine, d. h. ihre Umwandlung in ein Gemenge aus Quarz und Muskovit. Topas, Turmalin, Kassiterit usw. sind in dieser Lagerstättenart häufig.

Kontaktlagerstätten

Diese Lagerstätten entstehen durch Einwirkung sowohl der Hitze des intrusiven Magmas als auch der damit verbundenen Fluide auf die Nebengesteine. Die Skarne sind die häufigsten Beispiele hierfür; es sind Karbonatgesteine reich an Silikaten (Pyroxene, Epidot, Granat u. a.) und recht häufig auch an Mineralen wie Scheelit, Molybdänit, Chalcopyrit usw.

Fumarolen

Fumarolen sind Gase aus vulkanischer Tätigkeit. An den Austrittspunkten dieser Fumarolen (Vents, Schlote) können sich Minerale wie Schwefel, Hämatit und zahlreiche Halogenide ablagern.

Hydrothermale Lagerstätten

Mit hydrothermaler Lagerstätte wird jede Mineral- oder Erzanreicherung bezeichnet, die sich aus Flüssigkeiten, im wesentlichen wässrigen Flüssigkeiten, bei einer Temperatur unterhalb des kritischen Punktes von Wasser (473 °C) gebildet hat. Aus diesen Flüssigkeiten, die chemische Stoffe gelöst und als Komplexe transportieren, erfolgt die Ausscheidung der Minerale durch Absinken der Temperatur und/oder durch Veränderung der chemischen Zusammensetzung und des Säuregehalts der Umgebung, sodass eine Sättigung der Lösung erreicht wird. Diese Flüssigkeiten können dreierlei Ursprungs sein:

– vadose Wässer: Das sind Oberflächenwässer aus Regen oder Rieseln, die über Risse in die Erde sickern und sich durch Eindringen in tieferen Teilen der Kruste erwärmen.

– Formationswasser: Während der Kompaktierung von feuchten Sedimenten (Diagenese) wird unter Wirkung des Drucks das Tränkungswasser herausgedrückt und kann so zur Zirkulation in Spalten und Brüchen gebracht werden.

– juvenile Wässer: Das sind während der Kristallisation und der Differentiation in die Erdkruste aus dem Magma abgesonderte Wässer. In der Tiefe sind Magmen sehr oft hydriert. Ein mit Wasser gesättigtes granitisches Magma kann z. B. bis zu 10 %

Eingebuchteter Muskovitkristall (orange bis violette Farbtöne) mit Quarz (graue Farbtöne) in einem Granit, mikroskopische Aufnahme unter polarisiertem Licht

seines Gewichts Wasser enthalten (siehe magmatische Gesteine). In Wasser gelöstes Kohlendioxid macht oft einen großen Teil der Zusammensetzung von hydrothermalen Wässern aus.

Da die hydrothermalen Wässer entlang von Rissen zirkulieren, sind die hydrothermalen Lagerstätten im Allgemeinen durch Adern charakterisiert, d. h. durch Volumen, die von zwei mehr oder weniger parallelen Ebenen begrenzt werden. Da ein Volumen lokal nicht immer gefüllt ist, bilden sich Hohlräume, die Geoden oder Drusen heißen und oft von Kristallen bedeckt sind. Heiße Thermalquellen sind an der Oberfläche der Hinweis auf die Zirkulation von Flüssigkeiten in der Erdkruste.

Die Minerale umschließen oft „flüssige Einschlüsse". Das sind während der Kristallisation eingeschlossene Flüssigkeiten. Durch ihre Untersuchung lässt sich u.a. die Temperatur beim Einschließen und deshalb auch die Bildungstemperatur des Erzes bestimmen.

Nach der Kristallisationstemperatur der Minerale unterscheidet man:

- hochtemperierte oder hypothermale Lagerstätten, die zwischen 300 und 473 °C entstehen,
- mitteltemperierte oder mesothermale Lagerstätten, die zwischen 150 und 300 °C entstehen,
- niedrigtemperierte oder epithermale Lagerstätten, die zwischen 50 und 150 °C entstehen.

Die Lagerstätten vom Typ alpine Klüfte sind auch hydrothermalen Ursprungs.

Sedimentäre Lagerstätten

Sie entstehen bei den und durch die Prozesse, die zu Sedimentablagerungen in Mulden (Meere, Seen usw.) führen.

Detritische Lagerstätten

Die Körner aus dem Erosionsabtrag eines Gesteins werden vom Wasser mehr oder weniger weit getragen, wobei sich die Minerale mit der höheren Dichte zuerst ablagern. So konzentrieren sich bestimmte Minerale an besonderen Stellen und bilden Seifenlagerstätten/Alluvionen, z. B. Gold, Platin, Kassiterit.

Evaporitische Lagerstätten (siehe Beschreibungen von Steinsalz und Sylvin)

Biochemische Sedimentlagerstätten

Lebende oder tote Organismen führen zur Bildung dieser Lagerstätten, ein Beispiel dafür sind die sizilianischen Solfatarelagerstätten. In diesen Lagerstätten reduzieren bestimmte Bakterien den Gips sedimentärer Formationen und wandeln ihn in reinen Schwefel um.

Residuallagerstätten

Diese Lagerstätten bilden sich durch differentielles Laugen bestimmter Elemente aus dem Ursprungsgestein, wobei sich die unlöslichen Elemente (Al, Ni u. a.) dort anreichern. Es handelt sich im wesentlichen um Lateritlagerstätten. Dies gilt für zahlreiche Bauxitlagerstätten, für die Nickelvorkommen von Neukaledonien usw.

Oxidations- und Zementationslagerstätten

Vor allem sekundäre Minerale aus der Oxidation von primären Erzen finden sich in diesen Lagerstätten.

Die Oxidation der Minerale erfolgt zwischen dem Grundwasserspiegel und der Oberfläche. Dies ist eine Oxidationszone, in der das Wasser leicht zirkuliert. Der „eiserne Hut" oder Gossan einiger Lagerstätten ist die perfekte Ausbildung dieses Phänomens durch eine starke Konzentration an Eisenhydroxiden (Limoniten).

Unterhalb der Grundwasserspiegel spielt Sauerstoff eine geringere Rolle und geht in die Reduktionszone über, die Zementationszone heißt. Bergmännisch ist diese Zone sehr interessant, denn dort reichern sich Metalle (Silber oder Kupfer) an. Argentit und Covellin sind ebenfalls Minerale dieser Zone.

Unterhalb dieser Zementationszone findet sich das nicht verwitterte Erz, auch „Protore" (von proto = ursprünglich, wie Prototyp und Ore = englisch für Erz) genannt.

Petrologie

Die Petrologie ist die Wissenschaft, die sich mit den Entstehungsbedingungen der Gesteine (Druck und Temperatur) und mit ihrer Entwicklung beschäftigt. Sie stützt sich auf verschiedene andere Disziplinen wie die Petrografie, die Geochemie, die strukturelle Geologie und die Mineralogie. Für den Mineralliebhaber ist es sehr wichtig zu wissen, wie ein Granit von einem Gabbro oder von einem Syenit zu unterscheiden ist. Dieses Wissen wird ihn bei der Suche nach kristallinen Handstücken leiten. Je nach Art ihrer Entstehung werden die Gesteine in drei große Gruppen unterteilt: magmatische, sedimentäre und metamorphe Gesteine.

Magmatische Gesteine / Magmatite

Dieser Gruppe werden alle Gesteine zugeordnet, die aus der Kristallisation eines Magmas, d. h. einer Gesteinsmasse entstehen, die teilweise oder vollständig geschmolzen ist. Dieses Schmelzen, auch Anatexie genannt, findet bei hoher Temperatur und unter hohem Druck statt, tief in der Erdkruste oder im Erdmantel. Die Zusammensetzung und die Art der Gesteine variieren stark, je nach der chemisch-mineralogischen Zusammensetzung der Ausgangsstoffe und nach der Entwicklung der Magmen während der Kristallisation. Die Zusammensetzung und die Art der Gesteine, die entstehen können, variieren stark. Dies erklärt zum Teil die extrem unterschiedlichen magmatischen Gesteine, die es gibt.

Die Entstehung magmatischer Gesteine

Magma in der Erdkruste neigt dazu, zur Erdoberfläche aufzusteigen, indem es bereits geschaffenen Kanälen (Rissen) folgt oder das Umgebungsgestein verschiebt oder umformt (Diapirismus). Wenn die Kristallisation des Magma in der Tiefe der Erdkruste in einer großen Kammer, Pluton genannt, stattfindet, so erfolgt die Abkühlung langsam, die Kristalle haben Zeit zu wachsen. So bilden sich Plutonitgesteine mit körnigem Gefüge. Granite, Granodiorite, Nephelinsyenite, Gabbros usw. sind so entstanden.

Magmen, die in die Nähe der Erdoberfläche kommen, füllen offene Risse aus und erkalten ziemlich schnell. Somit entstehen die

Gänge der Mikrogranite, der Mikrodiorite oder der Lamprophyren. Diese Gesteine, die so genannten hypovulkanischen Gesteine, sind feinkörnig.
Schließlich, wenn das Magma vor der Erstarrung die Erdoberfläche erreicht, verursacht es vulkanische Phänomene, die sehr spektakulär, oft gewaltig und zerstörend sein können. Die so entstandenen Gesteine haben meistens mikrolithische Gefüge (die Kristalle befinden sich in einer dichten oder glasigen Grundmasse).

Aplitgänge (horizontal) und Pegmatitgänge (vertikal), die einen porphyroiden Granit durchschneiden

Klassifizierung der Magmatite

Diese Klassifizierung beruht hauptsächlich auf der mineralogischen Zusammensetzung, welche direkter Ausdruck der chemischen Zusammensetzung ist (Gesteine mit Quarz, Gesteine ohne Quarz und ohne Feldspatoide, Gesteine mit Feldspatoiden), und auf der Textur (körnig, feinkörnig oder mikrolithisch).
Die Beobachtung der Hauptminerale im Gestein und die Ermittlung ihres relativen Anteils ermöglicht die Einteilung in Untergruppen, mit deren Hilfe alle magmatischen Gesteine charakterisiert und bestimmt werden können. Parallel hierzu gibt es eine petrografische Klassifizierung der körnigen ultrabasischen

Gesteine, die keine oder sehr wenig weiße Minerale (Quarz und Feldspate) enthalten. Diese Ultrabasite sind nicht häufig. Ihre Hauptbestandteile sind Olivin, Pyroxene, Amphibole und manchmal Biotit. Die Klassifizierung dieser Gruppe beruht auf der Art und dem relativen Prozentsatz der verschiedenen darin enthaltenen Minerale.

Die Bedeutung der Fluide bei der Bildung der Mineralkonzentrationen in magmatischen Gesteinen

In der Erdtiefe schließen Magmen flüchtige Elemente (H_2O, CO_2, HCl, HF usw.) in gelöstem Zustand ein. Bei der Erstarrung der Magmen finden die flüchtigen Elemente nicht oder nur in geringem Maße Platz in der sich ausbildenden Mineralstruktur. Die Fluide konzentrieren sich also immer mehr in der magmatischen Restschmelze, bis zu ihrer Sättigung. Bei Übersättigung des Magmas verändert sich der Ablauf der Kristallisation. Dieses Phänomen ist z. B. die Ursache für die Bildung der Pegmatite, deren Kristalle sehr groß werden können. Pegmatoide sind die Äquivalente der Granitpegmatiten, aber in siliziumuntersättigten Gesteinen (z. B. Nephelinsyeniten) aufgebaut.

Bei der Trennung der Fluide werden vorzugsweise Elemente wie Bor, Beryllium, Lithium, Phosphor, Zinn, Wolfram usw. mitgenommen, die sich später ausscheiden, zum Teil massiv als Turmalin, Beryll, Lepidolith, Phosphat, Kassiterit, Wolframit usw.

Fluide können auch durch Gesteinsrisse direkt aus dem Magma entweichen. Sie dringen in das Umgebungsgestein ein, wo sie die in ihnen enthaltenen Elemente ausscheiden. Dieses Phänomen ist die Ursache für die Bildung der meisten mineralhaltigen Gänge von Wolfram, Zinn, Blei, Silber, Kupfer, Zink usw.

Die aus Quarz und Glimmer bestehenden Greisen sind das Ergebnis einer Umwandlung im festen Zustand von bereits bestehenden Gesteinen unter der Einwirkung der Fluide. Bei dieser Art der Formation konzentrieren sich hauptsächlich Zinn, Wolfram, Lithium und zuweilen seltenere Metalle wie Tantal und Niob.

Die Vakuolen in Basalten entstehen ebenfalls durch die Trennung gelöster Gase aus Magma. In diesen Hohlräumen bilden sich zum Beispiel Achate, Amethyste und die gesamte Gruppe der Zeolithe aus.

Sedimentäre Gesteine

Sedimentäre Gesteine machen nur 5 % der Erdkuste aus, sie umfassen jedoch 75 % der Oberfläche. Sie bilden sich aus der Zerstörung anderer Gesteine unter der Einwirkung verschiedener, insbesondere klimatischer Faktoren, oder durch die Anhäufung kalk- und kieselhaltiger Schalen von Mikroorganismen (Kreide und Kieselgur) in den kontinentalen oder maritimen Senken. Dieses Phänomen wird Sedimentation genannt. Die sich ergebenden Formationen durchlaufen verschiedene Entwicklungs-, Verdichtungs-, Verfestigungs- und Rekristallisationsprozesse. Sedimentäre Gesteine gibt es in ganz verschiedenen Ausprägungen. Bei ihrer Klassifizierung werden verschiedene Faktoren berücksichtigt wie die Art des Sediments, die Korngröße, die Art des Transportes usw.

Sedimetäres Gestein: ein Konglomerat

Metamorphe Gesteine

Metamorphe Gesteine haben meist eine blättrige Struktur. Sie bilden sich aus der Umwandlung im festen Zustand von magmatischen sowie sedimentären Gesteinen unter Einwirkung von Druck und Temperatur. Je nach den bei der Gesteinsbildung vorherrschenden thermodynamischen Bedingungen werden mehrere Typen von metamorphem Gestein unterschieden.

Metamorphe oder regionalmetamorphe Gesteine

Ihre Bildung ist meist das Ergebnis einer Orogenese (Bildung einer Gebirgskette). Je nach Intensität der Metamorphose kann dasselbe Ausgangsmaterial verschiedene Gesteintypen bilden, die durch veränderten mineralogischen Bestand gekennzeichnet sind. Die Untersuchung der mineralogischen Paragenesen (oder mineralogischen Bestände) gibt also Aufschluss über die genauen Bedingungen der Metamorphose (Druck und Temperatur), die zur Bestimmung der Fazies der Metamorphose führen. In vielen Fällen vollzieht sich die Metamorphose isochemisch (im Großen und Ganzen bleibt die Zusammensetzung der Gesteinsmasse konstant). Dies ermöglicht, nach Analyse die Art der ursprünglichen Formation zu bestimmen. So war es möglich festzustellen, dass die meisten der Amphiboliten aus alten

Metamorphes Gestein: ein gefalteter Gneis

vulkanischen Gesteinen stammen, die sich auf dem Grund heute verschwundener Ozeane gebildet hatten. Amphibolite zeugen von der Existenz dieser Ozeane.

Von den am meisten verbreiteten metamorphen Gesteinen seien die Folgenden genannt:

– Glimmerschiefer sind blättrige Gesteine, die hauptsächlich aus Quarz-, Glimmer- und Albitlagen bestehen.

– Gneise sind blättrige Gesteine, die hauptsächlich aus Quarz, Feldspäten (Plagioklase und Kalifeldspäte) sowie Glimmer bestehen.

– Amphibolite und Pyroxenite sind Gesteine mit kompakter körniger Textur, die hauptsächlich aus Amphibolen oder Pyroxenen mit basischen Plagioklasen bestehen.

– Marmor und grobkörnige Kalksteine sind Kalksteine, die eine leichte metamorphe Umwandlung erfahren haben (häufig kalkhaltige Silikatminerale wie in den Marmoren aus Greenville).

– Quarzite sind massive Gesteine, die fast ausschließlich aus Quarz bestehen. Sie sind aus der Metamorphose von Sandsteinen (sedimentärem Gestein) entstanden.

Kontaktmetamorphe Gesteine

Sie bilden sich durch den Kontakt eines intrusiven Magmas mit dem kühleren Umgebungsgestein. Die von der Metamorphose betroffene Zone kann einige Meter bis einige hundert Meter dick sein, je nach Volumen (Wärmemenge) und chemischer Zusammensetzung (Temperatur) der Intrusion. Die freigesetzte Wärme des Magmas führt zu Kontaktmetamorphose. Zu den Gesteinen, die so entstanden sind, gehören:

– Hornfelse, massive, kompakte Gesteine, sehr feinkörnig und hornartig, entstanden hauptsächlich durch Thermometamorphose von Tongesteinen, tonigen Sandsteinen, Serizitschiefern, Glimmerschiefern usw.

– Skarne; das sind Kalksteine oder Mergelkalke, die neben dem thermischen Einfluss auch dem Einfluss der durch das Magma freigesetzten Fluide ausgesetzt waren. Dies führt zu einer erneuten Mobilität des Siliziums und einer Siliziumanreicherung, gepaart mit dem Entweichen von Kohlendioxid und der Bildung von Silikatmineralen.

Minerale sammeln

Das Handstück

Das Handstück ist eine Probe, ein Muster oder ein für ein Mineral repräsentatives Stück. Dies hängt von der Art der Sammlung ab, zu der es gehört. Für die so genannten Schaukasten-Sammlungen ist die Auswahl eines Handstücks vor allem abhängig von den Vorlieben des Sammlers, zusammen mit verschiedenen genau festgelegten Auswahlkriterien, die in der Literatur häufig behandelt werden.

Qualitätskriterien

Perfektion des Kristalls: Die Kristalle sollten perfekt sein, deutlich ausgeprägte Formen und, wenn möglich, eine „didaktische Form" haben. Proben mit stumpfen oder angeschlagenen Kanten werden systematisch ausgemustert. Handstücke ohne Kristalle sind weniger wertvoll als perfekt kristalline.

Gangart: Auf Ganggestein aufgewachsene Kristalle sind weitaus begehrter als Handstücke ohne Ganggestein. Zu den letzteren gehören die „schwimmenden" Proben: Sie zeigen Kristalle, die sich in allen Richtungen frei und ungehindert während ihres Wachstums entwickeln konnten und die praktisch die gleiche Qualität aufweisen wie die auf Ganggestein aufgewachsenen Kristalle.

Verwachsungen: Aus mineralogischer Sicht stellen schöne Verwachsungen kristalliner Handstücke die höchste Qualität dar. Sie sollten die gleichen Anforderungen an die Perfektion erfüllen.

Farbe: Proben mit intensiven Farben werden am meisten geschätzt. Das gleiche gilt für Edelsteine: Je satter die Farbe, desto begehrter sind sie. Das Zusammenspiel der Farben oder ihr Kontrastreichtum sind ebenfalls hoch geschätzt. Kristalle mit angelaufenen Flächen sind weniger gefragt als solche, die glänzende Flächen aufweisen.

Größe: Meist sind große Kristalle unvollkommen und haben eine mittelmäßige Farbe. Daher ist die Größe ein zweitrangiges Kriterium. Einige Sammler behalten jedoch zuweilen eine Probe von durchschnittlicher Qualität speziell wegen ihrer Größe.

Ästhetik: Dieses letzte Auswahlkriterium ist sehr subjektiv. Es umfasst alle vorher aufgeführten Kriterien, beinhaltet aber auch eine Vorstellung von Rauminhalt und von Raumverteilung. Zum Beispiel können zwei dachziegelartig übereinander liegende Rauchquarzkristalle von herausragender Schönheit sein, während

Perfekter Topaskristall auf Quarzganggestein

ein roter Rhodochrositrhomboeder, verloren auf einer Quarzplatte, ein Gebilde ohne ästhetischen Wert ist.
Diese strengen Auswahlkriterien bestimmen genau die Qualität eines Kristalls und den Wert der Probe. Selbstverständlich wird der Wert einer Sammlung nicht nach rein quantitativen Angaben eingeschätzt, sondern hängt vor allem von der Gesamtheit ab, welche die Sammlung um ein zentrales Thema herum darstellt.

Klassische Handstücke

Ein Handstück gilt als klassisch, wenn es eine hohe Qualität aufweist und absolut repräsentativ für ein Mineral ist, das aus einem bestimmten, weltweit anerkannten, meist erschöpften

Vorkommen abgebaut wurde. Die Tatsache, dass das Vorkommen bereits erschöpft ist, ermöglicht es, die Qualität aller abgebauten Proben einzuschätzen und somit genau den Wert einer bestimmten Probe im Verhältnis zu den anderen aus dem Vorkommen zu bestimmen. Klassische Vorkommen und klassische Handstücke sind jedoch selten.

Wettbewerbe von Sammlungen („competitive exhibits“)

Wettbewerbe werden von allen großen amerikanischen Sammlerbörsen organisiert. Die Ausstellungen sind in genormten Schaukästen untergebracht. Die Sammlervereinigungen in den USA geben Führer mit exakten Angaben zum Verfahren heraus.
Die Sammlungen werden nach der Qualität der ausgestellten Handstücke benotet. Die Höchstnote von zehn Punkten wird an ein Handstück dann vergeben, wenn es in Qualität und Größe den besten bekannten und in öffentlichen und privaten Sammlungen verzeichneten Proben entspricht. Fünf oder weniger Punkte werden an Handstücke von mittelmäßiger Qualität vergeben, die meist wissenschaftlichen Studien vorbehalten sind.
Andere Kriterien, die es zu beachten gilt, sind: die Beschriftung der Handstücke und die Qualität dieser Beschriftungen, der Seltenheitswert der ausgestellten Proben und schließlich die Ästhetik der Präsentation.

Sammler

Mineraliensammler gibt es wohl seit Anbeginn der Menschheit. Dies bezeugen die ungewöhnlichen kleinen Gesteins- oder Mineralstücke, die in bretonischen Megalithgräbern gefunden wurden, oder die Fragmente von Gesteinskristallen aus ägyptischen Grabstätten. Im 17. und 18. Jahrhundert wurden naturgeschichtliche Kuriositätensammlungen zusammengestellt, die Minerale, Gesteine, Fossilien, Muscheln und ausgestopfte Tiere umfassten. Aus diesen Zusammenstellungen bildeten sich nach und nach regelrechte Gesteinssammlungen, noch bevor die eigentliche Mineralogie entstand.
Die Mineralogie als Wissenschaft hat ihre Anfänge am Ende des 18. und zu Beginn des 19. Jahrhunderts, und zwar unter dem bestimmenden Einfluss von Just Haüy in Paris und Abraham Gottlob Werner in Deutschland. In dieser Zeit wurden auch die

ersten streng mineralogischen Sammlungen zusammengestellt. Diese Epoche gehört zum ersten Goldenen Zeitalter der Mineralsammlungen. Seit dieser Zeit gab es auch die ersten Mineralhändler. Der berühmteste unter ihnen war wohl der englische Kaufmann von Heuland. Die großen europäischen Sammler legten zu Beginn des 19. Jahrhunderts die Grundlagen für das, was die klassische Mineralsammlung „europäischen Stils“ ist, mit dem Ziel, so viele repräsentative Handstücke von damals bekannten Mineralen wie möglich zusammenzutragen. Die Qualität der Handstücke war noch kein Auswahl- oder Sammelkriterium.
Eine zweite Glücksperiode für die Sammlungen dauerte vom Ende des 19. Jahrhunderts bis zum Anfang des Ersten Weltkriegs. Die großen Sammler dieser Epoche stellten wunderschöne Sammlungen europäischen Stils zusammen, während parallel dazu in den USA damit begonnen wurde, intensiv nach dem besten Fundstück zu suchen. Wichtige Sammler dieser Zeit sind in Frankreich Adam Emile Bertrand, in England William Nevill, Henry Ludlam, Heddle, Ashcroft sowie in Deutschland Bosch und von Geipel. In den USA bewiesen Sammler einen ganz besonderen Weitblick und trugen sehr große Sammlungen zusammen, die den Kern der heutigen großen Museumssammlungen bildeten. Die amerikanischen Sammler wie Roebling, Canfield, William Vaux, J. Pierpont Morgan und Clarence Bement, A. F. Holden und Albert Cameron Burrage wetteiferten darin, die besten mineralogischen Handstücke der Zeit zu erstehen. Zahlreiche Mineralhändler leisteten Außergewöhnliches bei der Erforschung und Bewahrung der Handstücke in den Sammlungen, die sie belieferten. Der Rückgang der naturwissenschaftlichen Forschungsaktivitäten nach dem Ersten Weltkrieg war vor allem für die Mineralsammlungen in Europa fatal. So waren nach den Angaben eines berühmten englischen Mineralliebhabers um 1940 nur noch drei Mineralsammler in Großbritannien regelmäßig im Gelände. Dennoch wurden einige Sammlungen in Europa weiter aufgebaut; vor allem sind die Sammlungen von Louis Vésigné in Paris und in Großbritannien von Arthur Kingsbury und Sir Arthur Russell zu nennen; beide britischen Sammlungen wurden dem British Museum of Natural History hinterlassen.
Die dritte große Periode dauert bis heute an. Sie begann Ende der 1960er-Jahre. Die Renaissance der Sammlungen war

wahrscheinlich damit verbunden, dass eine Art von beschreibender Mineralogie, welche die Entwicklung der Sammlungen hemmte, verschwand und andererseits der hohe Stellenwert der Naturwissenschaften im Westen wiederentdeckt wurde.
Die neue Generation von Mineralsammlern und die Renaissance der Sammlungen waren für die Mineralogie als Naturwissenschaft von Vorteil, denn sie brachten mit sich eine bessere Klassifikation der Sammlungen, deren Anerkennung als Kulturgut, die Öffnung der öffentlichen Sammlungen sowie intensive Ausgrabungen und Konservierung in allen Gruben und Abbaustätten. Der „Mineralogieladen" ist ausgestorben und hat dem Makler Platz gemacht, der streng auf die Qualität der Stücke achtet, die er seinen Kunden anbietet.
Es gibt mehrere Gruppen von neuen amerikanischen Sammlern, so auch diejenigen, die Ausstellungsstücke sammeln und mehr und mehr den Standard der alten Sammlung europäischen Stils aufgeben, um Sammlungen mit hohen Qualitätsanforderungen aufzubauen, nach dem Vorbild der großen Gemälde- und Kunstsammlungen, die vor einem Jahrhundert in Europa entstanden.
Der Mineralsammler nimmt am Anfang des neuen Jahrhunderts eine Zwischenstellung zwischen dem Mineralliebhaber und dem Geländekenner, zwischen dem Sammler und dem Naturwissenschaftler ein. Die ästhetischen Kriterien, denen moderne Sammler folgen, führten sie nach und nach auf den Weg ihrer Vorgänger, die Liebhaber der Schönen Künste waren. Desweiteren beruht die Zusammenstellung einer Sammlung auf dem eigenhändigen Zusammentragen von Mineralen aus dem Gebirge, aus Gruben oder Steinbrüchen. Der Aufbau einer Sammlung von hoher Qualität setzt ein bestimmtes Fachwissen über Minerale voraus, und heute sind die Sammler oft die einzigen, die noch fast alle Bereiche der beschreibenden Mineralogie bewahren.

Mineralsammlungen

„Zusammenstellung von Objekten, die aufgrund ihrer Schönheit, ihrer Seltenheit, ihrer Besonderheit, ihres dokumentarischen Wertes oder ihres Preises ausgesucht wurden" (Larousse/einsprachiges französisches Wörterbuch).

Nach dem Verschwinden der großen Sammlungen europäischen Stils war der Weg frei für die Entwicklung unterschiedlicher Arten von Sammlungen.

Schaukastensammlung

Die Schaukastensammlung ist für eine Vielzahl von Mineralliebhabern interessant und zeigt eigens für die Ausstellung ausgewählte Proben. Diese Auslese wird meist nach der Qualität der Proben vorgenommen.

Thumbnail (vom engl.: Daumennagel)

Platzprobleme und ständige Preissteigerungen der Minerale haben dazu geführt, dass zahlreiche Sammler die Größe ihrer Stücke so eingeschränkt haben, dass sie in eine daumengroße Schachtel (Seitenlänge 2,5 cm) passen. So streng können Auswahlkriterien sein.
Oft beinhalten diese Sammlungen eine begrenzte Anzahl von Proben, z. B. 100 Stück, sodass die Aufnahme eines neuen Handstücks die Abgabe eines anderen erzwingt.

Mikromounts

Große, gut kristalline Proben sind schwer zu bekommen. Aus diesem Grund widmen sich viele Mineralliebhaber Mikromounts. Diese Art der Sammlung hat wohl Zukunft. Die Handstücke werden mit einer Stereolupe geprüft, meist nach dem Einsetzen in eine kleine Kunststoff- oder Papierschachtel. Hier besteht die Möglichkeit, mit sehr geringen Kosten umfassende Sammlungen zusammenzustellen, die aus einer großen Zahl von Mineralen bestehen.

Selbst zusammengetragene Mineralsammlungen

Einige Sammler behalten einzig und allein die Fundstücke, die sie selbst im Gelände gefunden haben. Diese Sammlungen sind oft wenig abwechslungsreich, beinhalten jedoch häufig außergewöhnliche Stücke.

Systematische Sammlung

Dies ist die umfassendste Art einer thematischen Sammlung. Das Ziel dieser Sammlungen ist es, so viele bekannte Minerale wie möglich zusammenzutragen, und zwar nach genau bestimmten

Grundsätzen, die in einigen Fachbüchern wie von Fleischer oder von Hey detailliert aufgeführt sind. Die Zusammenstellung einer solcher Sammlung ist nicht einfach, da die sichere Bestimmung einer großen Anzahl von Mineralen äußerst schwierig sein kann. Für eine sichere Bestimmung ist der Einsatz von präzisen Untersuchungsmethoden notwendig, die meist schwer zugänglich sind, wie Goniometrie, Röntgenkristallografie oder Elektronenmikrosondenanalyse.

Thematische Mineralsammlung

Viele Sammler beschäftigen sich heute mit thematischen Sammlungen. Es kann sich dabei um eine regionale Sammlung handeln oder um eine Sammlung, deren Thema nur ein einziges Mineral ist. Die neuesten thematischen Sammlungen sind historisch aufgebaut und bestehen aus alten Stücken mit ihrer Originaletikettierung.

Erstellen einer Sammlung

Eine Sammlung kann auf vier verschiedene Arten zustande kommen: durch Schenkung/Erbschaft, Ankauf, Sammeln im Gelände oder durch Tausch. Eine Schenkung oder eine Erbschaft hängen von außergewöhnlichen Umständen ab und betreffen im Wesentlichen Museumssammlungen.

Ankauf eines Mineralstücks

Mineralproben können auf drei verschiedene Arten erstanden werden: bei zugelassenen Händlern im Geschäft oder auf einer Sammlerbörse, bei Gelegenheitsverkäufern auf Sammlerbörsen und schließlich bei Personen vor Ort: Bergleuten, Arbeitern in Steinbrüchen oder Ingenieuren an den Fundorten. Die Händler sichern die oft unerlässliche Verbindung zwischen den „Produzenten“ und den Sammlern.

Sammeln im Gelände

Diese oft auch sportliche Praxis ist der Königsweg, um Kenntnisse in Mineralogie als Naturwissenschaft zu erwerben.

Tausch

Der Tausch ist sehr verbreitet, wird jedoch von Jahr zu Jahr problematischer, da die Sammler immer anspruchsvoller bezüglich der Qualität werden. Heute beschränkt sie sich mehr und mehr auf die Mikromounts. In den USA wurde versucht, den Tausch unter Sammlern, die Erstellung einer Sammlung und den Handel mit Mineralen theoretisch zu fassen. Einige „Gesetze“ wurden aufgestellt, darunter die von Desautels und von Murphy.

Gesetze

Gesetz der Verfügbarkeit: Die Verfügbarkeit von Exemplaren im Markt zu einem bestimmten Zeitpunkt hängt direkt von der für den Ankauf verfügbaren Geldmenge ab.

Gesetz der Motivation: Je stärker die Motivation des Sammlers ist, desto vielfältiger wird die Sammlung sein.

Gesetz des Tausches: Der Erfolg und die Kontinuität eines Tausches hängen nicht von dem Wert des Mineralstücks ab. Sie sind letztlich mit der persönlichen, psychologischen Wahrnehmung dieses Tausches verknüpft.

Regeln

Meist sind es die wirklich sehr gute Proben, die nach ihrer Entdeckung zum Verkauf angeboten werden.

Ein gutes Exemplar bleibt immer ein gutes Exemplar, so wie umgekehrt schlechte Exemplare im Laufe der Zeit nicht an Qualität gewinnen. Wenn eine Probe eine hohe Qualität aufweist, wird sie es auch nach Jahren noch tun. Auch gilt folgende Beobachtung: Wenn bei der Wiederbegutachtung eines bestimmten, einige Monate zuvor geprüften Handstücks festgestellt wird, dass es höher eingestuft werden kann als zuvor, so handelt es sich um ein ausgezeichnetes Fundstück. Umgekehrt gilt: Wenn ihm eine niedrigere Qualität bescheinigt wird, ist es eine Probe von mittelmäßigem Wert.

Eine Sammlung gilt als tot, wenn sie keine Proben niedrigerer Qualität beinhaltet; dies gilt auch dann, wenn sie nur mittelmäßige Stücke enthält. Ein guter Sammler gestaltet seine Sammlung „lebendig“.

Die wahren Sammler haben ein sehr ausgeprägtes persönliches Interesse an Mineralen. Es ist unmöglich, eine gute Sammlung aufzubauen, ohne von Mineralen begeistert zu sein.

Es ist ebenfalls unmöglich, mineralogische Exemplare zu schätzen, ohne selber welche zu besitzen. Diese Erfahrung ist auch allen Kunstliebhabern wohl bekannt.

Einschätzung von Handstücken

Reinigung von Handstücken

Nach seiner Bestimmung wird ein Handstück zunächst unter Verwendung einer Bürste mit Wasser gereinigt. Für den Fall, dass es sich um ein lösliches oder sprödes Mineral handelt, sind besondere Vorsichtsmaßnahmen erforderlich. Falls nötig, wird es ins Überschallbad gestellt oder mit Säuren behandelt.

Die Verwendung von starken Säuren (Salzsäure, Schwefelsäure, Flusssäure u. a.) oder von schwachen Säuren (Oxalsäure, Weinsäure u. a.) ist manchmal notwendig, trotz der Risiken, die ihre Anwendung in sich birgt. Verdünnte Salzsäure löst Calcit (Kalkspat) auf, der manche Kristallisierungen umschließt. Flusssäure entfernt Quarz auf unlöslichen Mineralen wie Flussspat (Fluorit) und Baryt (Schwerspat). Allerdings: Flusssäure ist höchst gefährlich, der Umgang mit ihr birgt große gesundheitliche Risiken!

Dithionit-Methode: Mit dieser Methode ist es möglich, die Eisenoxid-Verkrustungen abzubeizen und gleichzeitig Karbonate ein wenig anzuätzen – darauf beruht die Bedeutung dieser Methode. Eine Pufferlösung lässt sich wie folgt zubereiten: 28 g Natriumbikarbonat ($NaHCO_3$) und 59 g Natriumzitrat ($NaCO_3C_3H_4OH \cdot 2H_2O$) werden in 1 l lauwarmen, destillierten Wasser gelöst.

Die Lösung ist gebrauchsfertig, wenn sie homogen ist. Nun das Fundstück in einen großen Behälter stellen und vollständig in die Pufferlösung tauchen (notieren Sie sorgfältig die eingegossene Lösungsmenge). Anschließend nach und nach 1 g Natriumdithionit ($Na_2S_2O_4$) auf 30 ml Pufferlösung dazugeben. Das Handstück sollte 24 Stunden bei Raumtemperatur in einem geschlossenen Behälter in der Lösung verbleiben, dann herausnehmen. Die Probe zunächst mit etwas Pufferlösung ausspülen, dann gründlich waschen. Wenn die Verkrustungen vollständig weggeätzt sind, ist die Reinigung beendet. Ist dies nicht der Fall, muss der Vorgang wiederholt werden.

Selbstverständlich gibt es auch andere chemische Methoden zur Reinigung von Mineralen; sie sind leicht in mineralogischen Fachzeitschriften zu finden.

Etikettierung

Die Etikettierung ist sehr wichtig: Sie beinhaltet die Angaben zur Bestimmung, zum genauen Fundort und das Datum der Entdeckung sowie eventuelle bibliografische Hinweise.

Ausstellungsmöbel

Die Auswahl der Ausstellungsmöbel hängt natürlich vom eigenen Geschmack ab. Alte, mit Intarsienarbeit versehene Ausstellungsmöbel sind wahre Kunstwerke und sehr begehrt. Die modernen Kunsttischlermöbel sind ziemlich teuer. Deshalb entscheiden sich viele Sammler für ausgemusterte Museumsmöbel. Eichenholz hat den Ruf, die Eigenschaften einiger Minerale zu verändern (so u. a. von Markasit). Schubkastenschränke haben den Vorteil, dass sie die Proben gut schützen, während Glasschränke meist sehr zerbrechlich und nicht staubdicht sind.

Die Museen

Große öffentliche Mineralsammlungen in Deutschland sind: das Museum der Bergakademie Freiberg, das Museum der Humboldt-Universität in Berlin, die Clausthaler Mineralogischen Sammlungen in Clausthal

In Europa gibt es zudem folgende wichtige Sammlungen:

– In Frankreich: das Museum für Naturgeschichte (Histoire naturelle) in Paris. Sein Motto lautet: „Bewahren, Forschen, Lehren“.

– In Österreich: das Museum für Naturgeschichte in Wien

– In Dänemark: das Geologische Museum in Kopenhagen

– In Großbritannien: das berühmte British Museum of Natural History in London – ein ausgezeichnetes Mineralogiemuseum und eines der reichsten der Welt –, ferner das Museum of Natural History in Edinburgh, Schottland

– In Spanien: die Sammlung Folch Girona in Barcelona

– In der Schweiz: die Museen für Naturgeschichte in Basel und in Bern

– In Tschechien: das Narodni Museum (Nationalmuseum) in Prag.

Auf folgende sehr große Museen weltweit ist auch noch hinzuweisen:

– In Russland: das mineralogische Museum Fersman der Akademie der Wissenschaften der Russischen Föderation in Moskau und das Museum der Bergbauakademie in Sankt Petersburg

– In den USA: das National Museum of Natural History (Smithsonian Institution), Washington – das größte mineralogische Museum der Welt –, das American Museum of Natural History in New York und das Mineralogical Museum der Universität Harvard.

DIE MINERALE IM EINZELNEN

1 GEDIEGENES SILBER

Vorkommen: In der Grube Kongens bei Kongsberg in Norwegen wurden die schönsten Minerale gefunden: in Form von Aggregaten astförmigen Silbers und als verkrümmte drahtförmige Äderchen, zuweilen größer als 20 cm. Hier fanden sich ebenfalls sehr schöne, perfekt kubische Kristalle als Silberglanz-Pseudomorphe oder äußerst polysynthetische, teilweise mehr als 35 cm große Einzelkristalle in verzerrter kubischer oder oktaedrischer Form. Heute ist dieses klassische Vorkommen erschöpft.

In früheren Zeiten wurden große Mengen an wunderschönen drahtförmigen und baumförmigen Kristallen in den Silbergruben Freiberg, Marienberg und Schneeberg in Sachsen abgebaut. 1478 entdeckte man ein 4 t schweres Silberstück (die Silbertafel). Die schönsten Minerale fanden sich in der Grube Himmelsfürst bei Freiberg.

In letzter Zeit wurden sehr schöne poröse und aderförmige Stücke im klassischen Bergwerk Przibram, in Böhmen, Tschechien gefunden. In den Gruben von Batopilas in Chihuahua, Mexiko finden sich immer noch sehr viele dendritische Platten nadelartiger, in Kalkspat eingelagerter Kristalle, ebenso wie aderförmige Silberkristalle von zuweilen mehr als 1 kg Gewicht.

Außergewöhnliche Proben mit Netzen von klingeförmigen Kristallen, die zusammen Blätter bilden, kommen in Chanarcillo in Atacama, Chile und in Potosi, Bolivien vor.

In den Kupfergruben der Halbinsel Keweenaw in Michigan, USA fanden sich große Mengen an gediegenem Silber, entweder mit gediegenem Kupfer (half breed copper) oder als langgezogene, Büschel bildende Kristalle. Hier sind die Gruben von Wolverine und Kearsarge besonders zu erwähnen.

Ein wichtiges Vorkommen gediegenen Silbers ist die Grube Cobalt in Ontario, Kanada. Das gediegene Silber kommt vor in Form von moosbedeckten Aggregaten mehr oder weniger verstreut in Kalkspatganggestein.

Sehr schöne Beispiele finden sich in den USA in Aspen, Pitkain Co, Colorado, ferner in Sarrabus auf Sardinien und in Broken Hill und New South Wales, Australien.

Vom 16. bis zum 19. Jahrhundert wurden außergewöhnliche Kristalle aus der Grube Sainte-Marie-aux-Mines, Haut-Rhin, Frankreich gefördert. Der größte Kristall wog mehr als 500 kg. Solche Exemplare findet man heute sehr selten. In der Grube Saint-Louis, im gleichen Revier, wurden vor einiger Zeit schöne Minerale in Form winziger zentimeterlanger Drähte gefunden. In der Grube Chalanches in Allemont, Isère wurden viele interessante Silberkristalle gefördert, bäumchenförmige Aggregate mit den Begleitmineralen Erythrin, Annabergit und mit seidenartiger und silberhaltiger Erde.

Lagerstätten: Gediegenes Silber ist meistens mit bestimmten metallhaltigen Adern verbunden. Oft ist es ein supergenes Mineral der Zementationszone.

Bestimmung: Sie ist sehr leicht, denn es handelt sich um ein verformbares oder biegbares Metall. Gediegenes Silber könnte höchstens mit Kupfer und Gold verwechselt werden.

Abb. rechts oben:
Oben: baumartige Form mit Baryt, 25 mm. Wittichen, Schwarzwald, Deutschland
Abb. rechts unten: *Kristall, 35 cm. Grube Kongens, Kongsberg, Norwegen*

Chemisches Zeichen: Ag
Kristallsystem: kubisch
Etymologie: vom lat. *argentum*
Habitus: poröse Massen, fadenförmig. Selten kubische, oktaedrische, oft verzerrte Kristalle

Physikalische Eigenschaften: *Glanz:* metallisch. *Farbe:* Silberweiß, wird schwarz durch Alteration. Lichtundurchlässig. Verformbar, duktil. *Härte:* 2,5–3. *Dichte:* 10–11
Chemische Eigenschaften: Silber bildet mit Gold Elektrum, mit Quecksilber bildet es Kongsbergit. Löslich in Salpetersäure

2 GOLD

Vorkommen: Gold wird als strategisches Metall und als Münzmetall intensiv abgebaut. Zahlreiche Fundstätten bergen immer noch wunderschöne Kristalle.

Die schönsten Beispiele für europäisches Gold, in Form von Lamellen auf Quarz, kommen aus dem goldenen Viereck von Transsylvanien, Rumänien mit den vier großen Gebieten Brad, Zlatna, Rosia Montana (Verespatak) und Baia de Aries.

Die bekanntesten Gruben sind Ruda Barza, Valea Morii mit den Kristallen auf Quarz und Zinkblende, Musariu Vechi, das bekannt ist für besonders schönes Elektrum, Rosia Montana mit seinen dendritischen Anordnungen von oktaedrischen lamellaren Kristallen mit hohem Silbergehalt (Elektrum).

In Frankreich findet man Gold nur sehr selten, als kubische millimetergroße Einzelkristalle in Pérallier, La Motte-les-Bains, Isère. Goldstücke in Zentimetergröße finden sich in La Gardette, Isère, in La Lucette, Mayenne und in der Ader von La Bretelle, Douillac, Haute-Vienne. Goldnuggets kommen aus Gruben in Ariège, in Gard und aus denen in Morbihan im Gebiet von Pontivy.

Kürzlich wurden besonders schöne baumartige, zentimetergroße Kristalle in Hobe's Nose, Cornwall, Großbritannien gefunden.

Die besten Exemplare kommen wohl aus den USA. Es gibt Tausende kalifornische Goldminen, besonders in der berühmten Mother Lode, einem Adersystem, das sich über 100 km Länge hinzieht. Die bekanntesten Gruben sind Eureka, Tuolomne Co (mit blattförmigen Kristallen von 10 cm Durchmesser), Empire Star, Grass Valley (mit sehr vielen blattförmigen Kristallen auf Quarz), Colorado Quartz, Marirosa Co, Morgan Bluff, Placer Co usw. Aus Kalifornien kommen die wohl schönsten blattförmigen und die größten oktaedrischen Kristalle. In den USA gibt es auch in Colorado zahlreiche Minen: Franscomb Hill, Breckenridge mit seinen fadenförmigen Goldaggregaten und Ground Hog, San Juan Co mit sehr schönem astförmigen, bis 10 mm großen Gold, sowie Cle Elum, Kittitas Co, Washington mit vielen blattförmigen Kristallen.

In Südamerika wird Gold intensiv abgebaut, so in den riesigen Goldminen des Amazonas und des Berglandes von Guayana. Vor 20 Jahren wurden in der neuen Lagerstätte in Sierra Pelada, Brasilien sehr große Goldnuggets mit mehr als 30 kg Gewicht gefunden.

In Afrika finden sich in Zimbabwe große Goldkristalle.

In den Goldfeldern von Bendigo und Ballarat, Victoria und New South Wales in Australien wurden schöne Kristalle und eine Vielzahl großer Stücke gefunden wie etwa „Holterman's Nugget“ aus Hill End mit 630 kg Gewicht und 1,50 m Höhe.

Lagerstätten: Gold findet sich in Quarzgängen, in sedimentären Lagerstätten oder in Konglomeraten.

Bestimmung: Diese ist einfach, denn Gold ist das einzige gelbe Metall.

Abb. rechts oben:
Probe, 35 mm x 30 mm mit Quarz. La Lucette, Mayenne, Frankreich
Abb. rechts unten:
Kristall, 10 mm. Eldorado, Venezuela

Chemisches Zeichen: Au
Kristallsystem: kubisch
Etymologie: vom lat. *aurum:* Gold
Habitus: in verzerrten Kuben, Oktaedern oder Dodekaeder-Kristallen. In Prismen, Dendriten, blattförmig (flache Oktaeder). Selten in Fäden, in Nuggets. Meist schwammförmig in Quarz verteilt

Physikalische Eigenschaften: *Glanz:* metallisch. *Farbe:* Goldgelb oder gelblich. Duktil und verformbar. *Härte:* 3–2,5, *Dichte:* 16–19,3
Chemische Eigenschaften: oft silberhaltig: Elektrum; unlöslich in Säuren außer in Königswasser

3 GEDIEGENES KUPFER

Kristallgruppe, 50 mm. Grube Bottalack, Cornwall, Großbritannien

Vorkommen: Sagenhafte, heute aufgegebene Vorkommen gab es auf der Halbinsel Keweenaw am Oberen See im Norden Michigans, USA. Sehr große Klumpen (bis zu 420 t) primären gediegenen Kupfers und wunderschöne Kristalle fanden sich in basischem Lavagestein, zuweilen mit gediegenem Silber verwachsen *(half breed copper)*. Attraktive Kristalle stammen aus Bogoslowsk und Nishnij Tagil, im Ural, Russland. Isometrische Kristalle, wohl die schönsten bekannten, stammen aus der New Cornelia Mine, Ajo, Gila County in Arizona, USA. Auch in Arizona wurden dezimetergroße, baumartige, verzwillingte Kristalle in der Ray Mine, Pinal County gefunden, ebenso wie große baumartige Kristalle in Bisbee auf dem Cole Shaft. Zu nennen ist außerdem die Grube Bottalack im Lizard, Cornwall, Großbritannien mit großen baumartigen Klumpen. In Chessy an der Rhône, Frankreich wurden dendritische Klumpen gefunden. Reiche Vorkommen schwammartiger Klumpen aus kleinen Kristallen gibt es in Burc am Fluss Tarn. In den Gruben Saint-Véran, Hautes-Alpes und Roua, Saint-Guillaume, Alpes-Maritimes wurden mehrere Kilogramm schwere Kupferklumpen entdeckt.

Lagerstätten: Es ist ein primäres Mineral in bestimmten basischen Lavagesteinen und ein sekundäres Mineral in der Oxidations- und Zementationszone kupferhaltiger Lagerstätten.

Bestimmung: Seine Farbe ist charakteristisch.

Chemisches Zeichen: Cu

Kristallsystem: kubisch

Etymologie: benannt nach der Insel Zypern, Abbaugebiet in der Antike

Habitus: meist verzerrt kubisch, Dendriten kleiner Kristalle, blechförmig, Pseudomorphose anderer Minerale

Physikalische Eigenschaften: *Glanz:* metallisch. *Farbe:* leuchtend Rosa bis Kupferrot, dunkel anlaufend. Formbar, duktil. *Bruch:* splittrig. *Härte:* 2,5–3. *Dichte:* 8,9.

Chemische Eigenschaften: löslich in Säuren unter grüner Färbung; oxidierte Kristalle können mit Ammoniak gereinigt werden.

Anschliff (poliert) eines Meteoriten. Odessa, Ukraine

Synonym: Ferrit
Vorkommen: Dieses Mineral wurde in zuweilen sehr reichen Vorkommen gefunden, so in den Gruben der Insel Disco an der Westküste Grönlands. Dieses Vorkommen wurde erstmals 1730 erwähnt, sein terrestrischer Ursprung wurde Ende des 19. Jahrhunderts anerkannt. Das größte nach Europa transportierte Exemplar wiegt 25 t und stammt aus Ovifak (Blafjeld). Es besteht tatsächlich aus einer Mischung zwischen gediegenem Eisen, Cohenit [$(Fe, Ni, Co)_3C$], Troilit [FeS], Eisen-, Titan- und Chromoxiden sowie Nickel- und Kupfersulfiden. Zahlreiche Ausstriche dieses Gebietes bringen Eisen hervor, u. a. Niaqornaq, Igdlukunguaq, Kitdlit und Quaersut. In Europa gab es ein relativ reiches Vorkommen in den Basalten von Bühl nahe Kassel mit bis zu 5 kg schweren Klumpen, in vor allem unregelmäßigen Verwachsungen im Gestein. Diese werden durch Sägen und Polieren sichtbar. Große Mengen gediegenen Eisens stammen aus metallischen Meteoriten. In Anschliffen dieses Minerals erkennt man nach Ätzen mit Säure oft, dass Eisenkristalle (Kamacit) und Tänit [Ni, Fe] ineinander gewachsen sind. Die so entstandenen dreieckigen Muster heißen „Widmannstätten'sche Figuren".
Lagerstätten: Gediegenes Eisen ist selten. Ist es terrestrischen Ursprungs, dann entsteht es durch eine Wechselwirkung zwischen basaltischen Lavaströmen und entweder Kohleschichten oder Eisenerzen.
Bestimmung: Sie ist aufgrund der Dichte und des häufigen Vorliegens von Eisenoxiden leicht.

Chemisches Zeichen: Fe
Kristallsystem: kubisch
Etymologie: vom lateinischen *ferrum:* Eisen
Habitus: sehr seltene, missgebildete Kristalle. Terrestrisches Eisen in Klumpen oder Körnern. Platten und Lamellen mit Tänit (Ni, Fe) in siderolithischen Meteoriten

Physikalische Eigenschaften: *Glanz:* metallisch. *Farbe:* Stahlgrau. Formbar. Magnetisch. *Bruch:* splittrig. *Spaltbarkeit:* (001) *Härte:* 4. *Dichte:* 7,3–7,8
Chemische Eigenschaften: gediegenes Eisen enthält oft Nickel, das die Oxidation verlangsamt.

5 PLATIN

Platinklumpen, 20 mm. Nishnij Tagil im Ural, Russland

Vorkommen: Platin wurde 1735 im Fluss Pinto, in Papayan Cauca, Kolumbien entdeckt. Es wurde platina genannt: kleines Silber, wegen seines damals geringen Wertes. Das klassische Platinrevier ist El Choco in den Provinzen Atrato und San Juan; die wichtigsten Abbaugebiete liegen an den Flüssen Condoto, Irpo und San Juan. In diesen Gruben wurden Nuggets bis zu 500 g Gewicht abgebaut. Russland ist weltweit der größte Platinlieferant. In den 1822 im Ural entdeckten Lagerstätten, vor allem in Nishnij Tagil, in Iss und in Gussewska, ist Platin meist in Seifen anzutreffen, in Form von bis zu 10 kg schweren Nuggets aus seltenen, millimeterkleinen abgerundeten Kristallen. Platin wird ebenfalls aus Duniten und Pyroxeniten gewonnen. Andere wichtige Abbaugebiete sind Sudbury in Ontario, Kanada und Lydenburg District in Transvaal, Südafrika, wo seltene kleine Platinkristalle gefunden werden.

Lagerstätten: Es ist ein primäres Mineral, in basischen und ultrabasischen Gesteinen vorzufinden, sowie in den Seifen, die durch deren Verwitterung entstehen.

Bestimmung: Die sehr hohe Dichte und die stahlgraue Farbe sind typisch für Platinoide, von denen Platin einer der häufigsten Vertreter ist.

Chemisches Zeichen: Pt

Kristallsystem: kubisch

Etymologie: vom spanischen *platina*, also Verkleinerung von *plata:* Silber

Habitus: sehr selten kleine kubische verzerrte Kristalle. Schüppchen oder Körner, zuweilen Nuggets in Seifen

Physikalische Eigenschaften: *Glanz:* metallisch. *Farbe:* Stahlgrau bis Dunkelgrau. Formbar, duktil. *Härte:* 4–4,5. *Dichte:* 21,5. Zuweilen magnetisch, je nach Eisengehalt

Chemische Eigenschaften: Enthält variable Anteile anderer Platinoide, meist Ir, Pd, Rh und andere Metalle, besonders Eisen

Kristalle, 12 mm. Sainte-Marie-aux-Mines, Haut-Rhin, Frankreich

Vorkommen: Die schönsten Kristalle mit dem Habitus eines verlängerten Prismas, bis 30 mm groß, kommen aus der Ader Gabe-Gottes-Saint-Jacques in Sainte-Marie-aux-Mines, Haut-Rhin, Frankreich. Sie sind sehr selten. Nur gediegenes Arsen in Nierenform findet sich häufig. Besonders zu erwähnen die Blöcke reinen Arsens von einigen Dutzend Kilogramm Gewicht, die in einer einzigen Erzader gefunden wurden, nämlich in der „Giftgrube". Arsen tritt manchmal in grafischer Verwachsung mit Kalkspat auf. Kristalle gediegenen Arsens fanden sich in Sankt Andreasberg, ferner in Akadini, Echizen, Japan, und in den Schwelkohlegruben in Sorbiers, Loire, Frankreich, wo schöne millimetergroße pseudo-kubische Kristalle in Spalten gefunden wurden, die sich von den Spalten unterschieden, in denen Realgar entstand. Attraktive nierenförmige botryoidale Minerale sind aus vielen Fundstätten bekannt, so aus Atlin, Britisch-Kolumbien, Kanada, ferner aus Freiberg und Schneeberg, Sachsen, aus Jáchymov und Przibram, Tschechien und schließlich aus den USA, wo es ziemliche Mengen an gediegenem Arsen, z. B. in Stücken bis 20 kg aus der Grube Double Standard, Santa Cruz County, Arizona gibt.

Lagerstätten: Primäres Mineral aus hydrothermalen hochtemperierten Ni-Co-Bi-Ag-U-Lagerstätten. Es wird ebenfalls in Schwelkohlegruben gefunden.

Bestimmung: Sie wird durch das schnelle Anlaufen an Luft erleichtert und durch den charakteristischen Knoblauchgeruch bei Schlagbeanspruchung.

Chemisches Zeichen: As

Kristallsystem: rhomboedrisch

Etymologie: vom griechischen *arsenikon:* männlich, siegen

Habitus: selten verlängert prismatisch oder pseudokubisch. Meist nierenförmig

Physikalische Eigenschaften: *Glanz:* metallisch, *Farbe:* Zinnweiß, läuft an Luft schnell schwarz an, *Bruch:* uneben. Spröde. *Spaltbarkeit:* vollkommen (0001). *Härte:* 3,5. *Dichte:* 5,6–5,8

Chemische Eigenschaften: löslich in Wasserstoffsuperoxid (H_2O_2), unlöslich in Salzsäure

7 ANTIMON

Kristalle, 10 mm. Broken Hill, New South Wales, Australien

Vorkommen: Die schönsten Stücke stammen aus Broken Hill, New South Wales, Australien. Es sind seltene, pseudo-kubische, bis zu 15 mm große Kristalle auf Kalk- oder Eisenspat. In St. Andreasberg, Harz sind die Kristalle weniger schön ausgeprägt als in Broken Hill und zudem kaum zentimetergroß. Antimon ist meist in blättrigen Aggregaten anzutreffen. Die wichtigsten Vorkommen weltweit sind: Erskin Creek, nahe Hot Springs, Arkansas, USA mit bis zu 135 kg schweren Aggregaten; die Mojave Antimony Mine, Kern County, Kalifornien mit schönen Kristallen. Antimon in Form von Knollen, bedeckt mit einer Kruste aus Valentinit kommt vor in Arachuybo, in Chihuahua und in Nuevo Tepache an der Sonora, Mexiko; in Los Animos, Bolivien; in sehr großen Aggregaten in Sarabau, Sarawak, Borneo. In Europa findet man Antimon in Przibram, Tschechien, ferner in Sarrabus, Sardinien sowie in den Pegmatiten von Varadträsk im schwedischen Lappland. In Frankreich gibt es gediegenes Antimon in Chalanches nahe Allemont, Isère. Gediegenes Antimon ist hier selten, und wenn, dann in Form blättriger Aggregate (bis zu 10 cm Durchmesser) und millimeterkleiner schuppenartiger, in Allemontit [SbAs+Sb] eingelagerter Aggregate zu finden.

Lagerstätten: Dieses primäre Mineral kommt hauptsächlich in hochtemperierten hydrothermalen Lagerstätten vor.

Bestimmung: Antimon kann mit Wismut und Arsen verwechselt werden.

Chemisches Zeichen: Sb

Kristallsystem: rhomboedrisch

Etymologie: vom arabischen *al uthmud,* Bezeichnung für Antimonit, wichtigstes antimonhaltiges Mineral

Habitus: sehr selten kubisch oder tafelig (0001); zuweilen nierenförmig. Häufig Zwilling entlang $[10\bar{1}4]$. Spaltbare blättrige, traubenförmige oder körnige Aggregate

Physikalische Eigenschaften: *Glanz:* metallisch. *Farbe:* Zinnweiß bis Stahlgrau. *Bruch:* uneben. Spröde. *Spaltbarkeit:* vollkommen (0001). *Härte:* 3–3,5. *Dichte:* 6,6–6,7

Chemische Eigenschaften: Schmelzpunkt bei 632 °C. Wird von Salpetersäure angegriffen. Verwittert zu Valentinit

Kristalle, 5 mm. Johanngeorgenstadt, Sachsen

Vorkommen: Die schönsten Kristalle wurden in den 1960er-Jahren in Martenstein, Niederschlema, Schneeberg, Sachsen gefunden. Dabei handelt es sich um Gruppen von Kristallskeletten, die mit Dolomit und Skutterudit verwachsen sind, sowie um kleinere, glänzende, vollkommene Kristalle auf Dolomit. Millimetergroße Kristalle, die sehr selten sind, stammen aus den Gruben Adam Heber und der berühmten Grube Weißer Hirsch. Reiche Vorkommen an netzförmigen Wismut-Aggregaten gibt es im gesamten Revier von Schneeberg und Johanngeorgenstadt, ebenso in Jáchimov, Tschechien. Funde von Wismutkristallen sind aus den Gruben Bottalack und Wheal Sparnon, Redruth, Cornwall, Großbritannien sowie aus Bieber in Hessen und Mackenheim im Odenwald bekannt. Große Wismutklumpen mit bis zu 150 kg Gewicht und zentimetergroße pseudohexagonale Kristalle wurden im Gebiet von Kingsgate, New South Wales, Australien gefördert. Großblättriger Wismut findet sich in aktuellen Vorkommen in den bolivianischen Lagerstätten von Oruro, Potosi, Llallagua und Tasna. In Frankreich wurde großblättriger Wismut in großer Menge in Meymac, Corrèze und in Puy-les-Vignes, Haute-Vienne gefunden, und zwar in Aggregaten von 100 bis 250 g.

Lagerstätten: Es handelt sich um ein Mineral hydrothermaler hochtemperierter, pneumatolytischer und pegmatitischer Lagerstätten.

Bestimmung: Charakteristische Farbe und Schimmer.

Chemisches Zeichen: Bi

Kristallsystem: rhomboedrisch

Etymologie: evt. vom griechischen *psimydos:* silberweiß

Habitus: selten rhomboedrische Einzelkristalle. Meist prismatische Kristalle und Skelettkristalle. Netz- oder baumförmige Aggregate. Blättrig

Physikalische Eigenschaften: *Glanz:* metallisch. *Farbe:* Silberweiß, rosig. Gelblicher und rötlicher Schimmer. *Spaltbarkeit:* vollkommen (0001). Schneidbar. *Härte:* 2–2,5. *Dichte:* 9,8

Chemische Eigenschaften: schmilzt bei 265 °C und kristallisiert beim Abkühlen

9 GRAPHIT

Kristalle, 8 mm. Ticonderoga, New York, USA

Vorkommen: Graphit ist für die Industrie von großer Bedeutung. Erstmals wurde er um 1550 für Bleistiftminen verwendet. Heute wird er für die Herstellung von Schmiermitteln und Farben und in der Reaktortechnik eingesetzt. Attraktive Graphitkristalle sind selten. Da sie meist in Kalkspat eingeschlossen sind, müssen sie mit Hilfe von Säuren herausgelöst werden. Zentimetergroße freie Kristalle sind in Ersby und in Stargard bei Åbo, Finnland zu finden. Schöne zentimetergroße Kristalle stammen aus den klassischen Vorkommen wie Franklin, New Jersey und Lead Hill Mine, Ticonderoga, New York, USA, ferner aus der Grube Virginie Maliburton Co, Ontario, Kanada, wo der Graphit normalerweise blattförmig vorkommt. Seit Menschengedenken wird Graphit auf Madagaskar abgebaut, vor allem in der Nähe von Betafo und von Ambohimasina; außerdem kommt Graphit vor in der Grube Alibert, Irkutsk, Russland und in den bedeutenden Lagerstätten von Sri Lanka. In Frankreich findet sich Graphit in Sainte-Marie-aux-Mines, Haut-Rhin, sowie in La Villeder, Morbihan und in Itsatson, Pyrénées-Atlantiques.

Lagerstätten: Graphit ist ein primäres Mineral, entstanden durch Kontakt- oder Regionalmetamorphose von Sedimenten, reich an organischer Substanz. Graphit findet sich in Granitpegmatiten und in hydrothermalen Lagerstätten.

Bestimmung: Graphit ähnelt Molybdänit, aber sein Strich ist schwarz bis stahlgrau.

Chemisches Zeichen: C

Kristallsystem: hexagonal

Etymologie: vom griechischen *graphein:* schreiben

Habitus: hexagonal tafelig (0001), mit gerillten Dreiecken auf (0001). Normalerweise blättrig, auch als strahlenförmige Aggregate zu finden

Physikalische Eigenschaften: *Glanz:* metallisch. *Farbe:* Eisenschwarz bis Stahlgrau. Biegsam. Schneidbar. Beim Anfassen fett und leicht schmutzend. Schwarzer bis metallisch glänzender Staub. *Spaltbarkeit:* leicht und vollkommen (0001). *Härte:* 1–2. *Dichte:* 2,1–2,2

Chemische Eigenschaften: säureunempfindlich. Unschmelzbar. Dimorph des Diamants (kubisch)

Kristall, 6 mm. Kimberley, Republik Südafrika

Vorkommen: Reine Diamanten mit gleichmäßiger Farbe sind als Schmucksteine sehr gefragt. Kryptokristalline oder körnige, braune oder schwarze Diamanten, die so genannten „polierten", werden dagegen geschliffen. Der größte Edelstein wurde in der Grube Premier, Cullinan nahe Pretoria, Republik Südafrika gefunden. Es handelt sich um ein Kristall-Fragment von 3106 Karat (621,2 g, 1 Karat = 200 mg). Die meisten berühmten Diamanten, die bis zum 18. Jahrhundert geschliffen wurden, kamen aus den Seifenlagerstätten von Golconde, Indien. Heute stammen die schönsten Schmucksteine aus der Republik Südafrika (in Kimberliten und in Seifenlagerstätten des Kimberley-Gebietes), ferner aus Kimberliten in Jakutien, Russland. Dort wurden besonders schöne Diamanten auf Ganggestein gefunden. Die großen Lieferanten für Diamanten sind Brasilien mit Diamanten auf Ganggestein-Konglomeraten aus Diamantina, Minas Gerais, ferner der Kongo mit dem Buskimaie-Gebiet, Australien mit dem Modgue-Gebiet in New South Wales sowie Borneo und Indien. In den USA liegt die einzige Lagerstätte mit diamanthaltigen Kimberliten in Murfreesboro, Pike County, Arkansas.

Lagerstätten: Ein Mineral bestimmter ultrabasischer Gesteine (Kimberlite) und der daraus entstandenen Seifenlagerstätten.

Bestimmung: Seine Härte, sein Glanz, seine Form und zuweilen sein kimberlitisches Ursprungsgestein machen die Bestimmung eindeutig.

Chemisches Zeichen: C

Kristallsystem: kubisch

Etymologie: vom lateinischen *adamas:* sehr hart, Stahl

Habitus: verzerrt kubisch, teilweise abgerundet. Radialfaserige Kugeln. Häufig Zwillinge entlang (111)

Physikalische Eigenschaften: Diamantglanz. *Farbe:* unterschiedlich, Weiß-blau (rein), oft Gelbtöne, seltener Rot, Blau. Durchscheinend bis durchsichtig. *Bruch:* muschelig. Spröde. *Spaltbarkeit:* vollkommen entlang (111). *Härte:* 10. *Dichte:* 3,5

Chemische Eigenschaften: kein Angriff von Säuren und Basen, unveränderlich

11 SCHWEFEL

Kristall, 60 mm. Calabri, Marche, Italien

Vorkommen: Die schönsten Kristalle wurden in den heute ausgebeuteten klassischen Vorkommen im Revier Caltanissetta in der Nähe von Catania, Sizilien gefördert. Die bekanntesten Gruben sind Floristella, Caltanissetta, Racalmuto, Destricella, Cianciana und Cozzodisi. Dort wurden bis zu 300 mm lange Kristalle gefunden, wobei sie normalerweise kleiner als 50 mm sind und zuweilen mit Kristallen von Aragonit, Coelestin oder Kalkspat auftreten. Sie sind oft bituminös, was die Reinigung erschwert. In Italien gibt es reiche Schwefelvorkommen in Form von großen bituminösen Kristallen in Perticara, Emilia-Romagna und in Form wundervoller Kristalle (von 10 bis höchstens 15 mm) im Marmor von Carrara, Toskana. Große Kristalle, die den sizilianischen fast gleichwertig sind, gibt es in Conil bei Cádiz, Spanien. Berühmt sind auch die Vorkommen Lake Charles, Calsaien, Parish in Louisiana und Silica Pit, Steam Boat Springs in Nevada, USA. In Boes in den Pyrenäen, Frankreich, einem seit langem bekannten Vorkommen, wurden bei Forschungsarbeiten sehr klare Schwefelkristalle (bis 2 cm lang) mit Bitumen-/Teereinschlüssen entdeckt.

Lagerstätten: Die schönsten Kristalle sind bei der Reduktion von Sulfaten im sedimentären Milieu entstanden.

Bestimmung: Ausschlaggebend sind die schwefelgelbe Farbe und der Brenntest.

Chemisches Zeichen: S

Kristallsystem: orthorhombisch

Etymologie: vom lateinischen *sulphur*

Habitus: dipyramidal und tafelig (001), nierenförmig, tropfenähnlich oder körnig

Physikalische Eigenschaften: glasiger bis fettiger Glanz. *Farbe:* Schwefelgelb bis Honiggelb (rein), bräunlich (Se), grünlich Gelb (Bitumeneinschluss). Durchsichtig bis durchscheinend. *Bruch:* muschelig. Spröde. *Spaltbarkeit:* nicht perfekt. *Härte:* 1,5–2. *Dichte:* 2. Wärmeempfindlich

Chemische Eigenschaften: brennt bei 270 °C mit blauer Flamme und dem beißenden Rauch schwefeliger Säure

Kristall, 20 mm. St. Andreasberg, Harz

Synonym: Antimonsilbererz

Vorkommen: Dyskrasit liegt selten als reiner Kristall vor. Die schönsten Stücke finden sich in der Grube Samson, St. Andreasberg, Harz. Es sind anmutig geformte, pyramidale, bis zu 15 mm große Kristalle. Andere Fundorte sind die Grube Wenzel, Oberwolfach, Schwarzwald mit zentimetergroßen verzerrt prismatischen Kristallen (hier wurde Dyskrasit früher als Silbererz abgebaut) und die ABH Consols Lode, Broken Hill, New South Wales, Australien. Hier wurden prismatische Kristalle von bis zu 50 mm Größe gefunden, oft als Schwalbenschwanzwillinge, ebenso eine Masse reinen Dyskrasits mit einem Gewicht von 1,5 t. Dieses Mineral wird in relativ umfangreicher Menge in großen Klumpen in den Silberminen von Hiendelaencina, Guadalajara, Spanien und in Chanarcillo, Chile abgebaut. In Frankreich findet sich Dyskrasit in den Gruben von Ar, Eaux-Bonnes, Pyrénées-Atlantiques und von Chalanches, Allemont, Isère.

Lagerstätten: Dyskrasit ist ein primäres Mineral silberhaltiger hydrothermaler Lagerstätten.

Bestimmung: Dyskrasit ist von gediegenem Silber und Antimon zu unterscheiden. Seine Bestimmung ist recht schwierig.

Chemische Formel: Ag_3Sb

Kristallsystem: orthorhombisch

Etymologie: vom griechischen *dyskrasos:* schlechte Mischung

Habitus: selten verlängert pyramidal oder prismatisch, blattförmig oder körnig, Schwalbenschwanzzwillinge

Physikalische Eigenschaften: *Glanz:* metallisch. *Farbe:* Silberweiß. Anlaufend Bleigrau bis gelblich. Spaltbar (001) und (011), gut. *Bruch:* uneben. Schneidbar. *Härte:* 3,5–4. *Dichte:* 9,7

Chemische Eigenschaften: unlöslich in HCl; so kann man sein Ganggestein entfernen, das oft aus Karbonat besteht. Nach HNO_3-Angriff bleibt ein Rest aus Antimonoxid.

13 CHALKOSIN

Kristalle, 15 mm. Greevor, Saint Just, Cornwall, Großbritannien

Synonym: Kupferglanz

Vorkommen: Dieses verbreitete Mineral ist selten in Form von Kristallen zu finden. Die schönsten Kristalle stammen aus Cornwall, Großbritannien. Die Grube Bottalack ist für ihre prismatischen Kristalle bekannt; in den Gruben Saint Ives Consols, Crenver und Abraham gibt es wundervoll glänzende tafelige Kristalle, in der Grube Wheal Bassett findet man verlängert prismatische Kristalle; Cook's Kitchen ist für große polysynthetische Kristalle berühmt; in Carn Breaund Dolcoath finden sich verlängerte Kristalle, in Levant Mine und schließlich in Geevor Tin Mine Pendeen, Saint Just außergewöhnliche verlängert prismatische oder glänzende pseudo-hexagonale Kristalle (bis 60 mm). Früher wurden in Bristol, Connecticut, USA herrliche, bis zu 50 mm große, langgezogene polysynthetische Kristalle abgebaut. In letzter Zeit fand man in der Grube M'Passa, Mindouli, Kongo in großer Zahl wundervolle glänzende pseudohexagonale, tafelig dicke Kristalle, und zwar in Form von dezimetergroßen Säulen. Zu nennen sind ferner die großen Gruppen kleiner Kristalle von sehr schöner Qualität, die neulich in der White Pine Mine, Ontonagan County, Keweenaw, Michigan entdeckt wurden.

Lagerstätten: Kupferglanz ist in Kupferlagerstätten sowie in deren Zementationszone anzutreffen.

Bestimmung: Sie ist für Kristalle problemlos.

Chemisches Zeichen: Cu_2S

Kristallsystem: orthorhombisch

Etymologie: vom griechischen *chalkos:* Kupfer

Habitus: als prismenförmige Kristalle [001] oder [100], tafelig pseudo-hexagonal (001). Häufig pseudo-hexagonale, tafelige Zwillinge, manchmal kreuzförmig verzwillingt

Physikalische Eigenschaften: *Glanz:* metallisch. *Farbe:* Bleigrau bis Schwarz, bei einigen nicht stabilen Mineralen an der Luft schwarz anlaufend. Spröde. Schlecht schneidbar. *Bruch:* muschelig. *Spaltbarkeit:* schlecht (110). *Härte:* 2,5–3. *Dichte:* 5,5–5,8

Chemische Eigenschaften: löslich in HNO_3, ergibt eine grüne Lösung

Kristalle, 6 mm. Carn Brea, Cornwall, Großbritannien

Synonym: Buntkupferkies (Kupfersulfid)
Vorkommen: Bornit kann mitunter als Kupfererz vorkommen. Schöne Exemplare werden häufig gefunden in der Zementationszone kupferhaltiger Vorkommen in Cornwall, Großbritannien, besonders in Carn Brea, Redruth, Tincroft und Cook's Kitchen, Illogan. Es handelt sich dann um zentimetergroße, dachziegelartig angeordnete Säulenkristalle mit runden Flächen. Die schönsten europäischen Kristalle wurden um 1800 in Frossmitz, Osttirol, Österreich gefunden. Sie hatten eine wunderbare trapezoedrische Form, waren bis zu 40 mm groß und lagen vor in einer „Alpinotyp"-Paragenese. Die schönsten Kristalle kommen aus der Grube Mangula, Simbabwe. Sie sind bronzefarbig, trapezoedrisch und bis zu 50 mm groß. Zu nennen sind auch die besonders attraktiven zentimetergroßen, verzerrt kubischen Kristalle aus Bristol, Connecticut, USA. Kürzlich wurde eine große Zahl schön geformter Kristalle in Bou Skour, Marokko gefunden. In Frankreich kommt Bornit massiv nur vor in der Grube von Charrier, Allier, wobei es verwachsen ist mit Roquesit ($CuInS_2$); besonders reiche Vorkommen gibt es in Closis in Saint-Vérain, Hautes-Alpes.
Lagerstätten: Bornit findet sich in hydrothermalen kupferhaltigen Lagerstätten und in ihren Zementationszonen.
Bestimmung: Bornit kann mit Niccolit und Pyrrhotin verwechselt werden. Schimmer und positiver Kupfertest sind eindeutige Unterscheidungsmerkmale.

Chemische Formel: Cu_5FeS_4 **Etymologie:** benannt nach Ignatus von Born, österreichischer Mineraloge; lebte im 18. Jahrhundert **Habitus:** Kristalle selten, kubisch, oft dodekaedrisch mit runden und rauen Flächen. Körnig, normalerweise massiv	**Physikalische Eigenschaften:** *Glanz:* metallisch, *Farbe:* Bronze bis rötlich Braun, schnell anlaufend, blau-violett schimmernd. *Bruch:* uneben. *Spaltbarkeit:* (111) und (011). *Härte:* 3. *Dichte:* 5,1 **Chemische Eigenschaften:** löslich in Salpetersäure; aufgrund des Kupfers färbt sich die Lösung blau

15 ARGENTIT

Kristallgruppe, 50 mm. Freiberg, Sachsen

Synonym: Silberglanz

Vorkommen: Argentit ist das Haupterz zahlreicher Silbervorkommen. Argentit fand man in wundervollen kubischen Kristallen im Bergbaugebiet von Freiberg, Sachsen. Die schönsten Stücke kommen aus der Grube Segen Gottes nahe Rosswein. Sie haben die Form dezimetergroßer Säulen, gebildet aus kubischen Kristallen mit Kalkspat. Die meisten der klassischen Kristalle wurden in den Gruben von Himmelfahrt abgebaut. Dort ist Argentit mit gediegenem Silber, mit Proustit und mit Markasit verwachsen. Primäres Akanthit ist selten. In dieser Ausprägung kommt Argentit aber in den Funden aus der Grube Himmelsfürst vor. Ebenso wundervoll wie die sächsischen sind die kubischen, bis 100 mm großen, glänzende Säulen bildenden Argentitkristalle, die in Mexiko in der Grube Batopilas, Chihuahua, ferner in Guanajuato und letztens auch in der Grube Rayas, Arispe an der Sonora gefunden wurden. Andere schöne kubische Kristalle wurden in Chanarcillo, Chile, in Colquechaca und in Potosi, Bolivien und in Monte Narba, Sarrabus, Sardinien, Italien gefunden.

Lagerstätten: Es ist ein Mineral silberhaltiger Lagerstätten, besonders ihrer Zementationszonen.

Bestimmung Sie ist nicht leicht. Der kubische Habitus und die gute Ritzbarkeit sind gute Kriterien.

Chemisches Zeichen: Ag_2S

Kristallsystem: kubisch

Etymologie: nach seiner Zusammensetzung

Habitus: meist kubisch oder verzerrt kubisch, auch Aggregate paralleler Kristalle. Baumförmig und fadenförmig. Massiv

Physikalische Eigenschaften: *Glanz:* metallisch. *Farbe:* Bleigrau bis Schwarz. Grau-schwarzer, glänzender Staub. Gut schneidbar und weich. *Bruch:* uneben muschelig. *Spaltbarkeit:* imperfekt. *Härte:* 2–2,5. *Dichte:* 7,2–7,4

Chemische Eigenschaften: Argentit ist oberhalb 179 °C instabil und verwandelt sich in Akanthit, den monoklinischen Dimorph

Kristalle, 15 mm. Botes, Siebenbürgen, Rumänien

Vorkommen: Schöne Hessitkristalle sind praktisch nur bekannt aus den Gruben Anna und Jacob in Botes, Bucsum-Tal, nahe Zalatana in einem der berühmten Abbaugebiete des Goldvierecks von Siebenbürgen, Rumänien. Die schönsten Kristalle, verlängert prismatisch, können in Ausnahmefällen 60 mm groß sein; sie wurden gegen 1875 gefunden. Hessit lag hier allein vor, in milchigen Quarzdrusen der Erzader. Hessit kommt auch mit Nagyagit [$Pb_5Au(Te, Sb)_4S_{5-8}$] vor, und zwar in Sacarimb und in Baia de Aries, Rumänien. Seltene Hessitkristalle und große Aggregate mit Altait [PbTe] wurden in der Grube Sawodinsk nahe Sirjanowsk, Altai-Gebirge und in der benachbarten Lagerstätte Zmeoff, Kasachstan abgebaut. Kleine Kristalle finden sich in den Gruben von Goldhill, Boulder County, Colorado, USA und relativ häufig in den Goldfeldern von Kalgoorlie in Westaustralien.

Lagerstätten: Es handelt sich um ein primäres Mineral hydrothermaler Te-, Au-, Ag-Lagerstätten, deren Ursprung mit vulkanischer Aktivität verknüpft ist.

Bestimmung: Der Habitus verformter Kristalle (geschmolzenes Aussehen) und die Farbe reichen in vielen Fällen für die Bestimmung von Stücken klassischer Lagerstätten aus. Hessit ähnelt Akanthit, seine Farbe ist jedoch klarer.

Chemische Formel: Ag_2Te **Kristallsystem:** monoklin, kubisch bei 149,5 °C **Etymologie:** benannt nach G. H. Hesse (1802–1850) **Habitus:** verlängert prismatisch bis pseudo-kubisch, zuweilen verdreht, mit abgerundeten Flächen, Aggregat: kompakt oder körnig	**Physikalische Eigenschaften:** *Glanz:* metallisch, *Farbe:* Bleigrau bis Stahlgrau. *Bruch:* eben. *Spaltbarkeit:* imperfekt (001). *Härte:* 2–3. *Dichte:* 8,2–8,4 **Chemische Eigenschaften:** auf Holzkohle mit Oxidationsflamme entsteht ein Silberkügelchen. Löslich in HNO_3 und H_2SO_4

17 ZINKBLENDE

Kristall im Eisenspat, 15 mm. La Mure, Isère, Frankreich

Synonym: Sphalerit

Vorkommen: Die Zinkblende ist das wichtigste Zinkerz. Schöne Kristalle sind selten. Es handelt sich fast immer um komplexe Einzelkristalle, die „Kugeln" bilden. Die wohl schönsten wurden noch bis vor kurzem in einer Grube in Asturien, Spanien abgebaut. Sie bestehen aus komplexen Kristallen mit Edelsteinqualität (bis zu 100 mm Durchmesser), sind gelb-orange bis braun und auf Dolomit aufgewachsen. Sehr große Einzelkristalle als „Kugeln" kommen ebenso vor in der Grube Ani, Bezirk Akita, Honshu, Japan (braune Kristalle) und in Joplin, Missouri, USA. In Europa wurden herrliche Kristalle in Trepèa, Kosovo gefunden. In Cavnic, Maramure, Rumänien gibt es sehr schöne, schwarze, verzwillingte Kristalle, in Quarz eingewachsen, bis zu 50 mm groß. Aus dem klassischen Abbaugebiet Schenitz, Rumänien sind braungrüne Edelsteinkristalle auf Amethyst bekannt. Kleinere Kristalle (zentimetergroß) in einfacherer Form (tetraedisch) und mit einer herrlichen roten bis orangenen Farbe liegen vor in der Grube Georg, Hornhausen und im Steinbruch Lengenbach, Binnental, Wallis, Schweiz. Sehr schöne rotorange Edelsteine auf Eisenspat stammen aus den Gruben von La Mure, Isère, Frankreich.

Lagerstätten: Es ist ein primäres Mineral in Erzlagerstätten.

Bestimmung: Ihr Glanz, ihre vollkommene Spaltbarkeit und das Freiwerden von [H_2S] ermöglichen eine sichere Bestimmung.

Chemisches Zeichen: ZnS

Kristallsystem: kubisch

Etymologie: vom dt. *blenden*

Habitus: verzerrt tetraedisch und dodekaedrisch, zuweilen runde Flächen und Kanten. Häufig Zwillinge. Aggregate spaltbar und kollomorph (Schalenblende)

Physikalische Eigenschaften: Diamantglanz bis fettiger Glanz. *Farbe:* meist Schwarz (Marmarit) oder Rotbraun. *Bruch:* muschelig. Spröde. *Spaltbarkeit:* vollkommen (011). *Härte:* 3–3,5. *Dichte:* 3,9–4,1

Chemische Eigenschaften: löslich in HCl unter Freisetzung von H_2S

Kristall, 20 mm. Framont, Bas-Rhin, Frankreich

Synonym: Kupferkies
Vorkommen: Chalkopyrit ist eines der wichtigsten Kupfererze. Attraktive Kristalle sind selten. Die schönsten stammen aus den Gruben Ani und Arakawa, Akita, Japan, sie haben einen unterschiedlichen
Habitus: tafelig, dreieckig bis prismatisch, bis zu 50 mm groß, sehr rein und glänzend. Glänzende Kristalle finden sich ebenfalls in der Grube Campbird, Ouray County, Colorado, USA; zentimetergroße violette Kristalle in Zacatecas, Concepcion del Oro, Mexiko; sehr schöne glänzende Kristalle in Freiberg, Sachsen und in der Grube Georg, Westerwald; wunderschöne Kristalle in komplexen Formen (sphenoedrisch, bis 80 mm) mit Arsenopyrit und Apatit gibt es in Panasqueira, Portugal. Sehr attraktiv sind auch die Kristalle aus Huel Buller, Virtuous Lady Mine in Cornwall, Großbritannien, ferner die aus Wallaroo in Südaustralien, sowie die aus Ellenville, Ulster County, New York und French Creek Mine, Chester County, Pennsylvania, USA. Aus Frankreich stammen sehr schöne große komplexe Kristalle (bis 100 mm), auf Quarz aufgespießt („Habitus dauphiné") aus der Grube Giraud, La Gardette, Isère. Hinzuweisen ist auch auf die ungewöhnlichen, stark glänzenden, großen polysynthetischen Kristallgruppen der Grube Engelsbourg, Sainte-Marie-aux-Mines, Haut-Rhin.
Lagerstätten: Es ist ein primäres Mineral in zahlreichen Erzgängen.
Bestimmung: Ein positiver Kupfertest ist eindeutig.

Chemische Formel: $CuFeS_2$
Kristallsystem: tetragonal
Etymologie: benannt nach seiner Zusammensetzung
Habitus: tetraedrisch oder verzerrt, häufig Zwillinge. Massive Vorkommen sind kompakt, manchmal traubenförmig.
Physikalische Eigenschaften: *Glanz:* metallisch, *Farbe:* Bronzegelb, mit blau-violettem Schimmer anlaufend, schwarz-grünlicher Staub. *Bruch:* uneben. Spröde. *Spaltbarkeit:* (011) schlecht. *Härte:* 3,5–4. *Dichte:* 4,1–4,3
Chemische Eigenschaften: löslich in Salpetersäure unter grüner Färbung (Cu) der Lösung. Diese wird in Anwesenheit von Ammoniak blau mit Ausfällung von Eisenhydroxid.

19 STANNIT

Kristall, 30 mm. Siglo XX, Llallagua, Bolivien

Synonym: Zinnkies
Die einzigen Exemplare mit guter Kristallform findet man im Zinnrevier Boliviens. Die schönsten Kristalle dieses Minerals, auf Pyrit und anderen Zinnmineralen, wurden in der Ader Salvadora, Uncia gefunden; die größten von ihnen erreichen bis zu 45 mm. In der Grube San José, Oruro wurden vor kurzem in ansehnlicher Zahl bis zu 30 mm große kristallisierte „Kugeln" abgebaut. Zu nennen sind in Oruro auch die Gruben Itos, Maria Francisca und Porvenir. Bekannt für die gute Qualität der geförderten Proben ist die Grube Siglo XX, ferner kommt es vor in Llallagua und in den Gruben von Potosi und Chocaya. Relativ häufig ist massives Stannit in Cornwall, Großbritannien, und zwar in Saint Agnes, in Saint Michael Mount, Carn Brea und in East Pool. Stannit findet sich in Tasmanien in der Silver Queen Mine, im Zinnwald, Tschechien, und in Freiberg, Sachsen. In Frankreich kommt Stannit nur in Form höchstens zentimetergroßer Aggregate vor, und zwar in Vaulry, Haute-Vienne und Chaillats im Puy-de-Dôme.
Lagerstätten: Stannit findet man in pneumatolitischen und hydrothermalen hochtemperierten Lagerstätten.
Bestimmung Sie ist schwierig. Die Lagerstätte, die Verwachsung mit anderen Zinnmineralen und die grünstichige Farbe deuten jedoch auf Stannit hin.

Chemisches Zeichen: Cu_2FeSnS_4 **Kristallsystem:** tetragonal **Etymologie:** vom lateinischen *stannos:* Zinn **Habitus:** körnig, selten gerillte pseudodekaedrische oder pseudotetraedische Kristalle, kugelige Aggregate verzwillingter Kristalle	**Physikalische Eigenschaften:** *Glanz:* metallisch. *Farbe:* Grau mit grünem Stich. *Bruch:* uneben. *Spaltbarkeit:* (110) und (001) schlecht. *Härte:* 4. *Dichte:* 4,3–4,5 **Chemische Eigenschaften:** Gelöst durch HNO_3 unter Ausfällung von SnO_2 und S, ferner blaue Färbung der Lösung

Kristalle, 60 mm. Tsumeb, Namibia

Synonym: Arsenfahlerz
Vorkommen: Tennantit ist seltener als sein Antimonhomolog-Tetraedrit. Die schönsten Exemplare wurden gegen 1920 in Tsumeb, Namibia gefunden. Es handelt sich um große tetraedrische Kristalle mit i. Allg. korrodierten Oberflächen, die bis 150 mm groß sind, sowie um wunderbare Kristalle (bis 50 mm Größe) aus der „zweiten Oxidationszone“. Schöne Kristalle kommen auch aus klassischen Fundorten wie Cook's Kitchen und Carn Brea, Cornwall, Großbritannien, ferner aus Butte, Montana, den Gruben Crocette und Freeland Lode, Idaho Springs, Colorado, USA, sowie aus der Mine Bonanza, Concepcion del Oro, Zacatecas, Mexiko, aus der um 1970 viele schöne, glänzende Kristalle auf Quarz gefördert wurden. Im Steinbruch von Lengenbach, Binnental, Wallis, Schweiz werden zuweilen in Dolomitdrusen vollkommene, abgerundete Kristalle der Binnitvarietät gefunden, meistens kleiner als 5 mm (maximal 18 mm). In Frankreich gibt es schöne zentimetergroße antimonhaltige Tennantitkristalle in Sainte-Marie-aux-Mines, Haut-Rhin, insbesondere in der Grube Gabe Gottes, Ader Saint-Jacques.
Lagerstätten: Tennantit wird vor allem in niedrig- bis mitteltemperierten hydrothermalen Lagerstätten gefunden.
Bestimmung: Der tetraedrische Habitus ist das Hauptkriterium für die Identifizierung der Tetraedrit-Tennantit-Reihe (Fahlerzreihe). As-Reichtum der Vererzung kann Verdacht auf Tennantit nahe legen.

Chemische Formel: $(Cu,Fe)_{12}As_4S_{13}$
Kristallsystem: kubisch
Etymologie: benannt nach S. Tennant, englischer Chemiker
Habitus: tetraedrisch, aber auch kubisch, zuweilen flächenreich (Kugelform des Binnit). Häufig Durchdringungszwillinge. Aggregate: dicht oder körnig

Physikalische Eigenschaften: *Glanz:* metallisch, *Farbe:* Stahlgrau bis Eisenschwarz. Rote innere Reflexion. *Bruch:* sub-muschelig. *Spaltbarkeit:* keine. *Härte:* 3–4,5. *Dichte:* 4,6–5,1
Chemische Eigenschaften: bildet eine Reihe mit Tetraedrit. Zwei wesentliche Varietäten: wismutreiches Annivit und silber- und zinkreiches Binnit (Fahlerze)

21 TETRAEDRIT

Kristall auf Bleiglanz, 35 mm. Pranal, Puy-de-Dôme, Frankreich

Vorkommen: Zu den größten bekannten Kristallen gehören die leicht angelaufenen Kristalle mit bis zu 150 mm hohen Kanten aus der alten Grube von Irazein, Ariège, Frankreich. Sehr schöne Kristalle in Form glänzender Tetraeder, mit Bournonit und Zinkblende, gibt es in den klassischen deutschen Vorkommen wie Neudorf, Harz, Müsen, Siegerland, ferner in der Grube Georg nahe Horhausen im Rheinland und in Freiberg (Freibergit). In den Vorkommen von Herodsfoot in Cornwall nahe Lizard sind die Kristalle mit einer Chalkopyritkruste überzogen. Glänzende, bis zu 15 mm große Kristalle auf Quarz wurden in Calvic, Maramure, Rumänien abgebaut. Nennenswerte Vorkommen gibt es auch in den USA in Bingham, Utah und in Frankreich in Saint-Sylvestre nahe Urbes, Bas-Rhin. Dort wurden stark glänzende, bis zu 30 mm große Kristalle auf Dolomit gefunden. In den Vorkommen der Alpen in La Taillat, Saint-Pierre-d'Allevard, Isère wurden glänzende Kristalle auf Siderit gefunden, und in La Mure, Isère wurden bis zu 50 mm große Einzelkristalle abgebaut. Die größten Kristalle (bis zu 70 mm) stammen aus der Grube von Pranal, Pontgibaud, Puy-de-Dôme.

Lagerstätten: Es ist ein primäres Begleitmineral in hydrothermalen Lagerstätten.

Bestimmung: Sie ist leicht, wenn die Kristallform ausgeprägt ist. Die Unterscheidung des Tetraedit vom Tennanit ist schwierig.

Chemische Formel: $Cu_{12}Sb_4S_{13}$

Kristallsystem: kubisch

Etymologie: vom griechischen *tetraedon:* vierseitige Pyramide

Habitus: tetraedische Kristalle (111). Die Ausprägung der Flächen (112) führt zur so genannten „Meißelkopf"-Form. Häufig Zwillinge nach dem Spinellgesetz (111). Häufig massiv

Physikalische Eigenschaften: Starker Metallglanz. *Farbe:* Stahlgrau. *Bruch:* muschelig bis uneben. *Spaltbarkeit:* keine. *Härte:* 3–4. *Dichte:* 4,9–5,1

Chemische Eigenschaften: bildet mit dem Tennantit eine Mischreihe. Es existieren mehrere Varietäten, z. B. Freibergit, das reich an Silber ist.

Kristall, 3 mm mit Prehnit. Bishopton, Schottland, Großbritannien

Vorkommen: Die schönsten Kristalle kommen aus der Ursprungsfundstätte in Bishopton, Renfrewshire, Schottland, wo Greenockit im Belüftungsschacht eines Tunnels gefunden wurde. Sie waren bis 12 mm groß, auf Prehnit in Blasenhohlräume eines Dolerits gewachsen und wurden zunächst mit Zinkblende verwechselt. Die Kristalle sind selten größer als 5 mm. An der gleichen Fundstätte wurden um 1975 zahlreiche neue, millimetergroße Kristalle entdeckt. Greenockit kennt man in ähnlichem Vorkommen aus Bowling Quarry, Schottland, ferner in den USA aus Paterson, Passaic County New Jersey, sowie aus New Street in den Steinbrüchen Mindiffe Stadium und Prospect Park. Millimetergroße rotorange Kristalle stammen aus den bolivianischen Zinnadern von Llallagua und Asunta nahe San Vincente. Schöne Überzüge auf großen unregelmäßigen Vielecken aus Kalkspat finden sich in Joplin, Missouri, USA und auf gelbem Smithsonit (Greenockit ist hier farbgebend) in Masua, Sardinien, Italien. In Frankreich bildet das Mineral in Pierrefitte-Nestalas, Hautes-Pyrénées dicke Überzüge auf Sphalerit.

Lagerstätten: Greenockit findet sich in Alterationsüberzügen auf Sphalerit (Zinkblende). Primären Ursprungs kann es in basischem Gestein, in hydrothermalen Adern sein.

Bestimmung: Gelbe Überzüge auf Sphalerit (Zinkblende) deuten auf Greenockit hin.

Chemische Formel: CdS
Kristallsystem: hexagonal
Etymologie: benannt nach Lord Greenock
Habitus: staubförmige Überzüge, sehr selten prismatisch mit konischem oder tafeligem Abschluss
Physikalische Eigenschaften: *Glanz:* diamanten bis fettig. *Farbe:* Gelb-grün bis Orange, Ziegelrot. *Bruch:* muschelig. *Spaltbarkeit:* vollkommen ($11\bar{2}2$). Durchsichtig bis durchscheinend. *Härte:* 3–3,5. *Dichte:* 4,9
Chemische Eigenschaften: löslich in HCl unter Freisetzung von H_2S. Dimorph namens Hawleyit (kubisch)

23 ENARGIT

Kristalle, 25 mm. Huallapon, Pasto Bueno, Peru

Vorkommen: Sehr schönes Enargit von bis zu 150 mm Größe wird in den peruanischen Vorkommen gefördert, insbesondere in der Grube Luz Angelica, Quiruvilca. Zentimetergroße Kristalle mit verlängert prismatischem Habitus finden sich in der Grube Huallapon, Pasto Bueno und in den Gruben Docienta und Herminia im Bezirk Julcani. In den USA ist ein weiteres klassisches Vorkommen bekannt: die Leonard Mine, Silver Bow County, Montana, wo man äußerst reine und glänzende, bis zu 50 mm große Kristalle fand. Zu nennen sind ebenfalls die Grube Chinkuashi, Chi-lung, Taiwan und die Grube Mancayar, Luzon, Philippinen. Ferner findet man zentimetergroße Kristalle, weitgehend als Pseudomorph von Tennantit erhalten, in Tsumeb, Namibia. Ausgezeichnete, vollkommen geformte millimetergroße Kristalle kommen in den Marmordrusen des Steinbruchs Calagio in Carrara, Italien vor. In Frankreich findet man Enargit sehr häufig mit Pyrit in körnigen Massen im Vorkommen von Chezeuil, Saône-et-Loire.
Lagerstätten: I. Allg. handelt es sich um ein primäres Mineral kupferhaltiger, mäßig temperierter hydrothermaler Lagerstätten. Zuweilen ist Enargit sekundär.
Bestimmung: Die Verwechslung mit kristallisiertem Manganit, das aber zur Freisetzung von Chlor in HCl führt, ist möglich.

Chemische Formel: Cu_3AsS_4
Kristallsystem: orthorhombisch
Etymologie: vom griechischen *enargos:* getrennt, Anspielung auf die Spaltbarkeit
Habitus: tafelige Kristalle, verlängert oder prismatisch, stark gerillt, glatt endend. Sternförmig verzwillingt mit zurückspringenden Winkeln. Massiv bis körnig

Physikalische Eigenschaften: *Glanz:* metallisch. *Farbe:* Stahlgrau bis Eisenschwarz. *Bruch:* uneben. Spröde. *Spaltbarkeit:* vollkommen (110). *Härte:* 3. *Dichte:* 4,4–4,5
Chemische Eigenschaften: löslich in Königswasser. Wandelt sich in Tennantit, Kupferarsenate und Arsenoxide um

Kristall, 15 mm auf Quarz. Amsteg, Schweiz

Synonym: Magnetkies

Vorkommen: Prachtvolle Kristalle liefert immer wieder die Goldmine von Morro Velho, Ouro Prêto, Minas Gerais, Brasilien. Es handelt sich dabei entweder um vollkommene, nicht alterierte hexagonale Prismen auf Quarz und Siderit, manchmal mit millimetergroßem Cubanit [$CuFe_2S_3$], oder um sehr große, isolierte Kristalle bis 250 mm Größe. Diese werden oft künstlich „schimmernd" gemacht. Wundervolle Kristalle bis 200 mm aus den Gruben von Santa Eulalia, Naica, Mexiko sind i. Allg. polysynthetisch und zuweilen teilweise pseudomorphisiert. In Europa wird Pyrrothin in dezimetergroßen stark polysynthetischen Kristallen in der Grube von Trepèa, Kosovo und in Cavnic, Maramures, Rumänien gefunden. Zu nennen sind auch die Minerale der alpinen Klüfte, die im Allgemeinen alteriert sind, insbesondere in Oisans. Es gibt aber auch schöne frische, zentimetergroße Kristalle wie die aus Amsteg, Schweiz. Ferner findet man große Einzelkristalle bis 200 mm, pseudomorph ersetzt durch Markasit, in den Zinngruben von Llallagua, Bolivien und bis 50 mm große Stücke in den alten Vorkommen von Pontpean, Ille-et-Villaine, Frankreich.

Lagerstätten: Es ist ein primäres, hochtemperiertes Mineral und wird in den Erzlagerstätten auf basischem Gestein, in Skarnerzen usw. gefunden.

Bestimmung: Pyrrhotin kann mit frischem Bornit und Nickelin, die nicht magnetisch sind, verwechselt werden.

Chemische Formel: $Fe_{1-x}S$

Kristallsystem: hexagonal

Etymologie: vom griechischen *pyrrothes:* fuchsrot

Habitus: (0001) tafelig, hexagonal, hexagonale Bipyramiden, Rosetten. Spaltbare oder körnige Aggregate

Physikalische Eigenschaften: *Glanz:* metallisch. *Farbe:* Bronzegelb mit fuchsroter Tönung. Schimmernd anlaufend. Uneben-muscheliger Bruch. *Spaltbarkeit:* sauber (0001). *Härte:* 3,5–4,5. *Dichte:* 4,5–4,6. Magnetisch

Chemische Eigenschaften: löslich in HCl unter Freigabe von H_2S. Häufig pseudomorph ersetzt durch Pyrit und Markasit

25 NICKELIN

Kristall, 10 mm. Mansfeld, Thüringen

Synonym: Rotnickelkies
Vorkommen: Nickelin ist meist in den deutschen Kupferschiefer-Lagerstätten anzutreffen, so in Mansfeld, Thüringen, wo es mit Baryt verwachsen ist, sowie in Eisleben, dort als seltene, gut geformte zentimetergroße Kristalle und vor allem als kugelförmige, millimetergroße Kristallaggregate.
In letzter Zeit wurden dicke hexagonale Kristalle, flach endend, von bis zu 15 mm Größe in Schlema nahe Schneeberg, Sachsen gefunden. Bekannt ist Nickelin in Form von kleinen millimetergroßen Kristallen auch aus dem Revier von Richelsdorf. Nickelin kommt vor allem in massivem Habitus vor. Schöne Stücke findet man in Bou Azzer, Marokko, wo Nickelin reichhaltig in Form von schlecht geformten millimetergroßen Kristallen vorkommt; ferner gibt es Nickelin in Kanada im Bezirk Cobalt, Ontario, sowie in Talmessi, Iran und in Natsume, Japan, dort in Form von Klumpen, die mit eingesprengten Kristallen bedeckt sind. Wichtig sind auch die Funde in Freiberg und Annaberg, Sachsen, ferner in Jachimov, Tschechien, sowie in Gistain, Benasque und auf dem Berg Gallinura, Huesca, Spanien. In Frankreich wurde Nickelin in den Gruben von Ar (Arit-Varietät) [Ni(As,Sb)], von Eaux-Bonnes, Pyrénées-Orientales sowie von Chalanches, Allemont, Isère gefunden.
Lagerstätten: Es ist ein primäres Mineral in Ag-Co-Ni-Lagerstätten.
Bestimmung: Nickelin kann mit massivem Pyrrhotin (das allerdings magnetisch ist) oder mit seinem Antimon-Äquivalent Breithauptit [NiSb] verwechselt werden.

Chemische Formel: NiAs
Kristallsystem: hexagonal
Etymologie: Anspielung auf seine Zusammensetzung
Habitus: seltene hexagonale, prismatische Kristalle, flach oder pyramidenförmig endend. Kompakte nierenförmige, netzartige oder baumartige Klumpen

Physikalische Eigenschaften: *Glanz:* metallisch. *Farbe:* blass Kupferrot. Braun anlaufend. *Bruch:* muschelig. Spröde. *Spaltbarkeit:* keine. *Härte:* 5–5,5. *Dichte:* 7,7–7,8
Chemische Eigenschaften: Löslich in HNO_3, grüne Lösung. Bildet eine unterbrochene Mischreihe mit Breithauptit [NiSb]

Kristalle, 15 mm. Prag, Böhmen, Tschechien

Synonym: Haarkies
Vorkommen: Besonders wichtig sind die Aggregate strahliger, nadelförmiger Kristalle aus dem deutschen Ruhrgebiet. In der Grube Victoria bei Müsen, Siegen und in der benachbarten Grube Wilder Mann sind sie bis zu 80 mm x 3 mm groß. Aggregate von zentimetergroßen nadelförmigen Kristallen kommen vor in der Grube Friedrich, Wissen und in der Grube Pfannenberg. Büschel nadelförmiger Kristalle (bis 200 mm) finden sich in Ramsbeck, Sauerland; diese durchdringen zuweilen Kristalle der Zinkblende oder des Pyrrhotin. Zu nennen sind auch die Kohlezechen Germania, Dortmund und Zollverein, Essen, wo Millerit in Dolomitgeoden auftritt. In den USA finden sich außergewöhnliche Kristalle in der alten Grube Sterling in Antwerpen, New York und in den heute noch genutzten Lagerstätten von Keokuk, Iowa sowie in Gap Mine, Lancaster County, Pennsylvania. In Europa stammen zahlreiche große faserige Milleritaggregate aus Bellmunt, Tarragona, Spanien. Interessante haarige Überzüge auf Siderit kennt man aus Merthyr-Tydfil, Glamorgan, Wales. In Frankreich ist vor allem Firmi, Avreyron, zu nennen.
Lagerstätten: Schöne Sammlerstücke stammen aus Nickelgruben und Sedimentlagerstätten (oft aus dem Karbon).
Bestimmung: Der nadelige Habitus und die messinggelbe Farbe sind charakteristisch.

Chemische Formel: NiS
Kristallsystem: rhomboedrisch
Etymologie: benannt nach dem englischen Mineralogen W. H. Miller
Habitus: nadelige Kristalle (Haarkies) in Büscheln, schößlingsartig-strahlig. Faserige Aggregate.

Physikalische Eigenschaften: *Glanz:* metallisch. *Farbe:* Messing- bis Bronzegelb, an der Luft schimmernd. *Bruch:* uneben, *Spaltbarkeit:* $(10\bar{1}1)$ und $(10\bar{1}2)$, vollkommen. *Härte:* 3–3,5. *Dichte:* 5,5
Chemische Eigenschaften: Auf der Oberfläche bildet sich ein weißer Überzug, der oft aus Morenosit [$NiSO_4 \cdot 7H_2O$] besteht.

27 ALABANDIN

Kristall, 10 mm. Sacarimb, Rumänien

Synonym: Manganblende

Vorkommen: Dieses eher seltene Mineral kann lokal sehr häufig sein, so in den alten goldhaltigen Vorkommen von Siebenbürgen, Rumänien. Man findet es als wundervolle kubo-oktaedrische Kristalle, oft mit einer Rhodochrosit-Kruste, bis zu 20 mm groß in Sacarimb (früher Nagyag), vor allem in den Adern des Typs „Caroline" (reich an Rhodochrosit). Schöne Kristalle wurden auch in Baia de Aries (Offenbanya) wie auch in Breaza und in Rosia Montana gefördert. Sehr große baumartige oder dezimetergroße säulenförmige Exemplare, die aus pseudohexagonalen Kristallen bestehen, wurden 1965 in der ZC Mine und in der NMBC Mine, Broken Hill, New South Wales, Australien gefunden. Diese Gruppierungen sind auf Kalkspat aufgewachsen. Manganblende ist auch in massiver Ausprägung vertreten in der Grube Segen Gottes, Sachsen, ferner in Alabanda, Aïdin, Türkei; in An Numbhar, Saudi-Arabien; in zahlreichen Vorkommen in Arizona, Colorado; in Morococha, Peru und in der Grube Preciosa, Puebla, Mexiko. In Frankreich wurden in der manganhaltigen Lagerstätte von Adervielle, Hautes-Pyrénées sehr attraktive bis zu 5 mm große Kristalle, sowie kleine spaltbare, von Rhodochrosit umgebene Klumpen gefunden.

Lagerstätten: Es ist in hydrothermalen, niedrigtemperierten Lagerstätten zu finden, verwachsen mit anderen Manganerzen.

Bestimmung: Manganblende ist Marmatit ähnlich. Charakteristisch sind der grüne Staub und der grüne Strich.

Chemische Formel: MnS

Kristallsystem: kubisch

Etymologie: nach dem Ort Alabanda, Türkei

Habitus: selten kubo-oktaedrische Kristalle. Meist körnige bis blättchenförmige, sauber spaltbare Aggregate

Physikalische Eigenschaften: *Glanz:* submetallisch. *Farbe:* Eisenschwarz, an der Oberfläche grün bis braun anlaufend. *Bruch:* uneben. Staub und Strich grünlich. *Spaltbarkeit:* vollkommen (001). *Härte:* 3,5–4. *Dichte:* 3,9–4

Chemische Eigenschaften: löslich in HCl unter Freisetzung von H_2O

Kristall, 15 mm, auf Quarz. Neudorf, Harz

Synonym: Bleiglanz
Vorkommen: Es handelt sich um das wichtigste Bleierz. Zu den Vorkommen mit den besten Exemplaren gehören die Grube Birnbaum in Neudorf, Harz, wo sich wunderschöne komplexe kubo-oktaedrische Kristalle (bis 70 mm) auf Siderit fanden, ferner das Revier Joplin, Missouri, USA, wo in letzter Zeit stark glänzende Würfel (bis 300 mm Kantenlänge) auf Dolomit abgebaut wurden. Außerdem gibt es Kristalle auf Flussspat in Alston Moor, Cumberland, Weardale, Durham und Wanlockhead, Schottland, ferner die wunderschönen glänzenden kubo-oktaedrischen Kristalle der Mogul Mine, Irland, sowie die abgeplatteten Kristalle aus der Grube Gonderbach, Laasphe, zudem findet man Galenit in Przibram, Tschechien, und schließlich gibt es glänzende Kristalle in Huancavelica, Peru. In Frankreich findet man stark glänzende Würfel (bis 40 mm Kantenlänge) mit Quarz, Dolomit und Gips in der Grube Peisey-Nancroix, Savoie, ferner sehr klar ausgebildete Kubo-Oktaeder mit Baryt in den Adern von Rouveguère, Mercoirol bei Alès, Gard, außerdem Platten zentimetergroßer, kubo-oktaedrischer Kristalle in der Grube Pranal, Pontgibaud, Puy-de-Dôme. Vor nicht langer Zeit wurde Galenit in stark glänzenden, polysynthetischen Kristallen (maximal 50 mm) auf Siderit in den Gruben von La Mure, Isère gefunden.
Lagerstätten: Es ist ein allgegenwärtiges Mineral.
Bestimmung: Sie kann schnell erfolgen aufgrund der bleigrauen Farbe und vor allem wegen der vollkommenen kubischen Spaltbarkeit.

Chemische Formel: PbS
Kristallsystem: kubisch
Etymologie: vom lateinischen *galena:* Bleierz
Habitus: als Kristalle mit vom Kubus abgeleiteten Formen, meist kubisch oder kubo-oktaedrisch. Häufig Zwillinge entlang (111). Aggregate spaltbar, körnig, zuweilen federartig

Physikalische Eigenschaften: *Glanz:* metallisch. *Farbe:* Bleigrau. *Bruch:* uneben muschelig. *Spaltbarkeit:* kubisch (001), sehr gut und leicht. *Härte:* 2,5–2,7. *Dichte:* 7,4–7,6
Chemische Eigenschaften: oxidiert leicht, im Wesentlichen zu Cerussit und Anglesit

29 CINNABARIT

Kristall, 25 mm. Grube Tzah-Tien, Hunan, China

Synonym: Merkurblende, Zinnober

Vorkommen: Zentimetergroße Zinnoberkristalle sind selten. Außergewöhnliche Kristalle kommen aus den Gruben Tzah-Tien (Ch'a Tien), Provinz Hunan und Wanshanchang, Provinz Guizhou, Südchina. Gegenwärtig liefern diese klassischen Vorkommen bis zu 30 mm große rhomboedrische Kristalle, oft in bis zu 70 mm großen Gruppen verzwillingt. Nicht angelaufene Kristalle zeigen bei Durchlicht ein außergewöhnliches Zinnoberrot. Sehr schöne tafelige hexagonale Kristalle auf Eisenspat wurden um 1980 im Steirischen Erzberg, Steiermark, Österreich abgebaut. Sie kommen den chinesischen Kristallen sehr nahe. In der Grube in Mières, Asturien, Spanien wurden seltene, bis zu 30 mm große Kristalle gefunden. Komplex gebildete Kristalle, relativ selten und kaum mehr als 1 cm groß, stammen aus dem bekannten Vorkommen in Almaden, Ciudad Real. In letzter Zeit wurden zentimetergroße Kristalle allerdings mit schlecht ausgeprägter Form in Lovelock, Pershing County, USA und in Charcas, San Luis Potosi, Mexiko gefördert. Früher wurde Zinnober in Frankreich in Menildot nahe Saint-Lô, Manche abgebaut.

Lagerstätten: Zinnober ist in niedrigtemperierten hydrothermalen Lagerstätten anzutreffen, mit Pyrit, gediegenem Quecksilber und zuweilen mit Antimonit.

Bestimmung: Der Habitus, die Paragenese und der Versuch im Reagenzglas ermöglichen die Unterscheidung von Realgar.

Chemische Formel: HgS

Kristallsystem: rhomboedrisch

Etymologie: vom lateinischen *cinnabaris*. Vielleicht indischer Herkunft: Drachenblut

Habitus: rhomboedrische Kristalle meist in Gruppen verzwillingt in hexagonaler Anordnung. Zuweilen tafelige, dicke oder verlängert prismatische Kristalle

Physikalische Eigenschaften: Diamantglanz. *Farbe:* Koschenillenrot, rot-braun und bleigrau anlaufend. Durchscheinend bis durchsichtig. *Bruch:* muschelig. Spröde. *Spaltbarkeit:* vollkommen nach $(10\bar{1}0)$. *Härte:* 2–2,5. *Dichte:* 8

Chemische Eigenschaften: sublimiert im Reagenzglas unter Bildung von reinem Quecksilber

Kristalle, 10 mm. Bor, Ostserbien

Synonym: Kupferindig
Vorkommen: Covellin wird in großer Menge in Überzügen und in Schichten in der Zementationszone von kupferhaltigen Lagerstätten gefunden. Kristalle sind nur aus einigen Fundstätten bekannt und scheinen primären Ursprungs zu sein, so etwa die riesigen hexagonalen, blättchenförmigen, dezimetergroßen Kristalle aus der Grube Calabona bei Alghero, Sardinien, die zuweilen in Rosetten angeordnet sind. Vollkommene Anordnungen sind selten. Die Aggregate sind oft von Krusten kleiner Pyrit- und Chalkopyritkristalle bedeckt. Eine andere klassische Lagerstätte ist die Grube Leonard, Butte, Silver Bow County, Montana, USA, in der vollkommene hexagonale, bis 50 mm große Kristalle abgebaut wurden. Attraktive Kristalle stammen aus der Grube United Verde Extension, Yavapai County, Arizona und aus Summitville, Rio Grande, Wyoming, USA. Erwähnt seien noch die schönen Kristalle aus Bor, Zajeèar, Ostserbien, Jugoslawien. Covellin ist ein seltenes Sublimationsprodukt im Vesuv, Italien. Aus Frankreich sind keine Kristalle bekannt. Es gibt hier aber die dichten Aggregate aus Chessy-les-Mines, Rhône.
Lagerstätten: Es ist ein Mineral der Zementationszone kupferhaltiger Lagerstätten und zuweilen primären Ursprungs.
Bestimmung: Charakteristisch sind der hexagonale blättrige Habitus und die Farbe.

Chemische Formel: CuS

Kristallsystem: hexagonal

Etymologie: benannt nach Niccola Covelli, italienischer Mineraloge

Habitus: tafelige (0001) hexagonale Kristalle. Blättrige Aggregate. Wenn massiv: dicht oder körnig. Als Überzüge vorkommend

Physikalische Eigenschaften: *Glanz:* metallisch. *Farbe:* Indigoblau bis Blauschwarz. Schimmer: messinggelb oder rot-violett. Feine, biegsame Blätter. *Spaltbarkeit:* ausgezeichnet (0001). *Härte:* 1,5–2. *Dichte:* 4,6–4,7

Chemische Eigenschaften: schmilzt leicht vor dem Lötrohr unter Blaufärbung der Flamme und Freisetzung von SO_2

31 LINNEIT

Kristalle, 15 mm, Musonoï, Shaba, Dem. Rep. Kongo

Synonym: Kobaltnickelkiese
Vorkommen: Zentimetergroße, glänzende oktaedrische Kristalle, wahrscheinlich die schönsten bekannten, stammen aus Müsen, Siegerland, Deutschland. Verwachsen mit Siderit und Tetraedit, werden sie zuweilen überzogen von einer weißlichen Oxidationsschicht. Hübsche, aber seltene, millimetergroße Kristalle sind aus der Grube Georg, Westerwald, Deutschland bekannt. Die größten Kristalle stammen aus der Grube N'Kana, Kittwee, Simbabwe. Linneit wird ebenfalls in der Grube Bastnes, nahe Riddarhyttan, in Västmanland (Ursprungsvorkommen) und in Gladhammar, Kalmar, Schweden, in der Grube Springfield, Sykefville, sowie in der Grube Mineral Hill, Maryland, USA gefunden. Die schönsten bekannten, bis 50 mm großen Carrolitkristalle stammen aus der Grube Musonoï, Kolwezi, Dem. Rep. Kongo. Erwähnt sei sein Ursprungsvorkommen in Carrol County, Maryland, USA, insbesondere die Grube Patapsco. Das hübscheste bekannte Siegenit, Beläge aus gut gewachsenen millimetergroßen Kristallen, stammt aus der Grube Sweetwater, Reynolds Co. Missouri, USA. Die seltenen Violaritvorkommen sind Julian, Kalifornien, USA, und Sudbury, Ontario, Kanada.
Lagerstätten: Es ist ein primäres Mineral hydrothermaler, hochtemperierter Lagerstätten.
Bestimmung: Linneit ähnelt oktaedrischem Pyrit, ist aber weniger gelb.

Chemische Formel: AB_2S_4
mit A = Co, Ni, Cu, Fe und B = Co, Ni
Kristallsystem: kubisch
Etymologie: benannt nach Linné
Habitus: oktaedrisch. Körnig bis kompakt
Physikalische Eigenschaften: *Glanz:* metallisch. *Farbe:* Hellgrau bis Stahlgrau. *Bruch:* uneben. *Spaltbarkeit:* schlecht (001). *Härte:* 4,5–5,5. *Dichte:* 4,5–4,8.
Chemische Eigenschaften: Die Linneit-Reihe besteht, geordnet nach Häufigkeit, aus: Siegenit $[(Co, Ni)_3S_4]$, Linneit $[Co_3S_4]$, Carrolit $[CuCo_2S_4]$, Polydymit $[Ni_3S_4]$, und Violarit $[Fe_3Ni_2S_4]$ (nie kristallisiert gefunden).

Kristalle, 70 mm, mit Baryt. Baia Sprie, Maramuren, Rumänien

Synonyme: Stibnit, Antimonglanz, Grauspießglanz
Vorkommen: Die bekannteste Grube ist die von Yokohi, Ichinokawa, Provinz Iyo, auf der Insel Shikoku, Japan. Ungewöhnliche Kristalle, zuweilen metergroß (0,60 m x 0,05 m x 0,05 m), werden dort gefunden. Große, ähnlich aussehende Kristalle kommen aus der Grube Sarabau, Borneo, Indonesien, und aus I Yang, Provinz Hunan, China. In Europa werden reichlich Büschel dezimetergroßer Kristalle auf Baryt in der Grube Herja, Baia Spie, Rumänien abgebaut. In den letzten Jahren wurden in der Grube San Salvadora, Oruro, Bolivien sehr schöne glänzende Kristalle mit Markasit von fast der gleichen Güte wie die aus Herja gefunden. Attraktive Antimonitkristalle stammen auch aus den Vereinigten Staaten, der Grube Manhattan, Nye Co., und aus Italien, aus der Grube La Cetine, Toskana. In Frankreich wurden im 18. Jahrhundert große, trübe Kristalle, schlecht ausgeprägt pyramidal (bis 150 mm lang bei 30 mm Durchmesser) in der Grube Dahu, Lubilhac, Haute-Loire, gefunden und um 1910 in der Grube La Lucette, nahe Genest-Saint-Isle, Mayenne, Kristallbüschel mit deutlich ausgeprägten Abschlüssen, zuweilen bis 300 mm lang bei 25 mm Durchmesser.
Lagerstätten: Man findet es in hydrothermalen, niedrigtemperierten Lagerstätten.
Bestimmung: Antimonit kann mit Wismutglanz, Berthierit oder mit fasrigen Blei-Sulfosalzen verwechselt werden.

Chemische Formel: Sb_2S_3
Kristallsystem: orthorhombisch
Etymologie: vom griechischen *stibi:* Antimon.
Habitus: verlängert prismatisch, pyramidal, geritzt oder geriffelt entlang (001). Manchmal deformierte Kristalle. Blättchenförmige oder faserige Klumpen.

Physikalische Eigenschaften: *Glanz:* metallisch. *Farbe und Staub:* bleigrau. Schwärzlich anlaufend. Biegsam. *Bruch:* muschelig-uneben. *Spaltbarkeit:* ausgezeichnet (010). *Härte:* 2. *Dichte:* 4,6.
Chemische Eigenschaften: schmilzt unter Blaufärbung einer Kerzenflamme. Färbt sich in Anwesenheit von KOH sofort gelb.

33 WISMUTGLANZ

Kristalle, 10 mm. Fowey Consol's, Cornwall, Großbritannien

Synonym: Bismuthinit
Vorkommen: Wismutglanz findet man häufig im bolivianischen Zinnrevier. Wundervolle daumengroße Kristalle werden hin und wieder in den Gruben von Tazna gefunden. Sehr hübsche, nadelige Kristalle stammen aus den Gruben Llallagua und Huanini. Aus der Grube Fowey Consol's Mine, Cornwall, Großbritannien, stammen reichlich zentimetergroße nadelige Kristalle, die Hohlräume löchrigen Quarzes bedecken, und zuweilen wunderschöne Einschlüsse in farblosen Flussspatwürfeln. Erwähnt seien die hübschen Stücke aus der Grube D & C, United Mine, in Devonshire. Wismutglanz ist in Ehrenfriedersdorf, Sachsen, Deutschland, in Form schöner nadeliger Kristalle bis 100 mm anzutreffen, in Fefena und in Ampangabé, Madagaskar in sehr großen (dezimetergroßen) prismatischen Kristallen mit schlecht ausgeprägten Abschlüssen, in hohem Maße in Bismit [Bi_2O_3] und Bismuthit [$Bi_2(CO_3)O_2$] umgewandelt. Genannt seien noch die großen Klumpen aus dem Steinbruch Bedford, New York, und aus Boulder, Colorado, USA. In Frankreich ist schöner blattförmiger Wismutglanz mit Wismut aus Meymac, Corrèze, bekannt.
Lagerstätten: Primäres, hochtemperiertes Mineral hydrothermaler Lagerstätten mit Arsenopyrit, Wolframit, Cassiterit und in Kobalt-Nickel-Erzen sowie in Pegmatiten
Bestimmung: Wismutglanz ähnelt Antimonit, schmilzt jedoch unter Bildung eines rundenTropfen, nicht einer Flüssigkeit.

Chemische Formel: Bi_2S_3
Kristallsystem: orthorhombisch
Etymologie: vom deutschen *Wismuth*
Habitus: selten verlängert prismatisch, ähnlich Antimonit. Meist nadelige, gerillte Kristalle oder gespaltene Massen

Physikalische Eigenschaften: *Glanz:* metallisch. *Farbe:* Bleigrau bis Silberweiß, gelblich oder schimmernd durch Lufteinwirkung. *Spaltbarkeit:* vollkommen nach (010). Biegsam. Teilweise schneidbar. *Härte:* 2. *Dichte:* 6,8.
Chemische Eigenschaften: löslich in warmer HNO_3. Schmilzt in Kerzenflamme

Kristalle, 15 mm. Braunsdorf, Sachsen, Deutschland

Synonym: Rotspießglanz, Antimonblende
Vorkommen: Die schönsten bekannten Beispiele kommen aus der Goldmine von Globe und Phoenix bei Que-Que, Simbabwe. Kermesit formt hier Gruppen nadeliger Kristalle mit bis zu 100 mm x 3 mm Größe, radialfasrig auf Quarz, die rumänischem Antimonit ähneln, aber rot-schwarz sind. In der Nachbargrube Gothic, Lower Geldo, wurden ebenfalls schöne Beispiele gefunden. In Europa stammt hübsches, klassisches, federbuschförmiges Kermesit von mehreren Zentimetern Größe aus den Quarzgeoden der Gruben Siegfried, Neue Hoffung Gottes und Schlammig Frau, Braunsdorf-Freiberg, Deutschland. Um 1970 wurden radialfasrige Anordnungen nadeliger Kristalle bis 110 mm in Pézinok und Pernek, Bratislava, Slowakei gefördert. Die fasrigen Büschel aus South Harn, Wolfe County, Québec, Kanada sind noch zu erwähnen. In Frankreich stammen die schönsten Kristalle in zentimetergroßen radialfasrigen Anordnungen aus Chanac, Corrèze, in zentimetergroßen Rosetten auf gediegenem Antimon aus Chalanches, Allemont, Isère sowie aus der Grube La Fraisse, Brioude, Haute-Loire.
Lagerstätten: Es handelt sich meistens um ein sekundäres Mineral, meist aus der Oxidation von Antimonit. Es kann auch primären Ursprungs sein.
Bestimmung: Nadeliger Habitus vom Typ „Antimonit", häufige Verwachsung mit Antimonit und vor allem die Farbe ermöglichen die Bestimmung.

Chemische Formel: Sb_2S_2O
Kristallsystem: monoklin
Etymologie: vom persischen *qurmizq*, bezeichnet eine rote, künstliche, antimonhaltige Verbindung
Habitus: radialfasrige Aggregate nadeliger Kristalle. Pulvrige Überzüge

Physikalische Eigenschaften: *Glanz:* diamantartig bis halbmetallisch. *Farbe:* Kirschrot, Staub bräunlichrot. Schneidbar. *Spaltbarkeit:* vollkommen (001). *Härte:* 1–1,5. *Dichte:* 4,7.
Chemische Eigenschaften: schwärzt bei Erhitzen in geschlossenem Rohr, dann entsteht ein weißer Niederschlag aus Sb_2O_3.

35 NAGYAGIT (TELLURERZ)

Kristall, 30 mm. Sacarimb, Siebenbürgen, Rumänien

Vorkommen: Nur in der Ursprungsfundstätte von Sacarîmb (früher Nagyag), Siebenbürgen, Rumänien wurden zentimetergroße (maximal 30 mm) freie Kristalle und blechförmige, bis 50 mm große Kristalle, eingeschlossen in Rhodochrosit, gefunden. Reich waren die Nagyagitvorkommen im Südosten der Fundstätte. Nagyagit ist das wichtigste Golderz in den Erzgängen des Typs „Caroline", für die das Vorhandensein von Rhodochrosit charakteristisch ist. In Sacarimb war Nagyagit in Quarzadern mit einzelnen Tellurerzen sehr selten. Relativ häufig fand man Nagyagit mit Sylvanit in der benachbarten Lagerstätte von Offenbanya. Auch in Fata Baii (ex-Baia de Aries) und Caraciu wurde es gefunden. In anderen Fundstätten ist Nagyagit meist nur mit einem Mikroskop nachzuweisen. Genannt sei Kalgoorlie in Westaustralien, Vitu Levu, Fidji-Inseln (Fidschi-Inseln, Vatukoula), die Grube Sylvia, Tararu Creek, Neuseeland, die Grube Rendaizi Idu, Japan (Rendai). Schließlich kommt Nagyagit auf dem amerikanischen Kontinent in der Kings Mountain Mine, North Carolina und in Kalifornien in den Goldminen der Calaveras, Trinity und Shasta Districts vor.

Lagerstätten: Es handelt sich um ein primäres, hydrothermales Mineral, verwachsen mit anderen Telluriden und mit gediegenem Gold.

Bestimmung: Sie ist leicht für Proben aus Vorkommen des Typs Sacarimb. Die Bildung von Gold nach Aufschluss mit HNO_3 weist auf ein Golderz hin, von denen es nur wenige gibt.

Chemische Formel: $Pb_5Au(Te,Sb)_4S_{5-8}$

Kristallsystem: tetragonal

Etymologie: benannt nach Nagyág (heute Sacarimb), Rumänien

Habitus: feine, tafelförmige, rechteckige Kristalle. Blättrig, blechartig, verdreht, mit zackigen Kanten. Körnig.

Physikalische Eigenschaften: *Glanz:* metallisch, *Farbe:* schwärzliches Bleigrau. Biegsame Blättchen, *Spaltbarkeit:* vollkommen (010). *Härte:* 1–1,5. *Dichte:* 7,4.

Chemische Eigenschaften: löslich in HNO_3, unter Bildung eines Goldrestes. Pseudomorphen aus Chalkopyrit, Bournonit oder Galenit bekannt.

Kristalle, 10 mm (Sylvanit), Baia de Aries, Siebenbürgen, Rumänien

Vorkommen: Die Kristalle sind normalerweise kleiner als ein Zentimeter. Es wurden jedoch in größerer Zahl sehr hübsche Calaveritkristalle bis 15 mm Größe in Cripple Creek und in der Cresson Mine, Teller Co., Colorado, USA, gefunden. Die Cresson Mine hatte das ergiebigste Vorkommen. 1914 wurde eine Höhle von 12 m x 6 m x 5 m entdeckt, die völlig mit Calaveritkristallen, mit wundervollen Sylvanitkristallen (bis 15 mm), dem Calaverit-Isomorph, mit orthorhombischem Krennerit [$AuTe_2$] und mit Gold bedeckt war. Wenige Stücke wurden erhalten. Calaverit ist auch reichlich in mehreren Vorkommen in Kalifornien, USA, insbesondere in Stanislas Mine (Ursprungsfundstätte), und in Melones Mine, Calaveras County vorhanden. In Europa wurden wundervolle Sylvanitkristalle (bis 15 mm) in Rumänien gefunden, und zwar in Sacarimb, wo sie das wichtigste Golderz auf Rhodochrosit in den Erzadern von Longhin ausmachten, ferner in Baia de Aries, woher die schönsten Proben auf Quarz stammen, und in Caraciu. Große Mengen nicht schön geformter Sylvanitkristalle bis 50 mm Größe wurden im goldhaltigen Vorkommen von Kalgoorlie, Westaustralien gefunden. Kristalle von 20 mm wurden relativ reichlich in der Emperor Mine, Vitilevu, Fidji-Inseln gefunden.

Lagerstätten: Es handelt sich um ein primäres Mineral hydrothermaler, niedrigtemperierter Tellur-, Gold- oder Silber-Lagerstätten.

Bestimmung: Sie ist schwierig.

Chemische Formel: $AuTe_2$

Kristallsystem: monoklin

Etymologie: benannt nach Calaveras County, Kalifornien, USA.

Habitus: blättrig oder prismatisch gerillt [010] für Calaverit. Häufig skelettartig. Beim Wachsen dendritisch für Sylvanit.

Physikalische Eigenschaften: *Glanz:* metallisch, glänzend. *Farbe:* Messinggelb. *Bruch:* muschelig-uneben. *Spaltbarkeit:* keine. *Härte:* 2,5–3. *Dichte:* 9,2.

Chemische Eigenschaften: Calaverit bildet mit Sylvanit [$(Ag,Au)Te_2$] eine isomorphe Mischreihe.

37 PYRIT

Synonym: Schwefelkies, Eisenkies
Vorkommen: Pyrit ist weit verbreitet und kann ein Eisenerz und ein Schwefelerz sein. Seltsamerweise sind Lagerstätten, in denen schöne Kristalle gefunden werden, selten.
Wundervolle Pyritkristalle stammen aus Italien, aus Brosso, Piemont; aus der großen, heute erschöpften Eisenlagerstätte von Rio Marina, Insel Elba, sehr schöne Pentagondodekaeder, die zuweilen mehr als 15 cm Durchmesser haben, auf Hämatit; aus der Toskana, reichlich in kubischen Kristallen, mit glänzenden Flächen, aus den Gruben von Gavorrano, Grosseto, Niccioleta und Boccheggiano, mit reinem Schwefel und Gips; aus den alten Lagerstätten von Traversella, Piemont.
Aus den peruanischen Vorkommen von Quiruvilca und Huanzala, Ancash, stammen wundervolle Kristalle, kubische Kristalle mit triglyphem Aussehen (die Würfelflächen sind entlang drei verschiedener Achsen stark gerillt) oder komplexe Kristalle, die Pyritoeder-Verwachsungen mit Diploederflächen.
Metergroße, kubische Kristalle, darunter die größten bekannten, wurden in den Gruben von Kassandra, Griechenland gefördert.
Im Kalkbecken von Logroño, Spanien, finden sich wundervolle kubische Kristalle im Ganggestein; nicht oxidierte Kristalle, zuweilen mit mehr als 150 mm Kantenlänge, die nur Würfelflächen aufweisen, werden heute in Navajun gefördert.
In den USA wurden über 100 mm große Pyritoeder in Park City, Utah gefördert.
Die mexikanischen Vorkommen, wie in Naica, Chihuahua, oder in Concepcion del Oro, Zacatecas sind reich an schönen Würfeln und Oktaedern. Die schönen Kristalle aus Cavnic, Maramures, Rumänien, aus Freiberg, Sachsen, aus Siegen, Westfalen, Deutschland sind noch zu erwähnen.
Pyrit findet sich in alpinen Klüften und bildet dort zuweilen wunderbare Kristalle, die als Pseudomorphe aus Limonit erhalten sind, z. B. diejenigen, die bei den Tiefbauarbeiten des Sankt-Gotthard-Tunnels, Schweiz entdeckt wurden.
In Frankreich werden zuweilen große kubische Kristalle aus den Eisengruben des Gebietes Briey, Meurthe-et-Moselle gefördert. Aus dem klassischen Vorkommen von Saint-Pierre-de-Mésage, Isère, sowie der Grube von La Taillat, Saint-Pierre-d'Allevard stammen zentimetergroße Pyritoeder auf Siderit gewachsen.
Lagerstätten: Es ist ein allgegenwärtiges Mineral in Erzlagerstätten aller Art und in Sedimentgesteinen.
Bestimmung: Sie ist aufgrund der klaren gelben Farbe des Pyrits recht einfach. Pyrit kann man mit Gold (formbar), Chalkopyrit (Farbe intensiver gelb) und Arsenopyrit (das Arsen enthält) verwechseln.

Abb. rechts oben:
Kristalle, 15 mm, Himmelsfürst. Freiberg, Deutschland
Abb. rechts unten:
Kristalle, 12 mm auf Dolomit. Saint-Pierre-de-Mésage, Isère, Frankreich

Chemische Formel: FeS_2
Kristallsystem: kubisch
Etymologie: vom griechischen *pyr, pyros*: Feuer, denn es wurde als Feuerzeug benutzt
Habitus: kubische, oktaedrische, pentagondodekaedrische Kristalle. Häufig Zwillinge, meist „Eisernes Kreuz“. Massiv, körnig.

Physikalische Eigenschaften: *Glanz:* metallisch. *Farbe:* Blassgelb, rötlich schimmernd durch Oxidation. Opak. *Bruch:* zuweilen muschelig. Spaltbarkeit (001) schlecht. *Härte:* 6–6,5. *Dichte:* 5.
Chemische Eigenschaften: Pyrit ist in HCl löslich und schwach löslich in HNO_3.

38 HAUERIT

Kristall, 20 mm, Raddusa, Sizilien

Vorkommen: Im klassischen Vorkommen der Grube von Districella, Radduse, nahe Catania, Sizilien, wurden um 1890 reichlich Hauerit-Kristalle gefunden, meist als Einzelkristalle oder in Ton eingeschlossen. Sie waren zuweilen 75 mm groß, meist aber ca. 20 mm, oktaedrisch oder kubo-oktaedrisch, zuweilen stark polysynthetisch.
Sehr große Kristalle stammen auch aus Gulf Salt Dome, Matagorda Co, Texas, USA. Sie sind bis 50 mm groß. Schöne zentimetergroße Kristalle auf Trachytgängen, verwittert und mit Schwefel und Gips verwachsen, stammen aus der Schwefelgrube von Kalinka, nahe Banska Stiavnica, Tschechien. Zuweilen sind Kristalle mit Pyritkrusten bedeckt. Schöne Oktaeder sind aus Viglasska Huta bekannt.
Hauerit ist in Neuseeland verbreitet, in den metamorphen Schiefer des Wakatipu-Sees und in denen von Colling Wood. Hauerit ist ein Bestandteil des Manganerzes aus Alun Rock Park, Santa Clara County, Kalifornien, USA.
Lagerstätten: Hauerit entsteht in schwefelübersättigten Milieus und kommt zusammen mit Schwefel und Gips vor.
Bestimmung: Sie ist aufgrund des Habitus und der häufigen Paragenese mit Schwefel und Gips einfach.

Chemische Formel: MnS_2 **Kristallsystem:** kubisch **Etymologie:** nach Joseph und Frantz von Hauer, österreichische Geologen **Habitus:** verzerrrt kubisch; zumeist oktaedrisch. Körnig	**Physikalische Eigenschaften:** *Glanz:* metallisch, Oberfläche durch Alteration diamantartig. *Farbe:* Schwarz bis Braun. *Bruch:* uneben bis muschelig. *Spaltbarkeit:* vollkommen (001). *Härte:* 4. *Dichte:* 3,6. **Chemische Eigenschaften:** löslich in warmer Salzsäure unter Bildung von Schwefelswasserstoff (H_2S)

Kristall, 8 mm, Potgietersrust, Transvaal, Südafrika

Vorkommen: Dieses seltene Erz wurde erstmals 1888 in der Vermillion-Grube, District Algoma, nahe Sudbury, Ontario, Kanada entdeckt. In diesem Vorkommen wurden um 1970 wunderschöne Kristalle auf Ganggestein entdeckt, die bis 1 cm groß waren. Sperrylith wurde im selben Revier in der Victoria Mine und in der Frood Mine gefunden, meist in Erzkonzentraten nach Zerkleinern. Der schönste bekannte Kristall auf Limonitganggestein (24 mm x 19 mm) wurde um 1924 in der Lagerstätte der Tweefontain Farm, Potgietersrust, Vatebergrevier in Transvaal, Südafrika gefunden. Aus diesem Vorkommen stammen viele schöne Kristalle. Sperrylith ist aus dem Waschgold von Nikolaewski, Jakutien bekannt, aus dem Sand des Tennessee-Flusses, Macon Co, North Caroline, und aus der Rambler Mine, Medicine Bow Mountains, Wyoming, USA. Vor einigen Jahren wurde Sperrylith in Mikrokristallen im Sand der Flüsse Miessi und Sota, finnisches Lappland entdeckt.

Lagerstätten: Sperrylith findet sich verwachsen mit Pentlandit [$(Fe,Ni)_9S_8$], Chromit, Pyrrhotin und anderen Platinerzen in ultrabasischen Gesteinen.

Chemische Formel: $PtAs_2$

Kristallsystem: kubisch

Etymologie: benannt nach dem kanadischen Chemiker L. Sperry

Habitus: Würfel, Oktaeder, abgerundet durch Flächenreichtum

Physikalische Eigenschaften: *Glanz:* stark metallisch. *Farbe:* Zinnweiß. *Bruch:* muschelig. *Spaltbarkeit* (001) schlecht. *Härte:* 6,7. *Dichte:* 10,6.

Chemische Eigenschaften: Dieses eher seltene Mineral wird durch Säuren nicht angegriffen.

40 ULLMANIT

Kristalle, 6 mm, in Kalkspat. Sarrabus, Sardinien, Italien

Vorkommen: Die schönsten Exemplare, zentimetergroße Würfel (bis zu 25 mm) mit Breithauptit [NiSb] stammen aus der Grube Masaloni, Sarrabus, Sardinien. Es handelt sich um Kristalle, die in Kalkspat eingebettet sind. Aus den benachbarten Gruben von Monte Narba und Giovanni Bonu stammen ebenfalls schöne Kristalle. Herrliche Stücke in Form von stark glänzenden, zentimetergroßen kubischen Einzelkristallen (bis zu 20 mm) kommen aus Ramsbeck, Sauerland, und aus Müsen, Siegerland. Millimeterkleine Kristalle wurden in der Grube Albertine, Harzgerode im Harz gefunden. Die Lokalitäten Olsa, bei Friesach, sowie insbesondere Hüttenberger, Erzberg in Österreich haben zentimetergroße verzwillingte Kristalle hervorgebracht. Dicke, zentimetergroße, nicht schön ausgebildete Stücke sind von New Brancepeth, Durham, Großbritannien, und aus den Gruben von Anglas und Ar, Pyrénées-Atlantiques, Frankreich, bekannt. In Frankreich ist auch noch Oms, Pyrénées-Orientales, zu erwähnen. Schließlich waren früher auch zentimetergroße Willyamite- sowie kobalthaltige Ullmanitkristalle in der ABH Consols Lode, Broken Hill, New South Wales, Australien, verbreitet.

Lagerstätten: Dieses primäre Mineral kommt in hydrothermalen hochtemperierten Lagerstätten vor.

Bestimmung: Die Bestimmung ist recht schwierig.

Chemische Formel: NiSbS

Kristallsystem: triklin, pseudokubisch

Etymologie: benannt nach J. C. Ullmann, deutscher Chemiker und Mineraloge

Habitus: häufig kubische oder verzerrt kubische Kristalle, mit gerillten Flächen. Blättchenförmig oder körnig

Physikalische Eigenschaften: *Glanz:* metallisch. *Farbe:* Silberweiß. *Bruch:* uneben. Spröde. *Spaltbarkeit:* vollkommen nach (001). *Härte:* 5–5,5. *Dichte:* 6,6

Chemische Eigenschaften: bildet mit *Willyamite [(Co,Ni)SbS]* eine Reihe. Unlöslich in Salzsäure, kann daher so aus Karbonaten herausgelöst werden.

Kristall, 30 mm. Cap Blanc-Nez, Pas-de-Calais, Frankreich

Vorkommen: Der Markasit muss zur Konservierung trocken, dehydratisiert und dicht abgeschlossen gelagert sein. Herrliche „hahnenkamm"-förmige Stücke (häufig 20 bis 30 mm) werden noch in zahlreichen Orten des Tri States Reviers, USA, insbesondere in Joplin, Missouri, gefunden. Sehr große kristalline Pyrrhotin-Pseudomorphosen (bis zu 260 mm) sind in Llallagua, Bolivien, bekannt. Der Markasit kommt in sehr schönen verzwillingten „hahnenkamm"-förmigen Anordnungen in der Grube Christian Levin in Essen sowie in herrlichen Kristallen mit Kalkspat in der Grube San Antonio, Aquiles Serdan, Chihuahua, Mexiko, vor. Zu erwähnen sind ebenfalls die klassischen Lagerstätten in Freiberg, Sachsen; Tavistock, Devonshire sowie Weardale, Durham, Großbritannien. Die klassische französische Fundstelle am Cap Blanc-Nez, Pas-de-Calais, ist reich an herrlichen verzwillingten Exemplaren (Speerkies). Sehr gut ausgebildete Kristalle, die mit Säure aus der Kreide herausgelöst werden, können eine Größe von mehreren Zentimetern erreichen. Ähnliche Exemplare sind in Folkstone, Kent, Großbritannien, bekannt.

Lagerstätten: Man findet ihn in Sedimentgestein, in niedrigtemperierten Gängen oder als Pyrrhotin-Pseudomorphosen.

Bestimmung: Er kann nicht mit Pyrit verwechselt werden, der bei frischem Bruch stärker gelb und schwerer in HNO_3 löslich ist. Charakteristisch ist der verzwillingte Habitus.

Chemische Formel: FeS_2

Kristallsystem: orthorhombisch

Etymologie: vom alt-arabischen *marchesita*, das Pyrit und ähnliche Minerale bezeichnete

Habitus: tafelige Kristalle (010) oder zuweilen prismatisch [001]. Flächen oft abgerundet. Häufig Zwillinge nach (101): „Hahnenkamm", oder nach (010): Speerkieszwilling

Physikalische Eigenschaften: *Glanz:* metallisch. *Farbe:* Blassgelb mit Stich ins Grünliche. *Bruch:* uneben. Spröde. *Spaltbarkeit* (101). *Härte:* 6–6,5. *Dichte:* 4,9

Chemische Eigenschaften: löslich in HNO_3. In der Sammlung zerfällt er zu einer Mischung aus Eisensulfate und Schwefelsäure.

42 ARSENKIES

Kristalle, 40 mm. Panasqueira, Portugal

Vorkommen: Als das am weitesten verbreitete Arsenmineral wird der Arsenopyrit von den Bergleuten aktiv gesucht, da er sehr häufig goldhaltig ist. Außergewöhnliche, glänzende Kristalle, wahrscheinlich die schönsten, die bekannt sind, stammen aus der Grube Obira, Oita, in Japan. Sie sind verlängert prismatisch (häufig bis zu 10 mm groß) und befinden sich auf Quarz. Die immer noch betriebene Grube von Panasqueira in Portugal liefert wunderschöne, stark glänzende Kristalle (maximal 100 mm), die eine lange, ebene Abschlussfläche aufweisen, häufig in Verwachsung mit Wolframit und Apatit. Glänzende massige Kristalle (bis zu 50 mm) werden derzeit von der Grube Stari TRG, Trepèa, Kosovo, hervorgebracht, bei denen der Arsenopyrit mit Zinkblende verwachsen ist. Der klassische Fundort Freiberg in Sachsen hat kurze bis verlängerte, etwas matte Kristallexemplare (maximal 50 mm) auf Quarz hervorgebracht. Sehr schöne Kristalle stammen aus Huel Tamar bei Tavistock, Devon, Großbritannien. In Frankreich bildet der Arsenopyrit wunderschöne verlängerte zentimetergroße, fast nadelige Kristalle in La Mure, Isère.

Lagerstätten: Dieses primäre hochtemperierte Mineral findet man in Kontaktlagerstätten, hydrothermalen Gängen sowie in pneumatolytischen Lagerstätten.

Bestimmung: Der Habitus und der bei Schlagbeanspruchung freigesetzte Knoblauchgeruch lassen auf Arsenopyrit schließen.

Chemische Formel: FeAsS

Kristallsystem: pseudo-orthorhombisch, monoklin

Etymologie: nach seiner Zusammensetzung

Habitus: prismatische, orthorhombische, (rautenförmige Schnittflächen) [001], kurze oder verlängerte Kristalle. Prismenflächen nach [001] gestreift. Häufig Andreas-Kreuz-Zwillinge. Kompakt oder körnig

Physikalische Eigenschaften: *Glanz:* metallisch. *Farbe:* Silberweiß bis Stahlgrau. *Bruch:* uneben. Spröde. *Spaltbarkeit:* deutlich (101). *Härte:* 5,5–6. *Dichte:* 6. Knoblauchgeruch bei Schlagbeanspruchung

Chemische Eigenschaften: zersetzt sich in HNO_3 unter Ausfall von Schwefel

Kristall, 50 mm. Moss, Norwegen

Vorkommen: Er ist das wichtigste Molybdän-Mineral. Gute Kristalle sind selten. Prächtige Stücke, die schönsten bekannten, stammen aus den Gruben des Kingsgate Reviers, New South Wales, Australien, insbesondere aus der Grube Sach's and Giant Blow. Es handelt sich um blattförmige Anordnungen von Kristallen auf Quarz, die bis zu 120 mm groß sind. Wunderschöne Exemplare wurden kürzlich aus der Grube Old 25 herausgeholt. Sehr schöne Kristalle (bis zu 80 mm Durchmesser) wurden in Kanada in Ross, Ontario, sowie in Aldfield, Pontiac County, Quebec, gefunden. In den USA sind die Kristalle von Lake Chelan, Okanogan Co., Washington, zu nennen. Die klassische Lagerstätte von Taewha, Nongamri, Südkorea, bringt wenige, aber wunderschöne Rosettenkristalle von 50 mm Durchmesser hervor. Zu erwähnen sind außerdem die Verwachsung von Molybdänitkristallen mit Cuprit in Onganja, Namibia; die Kristalle (bis zu 150 mm groß) aus Bamdakslid, Telemark, und Raade bei Moss in Norwegen sowie schließlich die selten vorkommenden, eingeschlossenen, zentimetergroßen Kristalle in Château-Lambert in den Vogesen in Frankreich.

Lagerstätten: Dieses Hochtemperatur-Mineral ist in hydrothermalen hochtemperierten Lagerstätten, Skarnen und Pegmatiten zu finden.

Bestimmung: Dieses Mineral kann nur mit Graphit verwechselt werden. Es unterscheidet sich durch seinen Habitus sowie die Farbe seines Staubes.

Chemische Formel: MoS_2 **Kristallsystem:** hexagonal **Etymologie:** vom griechischen *molybdos:* Blei **Habitus:** tafelige (0001) hexagonale Kristalle, oft deformiert, blättrige Aggregate. Blättchenförmige Klumpen	**Physikalische Eigenschaften:** *Glanz:* metallisch. *Farbe:* bleigrau glänzend. Staub: grünlich grau. Feine biegsame Blättchen. *Spaltbarkeit:* sehr gut nach (0001). Schneidbar. *Härte:* 1–1,5. *Dichte:* 4,6–4,7 **Chemische Eigenschaften:** zersetzt sich in Ferrimolybdit $[Fe_2(MoO_4)_3 \cdot 8H_2O]$ und Powellit

44 SKUTTERUDIT

Kristalle, 10 mm. Sainte-Marie-aux-Mines, Haut-Rhin, Frankreich

Vorkommen: Herrliche Exemplare, wahrscheinlich die schönsten bekannten, wurden seit 1930 reichlich aus den kobalthaltigen Gängen von Bou Azzer, Anti-Atlas, Marokko, gewonnen. Skutterudit bildet dort ein Kobalterz. Aus ihm entstanden prächtige Erythrit- und Roselith-Kristalle [$Ca_2(Co, Mg)(AsO_4)_2 2H_2O$]. Die rhombendodekaedrischen Kristalle mit ihren häufig abgerundeten Kanten sind oftmals 30 bis 40 mm lang. Herrliche kubische Skutteruditkristalle (bis zu 30 mm) stammen aus den ehemaligen Gruben in Schneeberg und aus jüngerer Zeit in Form von glänzenden Kubo-Oktaedern, die bis zu 20 mm groß sind, aus Niederschlema, Schneeberg, Sachsen. Zentimetergroße Kristalle wurden aus Freiberg, Sachsen, aus Jachymov, Böhmen, Tschechien, sowie aus St. Andreasberg im Harz gemeldet. Massiv findet man Skutterudit reichlich in Cobalt, Ontario, Kanada. In Frankreich gibt es reiche Vorkommen in der Grube Chrétien in Sainte-Marie-aux-Mines, Haut-Rhin, und zwar in Form von in Kalkspat eingeschlossenen kubo-oktaedrischen Kristallen (bis zu 30 mm Kantenlänge), sowie in ähnlichen Exemplaren in den Chalanches, Allemont, Isère. Anzuführen sind ebenfalls noch die dicken kubo-oktaedrischen Kristalle von La Treille, Sainte-Marie-aux-Mines, sowie die kleinen, millimetergroßen Kristalle in Quarz aus Kruth, Haut-Rhin.

Lagerstätten: Es handelt sich um ein primäres Mineral aus hydrothermalen Nickel- und Kobalt-Lagerstätten.

Bestimmung: Die Bestimmung ist schwierig. Es handelt sich um das am weitesten verbreitete Kobalterz.

Chemische Formel: $CoAs_{2-3}$

Kristallsystem: kubisch

Etymologie: benannt nach dem Ort Skutterud, Norwegen

Habitus: kubisch verzerrte Kristalle mit zuweilen abgerundeten Kanten. Dendritische Aggregate. Kompakt bis körnig

Physikalische Eigenschaften: *Glanz:* metallisch. *Farbe:* Zinnweiß bis Silbergrau. *Bruch:* muschelig. *Spaltbarkeit:* nach (100) und (111), deutlich. Spröde. *Härte:* 5,5–6. *Dichte:* 6,5–6,9

Chemische Eigenschaften: bildet mit Nickel-Skutterudit eine Reihe. Smaltin (Speiskobalt) ist eine arsenärmere Varietät [$CoAs_2$].

Kristalle, 25 mm. Marienberg, Sachsen, Deutschland

Synonym: Lichtes Rotgültigerz
Vorkommen: Seine wunderschöne rote Farbe macht das Mineral Proustit bei Sammlern sehr begehrt. Der Proustit läuft unter Lichteinwirkung an und muss im Dunkeln aufbewahrt werden. Die schönsten bekannten Stücke stammen aus der Grube Dolores in Chanarcillo, Chile. Sie bilden Gruppen von großen skalenoedrischen Kristallen (maximal 100 mm). Das andere wichtige Vorkommen auf der Welt ist der Schacht 207 in Niederschlema bei Schneeberg, Sachsen. Es handelt sich um prismatische oder gelegentlich skalenoedrische Kristalle (maximal 80 mm) von unvergleichlicher Frische. Die schönsten Stücke stammen aus den 1950er-Jahren. Sachsen (Freiberg, Marienberg, Schneeberg und Johanngeorgenstadt) sowie das böhmische Erzgebirge (Jachymov) haben früher zahlreiche schöne, gut kristallisierte Exemplare hervorgebracht. In Frankreich ist der Gang Saint-Jacques in Sainte-Marie-aux-Mines, Haut-Rhin, das bedeutendste Vorkommen, der im 18. Jahrhundert Gruppen prismatischer Kristalle (maximal 30 mm) mit einem Gewicht von bis zu 1 kg lieferte. Die Grube Gabe-Gottes (Gang Saint-Jacques) bringt gelegentlich immer noch millimetergroße prismatische Kristalle auf gediegenem Arsen hervor.
Lagerstätten: Es handelt sich um ein spät gebildetes primäres Mineral aus silberhaltigen Erzgängen.
Bestimmung: Die Bestimmung ist aufgrund der Farbe einfach. Pyrargyrit ist dunkler, und Realgar ist orangefarbig.

Chemische Formel: Ag_3AsS_3
Kristallsystem: rhomboedrisch
Etymologie: benannt nach dem französischen Chemiker Proust
Habitus: hexagonale, verlängerte Prismen, seltener spitz, skalenoedrisch. Oftmals massiv

Physikalische Eigenschaften: *Glanz:* diamantartig, durchsichtig. *Farbe:* Zinnoberrot. Schwarz durch Anlaufen. Stark lichtempfindlich. *Spaltbarkeit:* nach $(10\bar{1}1)$ gut. *Bruch:* muschelig. *Härte:* 2–2,5 *Dichte:* 5,6
Chemische Eigenschaften: lässt sich teilweise mit Zyaniden reinigen. Bildet mit Pyrargyrit eine Reihe

46 PYRARGYRIT

Kristalle, 20 mm, Marienberg, Sachsen, Deutschland

Synonym: Dunkles Rotgültigerz.
Vorkommen: Prächtige Kristalle auf blassviolettem Amethyst, die bis zu 25 mm messen, wurden Ende des vorletzten Jahrhunderts in der Grube Valenciana, Guanajuato, Mexiko, gefunden. Dieses Revier bringt auch heute noch schöne Exemplare hervor. In der Grube Dolores, Chanarcillo, Chile, ist Pyrargyrit mit Proustit verwachsen und bildet schöne, zentimetergroße Kristalle. In Europa wurden sehr schöne Pyrargyritkristalle in der Grube Himmelsfürst in Freiberg gefunden, die sogar 50 mm groß waren; in der Grube Samson in St. Andreasberg herrliche Exemplare von 20 mm Größe auf weißem Kalkspat sowie reichlich in der Grube Anna, Przibram, Tschechien, in Form von 25 mm großen Säulenkristallen. Zu erwähnen sind auch noch die sehr schönen, höchstens zentimetergroßen Kristalle von Guadalajara, Hiendelaencina, Spanien. In Frankreich ist Pyrargyrit selten. Kristalle von höchstens 10 mm Größe wurden jedoch in Sainte-Marie-aux-Mines, Haut-Rhin, gefunden, und zwar auf Sohle – 30 der Giftgrube.
Lagerstätten: Es handelt sich um ein spät gebildetes primäres Mineral silberführender, hydrothermaler Gänge.
Bestimmung: Habitus und Farbe ermöglichen die Unterscheidung von Realgar und Zinnober. Eine Verwechslung mit Proustit ist möglich, der in der Regel heller und flächenreicher ist. Cuprit hat zwar die gleiche Farbe, aber nicht den gleichen Habitus.

Chemische Formel: Ag_3SbS_3
Kristallsystem: rhomboedrisch
Etymologie: vom griechischen *pyr, pyros:* Feuer und *argyros:* Silber
Habitus: prismatische, hexagonale Kristalle mit pyramidal-rhomboedrischem oder ebenem Abschluss. Selten Skalenoeder. Kompakte Aggregate

Physikalische Eigenschaften: *Glanz:* metallisch. *Farbe:* Dunkelrot bis Schwarz. *Bruch:* muschelig. Spröde. *Spaltbarkeit:* deutlich (201). *Härte:* 2,5. *Dichte:* 5,8. Lichtempfindlich
Chemische Eigenschaften: Pyrargyrit bildet mit Proustit eine Reihe. Lässt sich teilweise mit Zyanid reinigen

Xanthokonkristall, 2 mm, auf Arsen, Sainte-Marie-aux-Mines, Frankreich

Verwandte Art: Xanthokon
Vorkommen: Die Minerale Pyrostilpnit und Xanthokon sind sehr selten. Kristalle von über 1 mm Größe sind die Ausnahme. Man findet sie zusammen mit rotsilbernem Proustit und Pyrargyrit sowie vorzugsweise mit ihren Dimorphen. Die schönsten Pyrostilpnitkristalle, die bis zu 5 mm groß sind, stammen hauptsächlich aus Przibram, Böhmen, Tschechien, sowie aus Freiberg und Braunsdorf in Sachsen. Noch größere (maximal 12 mm) schöne Kristalle wurden in Broken Hill, New South Wales, Australien, gefunden. Zu erwähnen sind außerdem noch die kleinen Kristalle aus St. Andreasberg im Harz, sowie aus Jachymov,Tschechien. Xanthokon bildet orangefarbige Kristalle, die nur selten größer als 5 mm sind. Klassische Lagerstätten sind die Gruben Himmelsfürst in Freiberg, Sachsen, und Johanngeorgenstadt, Jachymov in Böhmen, Tschechien, Chañarcillo, Chile, sowie La Rose und Keeley in Cobalt, Ontario, Kanada. In Frankreich wurden wunderschöne millimetergroße Kristalle in relativ großen Mengen auf Sohle Null der Grube Wilhelmstollen in Sainte-Croix-aux-Mines, Haut-Rhin, gefunden. Schöne Kristalle auf gediegenem Arsen befinden sich in der benachbarten Grube Gabe-Gottes, Sainte-Marie-aux-Mines, Haut-Rhin.
Lagerstätten: Es handelt sich um ein primäres Mineral silberführender, hydrothermaler Lagerstätten. Es ist äußerst selten.
Bestimmung: Die Bestimmung ist nicht leicht.

Chemische Formel: Ag_3SbS_3
Kristallsystem: monoklin
Etymologie: vom griechischen *pyr, pyos:* Feuer und *stilpnos:* glänzen, glänzend wie Feuer
Habitus: tafelige Kristalle (001) rautenförmige oder verlängerte Lamellen nach [001] oder gestreift auf (001). Aggregate halbparalleler divergenter Kristalle

Physikalische Eigenschaften: *Glanz:* diamantartig. *Farbe:* Rot. *Bruch:* muschelig. *Spaltbarkeit:* vollkommen (010). *Härte:* 2. *Dichte:* 5,9
Chemische Eigenschaften: pyrargyrit-dimorph. Scheint eine Mischreihe mit Xanthoconit $[Ag_3SbS_3]$, dem Proustit-Dimorph, zu bilden

CHALKOSTIBIT

Kristalle, 50 mm. Rar el Anz, nahe Casablanca. Marokko

Vorkommen: Reiche Chalkostibitvorkommen gibt es in den Erzlagerstätten Boliviens, insbesondere im Revier von Oruro, wo Chalkostibit in Form von herrlichen, glänzenden Kristallen bis zu einer Größe von 50 mm gefunden wurde. In zahlreichen anderen Lagerstätten, zu denen die Grube Pulcaya in Huanchaca, die Grube von Terremoto in Bustillos sowie die Gruben des Reviers von Colquechaca zählen, bildet er zentimetergroße Kristalle. Die größten bekannten Chalkostibitkristalle, die bis zu 100 mm groß sind, stammen aus Rar el Anz in der Nähe von Camp Boulhaut östlich von Casablanca, Marokko. Mit dem Habitus eines verlängerten Prismas, stark geritzt und meistens von einer Azuritschicht überzogen, treten sie lokal häufig in Dolomit eingeschlossen auf. In Europa stellt Chalkostibit an seinem ursprünglichen Fundort in der Jost Christian Zeche bei Wolfsberg im Harz eine große Seltenheit dar, wo er, verwachsen mit Jamesonit, in millimetergroßen Kristallen in Quarzdrusen zu finden ist. In Form von großen geritzten Kristallen bis zu einer Größe von 30 mm ist er in Guejar Sierra bei Granada, Spanien, sowie in demselben Revier in Guadix und Capileira bekannt. In Frankreich findet er sich in Form von kleinen eingesprengten Einschlüssen im Erz von Saint-Pons, Alpes-de-Haute-Provence, und von La Violette, Haute-Loire.

Lagerstätten: Chalkostibit ist ein primäres Mineral hydrothermaler hochtemperierter Lagerstätten.

Bestimmung: Die Bestimmung ist nicht leicht.

Chemische Formel: $CuSbS_2$

Kristallsystem: orthorhombisch

Etymologie: nach seiner Zusammensetzung

Habitus: prismatische Kristalle, oftmals verlängert und gestreift. Blättchenförmig oder körnige Aggregate

Physikalische Eigenschaften: *Glanz:* metallisch. *Farbe:* Eisen- bis Bleigrau. *Bruch:* muschelig. *Spaltbarkeit:* vollkommen (010). *Härte:* 3–4. *Dichte:* 4,9–5

Chemische Eigenschaften: löslich in HNO_3 unter Ausfällung von Schwefel und Sb_2O_3. Wandelt sich zuweilen an der Oberfläche in eine Mischung aus Kupferoxiden um

Kristalle, 15 mm, bedeckt von Gemenge. Faymont, Vogesen, Frankreich

Vorkommen: Normalerweise gibt es keine spektakulären Emplektitexemplare. Die schönsten Stücke, Anordnungen freier Nadeln, stammen vor allem aus Deutschland. Hervorragende Exemplare, vielleicht die schönsten bekannten, wurden in Pechtelsgrün, Vogtland, in Verwachsungen mit Nickelin und Weißnickelkies in Quarz- und Barytdrusen, in Form von nadeligen Kristallen in Sadisdorf und in Schwarzenberg, Sachsen, sowie unter ähnlichen Bedingungen in Schlaggenwald, Tschechien, gefunden. Reichlich kommt Emplektit in der Grube Daniel, Wittichen im Schwarzwald, in Form von Kristallen vor, die in Baryt eingeschlossen sind, sowie in nadeligen Aggregaten in Cerro de Pasco, Peru. In Frankreich findet man ihn häufig in zentimetergroßen nadeligen Kristallen, die in Baryt eingeschlossen sind, in der Grube Roches, Faymont, in den Vogesen. Er zeigt sich auch als freie Kristalle in Quarzdrusen, häufig weitgehend pseudomorph in Mixit (siehe Mineral 190) umgewandelt. Vorkommen gibt es auch im Département Haut-Rhin, und zwar in Brézouard, wo er die wichtigste Mineralisation darstellt, sowie in Aspachtal.

Lagerstätten: Dieses primäre Mineral bestimmter hydrothermaler hochtemperierter Lagerstätten ist mit anderen Wismut- und Kupfer-Mineralen assoziiert, insbesondere mit Wittichenit [Cu_3BiS_3].

Bestimmung: Der nadelige Habitus, die gräuliche Farbe sowie das Auftreten grüner sekundärer Minerale, die daraus entstehen, weisen auf Emplektit hin.

Chemische Formel: $CuBiS_2$

Kristallsystem: orthorhombisch

Etymologie: vom griechischen *emplektos:* ineinander verschlungen

Habitus: prismatische Kristalle, verlängert bis nadelig, gestreift [001]

Physikalische Eigenschaften: *Glanz:* metallisch. *Farbe:* Gräulich bis Zinnweiß, bronzefarben durch Oxidation. *Bruch:* muschelig. *Spaltbarkeit:* vollkommen (001). Spröde. *Härte:* 2. *Dichte:* 6,3

Chemische Eigenschaften: löslich in Salpetersäure. Zerfällt in verschiedene sekundäre Wismutminerale, u. a. auch Mixit. Mixit ist auch mit Wismutglanz und Smaltin assoziiert.

50 STEPHANIT

Kristall, 25 mm, Freiberg, Sachsen, Deutschland

Vorkommen: Bemerkenswerte Exemplare, darunter einige der bekanntesten, kommen aus dem Erzgebirge: den Gruben Himmelsfürst, Himmelfahrt und Rothenfurt in Freiberg, Sachsen. Dort hat man (bis zu 70 mm) große prismatische, pseudo-hexagonale und polysynthetische sowie zentimetergroße, perfekt geformte, hochglänzende Kristalle gefunden. Reiche Vorkommen an Stephanit gab es in den Lagerstätten bei Annaberg und Schneeberg, und seit kurzem auch in den Lagerstätten von Niederschlema, Jachymov und Przibram, Böhmen, Tschechien. Ansehnliche Kristalle wurden auch in Ehrenfriedersdorf, Niedersachsen und in St. Andreasberg im Harz gefunden. Auf Stephanit ist man auch in Huel Ludcott, Saint Cleer, Cornwall, Großbritannien gestoßen, wo man einige wenige, jedoch prächtig glänzende prismatische Kristalle von mehreren Zentimetern Größe fand; in Hiendelaencina, Guadalajara, Spanien, und in Monte Narba, Sarrabus, Sardinien. Sehr schöne Kristalle kommen auch aus der Grube Pedrazzini nahe bei Arizpe, Sonora, Mexiko. Stephanit in schönen säuligen Anordnungen aus pseudo-hexagonalen Kristallen findet sich bei Broken Hill, New South Wales, Australien – insbesondere in der ABH Consol Mine.

Lagerstätten: Es ist ein spät entwickeltes primäres Mineral aus hydrothermalen, silberhaltigen Lagerstätten.

Bestimmung: Sie ist schwierig. Aufgrund seines tafeligen Aussehens kann Stephanit leicht mit Polybasit verwechselt werden.

Chemische Formel: Ag_5SbS_4

Kristallsystem: orthorhombisch

Etymologie: zu Ehren des Erzherzogs Stephan von Österreich, Grubendirektor

Habitus: prismatische [001] oder tafelige, pseudo-hexagonale (001) Kristalle. Kompakt oder körnig

Physikalische Eigenschaften: *Glanz:* metallisch. *Farbe:* Eisenschwarz, läuft schwärzlich an. *Bruch:* uneben. Spröde. *Spaltbarkeit:* nicht vollkommen. *Härte:* 2–2,5. *Dichte:* 6,2

Chemische Eigenschaften: schmilzt leicht zu einer gräulich leuchtenden Kugel, die beim Abkühlen anläuft

Kristall, 30 mm, mit Siderit, Llallagua, Bolivien

Synonyme: Eugenglanz, Milchglanz
Vorkommen: Der Polybasit gehört zur Familie der Schwarzsilber. Zwar kommt er nicht häufig vor, kann örtlich jedoch in großen Mengen vorhanden sein und ist somit ein sehr interessantes Silbererz.
Die bekanntesten Kristalle tafeliger, dicker und pseudo-hexagonaler Gestalt, die manchmal bis zu 50 mm groß sein können, kommen aus der Grube Chispas, Arizpe, Sonora, Mexiko. Ähnliche, jedoch etwas kleinere Exemplare wurden in Guanajuato und Zacatecas, ebenfalls Mexiko, gefunden. Schöne zentimetergroße pseudo-hexagonale Kristalle stammen aus Bolivien.
In Europa hat man den Polybasit in Tschechien, in den klassischen Revieren von Jachymov und Przibram, Böhmen gefunden. In Deutschland ist er im gesamten sächsischen Revier bekannt, insbesondere in der Grube Himmelsfürst in Freiberg in Form von tafeligen Kristallen von bis zu 25 mm Größe, jedoch auch in Annaberg, Johanngeorgenstadt und Marienberg. Er wurde auch aus St. Andreasberg im Harz gemeldet.
Lagerstätten:. Der Polybasit ist ein primäres Mineral, das in hydrothermalen, silberführenden Lagerstätten zusammen mit anderen silberhaltigen Sulfosalzen vorkommt.
Bestimmung: Ist schwierig zu bestimmen. Aufgrund seines tafeligen Aussehens kann der Polybasit leicht mit Stephanit verwechselt werden.

Chemische Formel: $Ag_{16}Sb_2S_{11}$
Kristallsystem: monoklin, pseudo-hexagonal
Etymologie: aus dem Griechischen *poly*: mehrere, und *basis*: Basis, in Anspielung auf seinen hohen Silbergehalt
Habitus: tafeliger, pseudo-hexagonaler Kristall (001) mit von dreieckigen Schlieren geprägten Stirnflächen. Massiv

Physikalische Eigenschaften: *Glanz:* metallisch. *Farbe:* Eisenschwarz, feine Splitter sind dunkelrot und lichtdurchlässig. *Bruch:* uneben. *Spaltbarkeit:* (001) nicht vollkommen. *Härte:* 2–3. *Dichte:* 6,1
Chemische Eigenschaften: bildet eine Reihe mit Pearcit [$Ag_{16}As_2S_{11}$]

52 BOURNONIT

Kristall, 10 mm, auf Siderit. La Mure, Isère, Frankreich

Vorkommen: Bournonit ist eines der seltenen Sulfosalze, die große Kristalle bilden. Die schönsten sind großartige Zwillinge, zahnradähnliche Gebilde (Rädelerz, bis zu 120 mm Durchmesser) auf Quarz, und kommen aus Wheal Boys, Endellion, und aus Herodsfoot, Lizard, Cornwall, Großbritannien. Schöne tafelige, bis zu 150 mm große Kristalle in Verbindung mit Bleiglanz auf Siderit wurden in der Grube Birnbaum in Neudorf, Harz abgebaut. Aus der Grube Horhausen, Westerwald stammen ebenfalls sehr schöne dicktafelige, hochglänzende (maximal 60 mm große) Kristalle auf Siderit. Es sei noch auf die bis zu 150 mm großen Kristalle aus der Grube Vibora, Machacamarca, Bolivien, und auf die bis zu 40 mm großen Kristalle aus der Grube La Oroya, Peru hingewiesen. In Frankreich wurden bis zu 30 mm große tafelige Kristalle auf Bleiglanz in den Gruben von Pranal und Barbecot, Pontgibaud, Puy de Dôme entdeckt. In der Grube Malines, Gard wurden in den letzten Jahren wunderbar glänzende verzwillingte, bis zu 60 mm große Kristalle auf Baryt gefunden, vor allem auf Sohle –17 der Grube von La Mure, Isère, wo die schönsten französischen Kristalle herkommen. Es handelt sich um tafelige bis zu 50 mm große, hochglänzende Kristalle auf Siderit oder Tetraedrit. Ebenfalls schöne Kristalle sind aus Langeac, Haute-Loire bekannt.

Lagerstätten: Es ist ein primäres Mineral aus mittel- und niedrigtemperierten hydrothermalen Lagerstätten.

Bestimmung: Verzwillingte Kristalle sind leicht zu erkennen.

Chemische Formel: $PbCuSbS_3$

Kristallsystem: orthorhombisch

Etymologie: benannt nach Graf J.-L. de Bournon

Habitus: kurz-prismatische oder tafelige Kristalle nach [001]. Oft Aggregate aus parallelen Kristallen. Gemeinsame Zwillinge in Form von Rädern oder „Zahnrädern“. Kompakte, körnige Aggregate

Physikalische Eigenschaften: *Glanz:* hochglänzend metallisch. *Farbe:* Stahl- bis Bleigrau. *Bruch:* uneben. *Spaltbarkeit:* deutlich nach (010). *Härte:* 2,5–3. *Dichte:* 5,8

Chemische Eigenschaften: löslich in Salpetersäure. Alteriert zu Bindheimit, Cerussit und Malachit

Kristall, 80 mm, San José, Oruro, Bolivien

Vorkommen: Durch neuere Arbeiten wurden mehrere Elemente entdeckt, die in der chemischen Zusammensetzung von Andorit eine Rolle spielen. So unterscheidet man Andorit (oder Quatrandorit), Ramdohrit (eigentlich eine Mischung aus zwei Phasen) und Senandorit. Die schönsten Kristalle kommen aus den bolivianischen Vorkommen, insbesondere aus der Grube San José, Oruro. Dort wurden stark gestreifte, abgeflachte, kreisrunde Kristalle mit bis zu 80 mm Durchmesser gefunden. Diese kommen einzeln und auf Pyrit oder auf Arsenopyrit vor. Schöne Kristalle sind ebenso aus der Grube Itos des gleichen Bezirks (Oruro) und aus Potosi, Grube Santa Rita, aus Colquechaca, aus der berühmten Ader Gallopa und aus Llallagua bekannt. In Europa wurden schöne Kristalle, die bis 20 mm x 2 mm groß sind, in Baia Sprie, Rumänien gefördert. Kleine abgeflachte Kristalle wurden in USA, in der Thomson Mine, Darwin, Kalifornien und in der Keyser Mine, Morey, Nevada abgebaut. Andorit in seiner Form als Senandorit wurde, verwachsen mit anderen Sulfosalzen, in Borderies, Pontgibaud und Puy-de-Dôme, Frankreich gefunden.

Lagerstätten: Andorit kommt zusammen mit anderen Bleisulfosalzen in hydrothermalen niedrigtemperierten Lagerstätten vor.

Bestimmung: Diese ist recht schwierig.

Chemische Formel: $PbAgSb_3S_6$

Kristallsystem: orthorhombisch

Etymologie: gewidmet Andor von Semsey

Habitus: prismatische, isometrische gestreifte Kristalle nach [001]. Dicktafelige oder tablettenförmige Kristalle. Klumpen

Physikalische Eigenschaften: *Glanz:* metallisch. *Farbe:* Dunkel-stahlgrau. Gelblich oder irisierend anlaufend. Spröde. *Spaltbarkeit:* keine. *Bruch:* muschelig. *Härte:* 3–3,5. *Dichte:* 5,3

Chemische Eigenschaften: löslich in HCl mit Niederschlag von S und von Sb_2O_3

54 LIVEINGIT

Kristall, 18 mm, auf Siderit. Binnental, Wallis, Schweiz

Synonym: Rathit II

Vorkommen: Der Steinbruch von Lengenbach, Binnental, Wallis, Schweiz ist für dieses Mineral weltweit das einzige Vorkommen. Liveingit ist das am häufigsten auftretende Bleisulfosalz. Er ist repräsentativ für einen großen Teil der massiven Sulfosalze, fälschlicherweise „Sollyite" genannt, die Mischungen der verschiedenen Phasen der Gruppe Pb-As-S sind. Das Synonym Rathit II kommt aus der Verwechslung mit Rathit (Rathit I) [$(Pb,Tl)_3As_5S_{10}$], einem Mineral, das im Steinbruch Lengenbach im letzten Jahrhundert in sehr großer Menge vorkam und gegenwärtig sehr rar ist. Die Liveingitkristalle sind oft größer als 20 mm und häufig. 1978 wurde der größte Kristall entdeckt. Er befindet sich auf zuckerkörnigem Dolomitganggestein und ist 55 mm lang. Es sei angemerkt, dass große Kristalle auf Ganggestein in Lengenbach sehr selten gefunden werden, da Sulfosalze sehr spröde sind und zuckerkörniger Dolomit sehr bröckelig ist.

Lagerstätten: Liveingit kommt einzig und allein auf zuckerkörnigem Dolomitganggestein im Steinbruch Lengenbach, Binnental, Wallis, Schweiz vor. Er ist mit anderen seltenen Sulfosalzen verwachsen.

Bestimmung: Diese ist leicht. Meist handelt es sich um sehr langgezogene Kristalle, grau angelaufen und fein gerillt, wie es für diese Gruppe typisch ist.

Chemische Formel: $Pb_{18,5}As_{25}S_{56}$

Kristallsystem: monoklin

Etymologie: benannt nach dem Prof. der Chemie G. D. Liveing (1827–1924)

Habitus: prismatische, längliche, sehr fein der Länge nach gerillte Kristalle

Physikalische Eigenschaften: *Glanz:* metallisch. *Farbe:* Bleigrau. Staub: schokoladenbraun. Prismenflächen meist angelaufen. *Spaltbarkeit:* nach (100). *Härte:* 3. *Dichte:* 5,3

Chemische Eigenschaften: Liveingit ist ein Bleisulfoarsenid.

Kristall, 8 mm auf Dolomit. Binnental, Wallis, Schweiz

Synonym: Sartorit

Vorkommen: Dieses Mineral kommt nur an einem Ort der Welt vor: im klassischen Steinbruch Lengenbach, Binnental, Wallis, Schweiz. Dort werden Minerale durch eine Genossenschaft abgebaut, die der Direktion des Berner Museums untersteht. Skeroklas ist dort lokal reich vorhanden (eine arsenangereicherte Zone, zur Zeit im Abbau), es ist das häufigste Mineral der Bleisulfosalze des Steinbruchs. Da das Mineral sehr spröde ist, sind schöne, mehr als 1 cm große Kristalle oder auch Einzelkristalle selten. Der größte vom umgebenden Ganggestein gereinigte Kristall ist 100 mm groß. Seit der Wiederaufnahme der Arbeiten im Steinbruch im Jahre 1958 wurden einige hübsche Kristalle gefunden. Ein perfekter Kristall, 20 mm groß auf Ganggestein, wurde 1977 gefunden und im Berner Museum ausgestellt.

Lagerstätten: Skeroklas ist ein primäres Mineral niedrigtemperierter hydrothermaler Lagerstätten im zuckerkörnigen Dolomit der berühmten Grube Lengenbach.

Bestimmung: Sie ist schwierig. Dieses Sulfosalz von Lengenbach erscheint als Plättchen mit leicht auseinander liegenden Rillen. Außerdem ist es das härteste der Sulfosalze dieser Lokalität.

Chemische Formel: (Pb, Tl) As_2S_4

Kristallsystem: monoklin

Etymologie: vom griechischen *skleros:* gewaltig und *klas:* Bruch, weil er sehr spröde ist

Habitus: blattförmige Kristalle mit selten ausgebildeten Endflächen, mit glänzenden länglichen und gerillten Flächen [010]. Zwillinge nach (100)

Physikalische Eigenschaften: *Glanz:* stark metallisch.. *Farbe:* Dunkel-bleigrau. Staub: schokoladenbraun. *Bruch:* muschelig. Sehr spröde. *Spaltbarkeit:* (100) und lamellare Pseudospaltbarkeit entlang der Zwillingsebene (100). *Härte:* 3 (die höchste der Sulfosalze in Lengenbach). *Dichte:* 5

Chemische Eigenschaften: Skeroklas ist ein Bleisulfoarsenid.

56 JAMESONIT

Kristalle, 30 mm, Zacatecas, Mexiko

Synonym: Bleischweif

Vorkommen: Dieses Mineral, verwachsen mit anderen Bleisulfosalzen, hat gelegentlich ein Erz gebildet. Das war der Fall in Przibram, Tschechien und in Baia Sprie, Rumänien. In diesen Vorkommen wurden sehr gute Aggregate faserigen Jamesonits in Geoiden abgebaut. Ebenfalls schöne faserige Aggregate kommen aus Port Quin Cliffs und aus Trevinnock, Endellion, sowie aus Huel Boys, Tintangel, Cornwall, Großbritannien. Es wurden auch sehr schöne Kristalle, wahrscheinlich die schönsten unter den bis jetzt bekannten, in der Grube Sombrerete, Zacatecas, Mexiko entdeckt. Dabei handelt es sich um reichlich nadelige Kristalle, 3 mm x 50 mm groß. Jamesonit ist auch in zahlreichen anderen Vorkommen als Aggregat faseriger Kristalle anzutreffen. Genannt seien die Gruben Bolivia in Itos und San Jose in Oruro, Bolivien und die Grube Niccioleta, Toskana, Italien. In Frankreich war Jamesonit der Goldträger in den Gruben von Pontvieux, Puy de Dôme. Massive Aggregate finden sich in Peschadoires, nahe von Pontgibaud, Puy de Dôme.

Lagerstätten: Jamesonit ist ein primäres Mineral hoch- und mäßigtemperierter hydrothermaler Lagerstätten.

Bestimmung: Jamesonit kann mit anderen Bleisulfosalze, z. B. Boulangerit und Meheghinit verwechselt werden. Er ist von Berthierit ($FeSb_2S_4$) und Antimonit durch das Fehlen einer Reaktion mit Kalilauge (KOH) zu unterscheiden.

Chemische Formel: $Pb_4FeSb_6S_{14}$

Kristallsystem: monoklin

Etymologie: benannt nach dem Mineralogen Robert Jameson (1774–1854)

Habitus: nadelige, faserige, manchmal prismatische Kristalle, stark länglich und der Länge nach gerillt [001]. Faserige, filzige Aggregate

Physikalische Eigenschaften: *Glanz:* metallisch. *Farbe:* Grau-schwarz, irisiert an Luft. Spröde. *Bruch:* uneben. *Spaltbarkeit:* gut nach (001). *Härte:* 2,5. *Dichte:* 5,6

Chemische Eigenschaften: wird von HNO_3 angegriffen. Wandelt sich in Bindheimit (Antimonocker) um

Kristall, 10 mm, mit Baryt, Massiac, Cantal, Frankreich

Vorkommen: Die besten Semseyitkristalle stammen aus dem Revier von Baia Mare, Maramure, Rumänien. Dort, in der Grube Herja, wurden viele Aggregate in Rosettenform aus reinen, bis zu 15 mm großen Kristallen, verwachsen mit Siderit, Pyrit und Bournonit, abgebaut. In Baia Sprie gibt es Semseyit in zentimetergroßen, zuweilen sehr gut geformten Kristallen, verwachsen mit Sphalerit und Ankerit. Ebenfalls in Rumänien, in dem Vorkommen Beile Borsa, Vijen, tritt Semseyit in Form blättriger Aggregate auf. Semseyit stammt auch aus Wolfsberg, Harz, Glen Dinning, Schottland, Oruro, Bolivien und vor allem der Grube Julcani, Huancavelica, Peru. In den 1970er-Jahren wurden in Frankreich reichlich hübsche Rosetten, höchstens 1 cm groß auf violett rosa Quarz (die Farbe ergibt sich durch mikroskopische Boulangeriteinschlüsse) gefunden, bei Wiederaufnahme der Arbeiten in alten Gruben auf der Ader „Les Anglais" in Missiac, Chantal.

Lagerstätten: Semseyit ist in mitteltemperierten, hydrothermalen Lagerstätten anzutreffen, zusammen mit anderen Bleisulfoantimoniden, Sphalerit, Galenit, Pyrit u. a.

Bestimmung: Der tafelige Habitus lässt auf die Gruppe der Plagionite schließen, zu der Semseyit gehört. Die endgültige Bestimmung ist schwierig.

Chemische Formel: $Pb_9Sb_8S_{21}$

Kristallsystem: monoklin

Etymologie: benannt nach Andor von Semsey

Habitus: Rosetten von tafeligen, gestreiften, zuweilen verkrümmten Kristallen. Prismatische Kristalle. Radial-faserige Aggregate

Physikalische Eigenschaften: *Glanz:* metallisch. *Farbe:* Grau-schwarz. *Bruch:* uneben. *Spaltbarkeit:* vollkommen nach (112). *Härte:* 2,5. *Dichte:* 6,1

Chemische Eigenschaften: Semseyit gehört zu der Familie der tafeligen Pb/Sb-Sulfosalze, auch Plagionitreihe genannt, die Plagionite und Heteromorphit umfasst.

58 BOULANGERIT

Kristalle, feinnadelig, millimetergroß. Trepèa, Kosovo

Vorkommen: Dieses Mineral erscheint meist als Menge feinfaseriger Kristalle, bekannt unter dem Namen „Plumosit", in Karbonatgeoden, meistens aus Siderit und Ankerit. Um 1940 wurden außergewöhnliche Kristalle in der Grube Anna, Przibram, Tschechien gefunden. Es handelt sich um nadelige Kristalle, die 300 mm lang sind. Ergiebige Boulangeritvorkommen gibt es noch in Trepèa, Kosovo. Dort ist Boulangerit mit den Begleitmineralen Galenit und Arsenkies zu finden. Weitere Vorkommen sind: Sala, Västmanland und Nasafjeld, Lappland, Schweden; Ramsbeck, Sauerland und Wolfsberg, Harz; Endellion, Cornwall, Großbritannien. Boulangerit ist auch bekannt als herrliche Büschel auf und im Quarz alpiner Klüfte bei der Lukmanierschlucht, Schweiz. Erwähnt sei auch die bizarre, ringförmige Fazies, die in Madoc, Ontario, Kanada entdeckt wurde. In Frankreich, wo Boulangerit in Molières, Gard beschrieben wurde, wurden großartige Aggregate abgebaut, und in den 1970er-Jahren wurden in den Gruben von La Mure, Isère Plumositaggregate gefördert, die Sideritdrusen mit Zinnblende ausfüllten.

Lagerstätten: Boulangerit ist in mittel- und hochtemperierten hydrothermalen Lagerstätten anzutreffen, zusammen mit Sphalerit, Galenit und anderen Pb/Sb-Sulfosalzen sowie mit Karbonaten.

Bestimmung: Boulangerit könnte verwechselt werden mit anderen Sulfosalzen faserigen Bleis, z. B. mit Jamesonit und Meneghinit.

Chemische Formel: $Pb_5Sb_4S_{11}$

Kristallsystem: monoklin

Etymologie: benannt nach C. Boulanger, französischer Bergbauingenieur

Habitus: Prismatische oder nadelige, nach [001] gerillten Kristalle. Feinfaserige (federförmige) Kristalle (Plumosit)

Physikalische Eigenschaften: *Glanz:* metallisch. *Farbe:* bläulich Bleigrau. Spröde. *Spaltbarkeit:* gut nach (100) *Härte:* 2,5–3. *Dichte:* 6,2

Chemische Eigenschaften: löslich in warmer Salzsäure unter Bildung von H_2S. Durch Alteration wird Boulangerit in Bindheimit umgewandelt.

Kristall, 6 mm auf Dolomit. Lengenbach, Binnental, Wallis, Schweiz

Vorkommen: Schöne Realgarkristalle sind selten, da Realgar sehr spröde und lichtempfindlich ist. Sehr schöne Kristalle, bis zu 50 mm groß, vielleicht die schönsten bekannten, stammen aus dem bereits erschöpften Vorkommen von Green River Gorge, Franklin, King Co, Washington, USA. Unter den nordamerikanischen Vorkommen ist die Grube Getchell, Humboldt Co, Nevada ebenfalls anzuführen. In Europa werden in den Vorkommen in Cavnic, Maramuren, Rumänien noch Krusten abgebaut, die aus prismatischen zentimetergroßen, gestreckten und sehr frischen Kristallen bestehen. In den alten Gruben in Sacarimb, Rumänien wurden früher wundervolle Kristalle mit Kanten, bis zu 30 mm groß, gefunden. Aus dem klassischen Vorkommen Lengenbach, Binnental, Wallis, Schweiz stammen herrliche millimetergroße Einzelkristalle, die in Dolomit eingelagert sind. Zentimetergroße Kristalle (maximal 60 mm) sind die Ausnahme. Hervorzuheben sind noch die flächenreichen Kristalle, verwachsen mit Lorandit [$TlAsS_2$] aus Allchar, Mazedonien. In Frankreich ist das beste Vorkommen Matre, Korsika, wo viele zentimetergroße Kristalle gefunden wurden.

Lagerstätten: Realgar findet sich hauptsächlich in niedrigtemperierten hydrothermalen Adern.

Bestimmung: Realgar kann mit Zinnober verwechselt werden. Er kann anhand des Habitus, durch Verwachsung mit Auripigment (gelb) und durch das Verhalten beim Lötrohrversuch unterschieden werden.

Chemische Formel: AsS

Kristallsystem: monoklin

Etymologie: vom arabischen *rhal el ghar*: Grubenstaub (oder Tod der Ratten)

Habitus: kurzprismatische Kristalle, gerillt nach [001]. Kompakt oder körnig. Ausblühungen nadeliger Kristalle

Physikalische Eigenschaften: *Glanz:* harzig. *Farbe:* Gelb-orange bis Orange-rot. *Bruch:* muschelig. Schneidbar. *Spaltbarkeit:* vollkommen (010). *Härte:* 1–1,5. *Dichte:* 3,5–3,6. Lichtempfindlich

Chemische Eigenschaften: schmilzt zu einer glänzenden Masse und verflüchtigt sich mit einem Knoblauchgeruch. Wandelt sich im Tageslicht in gelbliches pulveriges Auripigment um

60 AURIPIGMENT

Kristall, 20 mm mit Kalkspat. Lucéram, Alpes-Maritimes, Frankreich

Synonyme: Rauschgelb, Gelbe Arsenblende

Vorkommen: Dieses Mineral ist nicht so lichtempfindlich wie Realgar, neigt jedoch zum Anlaufen und wird leicht pulverförmig. Herrliche zentimetergroße Kristalle (bis zu 50 mm) stammen aus Quiruvilca, Trujillo, Peru. Die schönsten Exemplare, die Ende der 1970er-Jahre gefunden wurden, bestehen aus orangefarbigen, stark glänzenden, 30 mm großen Kristallen. In jüngerer Zeit brachte diese Lagerstätte reichlich radialfasrige Aggregate millimetergroßer Kristalle hervor, die häufig mit Hutchinsonit [$(Pb, Tl)_2As_5S_9$] verwachsen sind. Die schönsten Stücke wurden in Yunnan in China gefunden, wo sie Gruppen von prismatischen Kristallen (bis zu 50 mm) bilden. Schöne orangefarbige Kristalle von über 40 mm Größe wurden in den USA in Mercur, Toele Co., in Utah sowie in reicher Menge in der Grube Getchell, Humboldt Co., in Nevada gefunden, wo sie jedoch kleiner sind. Kristalle guter Qualität stammen aus Zareh-Shuran, Iran, aus der berühmten Lagerstätte von Allchar, Mazedonien, aus Lukhumis, Georgien, sowie aus der Türkei. In Frankreich kommen schöne Kristalle, die eine Größe von 30 mm erreichen und in Kalkspat eingeschlossen sind, nicht selten in den alten Gruben von Lucéran, Alpes-Maritimes vor.

Lagerstätten: In niedrigtemperierten hydrothermalen Lagerstätten kommt es besonders mit Realgar und Kalkspat vor.

Bestimmung: Auripigment ist mit einigen Mineralen zu verwechseln, wenn es kristallisiert und mit Realgar verwachsen ist.

Chemische Formel: As_2S_3

Kristallsystem: monoklin

Etymologie: vom lateinischen *auri*: Gold, und *pigmentum*: Farbe

Habitus: prismatische Kristalle; große Kristalle sind oft verzerrt. Blättrig oder fasrig. Nierenförmig

Physikalische Eigenschaften: *Glanz:* fettig. *Farbe:* Zitronengelb bis Orange. *Spaltbarkeit:* vollkommen (001). Abgespaltene Blätter gerillt. Schneidbar. *Härte:* 1,5–2. *Dichte:* 3,5

Chemische Eigenschaften: löslich in Basen und Königswasser. Reagiert mit Silbersalzen und bildet eine Silbersulfidschicht

Kristalle, 6 mm, Broken Hill, New South Wales, Australien

Vorkommen: Dieses Mineral wurde erstmals zu Beginn des 19. Jahrhunderts in Albaradon, Mazapil-Zacatecas in Mexiko entdeckt. In seinen Lagerstätten ist Jodargyrit häufig mit anderen Silberhalogeniden verwachsen (vgl. Kerargyrit, Bromargyrit). Seine Kristalle messen in der Regel weniger als 1 cm. Die schönsten bekannten – dicke hexagonale Prismen mit Durchmessern von über 15 mm – stammen aus der Proprietary Mine, Broken Hill, New South Wales in Australien, wo kristallisierte Aggregate mit einem Gewicht von über 100 g gefunden wurden. Jodargyrit ist gewöhnlich mit Embolit und Miersit [Ag, Cu] verwachsen. Dieses Mineral wurde ebenfalls in Chañarcillo, Atacama, Chile, in Dzhezkaggan, Kasachstan, und in den USA in der Grube Tonopah in Nevada in Form von millimetergroßen Kristallen gefunden. In Europa wurden schöne Kristalle in der Grube Schöne Aussicht im Westerwald, in Hiendelaencina, Guadalajara sowie in El Morcajo, Ciudad Real, Spanien gefunden. In Frankreich wurde es als Seltenheit aus Montmins, Échassières, Allier gemeldet, und zwar in dem Eisenhut des Ganges Saint-Barbe in Form von 1 bis 2 mm langen Kristallen mit einem Durchmesser von 0,1 bis 0,2 mm.

Lagerstätten: Es handelt sich um ein sekundäres Mineral der Oxidationszone silberführender Lagerstätten.

Bestimmung: Schneidbarkeit und positiver Zinktest ermöglichen die Unterscheidung von Pyromorphit, Mimetesit sowie von Vanadinit.

Chemische Formel: AgI

Kristallsystem: hexagonal

Etymologie: nach seiner Zusammensetzung

Habitus: prismatische oder tafelige, (0001)-hexagonale Kristalle. Anordnungen paralleler Kristalle oder Rosetten

Physikalische Eigenschaften: *Glanz:* diamantartig bis fettig. *Farbe:* Blassgelb, Strohgelb. Lichtempfindlich. *Bruch:* muschelig. *Spaltbarkeit:* vollkommen (0001). *Härte:* 1–1,5. *Dichte:* 5,7

Chemische Eigenschaften: färbt sich beim Wärmen im geschlossenen Rohr orange. Angefeuchtet mit einem Tropfen Wasser auf einer Zinkplatte schwärzt sich Jodargyrit und bildet Silber.

62 VILLIAUMIT

Kristall, 10 mm, Los-Archipel, Guinea

Vorkommen: Der ursprüngliche Fundort ist die Insel Rouma, Los-Inseln, ehemals Französisch-Guinea. Das in Wasser lösliche Mineral Villiaumit konnte erst bei der Ausbeutung des intakten Gesteins im Steinbruch entdeckt werden. Die benachbarte Insel Kassa liefert noch immer spaltbare Klumpen von mehreren Zentimetern Größe sowie selten vorkommende Kristalle. Wunderschöne freie Kristalle auf Albit, die Zentimetergröße erreichen, waren in den 1970er-Jahren im Steinbruch Demix, Mont Saint-Hilaire in Quebec, Kanada keine Seltenheit, wo Villiaumit im übrigen das einzige leuchtend rote Mineral ist. In jüngster Zeit wurde das Mineral bei Arbeiten in Kvanefjeld, Ilimaussak, in Grönland in Form von komplexen Mikrokristallen sowie vor allem in Form von dezimetergroßen Aggregaten zentimetergroßer Kristalle gefunden. Es wird auch aus den Chinglusuai-Tälern des Lovozero-Massivs sowie aus dem benachbarten Massiv von Khibina, Kola-Halbinsel, Russland gemeldet. Schließlich ist es in den USA aus dem Steinbruch Point of Rocks Mesa, Clofex Co., New Mexico, bekannt.

Lagerstätten: Man findet Villiaumit fast immer in Nephelinen in Syeniten zusammen mit Astrophyllit, Eudialyt, Flussspat usw.

Bestimmung: Dank der karminroten Farbe und der Wasserlöslichkeit ist Villiaumit recht leicht zu erkennen.

Chemische Formel: NaF

Kristallsystem: kubisch

Etymologie: benannt nach Villiaume, Erforscher der Inseln von Los, ehemals Französisch-Guinea

Habitus: kubische Kristalle. Meist spaltbare Klumpen

Physikalische Eigenschaften: *Glanz:* glasig. *Farbe:* Karminrot. Durchscheinend. Spröde. *Spaltbarkeit:* ausgezeichnet nach (001). *Härte:* 2–2,5. *Dichte:* 2,8

Chemische Eigenschaften: löslich in Wasser und rekristallisiert in farblosen Würfeln. Wird von Schwefelsäure unter Bildung von Flusssäure angegriffen

Kristall, 15 mm, Stassfurt, Sachsen, Deutschland

Synonym: Steinsalz

Vorkommen: Halit bildet sehr bedeutende Vorkommen, die ursprünglich aus Schichten entstanden sind, die aus der Evaporation abgeschlossener Meere in verschiedenen geologischen Perioden hervorgingen. Solche Phänomene haben sich in Europa ereignet während des Perms im Falle vom Zechstein-Meer, das den Nordwesten des heutigen Deutschlands bedeckte, in der Trias im nordöstlichen Teil Frankreichs und im Miozän (vor ca. 20 Mio. Jahren) im heutigen Polen. Fast alle Lagerstätten haben sehr schöne Kristalle hervorgebracht, von denen einige enorme Größen erreichten: In den USA, im oberen Allertal, sind Kristalle mit einer Seitenlänge von 1 m zu erwähnen. Die größten Salzbergwerke der Welt befinden sich in Polen in Wieliczka, woher die schönsten Ausstellungsstücke stammen, insbesondere die außergewöhnlichen Stücke des Wiener Museums. Es handelt sich um durchsichtige, farblose, in der Regel durch Verzerrung parallelepipedrische Würfel mit sehr deutlich ausgeprägten Kanten, die eine Größe von 400 mm erreichen. Sie wurden in der berühmten Kristallgrotte gefunden. Schöne Exemplare wurden auch aus Bex, Waadt, Schweiz und aus Stassfurt, Sachsen gemeldet, wo einige eine blaue Farbe aufweisen. Schöne Kristalle stammen auch aus aufgrund eines ariden Klimas in der Austrocknung begriffenen Seen wie dem Salt Lake in Utah, USA.

Lagerstätten: Man findet Halit in Evaporiten.

Bestimmung: Halit kann mit Sylvin verwechselt werden, dessen Geschmack bitterer ist.

Chemische Formel: NaCl

Kristallsystem: kubisch

Etymologie: vom griechischen *hals:* Salz.

Habitus: kubische Kristalle, zuweilen verlängert, an den Flächen oft gedrückt. Trichterförmig

Physikalische Eigenschaften: *Glanz:* glasig. *Farbe:* Weiß, Gelb, Rosa, zuweilen Blau. *Geschmack:* salzig. *Bruch:* muschelig. *Spaltbarkeit:* kubisch vollkommen. *Härte:* 2. *Dichte:* 2,1

Chemische Eigenschaften: leicht löslich in Wasser. Färbt die Lötrohrflamme gelb (Na). Die blaue Farbe des Minerals ist auf Beschädigung des Mineralgitters durch den Zerfall radioaktiver Kaliumisotope zurückzuführen.

64 SYLVIN

Kristalle, 20 mm. Stassfurt, Sachsen, Deutschland

Vorkommen: Sylvin findet man gelegentlich in abbaufähigen Lagerstätten in evaporitischen Sedimentabfolgen. Er ist häufig mit Halit verwachsen, bildet jedoch in der Regel unterschiedliche Schichten aufgrund der Evaporationsabfolge. Sylvin ist in der Tat sehr viel besser in Wasser löslich als Halit und fällt daher erst später aus als dieser. Das klassische Formationsschema der Evaporiten umfasst sukzessive Ablagerungen von Kalkstein, Gips, Halit und schließlich Sylvin. Sylvin wird hauptsächlich von der chemischen Industrie zur Herstellung von Kaliumhydroxid (KOH) verwendet. Schöne Kristalle wurden in fast allen Salzlagerstätten gefunden. Zu erwähnen sind insbesondere die Stücke aus Stassfurt, Sachsen in Form von gelben Kristallen, die eine Größe von 50 mm erreichen; aus Carlsbad, New Mexico, sowie schließlich aus Salton Sea, Kalifornien, USA in Form von farblosen bis gelben oktaedrischen Kristallen (bis 30 mm). Sylvin kommt in bestimmten Fumarolen des Vesuvs in Italien vor sowie in Nitratablagerungen in Chile und Peru. In Frankreich findet man ihn massiv in der Nähe von Mülhausen im Elsass.

Lagerstätten: Man findet Sylvin vorwiegend in Evaporiten (siehe Halit).

Bestimmung: Sylvin kann mit Halit verwechselt werden, das selten Oktaeder bildet.

Chemische Formel: KCl

Kristallsystem: kubisch

Etymologie: vom lateinischen *sal digestivus Sylvii:* „Sylvius-Salz", ein alter Begriff der Alchimie

Habitus: kubische, kubo-oktaedrische oder oktaedrische Kristalle. Kompakt, körnig bis fasrig

Physikalische Eigenschaften: *Glanz:* glasig. *Farbe:* farblos bis Weiß, bläulich, gelblich bis Rot. Durchsichtig. *Bruch:* unbestimmt. *Geschmack:* bitterer als der von Halit. *Spaltbarkeit:* vollkommen (001). *Härte:* 2 *Dichte:* 2

Chemische Eigenschaften: löslich in Wasser. Färbt die Flamme des Lötrohrs violett (K)

Würfel, 5 mm, Broken Hill, New South Wales, Australien

Synonyme:
Kerargyrit, Hornsilber, Chlorsilber
Vorkommen: Sämtliche großen Silberlagerstätten haben unterschiedliche Mengen dieses Minerals auf der Ebene ihrer Oxidationszone hervorgebracht. Früher wurde reichlich Kerargyrit in Johanngeorgenstadt in Schneeberg, Sachsen entdeckt. Er trat in Form von wachsartigen Klumpen auf, die von den Bergleuten „Hornsilber“ bzw. „hornsilver“ genannt wurden. Auch in Frankreich in Sainte-Marie-aux-Grubes, Haut-Rhin, insbesondere im Gang Saint-Guillaume in Neuenberg, trat er auf. In den USA, wo er reichlich gefunden wurde, sei nur Treasure Hill in Nevada erwähnt, wo ein Kerargyritklumpen mit einem Gewicht von 6 t gefunden wurde. Die schönsten kristallisierten Stücke stammen aus Broken Hill, New South Wales, Australien. Sie bestehen aus perfekten Kubo-Oktaedern, die eine Kantenlänge von bis zu 15 mm erreichen. In dieser Lagerstätte herrscht Embolit vor. Auch in Chañarcillo, in Atacama und in Huantajaya, Trapaca, Chile kam Kerargyrit reichlich vor. In Frankreich stammen schöne Mikrokristalle aus den Gruben von Huelgoat, Finistère.
Lagerstätten: Es handelt sich um ein sekundäres Mineral der Oxidationszonen silberhaltiger Lagerstätten in ariden Klimazonen.
Bestimmung: Habitus, Schneidbarkeit und positiver Zinktest (siehe Jodargyrit) ermöglichen die Unterscheidung von Jodargyrit und Quecksilberhornerz/Kalomel. Das braunviolette Anlaufen lässt an ein chlorhaltiges Mineral denken (Chlorargyrit, Embolit).

Chemische Formel: AgCl
Kristallsystem: kubisch
Etymologie: nach seiner Zusammensetzung
Habitus: kubische oder kubo-oktaedrische Kristalle. Meist massiv: wachsartige Verkrustungen (Hornsilber)
Physikalische Eigenschaften: *Glanz:* fettig bis diamantartig. *Farbe:* Grau, Gelb bis Grün-braun. Lichtempfindlich. Durchscheinend bis durchsichtig. Leicht schneidbar. *Bruch:* muschelig. *Spaltbarkeit:* keine. *Härte:* 2,5. *Dichte:* 6,5
Chemische Eigenschaften: Embolit [Ag(Cl,Br)] ist eine Zwischenstufe in der ununterbrochenen Mischreihe zwischen Chlorargyrit und Bromyrit [AgBr].

66 SALMIAK

Kristall, 10 mm, Saint-Etienne, Loire, Frankreich

Vorkommen: Dieses Mineral bildet sich nach Interaktion mit dem Pflanzen- oder Tierreich, was auch das Vorkommen von Stickstoff in seiner Zusammensetzung erklärt. Wenn Salmiak vulkanischen Ursprungs ist, so bildet er sich in den aus der Lava hervorgehenden Fumarolen, nachdem die Lava über den Boden und insbesondere über die Vegetation geflossen ist. In den Schwelkohlegruben und den Halden wird Stickstoff durch Steinkohle pflanzlichen Ursprungs erzeugt. Salmiak bildet sich ständig an Fumarolen oder Grubenhalden, weist aufgrund seiner guten Löslichkeit jedoch nur selten große Kristalle auf. Sehr schöne Kristalle von 15 mm Größe wurden in reicher Menge am Vulkan Paricutin in Mexiko sowie am Vesuv und am Ätna in Italien gesammelt. Salmiak tritt in Form von schönen Kristallen in den Schwelkohlengruben in Oellnitz sowie in Form von herrlichen Kristallen bis zu einer Größe von 15 mm sowohl in den Halden als auch in den Schwelkohlegruben in Saint-Etienne, Loire, Frankreich auf. Gelegentlich ist er auch mit Auripigment verwachsen. Ähnliche Erscheinungsformen sind auch aus Decazeville und Cransac, Aveyron, sowie aus Commentry, Allier in Frankreich bekannt. Schließlich kommt er gelegentlich in Guanogruben vor, wie zum Beispiel auf den Inseln Guañape und Chincha in Peru.

Lagerstätten: Es handelt sich um ein in vulkanischen Fumarolen und Schwelkohlengruben weit verbreitetes Mineral.

Bestimmung: Der Habitus, der strenge Geschmack, die gute Wasserlöslichkeit und die Lagerstätte ermöglichen das Erkennen von Salmiak.

Chemische Formel: NH_4Cl

Kristallsystem: kubisch

Etymologie: nach seiner Zusammensetzung

Habitus: komplexe Kristalle, vom Würfel abgeleitet, mit zuweilen abgerundeten Flächen oder trichterförmig

Physikalische Eigenschaften: *Glanz:* glasig. *Farbe:* Weiß-grau. Geschmack: streng. *Bruch:* muschelig. *Spaltbarkeit:* unvollkommen (111). *Härte:* 1,5–2. *Dichte:* 1,5

Chemische Eigenschaften: leicht löslich in Wasser

Kristalle, 8 mm mit Eglestonit. Terlingua, Texas, USA

Synonym: Kalomel
Vorkommen: Schöne, höchstens zentimetergroße Kristalle sind aus zahlreichen Lagerstätten bekannt. Der ursprüngliche Fundort des Quecksilberhornerzes ist Moschellandsberg in der Pfalz. Man findet es ebenfalls am Monte Avala, Belgrad, Serbien. In den USA kommt es in Terlingua, Brewster Co., in Texas mit Eglestonit [$Hg_6Cl_3O_2H$] reichlich vor, wo es gelegentlich schöne, glänzende Kristalle bildet, die in der Regel eine Größe von 5 bis 7 mm erreichen. Schöne Exemplare sind auch aus Jackport, Pike Co., Arkansas, und Redwood City, San Mateo Co., Kalifornien bekannt.
In Mexiko kommt Quecksilberhornerz relativ häufig in El Doctor, Zirnapan, Queretera vor. In Frankreich soll es, mit gediegenem Quecksilber assoziiert, in der Region von Montpellier, Hérault entdeckt worden sein. Schließlich kommt Quecksilberhornerz in mit Eglestonit verwachsenen zentimetergroßen Kristallen in der berühmten Quecksilberlagerstätte von Almaden, Ciudad Real in Spanien vor.
Lagerstätten: Quecksilberhornerz ist ein sekundäres Mineral aus Quecksilberlagerstätten.
Bestimmung: Die Verwachsung mit anderen Quecksilbermineralen sowie die ziegelrote Fluoreszenz bei ultravioletter Strahlung ermöglichen das Erkennen von Quecksilberhornerz. Es kann jedoch mit Silberhalogeniden verwechselt werden, die auf Holzkohle schmelzen.

Chemische Formel: Hg_2Cl_2
Kristallsystem: tetragonal
Etymologie: vom griechischen *kalos:* schön, und dem lateinischen *mel:* Honig.
Habitus: Kristalle mit variablem Habitus: tafelig, prismatisch, isometrisch. Oft verzwillingt. Klumpen

Physikalische Eigenschaften: *Glanz:* diamant. *Farbe:* Weiß, gräulich, gelblich bis Braun, wird an Luft Schwarz. Durchsichtig bis durchscheinend. *Bruch:* muschelig. *Spaltbarkeit:* gut (110). Schneidbar. *Härte:* 1,5. *Dichte:* 7,2
Chemische Eigenschaften: verflüchtigt sich bei Erwärmen über Holzkohle. Nur in Königswasser löslich

68 FLUORIT

Synonym: Flussspat

Vorkommen: Flussspat ist ein sehr weit verbreitetes Mineral, das vor allem aufgrund seiner Farbe begehrt ist. Die klassischen Lagerstätten der blauen Flussspate (instabile Farbe aufgrund von Yttrium) befinden sich in Frankreich: Le Beix, Puy-de-Dôme, wo er in Form von bemerkenswert intensiv blauen Würfeln, die bis zu 150 mm groß sind, vorkommt; ferner in Langeac, Haute-Loire, Saint-Jacques-d'Ambur und Le Puy-Saint-Gulmier, Puy-de-Dôme, sowie in Le Burc in Aveyron (von dunkel- bis hellblau) und in Sewen, Haut-Rhin (wunderschöne dunkelblaue Würfel). Außergewöhnliche blaue Würfel (150 mm) mit einer grauen Fluoreszenz kommen aus Beihilfe, Freiberg. Aus Gwennap, Cornwall, Großbritannien stammen türkisblaue Würfel. Außerdem zu erwähnen sind die klassischen Lagerstätten von Cave in Rock, Illinois, USA (dezimetergroße Würfel). Die schönsten gelben Flussspate stammen aus der Grube Hilton, Cumberland, Großbritannien in Form von häufig verlängerten, dunkel-bernsteingelben Würfeln. Die Grube Valzergues, Aveyron, Frankreich bringt immer noch Kristalle ähnlicher Farbe hervor. Aufgrund der Qualität ihrer gelben Kristalle sind weiterhin zu erwähnen: Les Farges, Ussel, Corrèze und Peyrebrune, Aveyron in Frankreich; ferner die neue Lagerstätte von Villabonna, Asturien, Spanien, sowie die klassische Lagerstätte Gersdorf in Sachsen. Hervorragende braune Würfel stammen aus Baden sowie aus den Sedimentgeoden von Clay Center, Ohio, USA. Grüne Flussspate (Farbe hauptsächlich aufgrund von Samarium) sind häufiger in Oktaedern kristallisiert, wie in La Roche Cornet, Puy-de-Dôme, Frankreich oder in der Grube Rock Candy, British Columbia, Kanada. Die schönsten Exemplare in Form von kubischen Kristallen stammen aus dem Steinbruch Rogersley, Derbyshire, Großbritannien. Sie weisen aufgrund von Spuren von Europiumionen eine blaue Fluoreszenz im sichtbaren Bereich auf. Ebenfalls in Großbritannien wurden wunderschöne, hellgrüne bis gelbe Würfel in der South Caradon Grube in Liskeard, Cornwall, am Ende des 19. Jahrhunderts gefunden. Beeindruckende Anordnungen von dunkelgrünen Würfeln, die eine violette Fluoreszenz zeigen, sind aus der Lagerstätte von Okorusu, Namibia bekannt. Am weitesten verbreitet sind wahrscheinlich violette Flussspate. Die schönsten Exemplare mit einer intensiven Farbe wurden im 19. Jahrhundert in den Boltsburn Flats in Weardale, Cumberland, Großbritannien gefunden. Die neue Lagerstätte von Berbes, Asturien, Spanien bringt ebenfalls reichlich kubische Kristalle in sämtlichen violetten Nuancen (maximal 50 mm) hervor, die mit Baryt verwachsen sind. Das Tri-States-Revier in den USA liefert regelmäßig gewaltige, ins Violette spielende Würfel, die in der Regel jedoch recht matt sind. Die Grube von La Collada, Asturien, Spanien brachte fabelhafte violette Kristalle mit bläulichem Kern auf Kalkspat hervor. Hervorragende farblose oder nur schwach gefärbte Exemplare von Flussspat stammen aus Weardale, aber auch aus Caravia, Asturien. Die Gruben von Naica in Mexiko bringen reichlich violette, grüne oder farblose Oktaeder oder Kubo-Oktaeder hervor mit Kalkspat auf Bleiglanz.

Lagerstätten: Allgegenwärtiges Mineral der Ganggesteine hydrothermaler Gänge, das man auch in Pegmatiten, pneumatolytischen Lagerstätten sowie in Sedimentgesteinen findet.

Bestimmung: Aufgrund des Habitus (Würfel) und der charakteristischen Spaltbarkeiten ist die Bestimmung einfach.

Abb. rechts oben:
Kristall, 25 mm auf Baryt. Berbes, Asturien, Spanien
Abb. rechts unten:
Kristalle, 35 mm, Valzergues, Aveyron, Frankreich

Chemische Formel: CaF_2
Kristallsystem: kubisch
Etymologie: vom lateinischen *fluor:* fließen
Habitus: meist Würfel, modifiziert durch Oktaeder oder Trioktaeder; oktaedrisch, kubo-oktaedrisch, selten dodekaedrisch. Massiv, fasrig in konzentrischen Krusten (blue john spar)

Physikalische Eigenschaften: *Glanz:* glasig. *Farbe:* Bernsteingelb, Grün, Blau, Violett, Schwarz (Antozonit/Stinkspat). Durchsichtig. *Bruch:* muschelig. *Spaltbarkeit:* entlang dem Oktaeder, vollkommen. *Härte:* 4. *Dichte:* 3,2
Chemische Eigenschaften: Kalt ist Fluorit unempfindlich gegen Säuren.

69 ROSAFARBIGER FLUSSSPAT

Kristalle, 20 mm auf Quarz. Argentière, Haute-Savoie, Frankreich

Vorkommen: Rosafarbiger Flussspat gehört zu den begehrtesten Mineralen unter Sammlern. Diese Begeisterung resultiert im Wesentlichen aus seiner Seltenheit und der Schwierigkeit, ihn aufzufinden (Vorkommen in schwer zugänglichen alpinen Klüften) sowie auch aus Schönheit der häufigen Verwachsung von rosafarbigen Flussspatoktaedern mit durchsichtigen, glasklaren oder leicht rauchigen Quarzkristallen. Die meisten alpinen Klüfte, in denen rosafarbiger Flussspat vorkommt, gibt es im Aar-, dem Sankt-Gotthard- und schließlich dem Mont-Blanc-Massiv. Zahlreiche schöne Entdeckungen wurden in den Schweizer Alpen gemacht (Aar und Sankt Gotthard). Anzuführen sind insbesondere die 1957 beim Aushöhlen des Beschickungsschachtes des Kraftwerks von Göschenen gefundenen Exemplare. Die Oktaeder aus rosafarbigem Flussspat sind bis zu 30 mm, im Ausnahmefall auch 100 mm groß. Bei einigen Exemplaren auf Quarz muss überprüft werden, ob die Kristalle nicht zusammengefügt wurden. In Frankreich hat das Mont-Blanc-Massiv sehr schöne Stücke geliefert, insbesondere an den Gletschern Talèfre und Miage, in Charmoz, an der Aiguille Verte hinter dem Dru oder im Mer de Glace (Eismeer). Kürzlich wurden zentimetergroße Oktaeder aus rosafarbigem Flussspat, zum Teil auf Bleiglanz, in der erzhaltigen Lagerstätte in Huanzala, Peru gefunden.

Lagerstätten: Er ist fast ausschließlich in alpinen Klüften anzutreffen.

Bestimmung: Habitus und Farbe sind charakteristisch.

Chemische Formel: CaF_2

Kristallsystem: kubisch

Etymologie: vom lateinischen *fluor:* fließen

Habitus: Oktaeder, zuweilen komplexe, flächenreiche Kristalle

Physikalische Eigenschaften: *Glanz:* glasig. *Farbe:* verschiedene Rosatöne. Durchsichtig bis durchscheinend. In ultraviolettem Licht fluoreszierend. *Bruch:* uneben-muschelig bis unbestimmt. Spröde. *Spaltbarkeit:* vollkommen [111]. *Härte:* 4. *Dichte:* 3,2

Chemische Eigenschaften: Rosafarbener Flussspat ist in Flusssäure unlöslich, wird aber durch Schwefelsäure zersetzt.

Kristalle, 10 mm, Ivigtut, Grönland

Vorkommen: Ein reiches Vorkommen wurde in der heute erschöpften Lagerstätte von Ivigtut im Fjord Arsuk in Grönland entdeckt und ausgebeutet. Die wenigen entdeckten Kristalle nach dem pseudo-kubischen Kristallsystem waren bis zu 40 mm groß. Bei der Ausbeutung wurden Kryolit-Aggregate von über 6 m Durchmesser gefunden. In dieser Lagerstätte sind in den Dissolutionshohlräumen des Kryolits andere seltene Fluoride verwachsen und teilweise auch daraus entstanden wie Ralstonit [$Na_xMg_xAl_{2-x}$(F, OH)6·H2O], monokliner Pachnolith [$NaCaAlF_6H_2O$], monokliner Thomsenolith [$NaCaAlF_6 \cdot H_2O$] usw. Die schönsten bekannten Kristalle mit pseudo-oktaedrischem oder pseudo-kubischem Habitus wurden vor kurzem in dem Steinbruch Francon, Iles de Montréal, in Kanada gefunden, mit Weloganit verwachsen und in sehr viel größerer Menge als in Ivigtut. Sie sind gelb oder weiß und erreichen eine Kantenlänge von 16 mm. Kryolit wird auch aus Mlask, Ural, Russland gemeldet, in Drusen und mit Topas verwachsen, ferner aus Kaffo, Nigeria, mit mehreren Tonnen Gewicht, sowie aus Colorado, USA, in der sogenannten Green River Formation im Piceancee Basin und in Saint Peter's Dome, Pikes Peak District.

Lagerstätten: Es handelt sich um ein mit anderen Fluoriden, Karbonaten und Sulfiden verwachsenes pegmatitisches Mineral.

Bestimmung: Sie erweist sich als schwierig, wenn keine Kristalle vorhanden sind. Kryolit ähnelt dem Flussspat.

Chemische Formel: Na_3AlF_6

Kristallsystem: monoklin

Etymologie: vom griechischen *kryos:* kalt und *lithos:* Stein

Habitus: pseudo-kubische Kristalle, die polysynthetische Anordnungen bilden, oder pseudo-oktaedrische Einzelkristalle. Blättchenförmig oder körnig

Physikalische Eigenschaften: *Glanz:* glasig. *Farbe:* Weiß bis bräunlich, Rosa, selten Violett. Durchsichtig bis durchscheinend. *Bruch:* uneben. Spröde. *Spaltbarkeit:* pseudokubisch. *Härte:* 2,5. *Dichte:* 3

Chemische Eigenschaften: schmilzt in einer Kerzenflamme. Mit H_2SO_4 wird H_2S freigesetzt.

71 ATAKAMIT

Kristall, 35 mm, Burra-Burra, Australien

Vorkommen: An der chilenischen Westküste in der Provinz Atacama, und dort insbesondere bei Paposa, Copapo und bei Remolinos, wird Kupfer in großen Lagerstätten abgebaut. Atakamit kommt dort als Kupfererz vor, das früher in pulvriger Form zum Trocknen von Tinte benutzt wurde. Hier finden sich auch weiterhin Überzüge blättriger, zentimetergroßer Kristalle, die in Rosetten angeordnet sind. Die bekanntesten Kristalle, die mit ihrem prismatischen, länglichen Habitus von über 80 mm sehr ungewöhnlich sind, kommen aus den Kupfergruben im Süden Australiens, und dort vor allem aus Burra-Burra und von der Mounta Mine. In Europa ist der Atakamit aufgrund des vorherrschend kalten Klimas sehr selten, hier bildet sich sein Polymorph, der Paratakamit. Als Fundorte sind zu nennen: Cliggahead und Bottalack, Cornwall, Großbritannien; Cap Calamita auf der Insel Elba und der Vesuv, Italien. In Frankreich kommt er in Crozon im Finistère vor.

Lagerstätten: Es ist ein sekundäres Mineral aus der Oxidationszone von Kupfergruben in trockenem Klima und salzhaltiger Umgebung.

Bestimmung: Der Atakamit könnte mit Malachit, der sich aber in HCl sprudelnd auflöst, und mit anderen nadeligen Kupfer-Mineralen verwechselt werden (z. B. Brochantit und Antlerit, die allerdings ein positives Sulfattestergebnis geben).

Chemisches Zeichen: $Cu_2Cl(OH)_3$
Kristallsystem: orthorhombisch
Etymologie: nach Atacama, Chile
Habitus: prismatische, gestreckte Kristalle mit glänzenden oder tafelförmigen Endflächen nachbei (010). Fasrig, kompakt oder körnig

Physikalische Eigenschaften: *Glanz:* diamantartig bis glasig. *Farbe:* dunkles Smaragdgrün bis schwärzlich-grün. *Bruch:* muschelig. Spröde. *Spaltbarkeit:* vollkommen (010). *Härte:* 3–3,5. *Dichte:* 3,7–3,8
Chemische Eigenschaften: in HCl löslich. Schmilzt im Lötrohr leicht und färbt die Flamme bläulich

BOLEIT 72

Kristall, 8 mm, El Boleo, Niederkalifornien, Mexiko

Vorkommen: Das seltene Mineral Boleit wurde in der Grube Amelia im Revier von El Boleo, Santa Rosario, Mexiko entdeckt. In dieser Grube, in der im 19. Jahrhundert Kupfer abgebaut wurde, hat man wunderschöne, perfekte, kubisch geformte Kristalle gefunden. Die Kristalle aus der Zeit des Abbaus der Grube fand man im Allgemeinen getrennt vom Ganggestein. Im Jahr 1974 wurden bei der Wiederaufnahme der Arbeiten herrliche Exemplare gefunden, teilweise auf Montmorillonit-Ganggestein (wurde bei der Entnahme mit Harz verfestigt). Sehr seltene Funde zeigen Kristalle auf Anglesit oder Atakamit. Boleit zeigt manchmal, im parallelen Wachstum auf den Würfelflächen, plattrige Vorkommen von eng verwandten Mineralen: Pseudo-Boleit [$Pb_5Cu_4Cl_{10}(OH)_8 \cdot 2H_2O$]. Beim Perkylit [$PbCuCl_2(OH)_2$] handelt es sich wahrscheinlich in den meisten Fällen um Boleit. Weitere Boleit-Fundorte sind: Broken Hill, New South Wales, Australien mit wunderbaren, sehr seltenen Kristallen im Ganggestein (bis zu 5 mm), die Gruben Herminia und Santa Ana, Cerro Gordo, Chile, Anarak und Tabas, Iran, in den USA die Black Pine Mine, Philipsburg, Montana und die Mammoth Saint Antony, Tiger, Pinal County, Arizona, wo Kristalle bis zu 5 mm Größe gefunden wurden.

Lagerstätten: Ein seltenes sekundäres Mineral, das bei trockenem Klima in Erzlagerstätten (Cu, Ag, Pb) mit hohem Gehalt an chlorierten Flüssigkeiten vorkommt.

Bestimmung: Habitus und Farbe sind charakteristisch.

Chemisches Zeichen: $Pb_{26}Ag_9Cu_{24}Cl_{62}(OH)_{48}$

Kristallsystem: kubisch

Etymologie: nach dem Fundort El Boleo, Niederkalifornien, Mexiko

Habitus: pseudo-kubischer Kristall, gebildet durch Verwachsung von drei Einzelkristallen. Pseudo-oktaedrischer oder pseudo-rhombododekaedrischer Kristall

Physikalische Eigenschaften: *Glanz:* glasig, perlmuttartig auf den Spaltflächen. *Farbe:* von Preußischblau bis Schwarzblau. Durchscheinend. *Spaltbarkeit:* (001) vollkommen, (101) gut. *Härte:* 3–3,5. *Dichte:* 5

Chemische Eigenschaften: in Salpetersäure löslich

73 CUMENGEIT

Kristall, 20 mm, El Boleo, Niederkalifornien, Mexiko

Vorkommen: Cumengeit ist aufgrund seines Habitus ein Mineral, das bei den „Thumbnail"-Sammlern (Sammler kleiner, „daumennagelgroßer" Stücke) sehr begehrt ist. In der Grube Amelia, El Boleo, Niederkalifornien, Mexiko, seinem ursprünglichen Fundort, bildet er sich auf den Kristallflächen des Boleits, manchmal auf Pseudo-Boleit, und bildet dort komplexe Strukturen von bis zu 35 mm Größe. Er befindet sich in dieser Lagerstätte nicht auf dem Ganggestein, sondern ist eingebettet in einen Kapselton (Montmorillonit) und mit Anglesit und Atakamit assoziiert. Um 1974 herum wurde die Grube Amelia wieder für die Mineralsuche in Betrieb genommen, doch bisher sind dort praktisch keine schönen Kristalle gefunden worden. Cumengeit wurde ebenfalls in Laurion nahe bei Athen, Griechenland gefunden, und zwar in Hohlräumen antiker Bleischlacken, in Form von Mikrokristallen, die nicht auf Boleit aufgewachsen sind. In Newporth Beads, Falmouth, Cornwall, Großbritannien erreichen die Kristalle eine Größe von bis zu 4 mm und sind verwachsen mit Bindheimit [$Pb_2Sb_2O_6(O,OH)$] und mit Cerussit auf Bournonit. Schließlich hat man Cumengeit auch vereinzelt in der Christian-Levin-Kohlengrube in Essen im Ruhrgebiet in der Oxidationszone einer Bleiader gefunden; dort ist er mit Diaboleit [$Pb_2CuCl_2(OH)_4$] auf Baryt verwachsen.

Lagerstätten: Cumengeit ist ein seltenes sekundäres Mineral, das in einigen Erzlagerstätten mit hohem Gehalt an chlorierten Flüssigkeiten und bei trockenem Klima vorkommt.

Bestimmung: Habitus und Farbe sind charakteristisch.

Chemisches Zeichen: $Pb_4Cu_4Cl_8(OH)_8H_2O$

Kristallsystem: tetragonal

Etymologie: nach dem französischen Bergbauingenieur E. Cumenge

Habitus: oktaedrische oder kubisch-oktaedrische Kristalle auf den Kristallflächen des Boleits oder des Pseudo-Boleits, was manchmal wie eine Verzwillingung aussehen kann

Physikalische Eigenschaften: *Glanz:* schwach glasig, nicht perlmuttartig auf den Spaltflächen. *Farbe:* Indigoblau. Durchscheinend. *Spaltbarkeit:* (101) und (110). *Härte:* 2,5. *Dichte:* 4,7

Chemische Eigenschaften: in Salpetersäure (HNO_3) löslich

Kristall, 15 mm, auf Diaboleit. Mammoth Mine, Arizona, USA

Vorkommen: Paralaurionit wurde mit Penfieldit [$Pb_2Cl_3(OH)$] assoziiert in der Grube San Rafael, Sierra Gorda, Antofagasta, Chile entdeckt. Die schönsten bekannten Exemplare kommen aus der Ader Nr. 2, Morehead, dem Steinbruch von Shepton Mallet, Somerset, Großbritannien, wo man relativ reiche Vorkommen an spaltbaren Klumpen in Zentimetergröße antrifft (maximal 50 mm im Durchmesser), schwefelgelb, eingelagert in Hydrocerussit und in Mendipit [$Pb_3Cl_2O_2$], sehr seltene prismatische, zentimetergroße Kristalle von perfekter Form. Paralaurionit ist dort mit seltenen sekundären Mineralen verwachsen, wie z. B. dem Diaboleit [$Pb_2CuCl_2(OH)_4$] oder auch dem Chloroxiphit [$Pb_3CuCl_2(OH)_2O_2$]. In Form zentimetergroßer Kristalle (maximal 25 mm), polysynthetisch, farblos bis blassgelb ist er ebenfalls aus der Mammoth Mine, Tiger, Pinal County, Arizona, USA bekannt; er ist dort verwachsen mit wunderbaren Diaboleitkristallen. Als tafeliger, millimetergroßer Kristall in länglicher Meißelform (maximal 10 mm) wurde er auch in Hohlräumen von Bleischlacke in Laurion, Griechenland gefunden. Seine klassische Paragenese bildet sich aus Fiedlerit [$Pb_3Cl_4(OH)_2$], Penfieldit und Phosgenit.

Lagerstätten: Ein sekundäres Mineral in Bleilagerstätten mit hohem Gehalt an chlorierten Flüssigkeiten.

Bestimmung: Ist schwierig zu bestimmen. Aufgrund des Glanzes lässt es sich als Bleimineral wiedererkennen. In Laurion ist es das einzige Mineral mit farblosen Lamellen.

Chemisches Zeichen: PbCl(OH)

Kristallsystem: monoklin

Etymologie: in Anspielung auf sein Dimorph, Laurionit, der in Laurion, Griechenland gefunden wurde

Habitus: feine, tafelige Kristalle (100), manchmal länglich, Tabletten [001] mit stumpfen Kanten. Häufig Zwillinge nach (100)

Physikalische Eigenschaften: *Glanz:* stumpf diamantartig. *Farbe:* Weiß bis gräulich. Durchscheinend bis transparent. *Spaltbarkeit:* vollkommen (001). *Härte:* weiches Mineral. *Dichte:* 6,2–6,3

Chemische Eigenschaften: laurionit-dimorph (orthorhombisch). Schmilzt leicht. In Salpetersäure löslich

75 NADORIT

Kristall, 30 mm, Djebel Nador, Constantine, Algerien

Vorkommen: Das klassische Vorkommen dieses Minerals ist Djebel Nador, Hamman N'Bail, Constantine, Algerien. In dieser Lagerstätte wurde zu Beginn des 20. Jahrhunderts Zink abgebaut, das Vorkommen bildete eine Linse im Kalk- und Mergelgestein, bestehend aus Zinkspat. Nadorit fand man im Zentrum der Linse in Form einer Ader von ungefähr 10 cm Dicke, die sich manchmal zu großen Geoden öffnete. Die Aderwände waren mit Nadorit-Kristallen von mehreren Zentimetern Größe (bis zu 40 mm) bedeckt, in den meisten Fällen linsenförmig, seltener prismatisch. Um 1910 wurde der Nadorit sehr selten, als die Konzession auf den Abbau von Antimon in Form von Tripuhyit [$Fe^{2+}Sb_2^{5+}O_6$] (Flajolitit) erweitert wurde, der zuweilen in sehr reinen Mengen von mehreren Kilogramm auftrat. An den wenigen anderen Fundorten der Erde wurde Nadorit nie als deutlich erkennbarer Kristall gefunden. Hierzu zählen in Cornwall, Großbritannien die Grube Bodannon, Saint Endellion, wo Nadoritkrusten auf Jamesonit gefunden wurden, und die Grube von Trevinnock, Saint Kew. Man hat Nadorit auch in Langban, Jacobsberg und Harstigen, Schweden in Form von Krusten ohne deutlich ausgeprägte Kristalle gefunden.

Lagerstätten: Nadorit ist ein sehr seltenes sekundäres Mineral, das sich in einigen Blei- und Antimongruben bildet.

Bestimmung: Habitus und Farbe in der typischen Lokalität sind hinreichend deutlich zur Identifikation.

Chemisches Zeichen: $PbSbO_2Cl$

Kristallsystem: orthorhombisch

Etymologie: nach der typischen Lokalität Djebel Nador, Algerien

Habitus: tafelige Kristalle (010) oder prismatische, längliche Kristalle [100]. Linsenförmige, viereckige oder achteckige Kristalle aber auch strahlenförmige Aggregate

Physikalische Eigenschaften: *Glanz:* fettig. *Farbe:* Braun bis Braungelb. Durchscheinend. *Spaltbarkeit:* vollkommen, (010). *Härte:* 3,5–4. *Dichte:* 7

Chemische Eigenschaften: in HCl löslich. Nadorit wandelt sich um in Bindheimit und Cerussit.

Kristall, 8 mm, Wheal Phoenix, Cornwall, Großbritannien

Vorkommen: Die besten bekannten Kristalle des Cuprit fand man in den 1970er-Jahren bei der Suche nach Kupfer in Onganja, Namibia. Die oktaedrischen Kristalle, auf Kalkspat und stets von einem Malachitfilm bedeckt, erreichten zuweilen 150 mm Größe. Sehr schöne kleinere, hochglänzende Kristallgruppen (von maximal 30 mm) wurden in Cornwall, Großbritannien gefunden, dort vor allem in der Grube Wheal Phoenix. Aus den USA kommen Kristallanordnungen von bis zu 15 mm Größe von der Copper Queen Mine in Bisbee, Cochise County, Arizona. In Russland wurden einst sehr reine Kristalle in der Nähe von Bogoslowsk im Ural gefunden. In Frankreich ist die Grube Rouge de Chessy, Rhône berühmt für ihre oktaedrischen und dodekaedrischen Einzelkristalle, die sich teilweise in Malachit umgewandelt haben. Die größten oktaedrischen Einzelexemplare haben bis zu 30 mm Kantenlänge. Schöne und seltene Kristallanordnungen von mehreren Zentimetern Größe hat man in der Lagerstätte in Tsumeb, Namibia gefunden. Schließlich wurden auch vor nicht langer Zeit reichliche Vorkommen an wunderschönen oktaedrischen Kristallen von 30 mm Größe in der Grube Likasi, in Shaba, Dem. Rep. Kongo entdeckt.

Lagerstätten: Der Cuprit ist ein Mineral der Zementationszone von Kupferlagerstätten.

Bestimmung: Habitus, Farbe und Verwachsung mit verschiedenen sekundären Kupfermineralen von grüner oder blauer Farbe sind charakteristisch.

Chemisches Zeichen: Cu_2O

Kristallsystem: kubisch

Etymologie: vom lateinischen *cuprum:* Kupfer

Habitus: häufig in Kubus, Oktaeder oder Dodekaeder kristallisiert. In nadeligen Kristallmassen (länglichen Würfeln): eine Chalkotrichit-Varietät. Massiv und erdig

Physikalische Eigenschaften: *Glanz:* diamantartig bis halbmetallisch. *Farbe:* Koschenillenrot (je nach Licht veränderlich) bis Dunkelrot. *Bruch:* muschelig. Spröde. Staub: leuchtend braun-rot. *Spaltbarkeit:* (111). *Härte:* 3,5–4. *Dichte:* 6,1

Chemische Eigenschaften: löst sich in Säuren und färbt die Lösung blau

77 ZINKIT

Kristall, 35 mm, Franklin, New Jersey, USA

Vorkommen: Zinkit ist ein sehr seltenes Mineral. In den klassischen Erzlagern von Franklin und Odgensburg, Sterling Hill, Sussex County, New Jersey, USA wurde er jedoch als Zinkerz abgebaut. Die meisten Exemplare bestehen aus großen Massen reinen Zinkits, oft assoziiert mit Willemit (grün bis ultraviolett fluoreszierend) und Kalkspat. Sehr seltene Kristalle mit sehr oft abgestumpften Flächen wurden in Kalkspatadern gefunden, die die Zinkitmassen durchschneiden, in die Minerale hineinwachsen. Der beste konservierte Zinkit-Kristall misst 50 mm. Zinkit ist in anderen Erzlagern selten: in Italien in der Grube Bric Gettina, Savone, in Bottino, Toskana findet er sich in kleinen Klumpen mit Zinkspat sowie auch in Monteponi, Sardinien. In Spanien ist er in Paterna, Almeria bekannt (Vorkommen zweifelhaft) und in Motril, Granada mit Zinkblende verwachsen. In der Grube Heazlewood, Tasmanien, Australien findet man ihn mit Siderit und im sächsischen Schneeberg als Zinkblende-Pseudomorph.

Lagerstätten: Dies ist ein sehr seltenes Mineral in Zinkvorkommen. Zinkit wird bei der Behandlung von Zinkerzen oft künstlich gebildet.

Bestimmung: Zinkit ist in Franklin das am häufigsten vorkommende rote Mineral. Es ist fast immer mit Franklinit, Willemit und Kalkspat verwachsen.

Chemisches Zeichen: ZnO

Kristallsystem: kubisch

Etymologie: nach seiner Zusammensetzung

Habitus: selten pyramidenförmige, hexagonale Kristalle. Meist blättrig, kompakt oder körnig

Physikalische Eigenschaften: *Glanz:* stumpfdiamantartig. *Farbe:* Gelb-orange bis Dunkelrot, selten Gelb. *Bruch:* muschelig. Spröde. *Spaltbarkeit:* vollkommen ($10\bar{1}0$). *Härte:* 4. *Dichte:* 5,7

Chemische Eigenschaften: unschmelzbar. In Säuren löslich. Die rote Farbe des Zinkits aus dem Erzlager von Sterling Hill ist wohl auf Mangan zurückzuführen.

Kristall, 80 mm, Betroka, Madagaskar

Vorkommen: Die Reihe der Spinelle umfasst Hercynit [$FeAl_2O_4$], Galaxit [$MnAl_2O_4$], Gahnit [$ZnAl_2O_4$] und den Spinell [$MgAl_2O_4$]. Der letztgenannte ist das am meisten verbreitete Mineral. Er findet sich reichlich im Marmor von Greenville, Kanada wie auch in South Burgess, Leeds County, Ontario als klar ausgeprägter Oktaeder und bis zu 50 mm groß. In den USA findet man ihn in ähnlichem Gestein in New Jersey: als enorm große Kristalle (bis zu 58 kg) in Amity, Orange County, und in Franklin, Sussex County, in der Grube von Sterling Hill in Form von ausgezeichneten Oktaedern von bis zu 120 mm Kantenlänge. Sehr schöne oktaedrische dunkelgrüne Kristalle wurden auch noch in Madagaskar gefunden, insbesondere in Ambatomainty, südlich von Betroka, wo sie bis zu 40 mm groß sind. Der Spinell bildet großartige Edelsteine roter Farbe in den Seifen in Magok, Birma und in Ratnapura, Sri Lanka. Wunderschöne, mehr oder weniger edelsteinartige und in Kalkspat eingeschlosse Spinelle bis zu 30 mm Größe kommen auch aus Hunza, Pakistan. Gahnit wird als Oktaeder in dunklem Blaugrün (bis 25 mm) in zahlreichen Pegmatiten in Neuengland, USA gefunden.

Lagerstätten: Der Spinell kommt im wesentlichen aus metamorphem Kalkgestein und Gahnit aus Pegmatitgranit.

Bestimmung: Der oktaedrische Habitus (plus Zwilling) und die große Härte sind gute Identifikationskriterien.

Chemisches Zeichen: BAl_2O_4 mit B = Mg, Fe, Zn, Mn

Kristallsystem: kubisch

Etymologie: möglicherweise vom lateinischen *spina:* Stachel, in Anspielung auf die spitzen und sehr reinen Kristalle

Habitus: oktaedrische oder kubisch-oktaedrische Kristalle. Der Hercynit und der Galaxit sind nur massiv bekannt. Häufig Zwilling nach (111) (Spinellzwilling)

Physikalische Eigenschaften: *Glanz:* glasig. *Farbe:* Schwarz, Rosa, Rot, Blau usw. Hercynit und Galaxit sind im Allgemeinen schwarz, Gahnit ist blau. Transparent bis opak. *Spaltbarkeit:* keine. *Härte:* 8. *Dichte:* 3,6–4

Chemische Eigenschaften: unlöslich. Unschmelzbar

79 MAGNETIT

Kristall, 10 mm, Lercheltini Alp, Binnental, Wallis, Schweiz

Vorkommen: Magnetit wurde in Kristallen riesigen Ausmaßes (250 kg), angelaufen und schlecht gebildet, in Faraday, Hastings County, Ontario, Kanada und in Pegmatite in Teet, Mozambique gefunden. Schöne Kristalle mit leuchtenden Flächen in Form von 25 mm großen Oktaedern wurden in den USA in den Eisenlagerstätten von Mineville und Moriah, Essex County, New York gefunden und in rhombododekaedrischer Form von 15 mm in der Eisengrube von Tilly Foster, Brewster, Putnam County, New York. In Europa kommen wunderbare Exemplare aus Traversella, im Piemont, Italien: gestreifte Kristalle von mehreren Zentimetern Größe (maximal 150 mm), oktaedrisch oder rhombododekaedrisch. Von der Lercheltini Alp, Binnental, Wallis, Schweiz kommen perfekte, glänzende und manchmal bis zu 15 mm Kantenlänge erreichende Oktaeder. Große gestreifte rhombododekaedrische Kristalle (maximal 70 mm), assoziiert mit Palygorskit, wurden in den alpinen Klüften des Unteren Rifflekies und des Totenkopf, Stubachtal, Österreich gefunden. In Schweden ist Magnetit in Form von dodekaedrischen Kristallen in der Nordmark, Värmland bekannt. In Frankreich hat man vor allem die dendritischen Fumerole-Kristalle gefunden, die oft in Hämatit umgewandelt sind (Martit-Varietät), und zwar vom Puy-de-la-Tache und vom Roc-de-Cuzeau, Mont-Dore, Puy-de-Dôme.

Lagerstätten: Magnetit ist häufig in den verschiedensten Lagerstätten zu finden.

Bestimmung: Habitus und der sehr starke Magnetismus sind deutliche Hinweise.

Chemisches Zeichen: Fe_3O_4

Kristallsystem: kubisch

Etymologie: nach dem griechischen Hirten Magnes

Habitus: oktaedrische Kristalle, manchmal rhombododekaedrisch mit rautenförmigen Flächen, parallel gestreift über die große Diagonale. Spinellzwilling

Physikalische Eigenschaften: *Glanz:* halbmetallisch. *Farbe:* Braun-schwarz bis Schwarz. *Bruch:* muschelig-uneben. Bruchebene: leicht (111). *Spaltbarkeit:* keine. *Härte:* 6. *Dichte:* 5,2. Stark magnetisch

Chemische Eigenschaften: in HCl löslich. Bildet eine Mischreihe mit Magnesiumferrit [$MgFe_2O_4$] und Jakobsit [$MnFe_2O_4$]

Kristall, 30 mm, in Kalkspat, Franklin, New Jersey, USA

Vorkommen: Der Franklinit ist außer in den Gruben von Franklin und von Odgensburg, Sterling Hill, Sussex County, New Jersey, USA sehr selten. In diesen Lagerstätten wurde im 19. Jahrhundert Zink abgebaut. Erste Erztagebauaktivitäten begannen bereits gegen Ende des 18. Jahrhunderts, sie wurden jedoch schnell eingestellt, da es noch an Verfahren fehlte, die eine völlig zufriedenstellende Trennung zwischen Zink und Eisen möglich machten.
Franklinit wurde früher mit Magnetit verwechselt, bis zur Entdeckung des Zinks in dieser Zusammensetzung durch den französischen Chemiker Pierre Berthier. Er wurde dann als Erz verwendet. Der häufigste Habitus der Kristalle ist der Oktaeder. Die bestbekannten Exemplare erreichen 150 mm Kantenlänge. Franklinit ist häufig verwachsen mit dem Kalkspat, der ihn umschließt, und mit Zinkit. In Franklin wurden mehr als 250 Minerale gezählt, davon 25 bekannt nur aus dem eigenen Vorkommen, viele von ihnen sind fluoreszierend.
Schließlich ist der Franklinit – nicht ganz zweifelsfrei belegt– in den Lagerstätten von Barrecueparde, Salamanca, Spanien, in Eibach, Hessen und in Altenberg in der Nähe von Aachen gefunden worden.
Lagerstätten: Der Franklinit ist lediglich in New Jersey in Franklin und in Odgensburg bekannt.
Bestimmung: Aufgrund des Habitus und der Lokalität kann eine unmittelbare Bestimmung des Franklinits erfolgen.

Chemisches Zeichen: $ZnFe_2O_4$
Kristallsystem: kubisch
Etymologie: nach der typischen Lokalität Franklin, New Jersey, USA
Habitus: oktaedrische Kristalle, oft mit abgerundeten, manchmal sogar scheinbar „geschmolzenen" Flächen. Massiv

Physikalische Eigenschaften: *Glanz:* halbmetallisch. *Farbe:* Braun-schwarz bis Schwarz. Braun-rötlicher Staub. *Bruch:* muschelig-uneben. *Spaltbarkeit:* kaum sauber (111). *Härte:* 5,5–6,5. *Dichte:* 5,1–5,2. Schwach magnetisch
Chemische Eigenschaften: Franklinit gehört zur Magnetit-Gruppe. In HCl löslich

81 CHROMIT

Kristalle, 6 mm, Kerguelmes, Peumerit, Finistère, Frankreich

Synonym: Chromeisenstein
Vorkommen: Chromit ist ein sehr wichtiges Chromerz. Es kommt in Peridotiten und in Serpentiniten vor, und zwar in zum Teil so großen Mengen, dass abbauwürdige Vorkommen gebildet werden. Weltweit sind die wichtigsten Vorkommen in Afrika: in Selukwe, Simbabwe und im Bushveld-Komplex, Südafrika. Euhedrale Chromitkristalle sind selten. Schlecht ausgeprägte, bis zu 30 mm große Kristalle sind aus den Vorkommen in der Nähe von Tiebaghi, Neukaledonien bekannt. Millimetergroße Kristalle, eingeschlossen in Serpentinit, wurden in den USA, in Hoboken und in Staten Island, nahe New York entdeckt. Außerdem kommen Kristalle in Schottland, auf den Shetland-Inseln, in Haroldswick und in Swinaness, bzw. auf den Inseln Unst und Fetlar vor. In Frankreich ist Chromit bekannt unter seinem körnigen Habitus in La Bastide de la Carrade, Gassin, Var, wo Chromit ursprünglich von dem französischen Chemiker Vauquelin beschrieben wurde, sowie als zentimetergroße Kristalle in Kerguelmes, Peumerit, Finistère.
Lagerstätten: Chromit ist ein primäres Mineral basischer und ultrabasischer Gesteine. Lagerstätten werden durch Seigerung der Kristalle gebildet.
Bestimmung: Chromit unterscheidet sich vom Magnetit durch seinen sehr schwachen Magnetismus und vom Spinell durch seinen braunen Staub. Körniges Chromit ist eindeutig erkennbar.

Chemische Formel: $FeCr_2O_4$
Kristallsystem: kubisch
Etymologie: nach seiner Zusammensetzung
Habitus: oktaedrische, sehr seltene Kristalle. Meist körnige und dichte Aggregate
Physikalische Eigenschaften: Metallischer Glanz. *Farbe:* Schwarz. Staub: braun. *Bruch:* uneben. Spröde. *Spaltbarkeit:* keine. *Härte:* 5,5. *Dichte:* 4,5–4,8
Chemische Eigenschaften: Chromit bildet zwei Reihen mit Magnesiumchromit und Spinell. Nicht löslich in Säuren

Kristall, 30 mm (Alexandrit), Takowaja, Ural, Russland

Vorkommen: Chrysoberyll wird in der Juwelierkunst verwendet. Zwei Varietäten sind vor allem gefragt: Alexandrit, bei Tageslicht grün, bei künstlichem Licht rot, und Katzenauge, das eine schillernde Zone zwischen zwei gelben Zonen aufweist. Der schönste Alexandrit stammt aus der Grube Kranobolskaja, am Fluß Takowaja, nahe von Jekaterinburg, Ural, Russland. Es handelt sich um häufig als Räder verzwillingte, pseudohexagonale Kristalle bis zu 80 mm Durchmesser, assoziiert mit Phenacit und Beryll, in Glimmerschiefern. Alexandrit ist bekannt auch in Form von bis zu 20 mm großen Kristallen aus Novello Claims, Victoria, Simbabwe und aus Campo Formoso, Bahia, Brasilien. Der schönste Chrysoberyll stammt aus den Pegmatiten von Itaguaçu, Esperito Santo, Brasilien. Es handelt sich um Zwillinge in Form von Rädern, entdeckt um 1940. In letzter Zeit wurden ebenfalls in Brasilien bis zu 100 mm große, leicht gerundete, abgeflachte Schwalbenschwanzzwillinge gefunden. Wundervolle tafelförmige Zwillingsedelsteine von meist 20 mm bis zu 100 mm Größe sind aus Ambatosoratra, lac Alaotra, Madagaskar bekannt. Schließlich sind große Kristalle, verzwillingt, bis zu 100 mm groß, aus Pegmatiten von Neuengland, USA, gefördert worden.

Lagerstätten: Chrysoberyll ist in Granitpegmatiten und in bestimmten Glimmerschiefern zu finden.

Bestimmung: Sein verzwillingter Habitus ist charakteristisch.

Chemische Formel: $BeAl_2O_4$

Kristallsystem: orthorhombisch

Etymologie: vom griechischen *khrusos:* Gold, und *bêrullos:* Beryll

Habitus: als prismatische abgeflachte Kristalle. Zwillinge: schwalbenschwanzförmig nach (130) oder Räder (Drillingsbildung)

Physikalische Eigenschaften: glasig bis fettig. *Farbe:* Gold, Dunkelgrün bis Grünlich-gelb. Durchsichtig. *Spaltbarkeit:* nach (110) manchmal deutlich. *Härte:* 8,5. *Dichte:* 3,7

Chemische Eigenschaften: Chrysoberyll ist in Säuren unlöslich.

83 VALENTINIT

Kristalle, 10 mm, Przibram, Böhmen, Tschechien

Vorkommen: Valentinit ist eines der häufigsten Oxidationsprodukte von Antimonvorkommen. Schöne tafelige weiße Kristalle, bis zu 20 mm groß, wurden in Przibram, Böhmen, Tschechien gefunden. Die schönsten bekannten Kristalle, in Form dicker, strohgelber, mehr als 15 mm gestreckter Prismen stammen aus den klassischen Vorkommen von Tatasi, Bolivien. Schöne Kristalle sind bekannt aus dem benachbarten Vorkommen von Huanini. Millimetergroße Kristalle finden sich in der Grube Neue Hoffnung Gottes, nahe Braunsdorf, Freiberg; in Baia Sprie und in Pernek, nahe Rosing, Rumänien sowie im Revier von Ochocco, Crook Co, Oregon, USA. In Italien wurde Valentinit, verwachsen mit mehreren anderen Antimonoxidmineralen, in La Cetine und Pereta, Toskana gefunden. In Algerien wurden attraktive Proben und Aggregate nadeliger Kristalle in der Grube Djebel Senza und in Aïn Kerma, Constantine gefördert. In Frankreich wurde Valentinit ursprünglich auf gediegenem Antimon und Allemontit in der Grube Chalanches, Allemont, Isère gefunden. Einige der Kristalle sind größer als 30 mm; sie sind damit auch die größten bekannten Kristalle.

Lagerstätten: Dieses sekundäre Mineral ist ein Oxidationsprodukt antimonhaltiger Minerale.

Bestimmung: Der meist faserige Habitus, die Farbe und vor allem die häufige Verwachsung mit Kermesit und Stibnit ermöglichen seine Bestimmung.

Chemische Formel: Sb_2O_3

Kristallsystem: orthorhombisch

Etymologie: gewidmet Basil Valentine, Alchimist des 15. Jahrhunderts

Habitus: prismatische bis nadelige, zuweilen tafelförmige (010) Kristalle. Aggregate aus nadeligen Kristallen. Stibin-Pseudomorphose, faserige Krustenbildung

Physikalische Eigenschaften: diamantartig, perlmuttartig auf den Spaltflächen. *Farbe:* farblos bis Schneeweiß, zuweilen gelblich. Durchsichtig bis durchscheinend. Spröde. *Spaltbarkeit:* ausgezeichnet nach (110). *Härte:* 2,5–3. *Dichte:* 5,7

Chemische Eigenschaften: löslich in Salzsäure

Kristall, 10 mm, Thomas Range, Utah, USA

Vorkommen: Die schönsten Kristalle, kubisch mit sehr klaren, glänzenden Flächen, zuweilen sehr schön verwachsen mit Topas, kommen aus Thomas Range, Juab County, Utah, USA. Bixbyitkristalle sind in den Hohlräumen von durch Pneumatolyse alteriertem Rhyolit anzutreffen. Sie haben eine Seitenlänge von 10 mm, sehr selten erreichen sie 15 mm. Bixbyit unter ähnlichen Umgebungsbedingungen ist in den USA aus den benachbarten Vorkommen Beaver County, Monts WahWah und in Mexiko, in San Luis Potosi bekannt. In Begleitung von Topas und als sehr kleine Kristalle wurde Bixbyit in Bellerberg, Mayen, Eifel gefunden. Kleine, millimetergroße kubische Kristalle wurden häufig in dem berühmten Vorkommen von Langban, Schweden entdeckt. Genannt seien auch die zentimetergroßen, jedoch schlecht ausgebildeten Kristalle aus Ultevis, Finnland. Massiver Bixbyit kommt in Ribas de Freser, Gerona, Spanien vor und ist reichhaltig vertreten in den manganführenden südafrikanischen Vorkommen N'Chwaning nahe bei Kuruman, wo bis zu 5 mm große Kristalle gefunden wurden.

Lagerstätten: Dieses primäre Mineral in Form schöner Kristalle bildet sich durch Pneumatolyse in einigen sauren vulkanischen Gesteinen. Bixbyit kommt auch in metamorphen Manganlagerstätten vor.

Bestimmung: Die Kristalle aus den klassischen Vorkommen sind charakteristisch.

Chemische Formel: $(Mn^{3+}, Fe^{3+})_2O_3$

Kristallsystem: kubisch

Etymologie: benannt nach Maynard Bixby, amerikanischer Mineraloge

Habitus: kubische Kristalle, oft abgestumpft. Zwillinge nach (111). Massiv bis mikroskopisch klein

Physikalische Eigenschaften: *Glanz:* halbmetallisch bis metallisch. *Farbe:* Schwarz. *Bruch:* unregelmäßig. *Spaltbarkeit:* unvollkommen nach (111). *Härte:* 6–6,5. *Dichte:* 4,9

Chemische Eigenschaften: Bixbyit löst sich schwer in Salzsäure unter Bildung von Chlor.

85 KORUNDE: RUBIN UND SAPHIR

Vorkommen: Aluminiumoxide (Schmirgel) werden aufgrund ihrer Nutzung als Schleifmittel vielseitig eingesetzt. Große hexagonale Korundkristalle von mehr als 150 kg wurden in Manuelkop, Transvaal, Südafrika und in Teete, Mosambik abgebaut. Dezimetergroße dicke rote Kristalle, eingewachsen in grünem Zoisit kommen aus dem Vorkommen Tsavo, Kenia. Korundedelsteine werden als Rubine bezeichnet, wenn sie rot sind, und als Saphir bei allen anderen Färbungen. Es sind begehrte Edelsteine. Die schönsten Rubine stammen aus Mogok, Hochbirma. Es handelt sich um alluviale Steine, mit einer besonderen Rubinfarbe. Es sind kleine abgerundete Kristalle, selten bis zu 50 mm groß. Diese Rubine werden mit herrlichen Saphiren und Spinellen abgebaut. Die schönsten Saphire haben eine samtweiche blaue Farbe und stammen aus einem Kar nahe dem Dorf Sumjam, Kaschmir, Indien. Aus diesem Vorkommen wurde nur um das Jahr 1880 gefördert, es brachte fässchenförmige Edelsteine hervor, zuweilen über 1 kg schwer. Die edelsteinhaltigen Felder Sri Lankas, vor allem Ratnapura und Elhara, liefern wundervolle Saphire und Rubine. Diese großen sechseckigen spindelförmigen Saphire geben manchmal prachtvolle Sammlerstücke ab. Die Saphire haben eine wundervolle blaue Farbe. Saphire in einer orange-rosa Farbe werden als „Padparadscha" bezeichnet. Es gibt Saphire auch in anderen Farben wie Gelb und Grün ebenso wie die Sternsteine und das Katzenauge. In den Vorkommen in Indochina werden wunderschöne blaue und, seltener, rote Steine abgebaut. Die wichtigsten Lokalitäten sind Bang-kha-cha nahe Cantaburi, ferner Bo-ploy nahe Kanchnaburi, Thailand und Battambang, Kambodscha. Rubine in Form von zentimetergroßen rosafarbenen Kristallen, eingewachsen in Kalkspatganggestein, oft Sammlerstücke, kommen aus den klassischen Vorkommen von Jegdalek und aus dem Hunzatal, Pakistan. Große Saphirvorkommen befinden sich in Australien, in Anakie, Queensland und in New England, New South Wales, ferner in Kolumbien, in Cauca, im Nationalpark Tsavo, Kenia, im Norden Tansanias und in Yogo Gulch, Montana, USA. In Europa wurden rosafarbene Rubine und leicht bläuliche Saphire in Campolungo, Tessin, Schweiz abgebaut. Schöne orange-rosa Kristalle, mit zuweilen mehr als 50 mm Durchmesser wurden in Prilep, Mazedonien vorgefunden. In Frankreich liefert Riou Pezzouliou, Espaly bei Puy, Haute-Loire weiterhin zentimetergroße grüne und blaue stumpfe Saphire.

Lagerstätten: Korund ist ein akzessorisches Mineral der Kristallingesteine.

Bestimmung: Korunde sind aufgrund ihrer Härte leicht erkennbar. Sie können jedoch mit Spinellen verwechselt werden.

Abb. rechts oben:
Kristall, 12 mm in Marmor. Magok, Birma
Abb. rechts unten:
Kristall, 15 mm, Riou, Pezzouliou, Espaly, Haute-Loire, Frankreich

Chemische Formel: Al_2O_3
Kristallsystem: hexagonal
Etymologie: Corindon: südindischer Name des Minerals. Saphir: vom griechischen *sappheiros:* von semitischer Herkunft. Rubin: vom lateinischen *rubeus:* rot
Habitus: als Schmirgel massiv. Mehr oder weniger länglich hexagonale Prismen, tonnenförmig

Physikalische Eigenschaften: Glanz leicht diamantartig, perlmuttartig, seidig. *Farbe:* Rubin: Rosa bis Rot, Braun bis Schwarz; Saphir: Rosa, Orange, Gelb, Violett. Durchsichtig. Keine Spaltbarkeit. Bruchflächen nach (001). *Härte:* 9. *Dichte:* 4
Chemische Eigenschaften: wird von Säuren nicht angegriffen

86 HÄMATIT

Kristall, 50 mm, Puy de la Tache, Puy de Dôme, Frankreich

Synonyme: Eisenglanz, Roteisenstein, Blutstein

Vorkommen: Die schönsten bekannten Kristalle sind perfekt pseudo-kubisch oder linsenförmig, mit einem Durchmesser von bis zu 100 mm und wurden in Congonhas do Campo und in Brumado, Bahia, Brasilien gefunden. Sehr schöne Exemplare von schimmernden, linsenförmigen, bis zu 60 mm großen Kristallen wurden aus den heute erschöpften Skarnen des Rio Marina, Insel Elba, Italien und aus jenen von Miass, Ural, Russland (maximal 50 mm) abgebaut. Die Hämatitrosen, „Eisenrosen“, sind besonders in alpinen Klüften verbreitet: So sind am Pass di Lucendro, La Fibbia, Sankt Gotthard, Schweiz mächtige Eisenrosen bis 100 mm Durchmesser und in Saurüssel, Zillertal, Österreich von bis maximal 150 mm Durchmesser anzutreffen. Auf der Lercheltini-Alp, Wallis, Schweiz wurden bis zu 50 mm große blättrige Hämatit-Kristalle gefunden. Ebenfalls in alpinen Klüften, in der klassischen Lokalität der Cavradischlucht, Grisons, Schweiz wurden außergewöhnliche Epitaxien mit Rutil in Gruppierungen bis zu 80 mm entdeckt. Wundervolle tafelige Kristalle, sehr fein und stark glänzend, sind aus den vulkanischen Fumarolen von Puy de la Vache, Puy de Dôme, Frankreich und von der Insel Ascension bekannt, von wo die besten Exemplare stammen. In Frankreich wurden linsenförmige Kristalle u. a. auch in Framont, Bas Rhin gefunden.

Lagerstätten: Hämatit befindet sich in Kontaktlagerstätten, in Fumerolen und in Metalllagerstätten.

Bestimmung: Hämatit ist am roten Strich, an der schwarzen Farbe und am metallischen Glanz leicht zu erkennen.

Chemische Formel: Fe_2O_3

Kristalsystem: rhomboedrisch

Etymologie: vom lateinischen *haematites:* blutig

Habitus: feine bis dicke, tafelige (0001) Kristalle. Oft parallel wachsend oder rosettenförmig (Eisenrose). Pseudo-kubische Rhomboeder. Zwillinge entlang (0001) und $(10\bar{1}0)$. Magnetit-Pseudomorphose

Physikalische Eigenschaften: *Glanz:* metallisch. *Farbe:* Grau-schwarz, manchmal regenbogenfarbig. *Bruch:* unbestimmt. *Spaltbarkeit:* keine, aber Ablösung entlang der Zwillingsebene. *Strich:* rot. *Härte:* 5–6. *Dichte:* 5,2

Chemische Eigenschaften: löslich in Salzsäure

„Rosen", 18 mm. Le Plan du Lac, Isère, Frankreich

Synonym: Titaneisen
Vorkommen: Die schönsten bekannten Kristalle stammen aus den Dioritadern in Kragerø, nahe Arendal, Norwegen. Dicktafelig oder isometrisch, oft mit abgerundeten Kanten, sind sie im Allgemeinen von einer Verwitterungsschicht bedeckt. Aber auch Kristalle mit klaren Kanten und glänzenden Flächen sind bekannt. Einige Kristalle erreichen einen Durchmesser von 150 mm bei einem Gewicht von 8 kg. Herrliche Kristalle, oft sehr gut geformt und mit glänzenden Flächen (bis zu 100 mm), wurden nahe des Ilmensees, Ilmengebirge, im Süden des Urals in Russland abgebaut. Schöne Kristalle wurden in den USA, in Chester, Emery Mine, Hampton County, Massachusetts und in Warwick, Amity, Monroe, Orange County, New York entdeckt. In Kanada fand man großartige, über 30 kg schwere Kristalle in den Gruben von Madawaska, Bancroft, Ontario. Wunderschöne jedoch seltene Kristalle sind in alpinen Klüften anzutreffen: in der Schweiz als Rosetten blättriger Kristalle von bis zu 40 mm Durchmesser im Staldental und im Griessertal, Manderan und in Frankreich am Plan du Lac, Saint-Christophe en Oisans, Isère als Rosetten von höchstens 15 mm Durchmesser, die schwer zu unterscheiden sind von Crichtonitrosetten $[(Sr,La,Ce,Y)(Ti,Fe^{+3},Mn)_{21}O_{38}]$.
Lagerstätten: Ilmenit ist häufig in Lagerstätten basischer Gesteine und in einigen Pegmatitenadern anzutreffen.
Bestimmung: Seine Bestimmung ist schwierig.

Chemische Formel: $FeTiO_3$
Kristalsystem: orthorhombisch
Etymologie: nach dem Ilmen-Gebirge
Habitus: dicktafelige Kristalle, pseudo-kubisch bis pseudo-oktaedrisch. Rhomboedrische Kristalle. Feine Blättchen. Massiv bis körnig

Physikalische Eigenschaften: *Glanz:* halbmetallisch. *Farbe:* Eisenschwarz. Schwarzer Staub. *Bruch:* muschelig. *Spaltbarkeit:* keine. *Härte:* 5–6. *Dichte:* 4,0–4,7
Chemische Eigenschaften: Das Eisen bildet eine isomorphe Reihe mit Geikielith $[MgTiO_3]$ und Pyrophanit $[MnTiO_3]$.

88 PEROWSKIT

Kristall, 10 mm. Emarese, Aostatal, Italien

Vorkommen: Während es reiche Vorkommen an Perowskit-Mikrokristallen in einigen basischen Gesteinen gibt, sind große Kristalle vor allem in metamorphen Kalksteinen anzutreffen. Aus der Grube Jeremejew, Achmatowsk, nahe Slatust, Ural, Russland (ursprüngliche Lokalität) wurden großartige glänzende pseudo-kubische Kristalle geliefert. Sie sind eingepasst im Kalkspat und können bis zu 50 mm Kantengröße erreichen. Vor kurzem wurden wundervolle grauschwarze pseudo-oktaedrische Kristalle mit einer Kantenlänge von bis zu 80 mm im Revier Gardiner, Grönland gefördert. Sie gehören vielleicht zu den schönsten bekannten Kristallen. In Europa sind in der Nähe des Gletschers Findelen, Zermatt, Wallis, Schweiz große, oft verformte Kristalle anzutreffen, die monomineralische Massen bilden. Schöne braune abgeflachte Kristalle (höchstens 20 mm), zuweilen Schmucksteine, kommen in großen Mengen an verschiedenen Orten der italienischen Alpen vor: in den Kalkspatschluchten der Serpentiniten im Val Malenco; in Emarese, Aostatal, in Balme, Val d'Ala und in der Burgumer Alm, Pfitschtal. Schließlich sei auch das klassische Dysanalyt-Vorkommen (sehr kleine Kristalle) genannt: Magnet Cove, Garland County, Arkansas, USA.

Lagerstätten: Es handelt sich um ein primäres Mineral basischer Gesteine oder Kalkgesteine, entstanden nach einer Kontaktmetamorphose.

Bestimmung: Sie ist schwierig. Der pseudo-kubische Habitus und die häufige Anwesenheit von Kalkspat weisen auf Perowskit hin.

Chemische Formel: $CaTiO_3$

Kristalsystem: orthorhombisch

Etymologie: benannt nach dem russischen Mineralogen Perowski

Habitus: pseudo-kubische, oft verzerrte Kristalle mit parallel zur Kante gestreiften Flächen. Die Varietäten, die Cer und Niob enthalten, haben einen kubisch-oktaedrischen Habitus.

Physikalische Eigenschaften: *Glanz:* Diamantartig. *Farbe:* Braun bis Schwarz (Nb). *Bruch:* uneben. Spröde. *Spaltbarkeit:* unvollkommen (001). *Härte:* 5,5. *Dichte:* 4

Chemische Eigenschaften: wird von H_2SO_4 angegriffen. Dysanalyt ist eine niobreiche Varietät des Perowskits.

Kristall, 60 mm, Antsirabe, Madagaskar

Vorkommen: Betafit ist an zahlreichen Lokalitäten in Madagaskar häufig anzutreffen. So kommen Gruppen von Kristallen (bis zu 250 kg schwer) in Ambatolampikely und große Kristalle (bis zu 70 mm Durchmesser) in Andibakely und in Sama vor. Betafit wurde ebenfalls an vielen Stellen in der Umgebung von Betafo, Ampangabe und Marafeno gefunden. Im Osten, in Antsirabe und in Samiresy, wurde eine bleihaltige Betafit-Varietät entdeckt, genannt Samiresit. Befatit bildet meist oktaedrische Kristalle, die umso schlechter ausgeprägt sind, je größer sie sind. Betafit ist meist verwachsen mit anderen Mineralen wie Euxenit [(Y,Ca,Ce,U,Th)$(Nb,Ta,Ti)_2O_6$], Fergusonit [$YNbO_4$] und Allanit. In Russland ist Betafit bekannt aus dem Phlogopitvorkommen am Fluss Slydjanka, Baikalsee. Betafit wurde auch an verschiedenen Orten in Norwegen gefunden, insbesondere in Hogsjaaen, nahe Tangen. In Kanada in der Grube Silver Crater, Bancroft, Ontario wurden sehr schöne Kristalle mit bis zu 60 mm Kantenlänge entdeckt. Sie sind meist besser geformt als die Kristalle aus Madagaskar.

Lagerstätten: Betafit ist ein Mineral von Granitpegmatiten mit Seltenen Erden.

Bestimmung: Charakteristisch für Betafit sind die oktaedrischen Kristalle mit gelblichbrauner Patina.

Chemische Formel:
$(Ca,Na,U)_2(Ti,Nb,Ta)_2O_6(O,OH,F)$

Kristalsystem: kubisch

Etymologie: nach der Lokalität Betafo in Madagaskar

Habitus: oktaedrische, seltener rhombo-dodekaedrische Kristalle

Physikalische Eigenschaften: *Glanz:* fettig bis glasig. *Farbe:* grünlich Braun bis Schwarz auf dem Bruch. Gelblich braune Patina. *Bruch:* muschelig. Spröde. *Härte:* 4–5,5. *Dichte:* 3,7–5. Metamikt. Radioaktiv.

Chemische Eigenschaften: Betafit wird von einigen Säuren angegriffen.

90 STIBICONIT

Stibiconit auf Stibin, 5 mm, La Cetine, Toskana, Italien

Vorkommen: Stibiconit wird niemals als Kristall vorgefunden. Durch Pseudomorphose von Stibinkristallen können jedoch verblüffende Stibiconitstücke entstehen. Die schönsten davon stammen aus Real del Catorce, Carcas, San Louis Potosi, Mexiko, wo bis zu 300 mm große Stibinkristalle sich im Innern in Stibiconit verwandelt haben. Schöne Pseudomorphosen in kleineren Gruppen sind aus der Grube Sacramento, Mercur, Toele County, Utah, USA bekannt. Aus Kostajnik, Serbien und Montenegro stammen 150 mm große pseudomorphose Kristalle, ähnlich ausgeprägt wie die Kristalle aus Catorce – wahrscheinlich die schönsten in Europa. Bekannt ist Stibiconit aus Losacio, Zamora, Spanien, früher ein sehr reiches Vorkommen, und schließlich aus La Cetine und Pereta, Toskana, Italien in Form von Krusten über großen Stibinkristallen. In Frankreich ist Stibiconit im Erzrevier Brioude-Massiac, Haute-Loire und Cantal anzutreffen.

Lagerstätten: Es ist ein sekundäres Mineral, entstanden durch Oxidation von Antimonmineralen, meistens durch Stibinoxidation.

Bestimmung: Das Vorkommen mit Stibnit und die Ockerfarbe sind charakteristisch. Stibiconit kann mit Bindheimit [$Pb_2Sb_2O_6$ (O,OH)], der oft aus der Oxidation von Bournonit entsteht und mit Kupferoxiden (grünen und blauen) verwachsen ist, verwechselt werden.

Chemische Formel: $SbSb_2O_6(OH)$

Kristalsystem: kubisch

Etymologie: vom lateinischen *stibium:* Antimon und vom griechischen *Conis:* Puder

Habitus: nur pseudomorphose Kristalle, kompakte Massen, Krusten. Umhüllungen mit konzentrischer Struktur

Physikalische Eigenschaften: *Glanz:* perlmuttartig bis erdig. *Farbe:* gelblich Weiß bis Strohgelb, manchmal rötlich Weiß. Durchscheinend. *Spaltbarkeit:* nicht bestimmbar. *Härte:* 4–5,5. *Dichte:* 5,6

Chemische Eigenschaften: Stibiconit gehört zu den „Antimonockern". Darunter versteht man braune, unterschiedlich hydrierte Sekundärminerale des Antimons.

Kristalle, 35 mm, Aiguille des Améthystes, Haute-Savoie, Frankreich

Vorkommen: Amethyst wird weltweit abgebaut und für Dekorationszwecke und als Schmuck verwendet. Die größten und ergiebigsten kommerziellen Vorkommen befinden sich in Uruguay und in Rio Grande do Sul, Brasilien. Die Amethystkristalle bedecken teppichartig die mandelsteinartigen Hohlräume eines verwitterten Melaphyrs. Sie sind von konzentrischen Achatschichten umhüllt. Perfekte Edelsteine können eine Kantenlänge von über 150 mm haben, einige Geoden sind einige Dutzend Meter groß. Amethyst wird ebenfalls in Minas Gerais und in Bahia, Brasilien gewonnen. Gegenwärtig werden die Vorkommen in Thunder Bay, Ontario, Kanada und in Tizi-n-Tichka, Marokko abgebaut. Wundervolle Exemplare werden in Las Vigas, Veracruz, in Guerrero und in Sierra Gallego, Chihuahua, Mexiko gefördert. Sehr interessante Kristalle in Form von Zeptern mit Amethystabschlüssen stammen aus Denny Mountains, Washington, USA, aus Onyang, Südkorea, aus dem Zillertal, Österreich, aus dem Fieschergletscher, Schweiz und aus Aiguille des Améthystes (Amethystnadel), Argentière, Haute-Savoie, Frankreich.

Lagerstätten: Es ist ein Mineral in Hohlräumen vulkanischer Gesteine, in einigen Erzgängen und in den alpinen Klüften.

Bestimmung: Durch seine Farbe und seinen Habitus ist Amethyst leicht zu bestimmen.

Chemische Formel: SiO_2

Kristalsystem: hexagonal

Etymologie: vom griechischen *amethystos*, aus *methuein:* sich berauschen; dieser Stein soll vor Trunkenheit bewahren

Habitus: vereinzelt vorkommende, hexagonale, Geoden bildende Pyramiden, Zepter

Physikalische Eigenschaften: *Glanz:* glasig. *Farbe:* Violett-lila bis Dunkelviolett. Durchsichtig. *Bruch:* muschelig. *Spaltbarkeit:* keine. Zuweilen grün fluoreszierend. *Härte:* 7. *Dichte:* 2,6

Chemische Eigenschaften: Amethyst ist eine Quarz-Varietät. Seine Farbe rührt von Eisenspuren.

QUARZ: BERGKRISTALL

Vorkommen: Der Bergkristall bildet wundervolle Kristalle. Sammlerstücke werden in zahlreichen Vorkommen abgebaut. Aus den Vorkommen Corinto und Diamantina, Minas Gerais, Brasilien, stammen herrliche Gruppen dezimetergroßer Kristalle. Sehr schöne Beispiele kommen auch aus Niquelândia, Goiás, Brasilien. Quarz wird intensiv in Arkansas, USA abgebaut, in der Region der Hot Springs, wo zuweilen über 300 mm große, wunderschöne prismatische Kristalle gefunden werden. Die Grube La Gardette, Bourg d'Oisans, Isère, Frankreich liefert seit mehreren Jahrhunderten großartige Exemplare, bestehend aus länglich-prismatischen Kristallen, Fazies „dauphiné", mit einem ungewöhnlichen Glanz. Die größten Kristalle bedecken metergroße Gesteinsplatten und erreichen 150 mm. Die Gänge von Val Bedretto, Tessin, Schweiz liefern schöne nadelige hochglänzende Bergkristalle, von 30 bis 40 mm Größe als „Borstenteppich" auf Gneis. In den Pegmatiten entstehen oft sehr große Kristalle; in Brasilien werden sie intensiv für die elektronische Industrie abgebaut. Einige Einzelkristalle, farblose perfekte Edelsteine, sind schwerer als 1 t. In den Pegmatiten von Sakangei, Mogok, Hochbirma werden seit Menschengedenken Kristalle von außergewöhnlicher Größe abgebaut, die zum Schleifen von Linsen verwendet werden. In den Pegmatiten von Madagaskar sind ebenfalls riesige Bergkristalle entstanden, mit einer Länge von mehr als 3 m. „Diamant"-Quarz ist bei Sammlern sehr begehrt. Er wird aus den Sedimentgesteinen oder aus Septarien gewonnen. Die klassischen Lokalitäten sind Herkimer, New York, USA, Drôme und Meylan, Isère, Frankreich und das Illiez-Tal, Wallis, Schweiz. Die Quarzzwillinge sind häufig. Die berühmtesten – Japanerzwillinge – verbinden zwei Einzelkristalle nach (1122) in einem Winkel von 84° 33'. Diese oft mehrfach verzwillingten Exemplare sind bei Sammlern sehr gefragt. Die berühmtesten Vorkommen sind La Gardette und Vizille, Isère, Frankreich, die Grube Otome, Yamanashi, Japan, die Grube Brusson, Italien, die brasilianischen Vorkommen Brumado, Fundao und Cristalina, ferner Pasto Bueno in Peru sowie Washington Camp, Arizona, ebenso wie El Tigre, El Capitan, New Mexico, USA (seltene Rauchquarzzwillinge) und die Insel Prince of Wales, Alaska. Aus dem Vorkommen Veracruz, Mexiko stammen seltene Amethystzwillinge.

Lagerstätten: Bergkristall ist ein allgegenwärtiges Mineral in Magmatiten, in Erzgängen und in Sedimentgesteinen.

Bestimmung: Quarzkristalle sind leicht zu erkennen.

Abb. rechts oben:
Zwilling La Gardette (Kristalle, 80 mm). Vizille, Isère, Frankreich
Abb. rechts unten:
Kristalle, 100 mm, La Gardette, Bourg d'Oisans, Isère, Frankreich.

Chemische Formel: SiO_2
Kristalsystem: hexagonal
Etymologie: vom deutschen Quarz (querx: Berggeist, quarzen: knarren)
Habitus: prismatische, mehr oder weniger längliche Kristalle mit einer sechsseitigen Pyramide als Abschluss. Man unterscheidet folgende Ausprägungen: „Dauphiné", „Tessin", „Diamant" und „Fenster".
Physikalische Eigenschaften: *Glanz:* glasig. *Farbe:* Weiß bis farblos. Durchsichtig. *Bruch:* muschelig. *Spaltbarkeit:* keine. *Härte:* 7. *Dichte:* 2,6
Chemische Eigenschaften: Quarz ist nur in Flusssäure löslich.

93 RAUCHQUARZ

Vorkommen: Die alpinen Klüfte der zentralen Alpenmassive Aar, Sankt Gotthard, Schweiz und Mont Blanc, Frankreich sind reiche Vorkommen an wunderschönen, bei Sammlern sehr begehrten Rauchquarzen. Diese Klüfte werden von Kristallschleifern ausgebeutet und von ihnen „Kristallöfen" genannt. Im Allgemeinen sind dies linsenartige Hohlräume, mehr oder weniger waagerecht, im Innern der alpinen Kristallingesteine. Diese „Öfen" wurden in der Schweiz im 18. Jahrhundert intensiv abgesucht. So wurden damals die historischen Öfen des Tiefengletschers und des Ziggenstocks entdeckt. Sehr schöne Kristalle stammen aus dem Rhônegletscher in den Tälern Maderan und Val Giuv, Massiv Aar, aus Piz Blas und aus dem Tremola-Tal im Massiv Sankt Gotthard. In Frankreich kommen ebenfalls sehr schöne Kristalle in den Becken von Argentière und von Talèfre, Haute-Savoie vor, die Größten davon sind über 300 mm groß. In diesen Vorkommen finden sich Quarze aller Färbungen, wobei sie vom Bergkristall in Morionquarz übergehen. In dem neuen Vorkommen in Deux-Alpes, Isère wurden in letzter Zeit herrliche klare längliche Rauchquarzkristalle gefördert. In brasilianischen Pegmatiten in Minas Gerais werden regelmäßig außergewöhnliche, absolut durchsichtige, manchmal bis zu 1 m lange Rauchquarzkristalle abgebaut. In zahlreichen Vorkommen in Graniten und Pegmatiten kommen schöne Rauchquarzkristalle vor, wie in Pikes Peak, Colorado, USA oder im Ural, Russland. Natürliche Citrinkristalle sind sehr viel seltener. Die Schönsten unter ihnen stammen aus einigen brasilianischen und madegassischen Pegmatiten. In ähnlichen Vorkommen findet sich die Varietät namens „Venushaare" – aufgrund der vielen Rutilmicroeinschlüsse –, die bemerkenswerte Exemplare bilden. Die klaren Quarze und Rauchquarze aus einigen alpinen Klüften der zentralen Alpenmassive weisen in einigen Fällen eine besondere Wachstumsform auf, die man gedrehter oder gekämmter Quarz nennt. Diese seltenen kristallinen Gruppen sind sehr begehrt. Es sind meist tafelige Einzelkristalle, die senkrecht zur c-Achse gestapelt sind. Diese Stapelung zeigt immer einen gewissen Rotationsgrad, daher der Name „gedrehter Quarz". Sie sind in den gleichen Drusen zu finden wie Rauchquarze. In der Schweiz sind die Lokalitäten Tiefengletscher und Val Giuv zu nennen. In Frankreich haben die Becken von Talèfre und Argentière im Massiv Mont Blanc, Haute-Savoie, reiche Vorkommen an dezimetergroßen gedrehten Quarzen von einer meist sehr dunklen Färbung. Gedrehte Quarze sind anderswo auf der Welt praktisch unbekannt. Dennoch sollten die Vorkommen Sura Is, Ural, Russland und die Goldgrube Morro Velho, Nova Lima, Brasilien erwähnt werden.

Lagerstätten: Rauchquarz ist in den Pegmatitengruften und in den alpinen Klüften zu finden.

Bestimmung: Durch seinen Habitus, seine Härte und seine Farbe ist die Bestimmung leicht.

Abb. rechts oben:
Kristall, 30 mm, La Verte, Argentière, Haute-Savoie, Frankreich
Abb. rechts unten:
Kristall, 150 mm, Talèfre, Massiv Mont Blanc, Haute-Savoie, Frankreich

Chemische Formel: SiO_2
Kristallsystem: hexagonal
Etymologie: vom deutschen Quarz (querx: Berggeist) und nach seiner Farbe
Habitus: länglich prismatische Kristalle, mit einer hexagonalen Pyramide endend

Physikalische Eigenschaften: *Glanz:* glasig. *Farbe:* Braun bis Dunkelbraun in allen Schattierungen bis Schwarz (Morionquarz); orangefarbene Varietäten werden Citrin genannt. Durchscheinend. *Bruch:* muschelig. *Spaltbarkeit:* keine. *Härte:* 7. *Dichte:* 2,6
Chemische Eigenschaften: eine sehr reine Quarzvarietät. Die Farbe ist angeblich bedingt durch eine Bestrahlung mit natürlicher Radioaktivität.

94 ROSENQUARZ

Kristalle, 15 mm, Taquaral, Minas Gerais, Brasilien

Vorkommen: Rosenquarz, entweder rund oder kugelig geschliffen, zeigt oft eine Lichterscheinung in Form eines Sterns. In einigen Pegmatiten gibt es reiche Vorkommen an Rosenquarz. Die bekanntesten Lokalitäten befinden sich in New England, Dakota und Kalifornien, USA; in Brasilien, in Russland und in Madagaskar. In Europa ist Rosenquarz in Rabenstein, Bayern anzutreffen. Rosenquarzkristalle sind sehr selten und blieben lange Zeit unbekannt. Die zunächst in Newry, Oxford County, Maine, USA entdeckten waren schlecht ausgebildet, ca. 10 mm groß und kleideten teppichartig Drusen aus. Seitdem wurden sehr schöne und sehr begehrte Exemplare im Steinbruch Lavra da Ilha, Taquarel, Minas Gerais, Brasilien gefunden. In diesem Vorkommen füllen zentimetergroßer Rosenquarzkristalle, die Milchquarze ummanteln, Drusen aus. Rosenquarz ist mit Eosphorit $[MnAl(PO_4)(OH)_2{\cdot}H_2O]$, mit Orthoklas und mit grünem Turmalin assoziiert. In letzter Zeit wurde Rosenquarz in einem Nachbarvorkommen des Pegmatits bei Laranjeira entdeckt.

Lagerstätten: Rosenquarz ist ein Mineral, das ausschließlich in Pegmatiten gefunden wird.

Bestimmung: Sie ist leicht aufgrund des charakteristischen Habitus und der charakteristischen Farbe.

Chemische Formel: SiO_2

Kristallsystem: hexagonal

Etymologie: nach seiner Farbe benannt

Habitus: derbe fettige Massen, selten prismatische Kristalle in Form von Büscheln

Physikalische Eigenschaften: Glasig bis Fettglanz. *Farbe:* rosa, zeigt oft eine deutliche Lichterscheinung in Form eines Sterns. *Bruch:* muschelig. Durchscheinend. *Spaltbarkeit:* keine. *Härte:* 7. *Dichte:* 2,6

Chemische Eigenschaften: Die besondere Farbe des Rosenquarzes rührt von Spuren entweder von Mangan oder – noch wahrscheinlicher – von Titan.

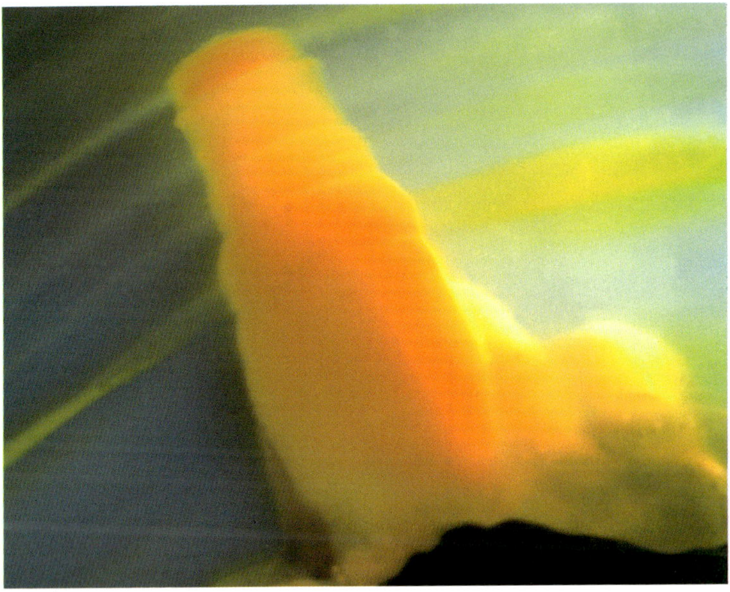

Achat „Landschaft". Rio Grande do Sul, Brasilien

Vorkommen: Je nach Färbung und Aussehen wurden sehr viele Varietäten von Chalcedon definiert. Diese Varietäten wurden sehr großzügig abgebaut und dienen zur Verzierung und zur Herstellung von Kunstgegenständen. Karneol, auch Sardonyx genannt, ist eine rot- bis dunkelbraune Varietät, Chrysopras ist apfelgrün, Heliotrop ist eine grüne Varietät mit rötlichen Flecken usw. Chalcedon kann auch durch Kupferspuren eine blaue Färbung haben, wie in Trevascus, nahe von Camborne, Cornwall, England. Achate sind geschichtete Varietäten mit wechselnden Färbungen, die meist durch chemische oder thermische Prozesse geändert oder verstärkt werden. Die berühmtesten Vorkommen befinden sich in Rio Grande do Sul, Brasilien, in Uruguay und in Idar-Oberstein. Lussatit ist eine Varietät, die kleine bläuliche, wie Opal schimmernde Perlen bildet und in prächtigen Exemplaren in der Grube Rois nahe Dallet, Puy de Dôme, Frankreich entdeckt wurde.

Lagerstätten: Diese krypto-kristalline Quarz-Varietät wird in unterschiedlicher Umgebung gefunden. Meist kommt sie in hydrothermalen Erzgängen und in Hohlräumen vulkanischer Gesteine vor.

Bestimmung: Sie ist relativ leicht. Der Bruch, der Glanz und vor allem die Härte unterscheiden Chalcedon von anderen zusammengewachsenen Mineralen.

Chemische Formel: SiO_2

Kristallsystem: rhomboedrisch, krypto-kristallin

Etymologie: nach der Stadt Chalcedon (Kalchedon), Bithynien (Kleinasien)

Habitus: massiv, mandelartig oder als hügelige Kruste, traubig oder säulig. Chalcedon ist meist zoniert.

Physikalische Eigenschaften: *Glanz:* matt bis seidig. *Farbe:* Weiß, gräulich, Blau, rötlich oder Braun in allen Nuancen. Durchscheinend. *Bruch:* uneben bis splittrig. *Spaltbarkeit:* keine. *Härte:* 6–7. *Dichte:* 2,6

Chemische Eigenschaften: Chalcedon wird von Säuren nicht angegriffen.

96 TRIDYMIT

Kristall, 8 mm, Zovon, Colli Eugenei, Venetien, Italien

Vorkommen: Tridymit gehört zu der polymorphen Kieselsäurereihe, neben Stishovit, Coesit, Cristobalit und Quarz. Tridymit und Cristobalit (tetragonal), der bei höherer Temperatur (1400 °C) entsteht, können jedoch in denselben vulkanischen Vorkommen nebeneinander vorkommen. Die bekanntesten Exemplare bestehen aus kristallhaltigen Hohlräumen, sind zuweilen zentimetergroß und stammen aus den Steinbrüchen Zovon in den Colli Eugenei, Venetien, Italien sowie aus den Lavahohlräumen von San Juan, Colorado, USA. Schöne Tridymitkristalle auf Andesit sind aus den Vorkommen in Cerro San Cristobal, Pachuca, Mexiko bekannt, ferner aus Perlenhardt, Siebengebirge und als wundervolle winzige Exemplare in Bellerberg, Eifel. Es wurden zudem perfekt geformte Tridymit-Kristalle mit Osumilit in dem reichen Steinbruch Fantanafigu nahe bei Cagliari, Sardinien entdeckt. In Frankreich findet man sehr schöne Kristalle (bis zu 5 mm) in Hohlräumen im Kontakt mit Gneiseinschlüssen im Trachyt bei Capucin, Mont Dore, Puy de Dôme.

Lagerstätten: Tridymit kommt in sauren vulkanischen Gesteinen wie Trachyten und Andesiten vor.

Bestimmung: Der Habitus, die Farbe und das Wirtsgestein sind gute Erkennungszeichen für Tridymit.

Chemische Formel: SiO_2

Kristallsystem: monoklin, pseudohexagonal

Etymologie: nach der häufig auftretenden Drillingsbildung von Einzelkristallen (vom griechischen *tridymos:* dreifach)

Habitus: feine tafelige hexagonale Kristalle, Rosetten oder Drillingsgruppen

Physikalische Eigenschaften: *Glanz:* glasig. *Farbe:* Weiß bis farblos. Durchsichtig bis durchscheinend. *Spaltbarkeit:* nach (001). *Härte:* 7. *Dichte:* 2,3

Chemische Eigenschaften: Tridymit ist eine Hochtemperaturform der polymorphen Kieselsäurereihe (SiO_2).

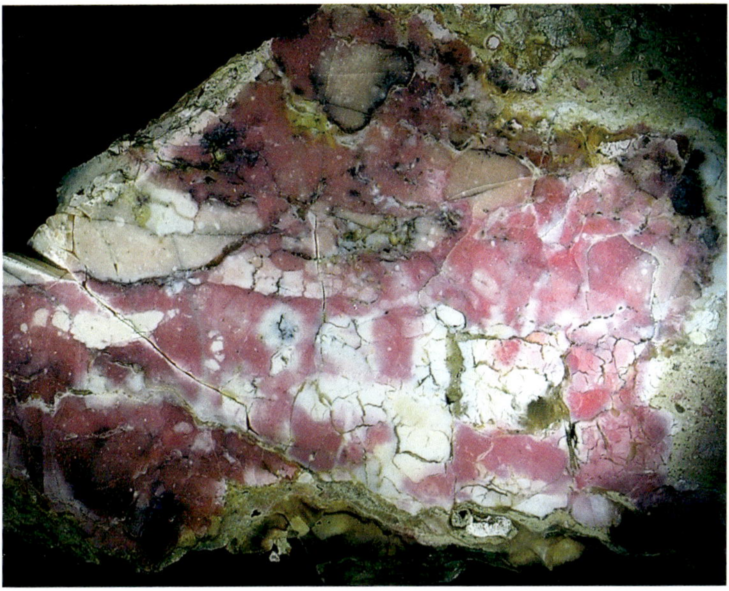

Rosafarbener Opal (120 mm x 80 mm) mit Sepiolith. Quincy, Cher, Frankreich

Vorkommen: Edelopale wurden früher in den verwitterten Trachyten von Cervenica, Tschechien abgebaut. Heute liefern die australischen Vorkommen die besten Exemplare. Fossilpseudomorphe sind sehr begehrt. Zu nennen sind: Cooper Pedy und Andamooka, Südaustralien, Bulla Creek und Burcoo River, Queensland und White Cliffs, New South Wales. Opal bildet dort im Allgemeinen kleine Adern im Sandstein. Im Vorkommen Lightning Ridge, New South Wales sind großartige schwarze Opale zu finden. Schöne Edelopale wurden in Rainbow Ridge, Virgin Valley, Nevada, USA, in Erandique, Honduras sowie in Brasilien gefördert. Feueropal, ein orange schimmernder Opalstein, wird in Zimapan und Queretaro, Mexiko abgebaut. Überzüge von Hyalit kommen in Valec, Böhmen, Tschechien, in Spruce Pine, North Carolina, USA und in San Luis Potosi, Mexiko vor. Opal ist ein wesentlicher Bestandteil der Geyserite im Yellowstone Park, Wyoming, USA, ferner in Island, in Neuseeland und in Saint-Nectaire, Puy de Dôme, Frankreich. Schließlich sei auch der eigenartige rosafarbene Opal aus Quincy, Cher erwähnt, der seine Farbe fossilen organischen Pigmenten verdankt.

Lagerstätten: Es handelt sich um ein Mineral von sedimentären Gesteinen und rezenten Vulkaniten.

Bestimmung: Die Edelstein-Varietäten sind leicht zu bestimmen.

Chemische Formel: $SiO_2 \cdot nH_2O$

Kristallsystem: amorph

Etymologie: vom Sanskrit *upala:* Edelstein

Habitus: mandelartig, kleine Adern, fossilienpseudomorph

Physikalische Eigenschaften: *Glanz:* glasig bis fettig. *Farbe:* farblos (Hyalit), Weiß (Kacholong), stark irisierend (Edelopal), Schwarz, rosa, Orange (Feueropal). Fluoreszierend. *Bruch:* muschelig. *Spaltbarkeit:* keine. Durchsichtig bis durchscheinend. *Härte:* 5–6. *Dichte:* 2

Chemische Eigenschaften: Mikrokugeln aus wasserhaltiger Kieselsäure

98 RUTIL

Zwilling, 20 mm, Cerrado Frio, Minas Gerais, Brasilien

Vorkommen: Außergewöhnliche Kristalle stammen aus Graves Mountains, Lincoln County, Georgia, USA. Perfekte, stark glänzende, zuweilen herrlich verzwillingte und bis zu 400 mm große Kristalle mit wenigen Flächen kommen zusammen mit Lazulith und Pyrophyllit in einem Quarzit vor. Sehr schöne, sehr klare und glänzende Kristalle (bis zu 30 mm Länge) sind unter den gleichen Bedingungen in der Grube Champion nahe Laws, Inyo County, Kalifornien zu finden. Aus Brasilien, Minas Gerais, Cerrado Frio stammen herrliche, durch Mehrfachkniezwillinge zyklische Zwillinge (bis zu 100 mm). Schöne Kristalle sind auch aus Kragerø, Norwegen bekannt. Aus alpinen Klüften kommen wunderschöne kleinere (zentimetergroße) aber perfekte und hoch glänzende Kristalle. Die schönsten Exemplare aus diesen Vorkommen stammen aus Pfitschtal, Italien, aus der Lercheltini Alp, Binnental, Wallis, Schweiz (Zwillinge) und aus der Cavradischlucht, Schweiz (auf Hämatit aufgewachsene Kristalle). In alpinen Klüften ist Sagenit häufig. Schließlich sei noch hingewiesen auf die sehr feinen, oft gelben, in Bergkristall eingeschlossenen Rutilnadeln, die so genannten „Venushaare".

Lagerstätten: Ein primäres Mineral aus hoch temperierten Lagerstätten, zu finden in einigen metamorphen Gesteinen (Quarzite, Kalkglimmerschiefer) in Pegmatiten und in alpinen Klüften

Bestimmung: Habitus und Glanz sind meist charakteristisch.

Chemische Formel: TiO_2

Kristallsystem: tetragonal

Etymologie: vom lateinischen *rutilus:* rot

Habitus: längliche bis nadelige [001] oder prismatische Kristalle mit prismatischen, häufig gerillten Prismenflächen [001]. Netzförmige Gruppierungen (Sagenit). Häufig Zwilling nach (011)

Physikalische Eigenschaften: *Glanz:* Metallglanz bis Diamantglanz. *Farbe:* rötlich braun, zuweilen gelblich, Violett oder Schwarz. Splitter durchsichtig. *Bruch:* muschelig. Spröde. *Spaltbarkeit:* gut (110) *Härte:* 6–6,5. *Dichte:* 4,2–4,4

Chemische Eigenschaften: anatas- und brookitpolymorph

Kristall, 70 mm, La Villeder, Morbihan, Frankreich

Vorkommen: Dieses Zinnerz wird bereits seit vorgeschichtlichen Zeiten in Cornwall, England abgebaut. Gut ausgebildete Kristalle aus dieser Gegend sind relativ selten. Zu nennen sind ferner die Vorkommen in Dolcoath, Camborne, in Huel Maudin, Callington und in Huel Coates, nahe Saint Agnes. Wunderschöne Kristalle, die schönsten bekannten, sind auf Zinnwaldit aufgewachsen und stammen aus Horni-Slavkov (früher: Schlaggenwald), Tschechien. Sie bilden komplexe Pseudooktaeder oder Zwillinge in der Form des so genannten Visiergraupe, schwarz leuchtend, bis 100 mm. Cassiterit kommt verstärkt vor in allen Pegmatiten der Minas Gerais, Brasilien und bildet große oktaedrische verzwillingte Kristalle, bis zu 150 mm groß, wie in Virgem da Lapa und Fazenda do Funil. Reiche Vorkommen an herrlichen, gelb-braunen, bis 30 mm großen Edelkristallen gibt es ebenfalls im bolivianischen Zinnrevier in Viloco, Huanini. Erwähnt sei noch Panasqueira, Portugal wegen seiner schönen glänzenden, bis zu 30 mm großen Kristalle mit Cookeit und Wolframit. In Frankreich wurden die schönsten Kristalle in der Bretagne, in La Villeder, Morbihan gefunden. Sie erreichen eine Größe von 60 mm x 90 mm.

Lagerstätten: Cassiterit ist ein primäres Mineral und kommt in Pegmatiten, Greisen, in einigen hoch temperierten hydrothermalen Gängen sowie in Seifen vor.

Bestimmung: Habitus (Visiergraupe) und Verzinnungstest sind charakteristisch.

Chemische Formel: SnO_2

Kristallsystem: tetragonal

Etymologie: vom griechischen *kassiteros:* Zinn

Habitus: kurze prismatische [001] Kristalle, zuweilen sehr gestreckt. Mehr oder weniger abgeflachte Bipyramiden. Sehr oft Zwillinge mit zurückspringendem Winkel (Zinnschnabel). Traubenförmige, radialfasrige Aggregate (Holzzinn)

Physikalische Eigenschaften: Diamantglanz. *Farbe:* Rötlich-braun bis Braun-schwarz. *Bruch:* uneben bis muschelig. Spröde. *Spaltbarkeit:* nach (100) schlecht. *Härte:* 6–7. *Dichte:* 7

Chemische Eigenschaften: in Anwesenheit von Salzsäure auf einer Zinkplatte bildet es einen glänzenden Zinnüberzug.

100 PYROLUSIT

Kristalle, 15 mm, Platten, Böhmen, Tschechien

Synonym: Weichmanganerz, Braunstein
Vorkommen: Pyrolusit ist das häufigste Manganmineral. Schöne Stücke sind jedoch selten. Die schönsten stammen aus Platten, Böhmen, Tschechien und bestehen aus sehr deutlich ausgeprägten zentimetergroßen Kristallen. Kleinere dekorative Kristalle sind in den Hohlräumen von massivem Pyrolusit in Cartersville, Bartow County, Georgia, ferner in der Grube Maroco, Irontown, Crow Wing County, Minnesota, USA sowie in der Nähe von Belem, Brasilien bekannt. Mit Ausnahme dieser wenigen Vorkommen sind die meisten Kristalle Manganit-Pseudomorphe. Tatsächlich ist Pyrolusit das stabilste Manganoxid an der Erdoberfläche. Zahlreiche Manganerze verwandeln sich daher in Pyrolusit. Solche Pseudomorphen in guter Qualität sind bekannt aus der berühmten Lagerstätte Ilfeld, Harz in Form von dezimetergroßen Kristallen, ferner aus Ilmenau, Thüringen sowie aus Gremmelsbach, Schwarzwald und aus Negaunee, Michigan, USA. In Frankreich gibt es Manganit-Pseudomorphe in Form von zentimetergroßen gerillten Kristallen in Las Costes bei Alban-le-Fraysse, Tarn. Zu nennen sind ebenfalls Rancié und Fillols, Pyrénées-Orientales, sowie Las Cabesses, Ariège.
Lagerstätten: Es handelt sich um ein gelegentlich primäres, meistens jedoch sekundäres Mineral manganführender Lagerstätten.
Bestimmung: Die Bestimmung des Minerals ist schwierig.

Chemische Formel: MnO_2
Kristallsystem: tetragonal
Etymologie: vom griechischen *pyr, pyros:* Feuer, und *lysios:* der, der wäscht
Habitus: selten Kristalle (Polyanit), langprismatisch [001] oder pseudokubisch mit gerillten Flächen. Kommt meistens als Manganitpseudomorphe vor. Faserig, kompakt und nierenförmig. Dendritisch. Erdig

Physikalische Eigenschaften: *Glanz:* metallisch. *Farbe:* Stahlgrau. *Staub:* schwarz. *Bruch:* uneben. Spröde. *Spaltbarkeit:* vollkommen (110). *Härte:* 6–6,5. *Dichte:* 5,1.
Chemische Eigenschaften: löslich in Salzsäure unter Bildung von Chlor

Kugeln (Durchmesser 15 mm). Romanèche, Saône-et-Loire, Frankreich

Vorkommen: Romanechit ist ein Manganoxid mit klar definierter Struktur im Gegensatz zu Psilomelan, einer allgemeinen Bezeichnung für harte Manganoxide, die in ihrer massiven Form nicht definiert sind. Der Ausdruck „WAD" fasst die nicht definierten, hydrierten Manganoxide zusammen, die erdige Massen mit geringer Dichte bilden, welche die Finger beim Anfassen beschmutzen. Bevor Psilomelan seine aktuelle Definition erhielt, beschrieb man ihn als eine definierte Art, die mit Romanechit identisch ist. Entdeckt wurde er ursprünglich in Schneeberg, Sachsen. Sehr schönes Romanechit, das traubenförmige Aggregate mit radialfasriger Struktur bildet, wurde reichlich im „Petit Filon" („Kleiner Gang") in Romanèche, Saône-et-Loire, Frankreich entdeckt. Diese Exemplare sind zum Teil mit sehr schönen Kalkspat-, Flussspat-, Schwerspat- und Goethitkristallen assoziiert. Psilomelan kommt reichlich vor im manganführenden Revier von Elgesburg, Öhrenstock, Thüringen, ferner in den Lagerstätten von Ciaturi (Tschuta), Georgien und Nikopol, Ukraine, außerdem in Skidberg, Leksandtal, Schweden, sowie auch in Lead Geo, Holy Head, Horney-Inseln, Schottland, Großbritannien.

Lagerstätten: Es handelt sich um ein sekundäres Mineral der Oxidationszone manganhaltiger Lagerstätten, die Mangankarbonate und -silikate enthalten.

Bestimmung: Die Bestimmung von Romanechit ist schwierig. Der Begriff Psilomelan wird auch oft (fälschlicherweise) für Romanechit verwendet.

Chemische Formel: $BaMn^{2+}Mn^{4+}_8O_{16}(OH)_4$

Kristallsystem: orthorhombisch

Etymologie: nach der Lokalität Romanèche, Saône-et-Loire, Frankreich

Habitus: nur kompakt, traubenförmig

Physikalische Eigenschaften: *Glanz:* halbmetallisch bis matt. *Farbe:* Eisenschwarz. *Strich:* braunschwarz. *Spaltbarkeit:* keine. *Härte:* 5–6. *Dichte:* 4,7

Chemische Eigenschaften: löslich in Salzsäure unter Bildung von Chlor. Romanechit gehört zur Psilomelan-Familie, die auch Hollandit und Coronadite umfasst.

102 ANATAS

Kristall, 5 mm. Lercheltini Alp, Wallis, Schweiz

Synonym: Braunit

Vorkommen: Von der Lercheltini Alp, Binnental im Wallis, Schweiz stammen die größten alpinen Kristalle. Farbe und Habitus sind ungewöhnlich: prismatisch oder tafelig, gelb-braun und gelegentlich edelsteinartig. Im Ausnahmefall sind sie bis zu 50 mm groß. Von den Kristallen mit spitzem oktaedrischem Habitus stammen die schönsten, die bis zu 25 mm groß sind, aus Crapteig, Thusis in der Schweiz. Die größten Kristalle überhaupt kommen aus Tapira, Minas Gerais, Brasilien. Sie sind (kanten-)gerundet (alluvial) und messen über 50 mm. In Brasilien wurden vor kurzem auch große Kristalle des „alpinen“ Typs in Minas Novas entdeckt, die spitz oktaedrisch und schwarz sind (maximal 30 mm groß). Sehr spektakuläre Exemplare auf Quarz, die Tausende von spitzen schwarzen oktaedrischen Kristallen aufweisen und bis zu 10 mm groß sind, wurden in Hardan Gervidda, Hordaland, Norwegen, gefunden. Zu nennen sind außerdem noch die klassischen alpinen Vorkommen von Val Blama und Val Nalps, Tavetsch, Schweiz. In Frankreich gibt es große Vorkommen an schwarzen oktaedrischen Anataskristallen (bis zu 12 mm groß) in Plan du Lac bei Saint-Christophe-en-Oisans, Isère. Schöne braun-schwarze Kristalle (maximal 20 mm stark) in Form von sehr polysynthetischen spitzen Oktaedern kommen vor am Col de la Madeleine, Lauzière-Massiv im Département Savoie.

Lagerstätten: Man findet Anatas vor allem in alpinen Klüften.

Bestimmung: Oktaedrische Kristalle lassen sich auf Anhieb bestimmen.

Chemische Formel: TiO_2

Kristallsystem: tetragonal

Etymologie: vom griechischen *ana:* gestreckt, wegen der verlängert oktaedrischen Kristalle

Habitus: spitz oktaedrisch, zuweilen mehr oder weniger wuchtig. Tafelige Kristalle (001). Selten prismatische Kristalle [001]

Physikalische Eigenschaften: *Glanz:* diamantartig. *Farbe:* unterschiedlich, Braun bis Gelb, Dunkelblau bis Schwarz. Durchscheinend bis durchsichtig. *Bruch:* muschelig-uneben. Spröde. *Spaltbarkeit:* (001), (011), vollkommen. *Härte:* 5,5–6. *Dichte:* 3,9–4

Chemische Eigenschaften: gehört zur polymorphen Rutilreihe

Kristall, 25 mm, auf Quarz. Finhaut, Salvan, Wallis, Schweiz

Vorkommen: Die schönsten Exemplare stammen vor allem aus alpinen Klüften: aus Österreich, Vordere Eichamspitze, wo sehr große Kristalle (maximal 70 mm) gefunden wurden, ferner von der Mullwitzer Dorferalpe sowie aus der Nähe der Johannishütte, Prägarten, im Osten Tirols; aus der Schweiz aus Finhaut, woher wahrscheinlich die schönsten bekannten Exemplare, dicke Kristalle auf Ganggestein, stammen, die bis zu 40 mm groß sind, sowie aus den benachbarten Lagerstätten von Tête-Noire, wo es zentimetergroße Kristalle in großer Menge gibt. Zu nennen sind weiterhin die klassischen Lagerstätten von Riedertobel bei Amsteg wegen der dort vorkommenden Anordnungen zentimetergroßer Kristalle auf Quarz, ferner die von Griessertal, Manderan, von Pic Ault, Vals, sowie die Vorkommen von Crapteig bei Thusis. In Frankreich stammen sehr schöne Kristalle aus Plan du Lac, Saint-Christophe-en-Oisans. Sie sind selten und werden bis zu 50 mm groß. Kleinere Kristalle sind aus La Meije, Hautes-Alpes bekannt. Herrliche, sehr feine Kristalle, die über 30 mm groß sind, wurden in der Aiguille des Glaciers (Gletscherspitze) im Süden des Mont-Blanc-Massivs gefunden. Zu erwähnen sind schließlich die eigenartigen Kristalle der Arkansit-Varietät, die aus Magnet Cove, Arkansas, USA stammen.

Lagerstätten: Man findet schöne Kristalle von Brookit vor allem in Lagerstätten der alpinen Klüfte.

Bestimmung: Aufgrund des Habitus in Form von gerillten, durchscheinenden Blättchen mit zonigen Farbvariationen von Braun bis Schwarz sowie wegen der Verwachsung mit Quarz oder Adular lässt sich Brookit auf Anhieb bestimmen.

Chemische Formel: TiO_2

Kristallsystem: orthorhombisch

Etymologie: benannt nach H. J. Brooke (1771–1857), englischer Mineraloge

Habitus: tafelige Kristalle (001), länglich und gerillt [001]. Selten prismatische [001] oder pseudohexagonale Kristalle

Physikalische Eigenschaften: *Glanz:* metallisch diamantartig. *Farbe:* Gelb bis Braun, sowie Rot bis Schwarz. Durchsichtig. *Bruch:* uneben. Spröde. *Spaltbarkeit:* (120), wenig deutlich. *Härte:* 5,5–6. *Dichte:* 4,1

Chemische Eigenschaften: Rutilpolymorph. Wird von Säuren nicht angegriffen

104 WOLFRAMIT(-REIHE)

Kristall, 10 mm auf Quarz (Hübnerit), Pasto Bueno, Peru

Vorkommen: Die Wolframitminerale sind wichtig für die Wolframgewinnung. Welches sich bildet, hängt von der Temperatur ab. So bildet sich Hübnerit bei höherer Temperatur als Ferberit. Die schönsten Hübneritstücke finden sich in großer Menge in der Grube Huallapon, Pasto Bueno, und in Mondo Nuevo, Peru. Es handelt sich um tafelige, längliche Kristalle (durchscheinend, dunkelrot), die bis zu 150 mm groß und auf großen Quarzprismen angeordnet sind. Wolframit ist das am häufigsten vorkommende Mineral der Reihe. Die schönsten Exemplare stammen aus der Grube Siglo XX, Llallagua, Bolivien, wo sie dezimetergroße tafelige Kristalle mit zwei Abschlüssen auf Quarz bilden. Im Revier Cinovec-Zinnwald, Teplice, Tschechien finden sich große tafelige Kristalle, die bis zu 200 mm groß sind. Wunderschöne Ferberitkristalle (bis zu 200 mm) mit Arsenopyrit und Apatit wurden in Panasqueira, Portugal gefunden. Sehr schönes Ferberit stammt aus Kurasawa, Japan. In Frankreich wurden dezimetergroße Blätter in Puy-les-Vignes, Haute-Vienne gefunden.

Lagerstätten: Es handelt sich um ein primäres Mineral hochtemperierter hydrothermaler Lagerstätten, pneumatolytischer Lagerstätten sowie von Pegmatiten.

Bestimmung: Die hervorragende Spaltbarkeit in Blätter und vor allem der braune Strich sind charakteristisch.

Chemische Formel: (Fe, Mn)WO_4

Kristallsystem: monoklin

Etymologie: Erz des Wolfram

Habitus: prismatische Kristalle [001] (Hübnerit, Wolframit) oder [010] (Ferberit), abgeflacht bis tafelig (100)

Physikalische Eigenschaften: *Glanz:* halbmetallisch. *Farbe:* Braun-schwarz bis Schwarz, Rötlich-braun. Durchscheinend bis opak. *Bruch:* unbestimmt. *Spaltbarkeit:* vollkommen (010). *Härte:* 4–4,5. *Dichte:* 7,1–7,5. *Strich:* braun

Chemische Eigenschaften: Wolframit gehört in die Reihe Hübnerit [$MnWO_4$] – Ferberit [$FeWO_4$]. Diese Minerale werden von Säuren nicht angegriffen.

Kristall, 40 mm. Steinbruch von Lhermont, Chanteloube, Haute-Vienne, Frankreich

Vorkommen: Columbit und Tantalit sind die häufigsten Niobtantalate in Granit-Pegmatiten. Diese Minerale können Kristalle von bemerkenswerter Größe bilden, wie zum Beispiel einen 76 cm x 61 cm großen Einkristall, der 15,4 kg wiegt, sowie die Anordnung von subparallelen Kristallen mit einem Gewicht von 1 t, die aus der Grube Bob Ingersoil, Black Hills, South Dakota, USA stammen. Zu nennen sind außerdem die Kristalle der Pegmatite von Etta und Peerless im District Pennington. Schöne Kristalle kommen aus Middletown, Connecticut und aus Greenwood, Maine, USA. Die schönsten Kristalle wurden in Pegmatiten der Minas Gerais in Brasilien gefunden, insbesondere in den Staaten Ceará und Paraiba. Sie sind perfekt ausgebildet und können eine Länge von bis zu 150 mm erreichen. Anzuführen sind weiterhin die sehr schönen Exemplare, die aus verschiedenen Lokalitäten in Madagaskar stammen: Ambatofotsikely, Ampangabe usw., sowie die aus dem Revier Alto Ligonha in Mosambik. In Frankreich gibt es reiche Vorkommen in Pegmatiten der Region Chanteloube bei Limoges, Haute-Vienne.

Lagerstätten: Columbit und Tantalit findet man in Granit-Pegmatiten, insbesondere in der albitischen Phase, sowie in Seifen.

Bestimmung: Die Bestimmung ist schwierig. Columbit kann mit anderen schwarzen Oxiden verwechselt werden.

Chemische Formel: $(Fe,Mn)(Nb,Ta)_2O_6$; $(Fe,Mn)(Ta,Nb)_2O_6$

Kristallsystem: orthorhombisch

Etymologie: Sammelname für die schwarzen Minerale der Mischkristallreihe Niobit

Habitus: kurzprismaltische [001] oder isometrische Kristalle. Rechteckige bis tafelige (010) Prismen. Anordnungen subparalleler Kristalle. Klumpen. Häufig Zwilling nach (201)

Physikalische Eigenschaften: *Glanz:* metallisch diamantartig *Farbe:* Eisenschwarz mit innerer roter Reflexion. Schimmernd anlaufend. *Bruch:* muschelig-uneben. Spröde. *Spaltbarkeit:* gut (010). *Härte:* 6–6,5. *Dichte:* 5,2 (Kolumbit); 7,9 (Tantalit)

Chemische Eigenschaften: unschmelzbar, unlöslich

106 URANINIT

Zentimetergroße Pechblende-Sphärolithe. Morbihan, Frankreich

Synonyme: Uranpecherz, Pechblende
Vorkommen: Außergewöhnliche Anordnungen zentimetergroßer kubischer Kristalle (maximal 40 mm groß), häufig weitgehend alteriert in eine Vielzahl sekundärer Uranminerale, wurden etwa im Jahr 1930 in der berühmten Lagerstätte Shinkolobwe, Likasi, Shaba, Kongo gefunden. Enorme kubooktaedrische Kristalle, wahrscheinlich die größten bekannten (mit 200 mm Kantenlänge und 40 kg schwer), wurden aus Fuenteovejuna und Homacuelos, Córdoba, Spanien gemeldet. Sehr schön ausgebildete Kubo-Oktaeder (bis zu 70 mm groß), einzeln in Kalkspat vorkommend, wurden in großer Zahl in Wilberforce, Renfrew County, Ontario, Kanada gefunden. Die Pechblende kam reichlich im Erzgebirge in Deutschland vor. Anzuführen ist auch das klassische Vorkommen von Jachymov, Böhmen, Tschechien. Uranothorianit ist aus Madagaskar bekannt, insbesondere aus Andramondambo, Morafeno, sowie aus Betanimena, wo es reiche Vorkommen an sehr schönen Würfeln gibt, die im Ausnahmefall eine 10 cm große Kantenlänge erreichen. In Frankreich wurden wenige millimetergroße Uraninitkristalle in den Gruben von Château Lambert in den Vogesen gefunden. Zu nennen ist schließlich noch die Pechblende in Chaméane, Puy-de-Dôme und in Bauzot, Saône-et-Loire.
Lagerstätten: Man findet ihn in Pegmatiten und hydrothermalen hoch- bis mitteltemperierten Lagerstätten.
Bestimmung: Die starke Radioaktivität ist das bestimmende Merkmal.

Chemische Formel: UO_2
Kristallsystem: kubisch
Etymologie: nach seiner Zusammensetzung
Habitus: kubisch verzerrte Kristalle (Uraninit). Dendriten kleiner Kristalle. Pechblende bezeichnet eine kryptokristalline Uraninitvarietät in kollomorphen Klumpen.

Physikalische Eigenschaften: *Glanz:* halbmetallisch. *Farbe:* Schwarz, Braun-schwarz. *Bruch:* uneben. *Spaltbarkeit:* keine. Spröde. *Härte:* 5–6. *Dichte:* 10–11. Stark radioaktiv
Chemische Eigenschaften: bildet eine ununterbrochene Mischungsreihe mit Thorianit [ThO_2], dazwischen Uranothorianit [$(U,Th)O_2$]

Kristalle, 50 mm. Menderes-Massiv, Türkei

Vorkommen: Diaspor ist – zusammen mit anderen Aluminiumhydroxiden wie Boehmit [AlO(OH)] und Gibbsit [$Al(OH)_3$] – einer der Hauptbestandteile von Bauxit, dem wichtigsten Aluminiummineral. Kristalle sind sehr selten. In allerjüngster Zeit wurden reiche Vorkommen an unglaublichen, bis zu 200 mm großen Kristallen in der Lagerstätte des Menderes-Massivs in der Türkei gefunden. In der Regel sind es Einzelkristalle mit großen Edelsteinanteilen von grauer bis ins grünlich-violette spielender Farbe, und sie haben nur sehr selten ausgeprägte Abschlüsse. In den USA besitzt das klassische Vorkommen der Gruben Emery in Chester, Hampton County, Massachusetts viele zentimetergroße braun-violette Kristalle. In Europa wurden kleinere violette Kristalle im Langesunfjord in Norwegen gefunden. In Ungarn gibt es im Ort Dilln bei Schemnitz schöne Kristalle. Schließlich kommen auch einige wenige zentimetergroße Diasporkristalle im zuckerkörnigen Dolomit von Campolungo im Tessin, Schweiz vor. Ebenfalls anzuführen sind die großen violetten, manganhaltigen Diasporblätter aus Postmasburg, Südafrika.

Lagerstätten: Man findet Diaspor in hydrothermalem oder metamorphem aluminiumführendem Gestein.

Bestimmung: Die Bestimmung ist schwierig. Mit blättchenförmigem Habitus kann Diaspor mit dem weniger harten Axinit verwechselt werden.

Chemische Formel: AlO(OH)

Kristallsystem: orthorhombisch

Etymologie: vom griechischen *diaspor:* Dispersion, aufgrund der Fragmentierung beim Erwärmen

Habitus: flache Kristalle (010), gestreckt nach [001] und gerillt. Blättrig. Disseminierte Körner

Physikalische Eigenschaften: *Glanz:* glasig, auf den Spaltflächen perlmuttartig. *Farbe:* Weiß bis gräulich, zuweilen grünlich Grau bis Violett. *Bruch:* muschelig. Stark brüchig. *Spaltbarkeit:* vollkommen (010). *Härte:* 6,5–7. *Dichte:* 3,3–3,5

Chemische Eigenschaften: wird von Säuren nicht angegriffen. Böhmit-dimorph (orthorhombisch)

108 GOETHIT

Kristalle, 30 mm. Pikes Peak, Colorado, USA

Synonym: Nadeleisenerz

Vorkommen: Die schönsten Stücke in Form von dicken prismatischen Kristallen, bis zu 40 mm x 10 mm groß, auf Quarz und Psilomelan wurden gefunden in der Grube Restomel, Lostwithiel, Großbritannien. Herrliche Krusten zentimetergroßer, tafeliger, stark glänzender Kristalle auf Quarz sind auch aus der Grube Bottalack, Cornwall, Großbritannien bekannt. Blättchenförmige Einzelkristalle (bis zu 50 mm groß) in Form von strohbündelförmigen Aggregaten wurden in Pikes Peak, Colorado, USA gefunden. Seit einigen Jahren bringt die Baryt- und Flussspat-Lagerstätte von Chaillac, Indre, Frankreich sehr schöne strahlenförmige Büschel zentimetergroßer, blättchenförmiger, glänzender Kristalle hervor, die gelegentlich eine Größe von 50 mm x 2 mm erreichen. Schöne sphärische Gruppen (mit einem Durchmesser von bis zu 200 mm) nadelförmiger Kristalle sind in den Amethystgeoden des Col de Tichka, Marokko, sowie in denen von Sierra Gallego, Chihuahua, Mexiko (Kokosnüsse) bekannt. Schöne Exemplare von samtartigem Goethit stammen aus Przibram, Böhmen, Tschechien, sowie auch aus Kaymar, Aveyron, Frankreich. Im körnigen Habitus kommt Goethit häufig vor, insbesondere in Rancié, Ariège und in Alban-le-Fraysse, Tarn, Frankreich.

Lagerstätten: Man findet Goethit in bestimmten niedrigtemperierten Gängen sowie in den Oxidationszonen metallhaltiger Lagerstätten.

Bestimmung: Die Bestimmung ist schwierig. Es gibt zahlreiche Eisenoxide.

Chemische Formel: α-FeOOH

Kristallsystem: orthorhombisch

Etymologie: benannt nach J. W. Goethe, deutscher Dichter und Philosoph

Habitus: prismatische und nach [010] gerillte Kristalle, mehr oder weniger blättrig. Nierenförmig. Hügelige Überzüge mit samtiger Oberfläche

Physikalische Eigenschaften: *Glanz:* halbmetallisch. *Farbe:* Braun-schwarz bis Schwarz. Durchscheinend und von dunkelroter Farbe in feinen Lamellen. *Bruch:* uneben. *Spaltbarkeit:* vollkommen (010). *Härte:* 5–5,5. *Dichte:* 3

Chemische Eigenschaften: löslich in Salzsäure

Kristall, 15 mm. Ilfeld, Deutschland

Vorkommen: Manganit wurde in herrlichen Exemplaren vor allem in Ilfeld, Harz gefunden. Die Stücke bestehen aus gerillten prismatischen Kristallen, häufig mit ebenen Abschlüssen, in straußförmigen Gruppen. Einige Kristalle waren äußerst groß (maximal 100 mm), für gewöhnlich messen sie über 50 mm. Die begehrtesten Exemplare sind Verwachsungen von Manganit auf Kalkspat oder Baryt. Manganit wurde in der Jackson Mine in Negaunee, Michigan, USA in Form von großen, schön ausgebildeten, gerillten Kristallen gefunden, die weniger perfekte Anordnungen als die Kristalle in Ilfeld bilden. In Frankreich wurden kleine prismatische Kristalle (bis zu 5 mm groß) in der Grube Nabias in Aderville, Vallée de Louron, Hautes-Pyrénées, gefunden. Die Lagerstätte von Haut-Poirot bei Gérardmer in den Vogesen ist reich an Stücken auf Baryt, die viele kleine nadelförmige Kristalle enthalten und bis zu 10 mm groß sind. Kürzlich wurden sehr schöne glänzende, zentimetergroße Kristalle in Atikoken, Ontario, Kanada gefunden.

Lagerstätten: Es handelt sich um ein primäres Mineral bestimmter niedrigtemperierter hydrothermaler Gänge. Gelegentlich ist Manganit sekundär.

Bestimmung: Die Kristallform ermöglicht die Unterscheidung zwischen Manganit und verwandten Arten. In massiver Form ist die Bestimmung von Manganit häufig schwierig.

Chemische Formel: gamma MnO(OH)

Kristallsystem: monoklin

Etymologie: nach seiner Zusammensetzung

Habitus: glänzende prismatische gestreckte [001] oder kurze Kristalle, gerillt oder geritzt [001], normalerweise von einer ebenen Fläche abgeschlossen, seltener von einer Pyramide. Knie- oder Kreuzzwillinge. Fasrig. Körnig

Physikalische Eigenschaften: *Glanz:* halbmetallisch. *Farbe:* Grauschwarz bis Eisenschwarz. *Bruch:* uneben. Spröde. *Spaltbarkeit:* ausgezeichnet [010]. *Härte:* 4. *Dichte:* 4,3

Chemische Eigenschaften: löslich in HCl unter Bildung von Chlor

110 MAGNESIT

Kristall, 15 mm. Brumado, Bahia, Brasilien

Synonym: Bitterspat

Vorkommen: Magnesit bildet nur selten einzelne Kristalle aus. Die schönsten Exemplare stammen aus dem Revier Brumado, Bahia, Brasilien, vor allem aus der Lagerstätte Piraja. Es handelt sich um durchsichtige, farblose bis gelbliche Rhomboeder, die eine Kantenlänge von bis zu 300 mm erreichen. In demselben Revier wurden in Pedra Preta auch kleinere, mit Quarz und Topas verwachsene Kristalle gefunden. In Form großer weißgräulicher Kristalle mit Edelsteinanteilen wurde er in Oberdorf an der Laming, Steiermark, Österreich entdeckt; ferner in Form von in Schiefer eingeschlossenen zentimetergroßen braunen Rhomboedern im Pfitschtal und am Greiner, Tirol, Österreich, und in Gestalt schöner Kristalle mit einer Größe bis zu 15 mm im Val Malenco in Italien. In Frankreich stammten früher schöne Kristalle aus der Grube Saint-Pandelon, Landes. Mesitin[(Mg, Fe)CO_3] bildet schöne, linsenförmige, cremefarbene Kristalle in La Mure, Isère.

Lagerstätten: Magnesit kann auf verschiedene Weise entstehen: durch die Alteration magnesiumhaltiger Gesteine mit kohlensäurehaltigem Wasser, durch die Metamorphose und vor allem durch die Metasomatose von Kalk in Kontakt mit Dolomit.

Bestimmung: Magnesit kann mit Kalkspat und Dolomit verwechselt werden, die in kalter HCl mehr oder weniger aufschäumen.

Chemische Formel: $MgCO_3$

Kristallsystem: rhomboedrisch

Etymologie: vom griechischen *magnes:* Magnesiastein

Habitus: Rhomboeder mit entwickelter Fläche $(10\bar{1}1)$. Kompakt bis körnig

Physikalische Eigenschaften: *Glanz:* glasig. *Farbe:* farblos, Weiß, Gelb bis Braun. Durchscheinend bis durchsichtig. *Bruch:* muschelig. Spröde. *Spaltbarkeit:* vollkommen $(10\bar{1})$. *Härte:* 3,7–4,2. *Dichte:* 3,0

Chemische Eigenschaften: leicht löslich in HCl, schäumend. Bildet eine Mischungsreihe mit Siderit, dazwischen Mesitin [(Mg, Fe)CO_3]

Kristalle, 8 mm. Chessy, Rhône, Frankreich

Synonym: Smithsonit

Vorkommen: Gute, einzeln ausgebildete Kristalle kommen nicht sehr häufig vor und weisen oft matte, abgerundete Flächen auf. Die schönsten Stücke, bis zu 100 mm groß, stammen aus Abenab und Tsumeb in Namibia. Von den sehr unterschiedlichen Farben des aus dieser Lagerstätte stammenden Zinkspats sind Grün und Rosa am auffälligsten. Am bekanntesten sind zweifellos die rosafarbigen Exemplare, die ihre Farbe dem Kobalt verdanken. Zu nennen sind auch die sehr schönen grünblauen Kristalle, die in Broken Hill, New South Wales, Australien gefunden wurden, sowie die sehr großen gelblichen Kristalle aus Broken Hill, Sambia. Zu erwähnen sind weiterhin die zentimetergroßen, stark glänzenden, apfelgrünen Rhomboeder der „Mine Bleu" in Chessy, Rhône, Frankreich, die auch im letzten Jahrhundert noch ausgebeutet wurde. Massiv findet sich Zinkspat in großer Zahl mit sehr schönen traubenförmigen Exemplaren in blaugrüner Farbe in der Grube Kelly bei Magdalena, Socorro County, New Mexico. In Cerro Gordo, Inyo County, Kalifornien, USA findet man ihn in Form von blassgrünen Krusten und in Laurion im Südosten Athens, Griechenland kommt er in verschiedenen Blau- und Grüntönen vor.

Lagerstätten: Es handelt sich um ein meist sekundäres Mineral der Oxidationszone zinkführender Lagerstätten.

Bestimmung: Aufgrund des Aufschäumens in warmer HCl kann festgestellt werden, dass es sich um ein Karbonat handelt. Zinkspat ist das Karbonat mit der höchsten Härte und Dichte.

Chemische Formel: $ZnCO_3$

Kristallsystem: rhomboedrisch

Etymologie: Smithson nach James Smithson

Habitus: selten in dekorativen Kristallen, meist rhomboedrisch, zuweilen skalenoedrisch. Kompakt traubenförmig

Physikalische Eigenschaften: *Glanz:* glasig. *Farbe:* unterschiedlich, oft weißgräunlich, bräunlich bis grünlich, seltener Apfelgrün, Blau, Gelb, Rosa. *Bruch:* uneben. Spröde. Durchscheinend. *Spaltbarkeit:* rhomboedrisch $(10\bar{1}1)$. *Härte:* 4–4,5. *Dichte:* 4–4,4

Chemische Eigenschaften: löslich unter Aufschäumen in warmer Salzsäure

112 SIDERIT

Kristalle, 60 mm, mit Quarz. La Taillat, Isère, Frankreich

Synonym: Eisenspat
Vorkommen: Als Eisenerz ist Siderit von zweitrangiger Bedeutung. Außergewöhnliche gelb-braune, durchsichtige Rhomboeder, über 75 mm groß und bedeckt von Bergkristallen des Habitus „dauphiné", gehören zu den am besten bekannten Exemplaren und stammen aus der Grube La Taillat, Saint-Pierre-d'Allevard und aus den Gruben La Mure, Isère, Frankreich. Glänzende rhomboedrische Kristalle bis zu 25 mm, verwachsen mit Bleiglanz und Quarz, wurden in Erzberg, Steiermark und Hüttenberg, Kärnten, Österreich und in Neudorf, Harz entdeckt. Für attraktive Kristalle sind die klassischen Vorkommen Redruth, Saint Austell, u. a., Cornwall, England, sowie Brosso und Traversella, Piemont, Italien bekannt, außerdem gibt es in Panasqueira, Portugal linsenförmige Kristalle und bis zu 100 mm große Rhomboeder. Herrliche tafelige, linsenförmige Einzelkristalle findet man in der Goldgrube Morro Velho, Minas Gerais, Brasilien. Sie sind durchsichtig, gelbbraun, bis zu 25 mm groß und auf Quarz aufgewachsen.
Lagerstätten: Siderit ist ein primäres Mineral, das hauptsächlich in hydrothermalen Vorkommen und in Sedimenten anzutreffen ist.
Bestimmung: Aufschäumen und braune Farbe sind für das Erkennen von Siderit am wichtigsten.

Chemische Formel: $FeCO_3$
Kristallsystem: rhomboedrisch
Etymologie: vom griechischen *sideros:* Eisen
Habitus: mehr oder weniger modifizierte Rhomboeder mit zuweilen gekrümmten Flächen, aber auch tafelige (0001) oder prismatische [0001] Kristalle

Physikalische Eigenschaften: *Glanz:* glasig. *Farbe:* Gelbbraun, Blassgrün; oxidiert und läuft dabei braun an, zuweilen schimmernd. Durchsichtig bis durchscheinend. *Bruch:* unbestimmt bis muschelig. *Spaltbarkeit:* vollkommen nach ($10\bar{1}1$). *Härte:* 3,5–4. *Dichte:* 3,8–3,9
Chemische Eigenschaften: unter Aufschäumen in heißer HCl löslich

Kugel, 40 mm, auf Manganit. Hotazel, Südafrika

Synonyme: Rhodochrosit, Himbeerspat
Vorkommen: Aufgrund seiner wunderschönen Farbe ist Rhodochrosit eines der attraktivsten Karbonate. Es gibt wenig Lokalitäten, die schöne Kristalle liefern. Für den rhomboedrischen Habitus sind Exemplare aus der Grube Huallapon, Pasto Bueno, Peru zu nennen, die aus zentimetergroßen Kristallen (höchstens 160 mm) bestehen, mit stark glänzenden Flächen und mit einer rosa bis roten Farbe. Aus Colorado, USA, Grube Home Sweet Home, Alma kommen Kristalle mit einer außergewöhnlichen roten Farbe, die bis zu 120 mm groß sind. Auch die American Tunnel Grube, Sunnyside, bei Gladstone, San Juan County, liefert sehr viele zentimetergroße Kristalle. Die schönsten Kristalle mit skalenoedrischem Habitus sind Schmucksteine von einer feuerroten Farbe, sie erreichen 70 mm Größe und kommen in N'Chwaning, nahe Kuruman vor. Rhodochrosit bildet dort auch kugelige Aggregate mit punktförmigen Kristallen auf Manganit. Die gleichen Kristalle, jedoch noch kleiner, sind aus Hotazel, Südafrika, bekannt. Zu nennen sind noch die zentimetergroßen, stark roten, höchstens 50 mm großen Kristalle auf Sulfid in Aquiles Serdan (früher Santa Eulalia), Chihuahua, Mexiko.
Lagerstätten: Rhodochrosit ist als Ganggestein einiger niedrig- und mäßigtemperierter hydrothermaler Erzgänge zu finden.
Bestimmung: Habitus und Farbe sind charakteristisch.

Chemische Formel: $MnCO_3$
Kristallsystem: rhomboedrisch
Etymologie: vom griechischen *rhodon:* Rose und *chros:* Farbe
Habitus: meist Rhomboeder, seltener Skalenoeder. Körnig bis kompakt. Traubige Krusten

Physikalische Eigenschaften: *Glanz:* glasig. *Farbe:* alle Rosa-, zuweilen Rottöne. Durchsichtig bis durchscheinend. *Bruch:* uneben. Spröde. *Spaltbarkeit:* vollkommen nach $(10\bar{1}1)$. *Härte:* 3,5–4. *Dichte:* 3,7
Chemische Eigenschaften: unter Aufschäumen und unter Freigabe von CO_2 in heißen Säuren löslich

114 CALCIT

Synonym: Kalkspat

Vorkommen: Wunderschöne Calcitkristalle kommen oft in Erzadern und in Hohlräumen von Sedimentgesteinen vor. Die klassischen Calcitexemplare sind die herrlichen Sammlerstücke, die aus den alten Eisenvorkommen in Cumberland, Großbritannien stammen. Es handelt sich um oft vollkommen farblose skalenoedrische oder prismatische Kristalle, die zuweilen außergewöhnliche Zwillinge bilden, so genannte Schmetterlings- oder Herzzwillinge. Klassische Vorkommen befinden sich in Alston Moor, Pallaflat nahe Egremont, in Frizington, u. a. Früher wurden sehr schöne Zwillinge in Wheal Mutrell, Cornwall gefunden. In den USA hat die Grube Elmwood, Carthage, Tennessee ein reiches Vorkommen an wunderschönen Exemplaren. Es sind gelborange Skalenoeder, manchmal über 500 mm groß und mit Flussspat und Zinkblende verwachsen. Ebenfalls reich an solchen Exemplaren ist das Tri States Revier, Missouri. Zu nennen sind auch Keweenaw, Michigan und Arizona wegen der Kristalle mit Einschlüssen von gediegenem Kupfer, die Southwest Mine, Bisbee und New Cornelia, Ajo wegen roter Kristalle. Große Calcitklumpen, vollkommen durchsichtig, die man in der Optik verwendet (Islandkalkspat), und große rhomboedrische Kristalle mit gekrümmten Flächen und zuweilen mit einer Kantenlänge bis zu 500 mm, verwachsen mit Stilbit, wurden im Steinbruch Helgustadanama im Fjord Reydarfjördur, Island gefunden. Aus den Erzvorkommen in Mexiko stammen wundervolle Kristalle, meist Edelsteine, farblos und verzwillingt, so aus Guanajuato, ferner weiße tafelige verzerrte Kristalle aus Charcas, San Luis Potosi. Die Grube von Tsumeb, Namibia ist ein reiches Vorkommen an herrlichen farblosen, manchmal aber auch grün oder rosa gefärbten rhomboedrischen Einzelkristallen, die über 100 mm groß werden können. Kobaltocalcit, eine rosafarbene Calcitvarietät, gefärbt durch Spuren von Kobalt, gibt es in Bou Azzer, Marokko und vor allem in Mupine, Shabe, Dem. Rep. Kongo als Skalenoeder in einer wunderschönen Farbe und einer Größe von zuweilen über 50 mm. Calcit findet sich auch in alpinen Klüften als eine besondere tafelige abgeflachte Fazies, genannt „Papierspat", z. B. in der Schlucht von Selle, Isère, Frankreich. Schließlich sind auch die großartigen Kristallbildungen von Calcit zu nennen, die durch Verkarstungsprozesse in Höhlen abgelagert sind und geschützt werden müssen, sowie die Fazies „Sandiger Calcit", z. B. in Fontainebleau.

Lagerstätten: Calcit ist ein allgegenwärtiges Mineral in Carbonatgesteinen und in Erzadern. Calcit ist der Hauptbestandteil von Kalkstein und Marmor.

Bestimmung: Sie ist relativ leicht aufgrund der Spaltbarkeit und der sehr hohen Löslichkeit von Calcit in Säuren.

Abb. rechts oben:
Kristalle, 40 mm. Big Rigg Mine, Cumberland, Großbritannien
Abb. rechts unten:
Skalenoeder, 40 mm, mit Dolomit. Le Noirey, Saint Jean de Maurienne, Savoie, Frankreich

Chemische Formel: $CaCO_3$
Kristallsystem: hexagonal (rhomboedrisch)
Etymologie: vom lat. *calcis:* warm
Habitus: oft kristallisiert, Rhomboeder, Skalenoeder, usw. Schmetterlings- und Herzzwillinge

Physikalische Eigenschaften: *Glanz:* glasig. *Farbe:* farblos bis Gelb. Durchsichtig. Fluoreszierend. *Spaltbarkeit:* vollkommen nach $(10\bar{1}1)$. *Härte:* 3. *Dichte:* 2,7
Chemische Eigenschaften: unter Aufschäumen in Salzsäure löslich

115 DOLOMIT

Kristall, 60 mm. La Mure, Isère, Frankreich

Synonym: Bitterspat

Vorkommen: Dolomit ist ein sehr verbreitetes Karbonat, das jedoch seltener ist als Calcit; es bildet im Allgemeinen kleinere Kristalle. Von den zahlreichen Lokalitäten ist Eugui, Navarra, Spanien zu nennen, wo die schönsten Stücke abgebaut werden: durchsichtige farblose bis graue rhomboedrische Kristalle mit bis zu 150 mm Kantenlänge. Andere sehr schöne Exemplare wurden in Brosso und in Traversella, Piemont, Italien gefunden. Große (150 mm), milchige bis weißliche Kristalle kommen aus Sunk bei Trieben, Steiermark, Österreich. Erwähnt seien noch Morro Velho, Minas Gerais und Brumado, Bahia, Brasilien. Wunderschöne farblose verzwillingte Kristalle von 30 mm Durchmesser stammen aus Lengenbach, Binn, Wallis und rhomboedrische, mehrere Zentimeter große Kristalle aus dem Tunnel von Simplon, Wallis, Schweiz. In Frankreich sind schöne Kristalle heute selten. Sie stammen aus der Bleigrube von Peisey-Nancroix, Savoien. Großartige (höchstens 150 mm große) weiß-gelbliche Edelsteine mit Siderit sind ebenfalls in La Mure, Isère anzutreffen.

Lagerstätten: Dolomit ist meist in Dolomiten (sedimentäre Kalkgesteine) und in niedrigtemperierten hydrothermalen Lagerstätten zu finden.

Bestimmung: Dolomit bildet oft Pseudomorphe anderer Minerale, insbesondere Calcit. Dolomit unterscheidet sich von Calcit durch das langsamere Aufschäumen in Salzsäure. Magnesit ist in heißer Salzsäure löslich.

Chemische Formel: $CaMg(CO_3)_2$

Kristallsystem: rhomboedrisch

Etymologie: benannt nach dem französischen Mineralogen und Ingenieur Déodat Dolomieu

Habitus: hauptsächlich rhomboedrische Kristalle, mit Entwicklung der Fläche $(10\bar{1}1)$, oft gerillt. Kompakt bis körnig (zuckerkörnig)

Physikalische Eigenschaften: *Glanz:* glasig bis perlmuttartig. *Farbe:* farblos bis Weiß, auch gelblich Braun (Fe) oder Lachsrosa (Mn). Durchsichtig bis durchscheinend. *Bruch:* muschelig. *Spaltbarkeit:* vollkommen nach (101). *Härte:* 3,5–4. *Dichte:* 2,8

Chemische Eigenschaften: schäumt in kalter Salzsäure auf

Säulige Anordnung, 25 mm. Arrigas, Gard, Frankreich

Synonym: Eisenblüte
Vorkommen: Aragonit ist unstabil und verwandelt sich leicht in Calcit. Die Kristalle aus der Ursprungslokalität La Molina de Aragon, Guadalajara, Spanien sind verzwillingt, pseudohexagonal und rötlich gefärbt durch Einschlüsse von eisenhaltigem Ton. Solche Kristalle sind auch aus Bastennes und aus anderen Lokalitäten in Landes, Frankreich bekannt. Enorme Kristalle, die schönsten bekannten, stammen aus der Grube Cianciana, Sizilien, Italien; sie sind verzwillingt, tafelig bis prismatisch und grünlich weiß. Bei einer Länge von 150 mm können sie 10 mm Durchmesser erreichen und sind mit Schwefel und Coelestin assoziiert. Prachtvolle gelbe Edelkristalle (höchstens 70 mm) wurden in den Basalten von Spitzberg, nahe Horschnez, Tschechien entdeckt. Genannt seien noch die großen, sehr klaren, weißen bis blaßgelben Kristalle aus Herrengrund, Ungarn sowie die reichen Vorkommen an bis zu 150 mm großen Kristallen in Podrecany, Slowakei. Korallenartige Konkretionen bilden wunderschöne Exemplare in Erzberg, nahe Eisenerz, Österreich. Herrliche blaue säulige Anordnungen sind aus Arrigas, Gard, Frankreich bekannt. Und schließlich gibt es noch das klassische Vorkommen für Tarnowitzit (eine bleihaltige Varietät) in Tarnowitz, Schlesien, Polen.
Lagerstätten: Aragonit ist hauptsächlich in Sedimentgesteinen und in Basalten zu finden.
Bestimmung: Verzwillingte pseudohexagonale Kristalle sind charakteristisch.

Chemische Formel: $CaCO_3$ **Kristallsystem:** orthorhombisch **Etymologie:** nach dem Namen der Provinz Aragon, Spanien **Habitus:** meist verzwillingte Kristalle nach (110) pseudohexagonal, prismatisch [001] kurz bis länglich. Nadelige Kristalle. Korallenartige Konkretionen *(flos ferri)*	**Physikalische Eigenschaften:** *Glanz:* glasig bis matt. *Farbe:* Weiß, blass Gelb, usw. Durchsichtig bis durchscheinend. *Bruch:* uneben bis muschelig. Spröde. *Spaltbarkeit:* sauber nach (010). *Härte:* 3,5–4. *Dichte:* 3 **Chemische Eigenschaften:** unter Aufschäumen in HCl leicht löslich. Calcit- und vaterit-trimorph

117 STRONTIANIT

Kristall, 15 mm. Strontian, Schottland, Großbritannien

Vorkommen: Strontianit ist ein Strontiumerz und wird in Drensteinsfurt, nahe Hamm, Westfalen, abgebaut. Dieses Vorkommen liefert sehr schöne subparallele Kristallgruppen (bis 60 mm groß) mit deutlichen Endflächen. Strontianit ist aus zahlreichen anderen Vorkommen bekannt: bernsteinartige zentimetergroße pseudohexagonale Kristalle aus Clausthal und St. Andreasberg, Harz; die aus Leogang, Salzburg oder aus Oberdorf, Steiermark, Österreich sind verwachsen mit Coelestin und Calcit; ferner gibt es kleine verzwillingte, gut ausgebildete Kristalle mit Dolomit aus den Kalkgeoden der Schoharie, Schoharie County, New York; und solche aus Woodville, Sandusky County, Ohio, USA. Die alpinen Klüfte in der Schweiz wie etwa die Cavradischlucht bergen schöne Exemplare mit Hämatit und Rutil. Aus dem Ursprungsvorkommen in Strontian, Argyllshire, Schottland stammen Büschel sehr schön grün gefärbter prismatischer Kristalle. In Frankreich wurde Strontianit in den Septarien der mergeligen Gebiete bei Condorcet, Drôme gefunden.

Lagerstätten: Strontianit kommt vor allem in Sedimentgesteinen und in einigen hydrothermalen Erzgängen vor.

Bestimmung: Strontianit kann mit anderen orthorhombischen Karbonaten wie Aragonit verwechselt werden, von dem es sich durch seine feuerrote Farbe und den Lötrohrversuch unterscheidet.

Chemische Formel: $SrCO_3$

Kristallsystem: orthorhombisch

Etymologie: nach der Ursprungslokalität Strontian, Schottland, oder aufgrund seiner Zusammensetzung

Habitus: lang prismatische [001] bis nadelige Kristalle. Verzwillingte, pseudohexagonale Kristalle. Faserig

Physikalische Eigenschaften: *Glanz:* glasig. *Farbe:* farblos bis Weiß, grünlich bis bräunlich. *Bruch:* uneben. Spröde. *Spaltbarkeit:* sehr gut (110). *Härte:* 3,5. *Dichte:* 3,7. Fluoreszierend unter ultraviolettem Licht

Chemische Eigenschaften: unter Aufschäumen in Säuren löslich

Kugel, 20 mm auf Baryt. Hexham, Northumberland, Großbritannien

Vorkommen: Witherit wurde in Großbritannien, in Anglezarke nahe Chorley, Lancashire, entdeckt, woher auch die schönsten Exemplare stammen, ganz besonders die aus Alston Moor, Cumberland, ferner die aus Dufton, Westmoreland, sowie aus der Grube Settlingstones nahe Fourstones, wo Witherit im 19. Jahrhundert als Erz abgebaut wurde, und schließlich aus der Grube Morrison, Annfield Plain, Durham. Dort sind pseudohexagonale Prismen bis 70 mm Größe anzutreffen, auf der Fläche zuweilen in Baryt übergegangen. Witherit ist bekannt in Form von polysynthetischen, bis zu 150 mm großen Tönnchen aus Cave in Rock, Hardin County, Illinois, USA, und aus der Grube Himmelfürst, Freiberg, in Form von bis zu 20 mm großen Kristallen, ferner aus Peggau, Steiermark und Leogang, Salzburg, Österreich. Zudem gibt es in Nuchur-Karakalinsk, Sibirien, Russland, ein sehr reiches Vorkommen, und genannt seien auch die großen Kristallkugeln von 10 cm Durchmesser aus Przibram, Böhmen, Tschechien. Schließlich sind zu erwähnen in Frankreich die alten Lokalitäten Lamothe und Aurouze nahe Brioude, Haute-Loire, und vor allem das Schloss Thinières, Cantal, wo Witherit als Ganggestein mit Baryt in einer Bleiglanzader gefunden wurde, die Anfang des letzten Jahrhunderts abgebaut wurde.

Lagerstätten: Es handelt sich um ein primäres Mineral, das in einigen niedrigtemperierten hydrothermalen Gängen mit Baryt anzutreffen ist.

Bestimmung: Der Habitus der Kristalle ist charakteristisch. Massiver Witherit kann mit Baryt verwechselt werden.

Chemische Formel: $BaCO_3$

Kristallsystem: orthorhombisch

Etymologie: benannt nach dem englischen Physiker und Mineralogen W. Withering

Habitus: Zwillinge nach (110) mit Pyramiden oder pseusohexagonalen Prismen endend, mit rauen und waagerecht gerillten Flächen. Nierenförmig, Krusten

Physikalische Eigenschaften: *Glanz:* glasig. *Farbe:* farblos bis Weiß, manchmal Gelb bis Braun. *Bruch:* uneben. Durchsichtig bis durchscheinend. *Spaltbarkeit:* nach (010). *Härte:* 3–3,5. *Dichte:* 4,3. Fluoreszierend und phosphoreszierend unter ultraviolettem Licht

Chemische Eigenschaften: unter Aufschäumen in Säuren löslich

119 CERUSSIT

Kristall, 30 mm. Schacht 9 in Touissit, Marokko

Synonym: Weißbleierz
Vorkommen: Die schönsten bekannten Kristalle stammen aus Vorkommen, die in neuerer Zeit abgebaut wurden. Unter ihnen sind besonders die außergewöhnlichen rosa-gelben Schwalbenschwanz-Zwillinge hervorzuheben, die zuweilen über 100 mm groß werden und aus der Grube Kombat, Namibia stammen. Das Nachbarvorkommen von Tsumeb ist sehr reich an großartigen Exemplaren dezimetergroßer farbloser bis gelber Zwillinge. Aus dem Schacht 9 in Touissit, Marokko stammen wunderschöne Kristalle, die den Kristallen aus Namibia gleichwertig sind. Es handelt sich um rosa-gelbe, vollkommen klare Schwalbenschwanz-Zwillinge, manchmal mit einer Kantenlänge von über 100 mm. Schöne Gruppen von Zwillingen gibt es auch in Broken Hill, New South Wales und in der Rum Jungle, Northern Territory, Australien, ferner in der Stephenson Benett Mine, New Mexico, in der Mammoth Saint Antony Mine, Tiger, Arizona, sowie in Leadhills, Schottland. Zentimetergroße gelbe Chromcerussitkristalle kommen in Dundas, Tasmanien und in Berezowsk, Ural, Russland vor. Nadelige Kristallmassen bilden wunderbare Stücke und sind vor allem in der Flux Mine, Santa Cruz County, Arizona und auch in der Grube Tinagh, Irland anzutreffen.
Lagerstätten: Cerussit ist ein oxidiertes Mineral bleiführender Lagerstätten.
Bestimmung: Sie ist relativ leicht, da es sich um ein bleihaltiges Mineral von hoher Dichte handelt, das stets Zwillinge im 60°-Winkel bildet.

Chemische Formel: $PbCO_3$
Kristallsystem: orthorhombisch
Etymologie: vom lat. *cerussa:* bleiweiß
Habitus: massiv: enthält oft Einschlüsse von Bleiglanz (Schwarzblei). Kristallisiert: netzartige Massen, leistenförmiges Gerippe, zuweilen pseudohexagonale prismatische Kristalle

Physikalische Eigenschaften: *Glanz:* diamantartig. *Farbe:* farblos bis Weiß, Gelb bis Grau, grünlich bis Schwarz. Durchsichtig. *Bruch:* muschelig. *Spaltbarkeit:* unsauber. Fluoresziert gelb. *Härte:* 3–3,5. *Dichte:* 6–6,5
Chemische Eigenschaften: löslich in HNO_3. Enthält manchmal Chromspuren – Chromcerussit

Kristall, 12 mm auf Calcit. Tsumeb, Namibia

Synonym: Kupferlasur

Vorkommen: Azurit ist wegen seiner Farbe und der Qualität seiner Kristalle sehr begehrt. Die besten Lokalitäten befinden sich in Afrika. Es sind dies Tsumeb, Namibia mit seinen prismatischen, stark glänzenden, bis zu 250 mm großen Kristallen, die aus der ersten und aus der zweiten Oxidationszone stammen, sowie der Schacht 9 in Touissit, Oujda, Marokko mit seinen großartigen, manchmal dezimetergroßen, oft auf Ganggestein aufgewachsenen Kristallen. Viele attraktive Azuritexemplare, bis zu 50 mm großen Kristalle mit Rotkupfererz, kommen in Kalifornien, USA, in Bisbee, Cochise County, Schacht Czar, Holbrook und in Sacramento vor; „elektrisch" blaue Kugeln mit Malachit findet man in Morenci, und schließlich gibt es kompakte zentimetergroße Kristalle in der Grube Mammoth in Tiger. Zu nennen sind ferner die großen Rosetten (bis zu 100 mm Durchmesser) aus der Provinz Gaong Dong, China, sowie die in der Grube Proprietary, New South Wales, Australien entdeckten Kristalle (bis zu 80 mm groß). In Europa sind Fundorte vor allem die Grube Bleue in Chessy-les-Mines, Rhône, Frankreich mit bis zu 50 mm großen Kristallen, ferner Alghero, Sardinien mit wunderschönen Kristallen (bis zu 30 mm) auf Ganggestein und schließlich Brizlegg, Tirol, Österreich mit bis zu 40 mm großen Kristallen.

Lagerstätten: Azurit ist ein sekundäres Mineral der Oxidationszone kupferhaltiger Vorkommen.

Bestimmung: Habitus, Farbe und Paragenese mit Malachit sind ziemlich charakteristisch.

Chemische Formel: $Cu_3(CO_3)_2(OH)_2$

Kristallsystem: monoklin

Etymologie: nach seiner blauen Farbe benannt

Habitus: Kristalle mit variablem Habitus, oft tafelig nach (001), aber auch nach (102) oder ($\bar{1}$02); zuweilen kurz prismatische [001] Kristalle, isometrisch oder auch rhomboedrisch. Kristallaggregate in Form von Rosetten oder Kugeln. Selten massiv oder säulig

Physikalische Eigenschaften: *Glanz:* glasig. *Farbe:* Himmelblau bis Preußischblau. Durchsichtig bis durchscheinend. *Bruch:* muschelig. Spröde. *Spaltbarkeit:* vollkommen nach (011). *Härte:* 3,5–4. *Dichte:* 3,8

Chemische Eigenschaften: in Säuren löslich

121 MALACHIT

Kristalle, 20 mm. Onganja, Namibia

Vorkommen: Die schönsten Stücke, faserige körnige Klumpen, kommen derzeit aus der Region Shaba, Kongo, v. a. aus Kambove. Dort gibt es reiche Vorkommen an Malachit in Form sehr dicker Verkrustungen und Säulen. Im 19. Jahrhundert machte man ähnliche Funde in den Gruben Gumeschewsk, Sysert, und Mednorudiansk, Nishnij Tagil, im Ural, Russland. Erst kürzlich wurden herrliche strahlenförmige Aggregate im Browns Prospect, Rum Jungle, Australien entdeckt. Idiomorphe Malachitkristalle sind selten; die Größten (15 mm, auf Kalkspat implantiert) werden in Onganja, Namibia und in Bou Skour, Marokko abgebaut. In Mupin, Shaba, Kongo finden sich große Mengen von Kristallplatten mit über 5 mm Kantenlänge. Desweiteren sind Kristalle aus Cole Shaft Bisbee, Arizona, USA bekannt, sowie aus Betzdorf im Siegerland – lang prismatische Einzelkristalle. Schöne Pseudomorphosen nach Azurit wurden aus Tsumeb, Namibia, ferner aus Schacht 9 der Grube von Touissit, Marokko, zudem aus Chessy, Rhône, Frankreich sowie aus Bisbee und der Mammoth Mine, Arizona, USA gemeldet.

Lagerstätten: Malachit ist ein allgegenwärtiges Oxidationsprodukt in Kupferlagerstätten.

Bestimmung: Faserige Stücke und Azurit-Pseudomorphe sind einfach zu bestimmen. Malachitbeläge sind an ihrer hohen Säurelöslichkeit erkennbar.

Chemische Formel: $Cu_2CO_3(OH)_2$

Kristallsystem: monoklin

Etymologie: vom griechischen *malakhe:* Malve

Habitus: körnig, faserig, wuchtige prismatische Kristalle, Azurit-Pseudomorph

Physikalische Eigenschaften: *Glanz:* glasig bis seidig. *Farbe:* Gelbgrün bis schwärzlich Grün, durchscheinend. *Bruch:* unbestimmt. *Spaltbarkeit:* nach (001) und (010), ausgezeichnet. *Härte:* 3,5–4. *Dichte:* 3,9–4

Chemische Eigenschaften: Enthält gelegentlich Nickel oder Kobalt. Löslich in Säuren unter Freisetzung von CO_2

Kügelchen, 5 mm, Tsumeb, Namibia

Vorkommen: Rosasit kommt vor in Form kleiner Sphärolithe, die große Flächen bedecken. Die bisher schönsten Funde stammen aus den reichen Vorkommen der Mine von Ojuela, Mapimi, Durango, Mexiko. Rosasit ist dort häufig mit Hydrozinkit [$Zn_5(CO_3)_2(OH)_6$], Malachit, Aurichalcit und Hemimorphit verwachsen. Zu den zahlreichen Lagerstätten gehört z. B. Tsumeb, Namibia, wo um 1920 wenige aber sehr schöne Azurit-Pseudomorphe nach Rosasit gefunden wurden. Diese unterscheiden sich von Pseudomorphosen nach Malachit durch ihre dunklere Farbe und ihren leicht fettigen Glanz. An seiner Ursprungslokalität Rosas, Sulcis, Sardinien kommt Rosasit zusammen mit Brochantit, Malachit, Aurichalcit und Greenockit vor. In den USA gibt es reiche Vorkommen, verwachsen mit Aurichalcit in den zahlreichen Oxidationslagerstätten von Arizona, z. B. in der Grube 79, Hayden, Gila County in dicken, blaugrünen Krusten sowie in Gleeson (Silver Bill Mine), Bisbee oder Tombstone, Cochise County.

Lagerstätten: Rosasit ist ein sekundäres Mineral der Oxidationszone kupfer- und zinkführender Lagerstätten. Es ist häufig mit Aurichalcit oder Malachit assoziiert.

Bestimmung: Hinweise geben gelegentlich der Habitus der hügeligen Krusten und vor allem die häufige Verwachsung mit Aurichalcit.

Chemische Formel: $(Cu, Zn)_2(CO_3)(OH)_2$

Kristallsystem: monoklin

Etymologie: nach der Grube Rosas, Sulcis, Sardinien, Italien

Habitus: hügelige Krusten mit faseriger bis sphärolithischer Struktur

Physikalische Eigenschaften: *Glanz:* samtig. *Farbe:* Grün bis blaugrünlich, Himmelblau. Durchscheinend. Spröde. *Spaltbarkeit:* leicht, entlang zweier senkrecht aufeinander stehenden Richtungen. *Härte:* 4,5. *Dichte:* 4–4,2

Chemische Eigenschaften: Rosasit ist säurelöslich.

123 AURICHALCIT

Kristalle, 4 mm. Ojuela, Mapimi, Durango, Mexiko

Synonym: Messingblüte

Vorkommen: Die Kristalle sind meist nadelförmig, zentimetergroß, radialfasrig oder federartig angeordnet, auf ockerfarbenem Limonit als Ganggestein. Zu den Fundorten gehört die Grube von Ojuela, Mapimi, Durango, Mexiko, wo Aurichalcit mit Rosasit, Hemimorphit und Zinkspat verwachsen auftritt. Sehr schöne Stücke kommen auch aus den Gruben von Arizona, USA – Bisbee, Warren District; New Cornelia Mine, Ajo; Grube 79, Hayden, Gila County; Silver Bill Mine, Gleeson – und aus den afrikanischen Fundstätten in der Republik Kongo, insbesondere Yangakoubanza, und in Namibia (Tsumeb). Die größten nadelförmigen Kristalle stammen aus der Zinkmine Chah Kouh, Isfahan, Iran. In Europa wurden schöne Stücke in Kamariza, Lavrion, Griechenland gefunden, verwachsen mit Serpierit und Azurit, sowie in der Grube Rosas in Sulcis, Sardinien und Campiglia, Toskana, beide Italien, ferner in Leadhills, Schottland, in Matlock, Derbyshire, Großbritannien und schließlich bei Loktewsk im Altai, Russland. In Frankreich wurden Vorkommen mit Azurit und Cuprit in der Mine Bleue, Chessy, Rhône gemeldet sowie Paragenesen mit Zinkspat in Can Pey, Pyrénées-Orientales.

Lagerstätten: Aurichalcit ist ein sekundäres Mineral der Oxidationszone kupfer- und zinkführender Lagerstätten.

Bestimmung: Habitus und Farbe sind charakteristisch. Die aufschäumende Reaktion mit Säuren bestätigt den Befund.

Chemische Formel: $(Zn, Cu)_5(CO_3)_2(OH)_6$

Kristallsystem: orthorhombisch

Etymologie: vom griechischen *orichalcos*, Bezeichnung eines Kupferminerals

Habitus: nadelförmige Aggregate, radialfaserige Büschel

Physikalische Eigenschaften: *Glanz:* seidig bis perlmuttartig. *Farbe:* Blassblau bis grünlich Blau, Himmelblau. Durchsichtig bis durchscheinend. *Spaltbarkeit:* blättrig vollkommen (010). Spröde. *Härte:* 1–2. *Dichte:* 6,3

Chemische Eigenschaften: schäumend löslich in HCl; ergibt eine grüne Lösung, die nach Zugabe von Ammoniaklösung blau wird

Kristall, 10 mm, auf Dolomit. Luzenac, Ariège, Frankreich

Vorkommen: Dieses seltene Mineral wird gelegentlich auf Madagaskar als Erz seltener Erden abgebaut. Dort wird es meist in Alluvionen und Eluvionen angetroffen, die aus der Abtragung von Pegmatiten entstanden sind. Herrliche metamiktische Kristalle mit Durchmessern bis zu 330 mm und in bis zu 55 kg schweren Anordnungen wurden im Pegmatiten von Gang 1 in der Nähe des Flusses Ivato in Andakatany vorgefunden. Diese Kristalle sind an der Oberfläche meist leicht zu Lanthanit angelaufen [$(La, Ce]_2(CO_3)_3 \cdot 8H_2O$]. Wunderschöne orangefarbene Kristalle, zentimetergroß (max. 35 mm), teilweise wahrscheinlich in Syntexis mit Synchisit, werden regelmäßig im Talksteinbruch von Trimouns, Luzenac, Ariège, Frankreich abgebaut, wo sie mit Lepidolith und Allanit zusammen mit Dolomit vorkommen. Gar nicht so selten sind gelbe Mikrokristalle in den Hohlräumen der alpinen Granite des Piz Blas und des Piz Rendadura in der Schweiz. Weitere Lagerstätten sind die Pegmatiten von Lodrino und Baveno in Italien, von Bastnäs, Riddarhyttan, Västmanland, Schweden, von Afghanistan und von Pikes Peak, Colorado, USA.

Lagerstätten: Man findet es in den Kontaktlagerstätten (Skarn) und den seltene Erden führenden Granitpegmatiten.

Bestimmung: Sie ist schwierig. Habitus, Glanz, Farbe und das Aufschäumen in der Reaktion mit Säure weisen auf Bastnäsit hin.

Chemische Formel: $(Ce, La)(CO_3)F$

Kristallsystem: hexagonal

Etymologie: nach dem schwedischen Ort Bastnäs

Habitus: in tafeligen Kristallen (0001) hexagonaler Grundform, die sich häufig in der Art eines Tellerstapels übereinander lagern. Körnig, blättrig

Physikalische Eigenschaften: *Glanz:* glasig bis fettig, auf den Spaltflächen perlmuttartig. *Farbe:* Wachsgelb bis rötlich Braun. Durchsichtig bis durchscheinend. *Bruch:* uneben. *Spaltbarkeit:* vollkommen nach (0001). *Härte:* 4–4,5. *Dichte:* 4,9–5,2. Metamikt

Chemische Eigenschaften: schäumend löslich in heißen Säuren

125 HYDROCERUSSIT

Kristall, 60 mm. Shepton Mallet, Somerset, Großbritannien

Vorkommen: Die schönsten bekannten Kristalle mit einer Größe von 60 x 30 mm wurden bisher im Steinbruch Merehead in Shepton Mallet, Mendip Hills, Somerset, Großbritannien gefunden. Hydrocerussit entsteht in Paragenese mit Crednerit [$CuMnO_2$] und Kalkspat. Innerhalb der gleichen Lagerstätte bildet es auch Oxidationskrusten um Mendipitkristalle [$Pb_3Cl_2O_2$]. Schöne zentimetergroße Kristalle, die den englischen Funden fast gleichwertig sind, wurden in der Mammoth Mine, Tiger, Arizona, USA abgebaut. Aus der Grube Bunker Hill in Kellogg, Idaho, USA stammen große Cerussit-Pseudomorphe von mehr als 20 mm Größe. Desweiteren fand sich Hydrocerussit in perlmuttartig schimmernden Inkrustationen auf Bleiglanz in Wanlockhead, Dumfries, und Leadhills, Lanark, Schottland. An seinem Ursprungsfundort Langban in Schweden kommt Hydrocerussit auf gediegenem Blei vor, ferner in Lavrion, Griechenland in den Vakuolen ins Meer geflossener Bleischlacken, zudem in Tsumeb, Namibia, sowie auf dem Bleiglanz der berühmten Kristallhöhle beim Tiefengletscher in der Schweiz. Schließlich wird es auch aus Frankreich gemeldet, in Form von Oxidationskrusten um Bleiglanz in Molérats, Saint-Prix, Saône-et-Loire.

Lagerstätten: Hydrocerussit ist ein sekundäres Mineral bleiführender Lagerstätten. Es wird durch die Einwirkung von salzigen Wässern gebildet.

Bestimmung: Außer bei den klassischen Vorkommen, wo das Hydrocerussit in deutlichem hexagonalen Habitus vorliegt, ist die Bestimmung schwierig.

Chemische Formel: $Pb_3(CO_3)_2(OH)_2$

Kristallsystem: hexagonal

Etymologie: in Anlehnung an das Cerussit

Habitus: in mehr oder weniger dicken hexagonalen tafeligen Kristallen (0001) und in Cerussit-Pseudomorphosen

Physikalische Eigenschaften: *Glanz:* entlang (0001) diamant- bis perlmuttartig. *Farbe:* farblos bis Weiß, bisweilen grünlich Grau. Durchsichtig bis durchscheinend. Spröde. *Spaltbarkeit:* (0001) ausgezeichnet. *Härte:* 3,5. *Dichte:* 6,8–6,9. Fluoresziert weißlich unter UV-Licht

Chemische Eigenschaften: schäumend löslich in Säuren

Kristall, 60 mm. Schacht 9 in Touissit, Marokko

Synonym: Bleihornerz
Vorkommen: Wunderschöne Sammlerstücke dieses seltenen sekundären Bleiminerals kommen aus der Grube Monteponi, Iglesias, Sardinien. Die Kristalle von bis zu 150 mm Größe sitzen oft in den Hohlräumen granulären Bleiglanzes und sind mit Cerussit und Anglesit verwachsen. Desweiteren wurden schöne Kristalle in den nahe gelegenen Gruben von Montevecchio und Gibbas gefunden, in der Nähe von Cagliari; gute Stücke sind selten und sehr gefragt. Kürzlich konnten auch im Schacht 9 in Touissit, Oujda, Marokko schöne Kristalle abgebaut werden. In Afrika sind außerdem schöne rötlich gefärbte Kristalle aus den Gruben von Sidi-Amor Ben Salem, Tunesien und Tsumeb, Namibia bekannt. In Tarnowitz, Schlesien, Polen gab es reiche Vorkommen an großen Klumpen und Kristallen, häufig pseudomorph ersetzt durch Cerussit. Schöne verdrehte Kristalle, farblos bis weiß, wurden mit Matlockit [PbFCl] in der Bage Mine bei Cromford, Derbyshire, Großbritannien gefunden. Fundstätten in den USA sind z. B. die Grube Terrible, Isla, Custer County, Colorado und die Mammoth Mine, Pinal County, Arizona.
Lagerstätten: Phosgenit ist ein sekundäres Mineral bleiführender Lagerstätten.
Bestimmung: An seinem starken Diamantglanz erkennt man es als ein Bleimineral, am Aufschäumen mit Säure als Karbonat. Der quadratische Querschnitt unterscheidet es vom Cerussit.

Chemische Formel: $Pb_2(CO_3)Cl_2$
Kristallsystem: tetragonal
Etymologie: in Anlehnung an das Phosgen (künstliches Kohlenoxychlorid)
Habitus: kurz bis lang prismatische Kristalle [001] mit quadratischem Querschnitt, die flach (001) oder in einer Pyramide enden

Physikalische Eigenschaften: *Glanz:* diamantartig. *Farbe:* gelblich Weiß bis gelblich Braun. Fluoresziert schwach gelblich unter langwelligem UV-Licht. Durchsichtig bis durchscheinend. *Bruch:* muschelig. *Spaltbarkeit:* (001) und (110), gut. *Härte:* 2–3. *Dichte:* 6,1
Chemische Eigenschaften: schäumend löslich in Säuren

127 WELOGANIT

Kristall, 25 mm. Steinbruch Francon, Québec, Kanada

Vorkommen: Weloganit wurde zum ersten Mal 1969 beschrieben und bisher nur in einer einzigen Lagerstätte gefunden: Im Steinbruch Francon, mitten in der Stadt Montréal (Rue Jarry Est 3.701) in Québec, Kanada. Seine Entstehung geht auf erstaunliche und einzigartige Umstände zurück. Es handelt sich um die Intrusion dreier horizontaler Adern (Sills) eines ganz besonderen Magmas (Silicokarbonatit) in Kalkgestein aus dem Ordovizium. Weloganit liegt in Form wunderschöner Kristalle in Drusen vor, die gleichzeitig mit den Adern und dem umgebenden Gestein in Kontakt stehen. Das Ganggestein ist grau-schwarz und von charakteristischer Konsistenz. Weloganitkristalle werden bis zu 50 mm groß (den Rekord hält ein Kristall von 64 mm) und haben nur selten einen klaren Abschluss. Der Steinbruch Francon ist die typische Lokalität nicht nur für Weloganit, sondern auch für andere neue Mineralarten, die oft nur in millimetergroßen Kristallen vorliegen. Beispiele hierfür sind das Franconit und das Dresserit [$BaAl_2(CO_3)_2(OH)_4H_2O$], gelegentliche Begleitminerale des Weloganit.

Lagerstätten: Weloganit kommt in den Kalksilikat-Sills des Francon-Steinbruchs in Montréal, Québec vor.

Bestimmung: Der Habitus der Kristalle und das Aussehen des Ganggesteins sind sehr charakteristisch für diese Mineralart. Außerdem ist für Weloganit nur eine einzige Fundstätte bekannt.

Chemische Formel: $Sr_3Na_2Zr(CO_3)_6 \cdot 3H_2O$

Kristallsystem: triklin, pseudo-orthorhombisch

Etymologie: benannt nach W. E. Logan, dem ersten Leiter des Kanadischen Geologischen Dienstes

Habitus: pseudo-hexagonale, oft polysynthetische, gerillte prismatische Kristalle [001]. Abschluss eben oder in sechsseitiger Pyramide

Physikalische Eigenschaften: *Glanz:* glas- bis wachsartig. *Farbe:* farblos bis Weiß, aber auch Gelb, Orange, Blau, Grün oder Grau. Durchscheinend. *Bruch:* unregelmäßig. *Spaltbarkeit:* basal (001). *Härte:* 3,5. *Dichte:* 3,2

Chemische Eigenschaften: zirkonhaltiges Pendant des Donnayit [$Sr_3NaCaY(CO_3)_6.3H_2O$]

Kristalle, 30 mm, mit Tincalconitkrusten. Kern County, Kalifornien, USA

Vorkommen: Da Borax an der Luft sehr schnell zu Tincalconit alteriert, muss es vor Feuchtigkeit geschützt werden; z. B. durch eine Schicht Kunststofflack. Borax ist schon seit der Antike bekannt. Heute wird es als Wasserenthärter in der Atomindustrie oder als Antiseptikum eingesetzt. Die ältesten Fundstätten sind Rudok und Ladakh in Tibet. Um 1870 wurden die weltgrößten Lager in Kalifornien entdeckt. Die ersten, inzwischen stillgelegten Abbaustätten lagen im berühmten Tal des Todes in Inyo County. Derzeit wird an folgenden Lokalitäten abgebaut: Borax Lake bei Clear Lake, Lake County, mit Kristallen bis zu 150 mm, Searles Lake, San Bernardino County und schließlich der Tagebau Boron Open Pit im Kramer District, Kern County, mit Borax in Form von Kristallen bis zu 300 mm Größe und von riesigen Klumpen. Das Mineral liegt dort verwachsen mit verschiedenen Boraten vor, z. B. mit Kernit $[Na_2B_4O_6(OH)_2 \cdot 3H_2O]$ in Kristallen bis zu 2,5 cm. Schließlich sind noch die Kristalle aus der großen Lagerstätte in Güleman, Anatolien, Türkei zu erwähnen.

Lagerstätten: Borax ist vorwiegend in tertiären sedimentären, evaporitischen Lagerstätten in Verbindung mit vulkanischer Aktivität anzutreffen.

Bestimmung: Die Bestimmung ist einfach. Habitus, schnelle Bildung eines weißen Überzugs und Schmelzbarkeit sind charakteristisch.

Chemische Formel: $Na_2B_4O_5(OH)_4 \cdot 8H_2O$

Kristallsystem: monoklin

Etymologie: vom arabischen *bûra:* weiß.

Habitus: kurz prismatische Kristalle [001], häufig nach [100] abgeflacht. Selten Zwillingsebene nach (100). Körnig

Physikalische Eigenschaften: *Glanz:* glasig bis fettig. *Farbe:* farblos bis Weiß, zuweilen Grau, grünlich. Durchsichtig bis durchscheinend. Sehr spröde. *Bruch:* muschelig. *Spaltbarkeit:* vollkommen (100). *Härte:* 2–2,5. *Dichte:* 1,7

Chemische Eigenschaften: Borax ist wasserlöslich und läuft an der Luft sehr schnell zu Tincalconit $[Na_2B_4O_5(OH)_4 \cdot 3H_2O]$ an.

129 COLEMANIT

Kristalle, 15 mm. Inyo County, Kalifornien, USA

Vorkommen: Da Colemanit sich häufig in Lösungshohlräumen primärer Borate entwickelt, kann es wunderschöne Kristalle bilden. Die schönsten bekannten Exemplare stammen aus den großen Bor-Vorkommen im Tal des Todes, Inyo County, Kalifornien, USA. Derzeit wird es in der United States Boron County Mine abgebaut. Hervorragend ausgeprägte Kristalle, gelegentlich mit gelblicher Färbung aufgrund von Realgareinschlüssen, treten in Verwachsung mit Ulexit [$NaCaB_5O_6(OH)_6 \cdot 5H_2O$], Kernit [$Na_2B_4O_6(OH)_2 \cdot 3H_2O$] usw. auf. Unter ähnlichen Bedingungen gibt es auch reiche Vorkommen sehr schöner Kristalle in der Bor-Lagerstätte Kirka Güleman, Türkei, die in den 1960er-Jahren entdeckt wurde. Schließlich ist Colemanit noch aus Evaporiten von La Playa, Salinas Grandes, Jujuy, Argentinien bekannt.

Lagerstätten: Colemanit ist vorwiegend in tertiären Evaporiten in wüstenartigen Klimazonen anzutreffen. Meist entsteht es als sekundäres Mineral aus primären Boraten wie Ulexit oder Borax.

Bestimmung: Colemanit kann anhand des Habitus der Kristalle und der Paragenese mit anderen Boraten erkannt werden. Von Calcit unterscheidet es sich dadurch, dass es härter ist und eine einzige, vollkommene Spaltbarkeit besitzt.

Chemische Formel: $Ca_2B_6O_{11} \cdot 5H_2O$

Kristallsystem: monoklin

Etymologie: benannt nach W. T. Coleman, dem Begründer der kalifornischen Bor-Industrie

Habitus: kurz bis isometrisch prismatische Kristalle [001]. Pseudo-Rhomboeder oder Pseudo-Oktoeder. Spaltbare bis körnige Klumpen

Physikalische Eigenschaften: *Glanz:* glasig bis diamantartig. *Farbe:* farblos bis milchig Weiß, zuweilen gelblich. Durchsichtig bis durchscheinend. *Bruch:* uneben. *Spaltbarkeit:* vollkommen (010). *Härte:* 4,5. *Dichte:* 2,4

Chemische Eigenschaften: löslich in heißer Salzsäure und langsam in Wasser

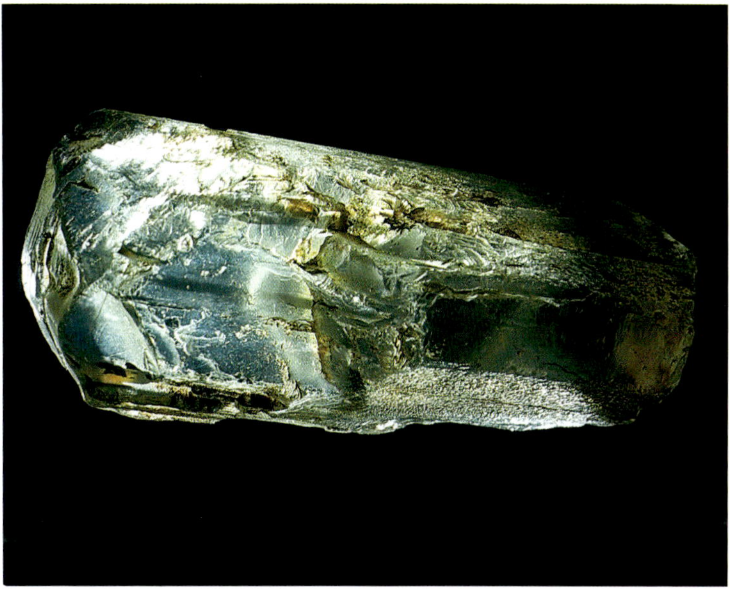

Kristall, 70 mm. Maharitra, Madagaskar

Vorkommen: Die schönsten bekannten Kristalle stammen aus Imalo am Mania und aus Maharitra auf dem Mount Bity, beide in Madagaskar. Es handelt sich um große, häufig verzwillingte, eluviale Kristalle, die eine Größe von bis zu 200 mm erreichen. Einige konnten auch zu Schmucksteinen geschliffen werden. In diesen Lagerstätten tritt das Hambergit verwachsen mit Danburit, Spodumen und Beryll auf. Weniger schöne Kristalle wurden kürzlich erneut aus der Region Maharitra gemeldet. Sehr schöne, jedoch undurchsichtige Kristalle wurden in den Pegmatiten der Little Three Mine bei Ramona entdeckt, sowie in der Himalaya Mine, Mesa Grande, beide San Diego County, Kalifornien, USA. Diese sehr ausgeprägten Kristalle sind oft verzwillingt und weisen gelegentlich eine netzartige Struktur auf. Die besten Exemplare messen 55 x 25 mm. Weiterhin ist die Ursprungslokalität der Steinbrüche Saga I und II in Halgaråen, Langesundfjord, Norwegen zu nennen, sowie schließlich die Vorkommen im edelsteinhaltigen Kies in Kaschmir, Indien, wo das Hambergit wahrscheinlich aus der Zerstörung eines granitischen Pegmatiten stammt.

Lagerstätten: Hambergit ist in granitischen Pegmatiten und den daraus entstehenden Eluvionen anzutreffen.

Bestimmung: Hambergit ist leicht mit Spodumen zu verwechseln, von dem es sich jedoch dadurch unterscheidet, dass es eine geringere Dichte und zwei vollkommene Spaltbarkeiten aufweist (Spodumen: nur eine).

Chemische Formel: $Be_2BO_3(OH)$

Kristallsystem: orthorhombisch

Etymologie: benannt nach dem schwedischen Mineralogen Axel Hamberg (1863–1933)

Habitus: meist abgeflachte, entlang (100) gerillte, große prismatische Kristalle [001]. Abschlussflächen meist angelaufen und verwittert

Physikalische Eigenschaften: *Glanz:* glasig. *Farbe:* gräulich bis gelblich Weiß. Durchsichtig. Spröde. *Spaltbarkeit:* vollkommen nach (010), gut nach (100). *Härte:* 7,5. *Dichte:* 2,3

Chemische Eigenschaften: löslich in Flusssäure

131 RHODIZIT

Kristall, 25 mm. Antsongombato, Madagaskar

Vorkommen: Der Rhodizit bildet nur selten schöne Kristalle. Entdeckt wurde er um 1834 als kleiner Kristall auf rotem Elbait in Sarapulskoje und bei Mursinsk, Ural, Russland. Um ca. 1909 identifizierte der französische Mineraloge Alfred Lacroix den Rhodizit auf Madagaskar, woher auch die schönsten bekannten Kristalle kommen. Die klassischen Lokalitäten sind die Pegmatiten von Antandrokomby in der Nähe des Berges Bity und Manjaka im Tal von Sahatamy. Vor nicht allzu langer Zeit wurden auf Madagaskar auch reiche Vorkommen an Rhodizit in den sodalithischen Pegmatiten von Antsongombato entdeckt.

Die Kristalle sind selten größer als 10 mm, lediglich ein im Museum der École des Mines de Paris aufbewahrtes Exemplar ist 60 mm groß. Der Rhodizit kann weißgelblich bis hell bernsteinfarben sein, und sein Habitus ist häufig dodekaedrisch. Assoziierte Minerale sind am häufigsten rotes Elbait und blaues Apatit. Aus einigen Kristallen wurden schöne Edelsteine geschliffen.

Lagerstätten: Rhodizit findet man in Granitpegmatiten, die reich an alkalihaltigen Mineralen sind.

Bestimmung: Habitus und häufige Verwachsung mit rotem Elbait sind charakteristisch.

Chemische Formel: $CsAl_4Be_4B_{11}O_{25}(OH)_4$

Kristallsystem: kubisch

Etymologie: vom griechischen *rhodizein:* Rosarot – Farbe der Flamme, wenn man das Mineral vor dem Lötrohr erhitzt

Habitus: sehr oft dodekaedrische, manchmal tetraedrische Kristalle

Physikalische Eigenschaften: *Glanz:* glasig bis diamantartig. *Farbe:* farblos bis Weiß, gräulich, weißgelblich. Durchscheinend bis durchsichtig. *Bruch:* muschelig. *Spaltbarkeit:* (111) und ($\bar{1}$11), schwierig. *Härte:* 8. *Dichte:* 3,3–3,4

Chemische Eigenschaften: in Säuren unlöslich

Kristalle, 8 mm, in Gips. Stassfurt, Sachsen, Deutschland

Vorkommen: Boracit findet man als Begleitmineral in Evaporiten. Er kann dort mit verschiedenen Sulfaten und Chloriden wie Anhydrit, Gips, Halit, Karnallit und Kainit vorkommen. Die besten bekannten Kristalle kommen größtenteils aus Deutschland. Es sind die mit Karnallit [$KMgCl_3 \cdot 6H_2O$] und mit Kainit [$MgSO_4 \cdot KCl3H_2O$] verwachsenen Kristalle, die u. a. in Stassfurt und Leopoldshall, Sachsen gefunden wurden. Bei Lüneburg, Hannover, Eime und Hohenfels bei Sehnde wurden zentimetergroße hellblaue Kristalle isoliert von Gips und Anhydrit des Ganggesteines gefunden. Einige schöne Kristalle aus diesen Vorkommen hat man zu Edelsteinen schleifen können. In den anderen Lokalitäten wurden nie solch schöne Boracitkristalle gefunden. Zu erwähnen sind noch Aislaby, Yorkshire, Großbritannien, wo Boracit mit Anhydrit verwachsen ist, Choctow Salt Dome, Ibervill Parish, Lousiana, USA und Lunéville, Meurthe-et-Moselle in Frankreich. Unter 265 °C kristallisiert der Boracit zu kubischer Form, darüber wird er orthorhombisch.

Lagerstätten: Boracit findet man in Evaporit-Abfolgen.

Bestimmung: Habitus und blau-grüne Farbe sind charakteristisch für dieses Mineral.

Chemische Formel: $Mg_3B_7O_{13}Cl$

Kristallsystem: orthorhombisch, pseudo-kubisch

Etymologie: nach seiner Zusammensetzung

Habitus: im Allgemeinen Einzelkristalle, vom Kubus abgeleitet: kubisch, jedoch auch dodekaedrisch, tetraedrisch ..., Wachstum häufig trichterförmig. Faserig bis fedrig. Körnig

Physikalische Eigenschaften: *Glanz:* glasig bis diamantartig. *Farbe:* Weiß bis farblos, Grau, Gelb, Blau-grün. Durchsichtig bis durchscheinend. *Bruch:* muschelig. Keine Spaltbarkeit. *Härte:* 7–7,5. *Dichte:* 2,9–3

Chemische Eigenschaften: wird sehr langsam in Wasser zersetzt. Langsam in HCl löslich

133 ANHYDRIT

Kristall, 60 mm, mit Dolomit. Simplon-Tunnel, Wallis, Schweiz

Vorkommen: Die besten bekannten, bis zu 100 mm großen Kristalle stammen aus den mineralisierten Spalten des Trias, die man bei den Bauarbeiten für den Simplon-Tunnel im Wallis, Schweiz zwischen Kilometer 9,40 und 9,68 fand (wobei die schönsten bei km 9,40 gefunden wurden). Es handelt sich dabei um tafelige, dicke nach [100] gestreckte Kristalle, ausgeprägt malvenfarbig und teilweise edelsteinartig. Sie sind vielfach assoziiert u. a. mit Dolomit. Schöne, farblose bis rötliche Kristalle kommen aus Evaporitlagerstätten von Salzburg, Aussee und Hellein, Österreich. Ähnlich außerordentliche Exemplare sind u. a. auch in Leopoldshall und Stassfurt gefunden worden wie auch in Bex, im Kanton Waadt, Schweiz. Vor nicht langer Zeit sind reiche Vorkommen an großen, jedoch schlecht ausgebildeten Kristallen (bis zu 100 mm) von weißer bis bläulicher Färbung in Naica, Chihuahua, Mexiko gefunden worden. Anhydrit kommt ebenfalls in verschiedenen Metalllagerstätten vor, wie in Balmat, Saint Lawrence County, New York, USA und im Revier Schlema, Erzgebirge, Deutschland. In Frankreich gibt es reiche Vorkommen an spaltbaren Massen und seltenen Kristallen, insbesondere in den Salinen von Dax und von Saint-Pandelon, Landes.

Lagerstätten: Anhydrit findet man vor allem in Evaporitlagerstätten, in bestimmten Metalladern und in alpinen Klüften.

Bestimmung: Anhydrit erkennt man anhand der dreifachen orthogonalen Spaltbarkeit und am Glanz.

Chemische Formel: $CaSO_4$

Etymologie: vom griechischen *anhydros:* ohne Wasser

Habitus: selten schön ausgebildete Kristalle, isometrisch, tafelig, dick gestreckt nach [001] oder [001]. Spaltbare Massen. Konkretionierte Massen (Gedärmstein)

Physikalische Eigenschaften: *Glanz:* glasig bis perlmuttartig auf den Spaltflächen. *Farbe:* farblos, bläulich, Violett (Farbverlust bei Lichteinfall) malvenfarbig, rötlich (Fe). Durchscheinend bis durchsichtig. *Bruch:* uneben. *Spaltbarkeit:* trirektangulär. *Härte:* 3,5. *Dichte:* 3

Chemische Eigenschaften: wandelt sich durch Hydratation in Gips um

Kristalle, 40 mm. Bouvesse-Quirien, Isère, Frankreich

Vorkommen: Coelestin ist ein verbreitetes Mineral, das häufig attraktive Kristalle bildet. Die schönsten Exemplare kommen in großen Mengen seit 1967 aus der Lagerstätte von Sakoany im Revier von Mahajanga, Madagaskar. Es handelt sich um Geoden (bis zu 500 mm im Durchmesser), die sehr reine blaue, manchmal dezimetergroße Kristalle enthalten. Sehr große Kristalle von blassblauer Farbe (bis zu 750 mm), die früher zu den Besten gehörten, wurden in Put in Bay auf der Insel South Bass, Eriesee, Ohio, USA gefunden. Sehr schöne klare, durchsichtige blaue Kristalle, bis zu 30 mm groß, kommen auch aus Lockport Dolomite, New York, USA. Aus Clifton nahe bei Bristol, Gloucester, Großbritannien kommen durchsichtige, farblose, bis zu 50 mm große Kristalle; in Stadtberge, Westfalen wurden außerordentliche Anordnungen blauer Kristalle gefunden. Dezimetergroße Einzelkristalle, weiß bis bläulich und durchsichtig, wurden in Verwachsungen mit Schwefel in den Gruben Gallitono und Floristella im Revier von Caltanissetta, Sizilien, Italien gefunden. In Frankreich kommen neue Exemplare gestreckter, bläulicher Kristalle von bis zu 50 mm Größe aus Bouvesse-Quirien, Isère.

Lagerstätten: Man findet den Coelestin in Sedimenten marinen Ursprungs, selten in hydrothermalen Klüften.

Bestimmung: Ist schwierig zu bestimmen, da Coelestin Baryt ähnelt. Die blaue Farbe ist nicht immer charakteristisch.

Chemische Formel: $SrSO_4$

Kristallsystem: orthorhombisch

Etymologie: vom lateinischen *caelestis:* himmelblau, in Anspielung auf die Farbe der ersten beschriebenen Exemplare

Habitus: oft tafelige Kristalle (001), gestreckt nach [100]. Faserige Äderchen, Knötchen, aber auch körnige Aggregate

Physikalische Eigenschaften: *Glanz:* glasig. *Farbe:* farblos bis Blassblau, gelblich usw. Durchsichtig bis durchscheinend. *Bruch:* beliebig. *Spaltbarkeit:* (001) vollkommen, und (210) gut. *Härte:* 3–3,5. *Dichte:* 4

Chemische Eigenschaften: langsam löslich in Säuren und in Laugen

135 BARYT

Kristalle, 50 mm. Grube von Maine, Saône-et-Loire, Frankreich

Synonym: Schwerspat
Vorkommen: Die besten bekannten, heute klassischen Exemplare kommen aus alten Eisenvorkommen aus Cumberland, Großbritannien. Es handelt sich im Allgemeinen um gestreckte und tafelige, prismatische Kristalle von wunderschöner blauer bis gelber Farbe, manchmal sind sie jedoch auch ganz farblos. Die besten Lokalitäten sind Alston Moor, Cleater Moor, Frizington, Egremont und Pallaflat. Diese Vorkommen sind heute erschöpft. Außergewöhnliche, farblose oder durch Einschluss von Realgar rote Kristalle kommen aus den Gruben von Bajutz, Maramures, Rumänien. Zu erwähnen sind auch noch die dezimeterlangen, glänzenden Kristalle aus der Grube Machow, Polen und das sardische Vorkommen von Sankt Silius, Cagliari, Italien. Aus Frankreich kommen wunderschöne gelbe Kristalle aus der Grube von Maine, Saône-et-Loire, enorme „sargförmige" Kristalle von der Côte d'Abot nahe Olloix, Puy-de Dôme und weiße, stachelige Kristallkugeln von Saint-Laurent-le-Minier, Gard. Zu erwähnen ist auch in den USA der Elk Creek, im Süden von Dakota, wo Kristalle in den Septarien zu finden sind, und Sterling, Colorado mit seinen schönen blauen, gestreckten Einzelkristallen.
Lagerstätten: Baryt ist ein hydrothermales Mineral. Die schönsten Kristalle kommen aus Metallerzadern.
Bestimmung: Lässt sich anhand seiner erhöhten Dichte und seiner drei leichten Spaltbarkeiten relativ leicht bestimmen.

Chemische Formel: $BaSO_4$
Kristallsystem: orthorhombisch
Etymologie: vom griechischen *barys:* schwer
Habitus: massiv bis erdig, oftmals gut kristallisiert in prismatischen, länglichen bis tafeligen Einzelkristallen. Manchmal bildet es Sandrosen.

Physikalische Eigenschaften: *Glanz:* glasig. *Farbe:* farblos bis Blassblau, Gelb bis Braun. Manchmal fluoreszierend. Durchsichtig. *Spaltbarkeit:* (001) und (110) vollkommen und nach (010) nicht vollkommen. *Härte:* 2,5–3,5. *Dichte:* 4,3–4,6
Chemische Eigenschaften: Baryt ist in Säuren unlöslich.

Kristalle, 9 mm. Schacht 9, Touissit, Marokko

Vorkommen: Reiche Vorkommen sagenhafter Kristalle werden seit Anfang der 1980er-Jahre im Schacht 9 in Touissit, Oujda, Marokko abgebaut. Es handelt sich dabei um Gruppen von Einzelkristallen mit prismatischem, kurzem bis stark gestrecktem Habitus in den Farben von Graugelb über Schwefelgelb bis Gelborange. Vorsicht bei roten Kristallen, die künstlich mit Hilfe von Wasserstoffperoxidlösung gefärbt wurden. Edelsteine erreichen mehr als 100 mm. Aus der berühmten Grube von Tsumeb, Namibia stammen wunderbare Exemplare, die denen von Touissit ähneln. In älteren Lokalitäten hat man Kristalle gefunden, die heute klassisch sind: gelbe, zentimetergroße, seltene Kristalle in Matlock, Derbyshire, Großbritannien, ferner zentimetergroße, grüne Kristalle und große, prismatische, weiße Kristalle, die relativ reichlich in Monte Poni, Iglesias, Sardinien vorkommen, außerdem zentimetergroße gelbe, grüne und cremefarbige Kristalle in Broken Hill, New South Wales, Australien, und schließlich dezimetergroße, prismatische, wuchtige Kristalle, farblos bis grau, in Sidi-Amor Ben-Salem, Tunesien. In Frankreich kommt der Anglesit nicht sehr oft vor. Zu erwähnen sind hier die reinen Kristalle der Gruben von Huelgoat, Finistère und die Kristalle von Saint-Félix-de-Pallières, Gard.

Lagerstätten: Es handelt sich um ein sekundäres Mineral aus der Oxidationszone von Bleilagerstätten.

Bestimmung: Der Anglesit kann mit dem Cerussit und dem Phosgenit verwechselt werden, die aber in Säuren aufschäumen.

Chemische Formel: $PbSO_4$

Kristallsystem: orthorhombisch

Etymologie: nach der Insel Anglesey, Wales, Großbritannien

Habitus: kurz bis lang prismatische Kristalle, manchmal oktaedrisch. Massiv bis körnig

Physikalische Eigenschaften: *Glanz:* fettig bis glasig, manchmal perlmuttartig. *Farbe:* farblos bis Grau, Zitronengelb bis Gelborange, honigfarben, seltener Backsteinrot oder Grün und gelblich fluoreszierend. Durchsichtig. *Spaltbarkeit:* vollkommen nach (001) und (010), deutlich nach (001). *Bruch:* muschelig. *Härte:* 3–3,5. *Dichte:* 6,4

Chemische Eigenschaften: löslich in Salzsäure

137 BROCHANTIT

Kristall, 5 mm. Bisbee, Arizona, USA

Vorkommen: Im Gelände wird Brochantit ziemlich oft mit Malachit verwechselt. In aridem Klima kann er, zusammen mit Antlerit [$Cu_3(SO_4)(OH)_4$], ein Kupfererz bilden, z. B. in den Kupferlagerstätten von Chile. Aus den chilenischen Kupfervorkommen stammen schöne Exemplare feiner, nadeliger, hellgrüner Kristalle, oftmals verwachsen mit Atakamit, wie in Chuquicamata und in Copiapó. Reiche Vorkommen an sehr großen Kristallen, möglicherweise die größten bekannten überhaupt, hat man in der Grube von Shattuck, Bisbee, Cochise County, Arizona, USA gefunden. Brochantit kommt häufig in allen Kupferlagerstätten Arizonas, USA vor, dazu zählen die Last Chance Mine, Grandview, Coconino County, die Mammoth Saint Antony Mine, Tiger, Pinal County und die Apache Mine, Gila County. Großartige Anordnungen nadeliger, millimetergroßer Kristalle hat man in reichen Mengen in den Kupferlagerstätten von Shaba, Kongo gefunden, insbesondere in Mindigi. Vor nicht langer Zeit wurden nadelige Kristallgruppen, verwachsen mit Gips, in Bou Becker, Marokko gefunden. In Frankreich sind die klassischen Vorkommen der Grube Cap Garonne bei Pradet, Var und die Grube La Finosa, Korsika zu erwähnen.

Lagerstätten: Es handelt sich um ein sekundäres Mineral aus der Oxidationszone von Kupferlagerstätten.

Bestimmung: Durch positiven Sulfattest kann man Brochantit von Atakamit, von Arsenaten, Karbonaten und nadeligen Phosphaten unterscheiden.

Chemische Formel: $Cu_4(SO_4)(OH)_6$

Kristallsystem: monoklin

Etymologie: nach dem französischen Mineralogen und Geologen J.-M. Brochant de Villiers (1772–1840)

Habitus: prismatische, wuchtige bis nadelige [001] oder tafelige (001) Kristalle

Physikalische Eigenschaften: *Glanz:* glasig. *Farbe:* Smaragdgrün bis Grünschwarz. Durchscheinend. *Bruch:* uneben. *Spaltbarkeit:* (100) vollkommen. *Härte:* 3,5–4. *Dichte:* 4–4,1

Chemische Eigenschaften: löslich in HCl mit Bildung weißer Kalziumsulfatspitzen nach Hinzufügung eines Stücks Kalkspats

Kristall, 10 mm. Roughton Gill, Cumberland, Großbritannien

Vorkommen: Aufgrund der häufigen Verwechselung mit Azurit kommt Linarit sicherlich häufiger vor als man gemeinhin denkt. Die schönsten bekannten Kristalle mit prismatischem bis tafeligem Habitus, häufig frei und bis zu 50 mm groß, wurden vor nicht langer Zeit in der Grand Reef Mine, Graham County, Arizona entdeckt. Große Kristalle, oft in Brochantit eingeschlossen und bis zu 120 mm groß, wurden um 1910 in der Mammoth Mine, Tiger, Arizona, USA gefunden. Sehr gute klassische, zentimetergroße Kristalle kommen aus Großbritannien: aus England, Roughton Gill, Cumberland, aus Schottland, Leadhills, Lanarkshire. Attraktive millimetergroße Kristalle des Linarit wurden auch in seiner ursprünglichen Lokalität Linares, Provinz Jaen, Spanien gefunden. In Tsumeb, Namibia, wurde er um 1920 reichlich gefunden, sowie in Broken Hill, New South Wales, Australien und in den Gruben von Cerro Gordo, Inyo County, Kalifornien, USA. In Frankreich sind kleine prismatische, höchstens millimetergroße Kristalle bekannt. Die besten radialfasrigen Kristallanordnungen kommen aus Argentolle, Saône-et-Loire. Zu erwähnen ist auch noch Alzon, Gard.

Lagerstätten: Es handelt sich um ein sekundäres Mineral aus der Oxidationszone von Blei-Kupferlagerstätten.

Bestimmung: Linarit kann mit Azurit verwechselt werden. Er unterscheidet sich von diesem, da er in Säuren nicht aufschäumt, und durch seinen Farbton – einem kühleren Blau.

Chemische Formel: $PbCu(SO_4)(OH)_2$

Kristallsystem: monoklin

Etymologie: nach Linares, Spanien

Habitus: prismatische Kristalle [010] manchmal tafelig ($\bar{1}01$ oder 001). Undeutliche Aggregate prismatischer Kristalle. Verkrustungen

Physikalische Eigenschaften: *Glanz:* glasig bis stumpf diamantartig. *Farbe:* dunkles Azurblau. Durchscheinend. *Bruch:* muschelig. *Spaltbarkeit:* vollkommen nach (100). *Härte:* 2,5. *Dichte:* 5,3

Chemische Eigenschaften: wird von HNO_3 zersetzt unter grünlicher Einfärbung der Lösung und Bildung eines weißen Restes

139 JAROSIT

Kristalle, 3 mm. Barranco Jaroso, Almería, Spanien

Synonym: Gelbeisenerz

Vorkommen: Jarosit kommt relativ reichlich in Verkrustungen und Überzügen in den Oxidationszonen zahlreicher Adern vor. Schöne Exemplare in millimeterdicken Kristallkrusten (2–3 mm) finden sich in der klassischen Lokalität Barranco Jaroso, Sierra Almagrera, Almería, Spanien. Reiche Vorkommen gibt es auch als Überzüge und in erdigen Massen im Revier vom Rio Tinto, Huelva. Schöne Exemplare kommen aus Kamareza, Lavrion, Griechenland, aus Bisbee, Cochise County, Arizona, wo er sehr häufig ist (besonders in der Grube Southwest, wo er Massen von mehreren Tausend Tonnen bildet). Aus der Lavender Pit kommen Mikrokristalle, aus der Eisengrube Arrow, Chaffee County, Colorado, aus dem Cherry Creek, Mackay, Center County, Idaho kommen als Rarität schöne, millimetergroße, goldbraune Kristalle, und schließlich kommt er aus Tintic, Utah, USA. Zu erwähnen sind noch die großen Mengen Jarosit, die in Chile, in Chuquicamata, Antofagasta, mit anderen Eisensulfaten verwachsen sind. In Frankreich bildet er konkretionierte Massen in Saint-Félix-de-Pallières, Gard und nahe dem Château de Saint-Léger-en-Charnay bei Mâcon, Saône-et-Loire.

Lagerstätten: Der Jarosit ist ein sekundäres Mineral, das sich vorwiegend in aridem Klima durch Alteration von Eisenmineralen bildet.

Bestimmung: In seiner massiven Form wird er oft mit Limonit verwechselt, mit dem er häufig zusammen vorkommt.

Chemische Formel: $KFe_3(SO_4)_2(OH)_6$

Kristallsystem: pseudo-hexagonal, rhomboedrisch

Etymologie: nach der Lokalität Jaroso, Spanien

Habitus: kleine rhomboedrische Kristalle, pseudokubisch, manchmal sehr abgeflacht (001). Pseudohexagonale Lamellen. Erdige Massen

Physikalische Eigenschaften: *Glanz:* fettig. *Farbe:* Ocker, Gelb bis Dunkelbraun. Durchscheinend bis opak. *Bruch:* beliebig bis muschelig. Zerbrechlich. *Spaltbarkeit:* (001). *Härte:* 2,5–3,5. *Dichte:* 2,9

Chemische Eigenschaften: löslich in HCl. Gehört zur Alunitgruppe

Kristall, 6 mm. Tsumeb, Namibia

Vorkommen: Beudantit kristallisiert zwar sehr oft, bildet jedoch selten Kristalle, die über Millimetergröße hinausgehen. Die besten bekannten Exemplare von fast 1 cm, oftmals assoziiert mit Karminit [$PbFe_2^{3+}(AsO_4)_2(OH)_2$], kommen aus Tsumeb, Namibia. Millimetergroße, schuppenförmige, schöne Kristalle, die sich kugelförmig auf Limonit bilden, wurden in Kamareza, Lavrion, Griechenland gefunden. Sehr schöne, kleine, deutlich ausgeprägte Kristalle finden sich auch in Horhausen, Westerwald. Sie sind häufig mit Pharmakosiderit und Hämatit oder mit Karminit verwachsen – wie in der Eisengrube Luise in Deutschland. Zu erwähnen sind noch die Lokalitäten von Belveder Gold und die Lead Mine nahe dem Berg Mac Grath, Australien und die Grube Ojuela, Mapimí, Durango, Mexiko, wo der Beudantit mit Karminit verwachsen ist. In Frankreich kommt er häufig als Kristall von weniger als 1 mm Größe und mit Adamin verwachsen vor, in bestimmten Spalten der Grube Cap Garonne, Le Pradet, Var. Schließlich wurde er in Vaulry am Berg Blond, Haute-Vienne, in der Verrière, Rhône und in Ceilhes, Herault gefunden.

Lagerstätten: Es handelt sich um ein sekundäres Mineral aus der Oxidationszone von Bleilagerstätten.

Bestimmung: Habitus und Verwachsung mit Arsenaten wie Pharmakosiderit, Skorodit und Karminit sind gute Erkennungsmerkmale.

Chemische Formel: $PbFe_3(AsO_4)(SO_4)(OH)_6$

Kristallsystem: rhomboedrisch

Etymologie: nach dem französischen Mineralogen F.-S. Beudant

Habitus: rhomboedrische, oftmals pseudo-kubische Kristalle. Verkrustungen

Physikalische Eigenschaften: *Glanz:* glasig bis fettig. *Farbe:* Dunkelgrün, Schwarz oder Braun. Durchsichtig bis durchscheinend. *Spaltbarkeit:* (0001) leicht. *Härte:* 3,5–4,5. *Dichte:* 4–4,3

Chemische Eigenschaften: löslich in HCl. Beudantit bildet eine Mischreihe mit dem phosphathaltigen Korkit: [$PbFe_3(PO_4)(SO_4)(OH)_6$].

141 CALEDONIT

Kristall, 8 mm. Mammoth Mine, Tiger, Pinal County, Arizona, USA

Vorkommen: Caledonit ist recht selten, es bildet sich anscheinend nur in trockenem Klima und häufig in kleinen Kristallen. Die schönsten bekannten Stücke stammen aus Tchah-Mille, Anãrak, Iran. Es handelt sich um dickprismatische Kristalle, zuweilen mehr als 20 mm groß. Eine andere wichtige Lokalität ist die Mammoth Mine, Tiger, Arizona, USA, wo es reiche Vorkommen an kleinen prismatischen, recht gestreckten Caledonitkristallen (maximal 20 mm) gibt. Attraktive Kristalle wurden in Leadhills, Lanarkshire, und in Wanlockhead, Dumfries, Schottland (Ursprungsfundstätte), besonders in der berühmten Susanna Vein gefunden wurden; und zwar im Inneren von Oxid-„Kartoffeln" aus der Verwitterung von Galenit, insbesondere verwachsen mit Leadhillit, Lanarkit [$Pb_2(SO_4)O$] und Susannit [$Pb_4(SO_4)(CO_3)_2(OH)_2$]. In Europa sind die Lagerstätte von Arenas, Sardinien und die Grube Glücksrad im Harz zu nennen. In Frankreich wurde Caledonit in Nuissière, Chénellette, und in La Lerrière, Rhône gemeldet; es handelt sich dabei aber um Posnjakit [$Cu_4(SO_4)(OH)_6 \cdot H_2O$]. Caledonit wurde kürzlich in der Grube L'Argentolle, Saint-Prix, Saône-et-Loire aufgrund von Galenitverwitterung in oxidierten „Kartoffeln" entdeckt.

Lagerstätten: Es ist ein sekundäres Mineral der Oxidationszone von Blei-Kupfer-Lagerstätten.

Bestimmung: Im Allgemeinen sind der Habitus und vor allem die Farbe charakteristisch.

Chemische Formel: $Cu_2Pb_5(SO_4)_3(CO_3)(OH)_6$

Kristallsystem: orthorhombisch

Etymologie: benannt nach *Caledonia* – alter Name für Schottland

Habitus: prismatische und nach [001] gerillte Kristalle, zuweilen nach [010] abgeflacht. Flächenreiche Abschlüsse. Verkrustungen

Physikalische Eigenschaften: *Glanz:* glasig. *Farbe:* Hellblau mit Stich ins Grünliche. Durchscheinend. *Bruch:* uneben. *Spaltbarkeit:* vollkommen nach (010). *Härte:* 2,5–3. *Dichte:* 5,7

Chemische Eigenschaften: schäumend löslich in HNO_3 mit Bildung eines weißen Bleisulfatniederschlags

Kristall, 15 mm. Susanna Vein, Leadhills, Schottland

Vorkommen: In der klassischen Lokalität Leadhills, Lanarkshire, Schottland wurden im 19. Jahrhundert wunderbare tafelige, bis 20 mm große Kristalle, zuweilen von einer sehr schönen grün-gelben Farbe gefunden, und zwar in Galenitoxidations-„Kartoffeln“, verwachsen mit Lanarkit [$Pb_2(SO_4)O$], mit Anglesit, mit Susannit, mit Cerussit, mit Linarit und Aurichalcit. Die schönsten bekannten Stücke stammen aus der berühmten Susanna Vein. Die attraktivsten Kristalle mit bis zu 150 mm Kantenlänge, dreieckig und mit dicktafeligem Habitus (bis 50 mm), immer graufarben, kommen aus Tsumeb, Namibia. Wundervolle Kristalle sind aus der Grube Tiny, Oriddo-Tal, Iglesias, Sardinien bekannt. Als Oxidationsprodukt von Galenit findet es sich in alpinen Klüften des Rekinger Tals, Bächital und im Tiefengletscher, Schweiz. Attraktive Stücke kommen aus der Sohle –130 der Ader Collins und der Rowley Mine. Aus der Mammoth Saint Antony Mine, Arizona stammen wunderschöne blaue Kristalle. Weitere Vorkommen sind die Beer Cellar Mine, Granby, Missouri, USA sowie Touissit, Oujda, Marokko. In Frankreich finden sich zentimetergroße Kristalle in L'Argentolle nahe Saint-Prix, Saône-et-Loire.

Lagerstätten: Es handelt sich um ein sekundäres Mineral der Oxidationszone von Bleilagerstätten.

Bestimmung: Pseudohexagonaler Habitus und vollkommene Spaltbarkeit nach (001) sind die wesentlichen Kriterien für die Bestimmung.

Chemische Formel: $Pb_4(SO_4)(CO_3)_2(OH)_2$

Kristallsystem: monoklin

Etymologie: nach Leadhills, Schottland

Habitus: im Allgemeinen tafelige (001) Kristalle hexagonaler Gestalt. Massiv bis körnig

Physikalische Eigenschaften: *Glanz:* fettig bis diamantartig, perlmuttartig auf (001). *Farbe:* farblos bis Weiß, Grün bläulich bis bräunlich. Durchsichtig bis durchscheinend. *Bruch:* muschelig. Gerade noch schneidbar. *Spaltbarkeit:* vollkommen (001). *Härte:* 2,5–3. *Dichte:* 6,6

Chemische Eigenschaften: zersetzt sich schäumend unter Einwirkung von HNO_3 mit Bildung eines weißen Niederschlags. Trimorph mit den Mineralen Susannit und Macphersonit

143 CHALCANTHIT

Fasern, 20 mm. Chuquicamata, Chile

Synonym: Kupfervitriol
Vorkommen: Dieses sehr häufig vorkommende Kupfersalz ist zuweilen bergmännisch von Interesse: entweder direkt als Erz – aber nur in aridem Wüstenklima, denn es ist löslich – oder durch Gewinnung seiner Salzlösung aus dem Zerfall einiger Kupfersulfide in Wasser. Deutlich ausgeprägte natürliche Kristalle sind selten, ganz im Gegensatz dazu kann man sehr leicht künstlich Kristalle herstellen. Chalcanthit wurde in Chile abgebaut, insbesondere in Chuquicamata, Antofagasta, aber auch in Countypiapó, Atacama usw. Reiche Vorkommen gibt es in den Bergwerken von Rio Tinto, Huelva, Spanien sowie in Arizona, USA, besonders attraktive, millimetergroße Kristalle in alten Bergwerken in Bisbee. In der Grandview Mine, Grand Canyon gibt es reiche Vorkommen, verwachsen mit anderen Kupfersulfaten. Schließlich finden sich wunderbare Stücke aus faserigen Verkrustungen und langen Ausblühungen (maximal 50 mm) in einer Grube des Helvetia Districts, Santa Rita Mountain. In Frankreich wurden früher attraktive Stücke in Chessy und in Saint-Bel, Rhône gefunden, wo sie die Spalten der Stollen bedeckten und von der Zimmerung herabhingen.
Lagerstätten: Es ist ein sekundäres Mineral der Oxidationszone von kupferführenden Lagerstätten, bildet sich rezent in Kupfergruben als Folge des Sauerstoffeintritts durch den Stollenbau.
Bestimmung: Chalcanthit ist an der Farbe und rein theoretisch am Geschmack zu erkennen. Vorsicht, Chalcanthit ist giftig!

Chemische Formel: $CuSO_4 \cdot 5H_2O$
Kristallsystem: triklin
Etymologie: von *chalcanthum:* Kupferblume
Habitus: selten deutlich ausgebildete, kurz prismatische [001] Kristalle, seltener dick tafelig (111). Aggregate verkrümmter Fasern. Nierenförmig, säulenförmig

Physikalische Eigenschaften: *Glanz:* glasig. *Farbe:* Himmelblau. Durchscheinend. *Bruch:* muschelig. *Spaltbarkeit:* schlecht (110). *Geschmack:* metallisch süßlich (GIFTIG). *Härte:* 2,5. *Dichte:* 2,3
Chemische Eigenschaften: Dieses Mineral ist in Wasser löslich.

Kristalle, 40 mm. Bex, Waadt, Schweiz

Vorkommen: Gips ist das verbreitetste Sulfat. Von den bekanntesten Lokalitäten seien genannt: die sizilianischen Schwefelgruben mit ihren wunderbaren Verwachsungen von Gips und Schwefel, ferner Perticara, Romagna und Volterra, Toskana, Italien mit ihren schönen klaren Kristallen, in den USA Lockport, Niagara County, New York, oder Ellsworth, Mahoning County, Ohio mit Anordnungen klarer Kristalle (bis 70 mm). Erwähnt seien noch die wunderschönen Kristalle aus Eisleben oder Förste im Harz und die aus Nowbridge, Wiltshire, Großbritannien. Gips bildet zuweilen gigantische Kristalle wie in der Grube Maravilla, Naïca, Chihuahua, Mexiko, wo ein Hohlraum mit metergroßen Kristallen erhalten wurde. In diesem Vorkommen wurden dezimetergroße klare Gipskristalle abgebaut, die zu den schönsten bekannten gehören. Sehr große Kristalle sind auch aus der Grube Braden, Chile bekannt, sowie aus Mazan, Vaucluse, Frankreich. Das Pariser Becken ist berühmt für seine gelb-braunen Kristalle, oft dezimetergroß, lanzettförmig verzwillingt. Erwähnt sei die Lokalität von Cormeilles-en-Parisis. Sandrosen bestehen aus linsenförmigen Gipskristallen mit Sandkrusten und stammen vor allem aus Wüstenländern (Marokko, Tunesien u. a.).

Lagerstätten: Hauptsächlich in sedimentären Lagerstätten und als Oxidationsprodukt des Pyrit

Bestimmung: Kratzen mit dem Fingernagel, sehr leichte lamellare Spaltbarkeit sind charakteristisch.

Chemische Formel: $CaSO_4 \cdot 2H_2O$

Kristallsystem: monoklin

Etymologie: vom griechischen *gupsos:* Gips

Habitus: tafelige Kristalle (010), fein bis dick und gestreckt nach [001]. Häufig Zwillinge: (Schwalbenschwanz- oder lanzettförmig). Plattig, faserig oder körnig

Physikalische Eigenschaften: *Glanz:* glasig. *Farbe:* farblos bis Braun. Durchsichtig bis durchscheinend. *Bruch:* blättrig. *Spaltbarkeit:* sehr leicht (010). *Härte:* 2. *Dichte:* 2,3

Chemische Eigenschaften: löslich in Salzsäure und langsam auch in Wasser

145 CYANOTRICHIT

Kristalle, 10 mm, auf Olivenit. Cap Garonne, Var, Frankreich

Synonym: Kupfersamterz

Vorkommen: Es ist ein verbreitetes sekundäres Kupfermineral. Von den zahlreichen Lokalitäten sei besonders die Grube Cap Garonne, nahe Pradet, Var, Frankreich erwähnt mit den nadeligen Proben bis 15 mm Länge, radialfaserig angeordnet und häufig mit Chalkophyllit und Parnauit $[Cu_9(AsO_4)_2(SO_4)(OH)_{10}·7H_2O]$ verwachsen in den Spalten eines Trias-Puddingsteins. In den USA gibt es reiche Vorkommen in Arizona, in der Grube Last Chance, Grandview, Coconino County, mit sehr schönen Stücken, die aus Kristallbüscheln in Kugeln bestehen, oft mit nadeligen Brochantitkristallen, ferner in der Grube Copper Mountain, Greenlec County und in Bisbee, schließlich in Nevada, in Majuba Hill, Pershing County. Erwähnt seien noch die klassischen Lokalitäten in Moldawien, Banat, Rumänien, die Grube Kamreza, Lavrion, Griechenland und schließlich die Grube La Vieja, Portrerillos, Chile, wo erst kürzlich reichlich Proben mit vielen filzigen, sehr feinen blassblauen Kristallen gefunden wurden. In Frankreich gibt es Karbonat-Cyanotrichit in Alzon, Gard und in La Ravine, Sainte-Marie-aux-Mines, Haut-Rhin.

Lagerstätten: Es ist ein sekundäres Mineral in der Oxidationszone kupferführender Lagerstätten.

Bestimmung: Der Habitus, der Glanz und die Farbe ermöglichen eine Unterscheidung von vielen anderen sekundären Kupfermineralen.

Chemische Formel: $Cu_4Al_2(SO_4)(OH)_{12}·2H_2O$

Kristallsystem: orthorhombisch

Etymologie: vom griechischen *kyanos:* blau, und *thrix:* Haare

Habitus: nadelige, radialfaserige Kristalle, federbuschförmig oder samtige Kugeln

Physikalische Eigenschaften: *Glanz:* samtig. *Farbe:* Himmel- bis Azurblau. *Strich:* blassblau. *Härte:* unbestimmbar. *Dichte:* 2,9

Chemische Eigenschaften: löslich in Säuren und sehr langsam in Wasser. Cyanotrichit bildet mit Karbonat-Cyanotrichit $[Cu_4Al_2(CO_3)(SO_4)(OH)_{12}·2H_2O]$ eine Mischungsreihe.

Kristalle, 50 mm. Red Lead Mine, Dundas, Tasmanien

Synonym: Rotbleierz
Vorkommen: Krokoit wurde erstmals in Beresowsk nahe Jekaterinburg, Ural, Russland beschrieben. Linsenförmige Kristalle sind im Allgemeinen zentimetergroß (bis 100 mm) und häufig mit Vauquelinit [$Pb_2Cu(CrO_4)(PO_4)(OH)$] und mit Pyromorphit auf korrodiertem Galenit verwachsen. Die schönsten bekannten Kristalle, zuweilen mehr als 1 dm groß (oft mehrere Zentimeter) von unvergleichlicher Güte, fanden sich und finden sich seit neuerem wieder nahe Dundas, Tasmanien, Australien in den Gruben Adelaide und Red Lead. Sie sind auf Limonit-Ganggestein aufgewachsen, oft mit einem Überzug aus gelbem pulverigem Massikot (PbO). Begleitminerale können Chrom-Cerussit, Pyromorphit und Dundasit [$PbAl_2(CO_3)_3(OH)_4 \cdot H_2O$] sein. Sehr attraktive, bereits ältere Kristalle kommen aus Congonhas do Campo, Minas Gerais, Brasilien und sind mit denen von Beresowsk vergleichbar. In Europa wurden in den 1970er-Jahren herrliche, zentimetergroße nadelige Kristalle in Obercallenberg nahe Sankt-Egildien, Sachsen gefunden. Erwähnt seien noch in Schottland Leadhills und in Frankreich die kleine bleiführende Ader von Nontron, Dordogne mit seltenen kleinen, maximal zentimetergroßen Kristallen auf Pyromorphit.
Lagerstätten: Es ist ein sekundäres Mineral der Oxidationszone von Chrombleilagerstätten.
Bestimmung: Sie ist leicht aufgrund von Habitus und Farbe.

Chemische Formel: $PbCrO_4$
Kristallsystem: monoklin
Etymologie: vom griechischen *krokos:* safrangelb
Habitus: häufig prismatische Kristalle, gestreckt bis nadelig [001], zuweilen hohl. Seltener linsenförmige Kristalle

Physikalische Eigenschaften: *Glanz:* diamantartig. *Farbe:* Rot, Orangerot, Orange. Durchsichtig bis durchscheinend, lichtempfindlich. *Bruch:* muschelig. *Spaltbarkeit:* schlecht (110), (001), (100). *Härte:* 2,5–3. *Dichte:* 6,0–6,1
Chemische Eigenschaften: Die ursprüngliche Farbe kann teilweise mittels Phosphorsäure HPO_3 wiederhergestellt werden.

147 POWELLIT

Kristall, 25 mm, auf Heulandit. Nasik, Maharashtra, Indien

Vorkommen: Powellitkristalle sind recht selten. Sie waren im Allgemeinen nur als Exemplare kleiner als 1 cm bekannt, aber in den 1970er-Jahren wurden pyramidale orangegelbe Kristalle bis 40 mm Größe in Nasik, Indien entdeckt. Sie fanden sich mit Zeolith verwachsen, insbesondere mit Laumontit und Heulandit, in den Vakuolen eines vor allem kommerziell genutzten Basalts im Steinbruch „Aurore" des Hügels Pandulena nahe Nasik, Mahrashtra, Indien. Kleine, klare Powellitkristalle mit Zeolithen sind unter ähnlichen Bedingungen auch im Basalt des Steinbruches Clayton im Gebiet des Panamakanals bekannt. Vor der Entdeckung in Nasik kamen die schönsten bekannten Stücke Kristalle von 2 bis 3 mm, seltener 5 mm, aus den kupferführenden Lagerstätten von Michigan, insbesondere der Grube South Hecla oder Isle Royale. Powellit ist oft als Molybdänit-Pseudomorph, insbesondere in Azegour, Marokko bekannt.

Lagerstätten: Primären Ursprungs findet man das Mineral in Lagerstätten von Kontaktmetamorphosen, hochtemperierten, hydrothermalen Lagerstätten und in Basaltvakuolen mit Zeolithen.

Bestimmung: Goldgelbe Fluoreszenz bei kurzwelligem UV-Licht, hohe Dichte und Habitus sind bestimmend.

Chemische Formel: $CaMoO_4$

Kristallsystem: tetragonal

Etymologie: benannt nach Major J. W. Powell

Habitus: selten pyramidale Kristalle. Blättriges Pseudomorph aus der Molybdänitumwandlung

Physikalische Eigenschaften: *Glanz:* diamantartig. *Farbe:* Weiß, gelblich Braun bis Orangegelb. Gelbe Fluoreszenz unter kurzwelligem UV-Licht. Durchsichtig bis durchscheinend. *Bruch:* uneben. *Spaltbarkeit:* schlecht (112) und (011). *Härte:* 3,5–4. *Dichte:* 4,2

Chemische Eigenschaften: zersetzt sich unter Einwirkung von HCl und bildet eine gelbe Lösung. Bildet eine unterbrochene Mischreihe mit Scheelit

Kristall, 10 mm. Schlaggenwald, Böhmen, Tschechien

Vorkommen: Dieses verbreitete Mineral ist ein wichtiges Wolframerz. Große, wundervoll ausgebildete Kristalle stammen aus der heute geschlossenen Wolframgrube von Taewha, Nongamri, Südkorea. Es sind Oktaeder mit bis zu 150 mm Kantenlänge, oft braun bis gelb oder orangebraun, auf Quarz. Wunderschöne spitze Oktaeder, zentimetergroß (maximal 45 mm), orangerot auf Quarz und Siderit kommen aus der Goldmine Morro Velho, Minas Gerais, Brasilien. Die schönsten bekannten Stücke (maximal 100 mm), Kristalle von honigharziger Farbe, leicht polysynthetisch, wurden in den alten Bergwerken von Estepona, Malaga, Spanien gefunden. Genannt seien die schönen Kristalle der klassischen Lokalität Traversella, Piemont, Italien sowie die aus Baia Sprie, Maramuren, Rumänien, die grau-blaue Oktaeder (30 bis 40 mm) auf Kalkspat bilden. Scheelit ist in alpinen Klüften selten, erwähnt seien die 80 mm großen Kristalle von Rauris, Tauern und das Scheelit in der Knappenwand im Untersulzbachtal, Österreich. In Frankreich stammen attraktive braune Oktaeder (bis 15 mm) mit Fluorit aus der alten Hämatitgrube von Framont, Vogesen.

Lagerstätten: Scheelit findet sich in Skarnen, in hoch- bis mitteltemperierten hydrothermalen Lagerstätten, in Greisen und Pegmatiten.

Bestimmung: Oktaedrischer Habitus, der Glanz und die blau-weiße Fluoreszenz sind charakteristisch.

Chemische Formel: $CaWO_4$

Kristallsystem: tetragonal

Etymologie: nach dem schwedischen Chemiker K. W. Scheele (1742–1786)

Habitus: oktaedrische Kristalle. Selten tafelige Kristalle (001). Massiv bis körnig

Physikalische Eigenschaften: *Glanz:* glasig. *Farbe:* farblos bis Weiß, Gelb-weiß bis Gelb, Orangerot, Braun. Durchsichtig. *Bruch:* uneben. *Spaltbarkeit:* (101). *Härte:* 4,5–5. *Dichte:* 6,1. *Fluoreszenz:* blauweiß unter kurzwelligem UV-Licht

Chemische Eigenschaften: zersetzt sich unter Einwirkung von HCl und bildet ein gelbes Puder (siehe Powellit)

149 STOLZIT

Kristall, 25 mm. Sainte-Lucie, Lozère, Frankreich

Vorkommen: Stolzit bildet mit Wulfenit eine isomorphe Reihe, dazwischen steht Chillagit. Die schönsten bekannten Kristalle mit ganz verschiedenem Habitus wurden zwischen 1890 und 1930 in der Proprietary Mine, Broken Hill, New South Wales, Australien gefunden. Mit tafeligem Habitus erreichen sie 25 mm Kantenlänge und sind auf Wadganggestein aufgewachsen. Die größten bekannten Kristalle stammen aus der kleinen silberhaltigen Bleigrube von Sainte-Lucie nahe Saint-Léer-de-Peyre, Lozère, Frankreich. Sie sind normalerweise vom Ganggestein getrennt und erreichen 60 mm Kantenlänge. Der schönste bekannte intakte Kristall wurde 1986 in den Halden der Sohle 0 gefunden, er misst 41 mm x 35 mm x 14 mm. Ein wundervoller Kristall mit 25 mm Durchmesser auf Tennantit wurde kürzlich in Tsumeb, Namibia beschrieben. Er ist in dieser berühmten Lagerstätte sehr selten und ist einer der schönsten bekannten Stolzitkristalle. Schließlich wurden vor einigen Jahren wunderschöne Chillagitkristalle von bis zu 50 mm in der Molybdänlagerstätte von Saint-Fost de Campcentellas, nahe Barcelona, Spanien gefunden.

Lagerstätten: Es ist ein sekundäres Mineral der Oxidationszone von Blei-Wolfram-Lagerstätten.

Bestimmung: Stolzit unterscheidet sich von Wulfenit durch die Bildung von gelber Wolframsäure in HCl.

Chemische Formel: $PbWO_4$

Kristallsystem: tetragonal

Etymologie: benannt nach Doktor Stolz

Habitus: tafelige Kristalle (001) oder bipyramidale, oktaedrische Kristalle (111)

Physikalische Eigenschaften: *Glanz:* fettig bis halbdiamantartig. *Farbe:* farblos bis gräulich, Braun, Orangegelb bis Rot. Durchsichtig bis durchscheinend. *Bruch:* muschelig. Spröde. *Spaltbarkeit:* schlecht (001) und (011). *Härte:* 2,5–3. *Dichte:* 7,9–8,3

Chemische Eigenschaften: löslich in HCl und KOH unter Bildung von gelber Wolframsäure. Dimorph des monoklinen Raspits

Kristall, 20 mm auf Baryt. Mibladen, Marokko

Vorkommen: Wulfenit ist von Sammlern wegen seiner Schönheit und der Farbe seiner Kristalle sehr begehrt. Die schönsten bekannten Stücke stammen wahrscheinlich aus der Grube Red Cloud, Yuma County, Arizona. Es sind wunderbare rote Kristalle mit zuweilen mehr als 50 mm Kantenlänge. In Arizona sind noch die sehr schönen Kristalle aus den Gruben Globe, Santa Cruz County; Mammoth, Tiger County; Hilltop, Old Yuma, Pima County zu nennen. In den mexikanischen Lagerstätten wurden ebenfalls schöne Stücke gefunden. Die Grube Los Lamentos, Chihuahua ist reich an dicktafeligen honiggelben Kristallen, die Grube San Francisco birgt wundervolle durchsichtige Kristalle bis 50 mm Größe. Sehr schöne Stücke kommen auch aus Tsumeb, Namibia mit ganz verschiedenem Habitus. Aus Mfouati, Kongo stammen sehr große orange Kristalle, aus Mindouli tafelige Kristalle. Kürzlich wurden im Schacht 11 in Touissit, Marokko gelbe tafelige Kristalle gefunden. In Europa ist die alte Lagerstätte von Bleiberg an der österreichisch-slowenischen Grenze zu nennen. In Frankreich wurden ausgezeichnete Kristalle von bis zu 10 mm Größe in den Lagerstätten von Farges, Corrèze und L'Argentolle, Saône-et-Loire entdeckt.

Lagerstätten: Es ist ein typisches Verwitterungsmineral bleiführender Lagerstätten in aridem Klima.

Bestimmung: Sie ist aufgrund der Farbe und des tetragonalen Habitus des Wulfenits leicht.

Chemische Formel: $PbMoO_4$

Kristallsystem: tetragonal

Etymologie: nach dem Mönch von Wulfen, der als Erster diese Art beschrieb

Habitus: immer kristallin, meist als nicht dicke Tabletten mit quadratischem Querschnitt

Physikalische Eigenschaften: *Glanz:* diamantartig bis fettig. *Farbe:* Gelb, Orange-gelb bis Rot, Braunschwarz, zuweilen Weiß. Durchsichtig bis durchscheinend. *Spaltbarkeit:* nach (011) deutlich. *Härte:* 2,7–3. *Dichte:* 6,8

Chemische Eigenschaften: Es gibt eine wolframreiche Varietät: Chillagit. Leicht löslich in Säuren

151 TRIPHYLIN

Kristalle, 35 mm, in Quarz. Newport, New Hampshire, USA

Vorkommen: Gut ausgebildete Kristalle sind selten, eingeschlossene, kristallisierte Klumpen hingegen kommen häufig in Pegmatiten vor, wo sie einen Durchmesser von bis zu 4–5 m erreichen können. Triphylin alteriert leicht zu hoch interessanten Reihen sekundärer Phosphate. Es kommt in allen Pegmatiten in New England, USA vor; zentimetergroße Kristalle hoher Güte, die zwar eingeschlossen aber dennoch gut ausgeprägt sind, finden sich in Chandler's Mill, Newport; reiche Vorkommen im Steinbruch Palermo, North Groton und in Grafton County, New Hampshire; in Newry, Paris, Remford und Stoneham, Maine, sowie riesige Klumpen in Custer und Keystone in South Dakota. In Europa wurde Triphylin in Varuträsk, Schweden gefunden und in Phosphatpegmatiten aus Hagendorf und vom Hühnerkobel in Bayern. In Frankreich kommt es hauptsächlich in den Steinbrüchen Les Hureaux, Saint-Sylvestre und La Vilate, Chanteloube-en-Razès bei Limoges im Haute-Vienne vor, in Form spaltbarer Klumpen von bis zu 10 cm, die mit Triplit verwachsen und häufig weitgehend zu sekundären Phosphaten sowie Eisen- und Manganoxiden alteriert sind.

Lagerstätten: Triphylin ist ein primäres Phosphat granitischer, sodalithischer Pegmatite.

Bestimmung: Man könnte dieses Mineral mit anderen primären Phosphaten verwechseln, von denen es aber anhand des Lötrohrversuchs unterschieden werden kann.

Chemische Formel: $Li(Fe,Mn)(PO_4)$

Kristallsystem: orthorhombisch

Etymologie: vom griechischen *tri:* drei, und *phule:* Familie

Habitus: seltene prismatische Kristalle [100], wuchtig mit rauen bis unebenen Flächen. Spaltbare bis kompakte Klumpen

Physikalische Eigenschaften: *Glanz:* glasig bis halbfettig. *Farbe:* Graublau bis grünlich Grau. Durchsichtig bis durchscheinend. *Bruch:* uneben. *Spaltbarkeit:* (100) gut. *Härte:* 4–5. *Dichte:* 3,3–3,5

Chemische Eigenschaften: Triphylin ist säurelöslich und bildet mit Lithiophilit [$Li(Mn,Fe)(PO_4)$] eine Mischreihe. Färbt die Flamme des Lötrohrs purpurrot (Li)

Kristall, 3,5 mm. Lercheltini, Binnental, Wallis, Schweiz

Vorkommen: Monazit kann riesige Kristalle bilden, wie die in Mars Hill, Madison County, North Carolina, USA, die bis zu 280 x 240 x 160 mm groß werden und beinahe 140 kg wiegen. Eine weitere Fundstätte großer, schöner Kristalle in den USA (bis zu 100 mm) ist der Trout Creek Pass District in Chaffee County, Colorado. Die schönsten braunen Kristalle, mehr oder minder stark metamikt, stammen aus den Pegmatiten Madagaskars, wo an zahlreichen Lokalitäten Monazit gefunden worden ist. Besonders ergiebig war der Monazitabbau auf dem Manangotry bei Fort-Dauphin mit Kristallen von bis zu 4 kg. Ebenso erwähnenswert sind die großen Kristalle aus brasilianischen Pegmatiten, die insbesondere in Divino de Uba, Minas Gerais gefunden wurden, sowie die norwegischen Pegmatiten aus Arendal, woher hervorragend ausgeprägte, bipyramidale Kristalle von bis zu 30 mm stammen. Nicht-metamiktisches Monazit (Turnerit) liegt vor allem in alpinen Klüften in Form von gelb bis orangebraun gefärbten, millimetergroßen Edelsteinen vor (max. 10 mm). Besonders schöne Exemplare stammen aus der Schweiz – von der Lercheltini Alp, Binnental, Wallis, sowie aus Tavetsch, Graubünden. In Frankreich gibt es reiche Vorkommen millimetergroßer, rosa bis gelb gefärbter Kristalle mit Anatas in Saint- Christophe-en-Oisans, Isère. Kürzlich wurde ein weiteres Vorkommen auf dem Col de la Madeleine, Savoie entdeckt.

Lagerstätten: Monazit findet sich hauptsächlich in Granitpegmatiten und alpinen Klüften.

Bestimmung: Sie ist schwierig.

Chemische Formel: $(Ce,La,Nd,Th)PO_4$

Kristallsystem: tetragonal

Etymologie: vom griechischen *monozoos:* allein sein; das Mineral wurde für selten gehalten.

Habitus: oft in mehr oder minder länglichen [001] und abgeflachten (100) Kristallen. Häufig raue, gewellte oder gefurchte Flächen. Zwillingsebene entlang (100)

Physikalische Eigenschaften: *Glanz:* fettig bis diamantartig. *Farbe:* unterschiedliche Gelbtöne, rötlich Braun bis Braun. Durchscheinend. Spröde. *Spaltbarkeit:* (100) gut. *Härte:* 5–5,5. *Dichte:* 4,6–5,4

Chemische Eigenschaften: langsamer Angriff von Säuren

153 HERDERIT

Kristall, 35 mm, mit Schörl. Virgem da Lapa, Minas Gerais, Brasilien

Vorkommen: Herderit ist ein seltenes Berylliumphosphat, das erstmals um 1821 in sehr kleinen Mengen in der Zinngrube von Ehrenfriedersdorf, Sachsen entdeckt wurde. Millimetergroße Kristalle (bis 15 mm) sind auch bekannt aus den Pegmatiten des Epprechtsteins, Zufuhrt bei Waldstein, Bayern. In den USA findet sich das Mineral in allen Pegmatiten von New England, insbesondere im Steinbruch Fisher in Topsham, Androscoggin County und in Stoneham, Oxford County, Maine, sowie in der Fletcher Mine in Grafton County, New Hampshire. Auch die kalifornischen Pegmatiten enthalten Herderit, vor allem in der Blue Chihuahua Mine im Riverside Co. und in der Himalaya Mine in San Diego County. In Brasilien ist die wichtigste Lagerstätte die Grube Virgem da Lapa bei Aracuai, Minas Gerais. Dort kommen die größten und besten Kristalle her, mit prismatischem und gelegentlich bipyramidalem Habitus und einer Größe von bis zu 170 mm. Das Farbspiel der Kristalle variiert zwischen Violett und Blau und erinnert bisweilen stark an Alexandrit. Dezimetergroße braungelbe Kristalle fand man in Lavra do Euia, Galiléia, Minas Gerais, Brasilien.

Lagerstätten: Herderit ist ein Mineral niedrig temperierter sowie pneumatolytischer hydrothermaler Lagerstätten und aus Granitpegmatiten.

Bestimmung: Diese Mineralart ist häufig sehr schwierig zu bestimmen.

Chemische Formel: $CaBe(PO_4)(F,OH)$

Kristallsystem: monoklin

Etymologie: nach dem Baron S. A. W. von Herder (1776–1838) benannt, Berghauptmann in Freiberg

Habitus: Die Kristalle sind wuchtig, [100] oder [001], oder dick-tafelig. Die Prismaflächen sind meist leicht gewölbt. Traubige Aggregate mit radialfaseriger Struktur

Physikalische Eigenschaften: *Glanz:* glasig bis fett. *Farbe:* farblos bis Blassgelb oder grünlich Weiß. Durchsichtig bis durchscheinend. *Bruch:* muschelig-uneben. *Spaltbarkeit:* (110) unvollständig. *Härte:* 5–5,5. *Dichte:* 3

Chemische Eigenschaften: löslich in Säuren

Kristall, 60 mm. Lavra do Enio, Governador Valadares, Brasilien

Vorkommen: Vor der Entdeckung der brasilianischen Lagerstätten waren attraktive Amblygonit-Kristalle selten. Es handelte sich um große Einzelkristalle, die in Pegmatiten eingeschlossen waren. Sehr große Kristalle sind aus der Beecher Lode und der Tin Mountain Mine in Custer County, Black Hills, South Dakota bekannt. Klumpen von mehreren hundert Tonnen Montebrasit wurden in den Gruben Peerless, Hugo und Bob Ingersoll, bei Keystone, South Dakota, USA abgebaut. Zentimetergroße, farblose bis weiße Kristalle guter Ausprägung finden sich in den Steinbrüchen von Newry, Oxford County, Maine, USA. Die schönsten Funde, herrliche transparent-gelbe Kristalle von bis zu 150 mm Größe stammen aus brasilianischen Pegmatiten. Besonders hervorzuheben sind hier die zitronengelben bis grünen Kristalle aus der Lavra do Enio, Governador Valadares. Weitere Lagerstätten sind die Gruben Pamaro und Tehino bei Linopolis, wo mit Brasilianit verwachsene Kristalle abgebaut werden. In Europa wurden Amblygonitfunde aus Geyer und Arnsdorf, Sachsen, sowie aus Varuträsk, Schweden gemeldet. Aus Frankreich stammen bis zu 30 kg schwere mit Montebrasit verwachsene Klumpen aus den Steinbrüchen von Montebras-en-Soumans, Creuse, bei Montluçon.

Lagerstätten: Amblygonit ist ein primäres Phosphat lithiumhydroxidhaltiger Pegmatiten.

Bestimmung: Man könnte es mit Feldspat verwechseln, von denen es sich aber durch eine niedrige Schmelztemperatur und die Rotfärbung der Lötrohrflamme unterscheidet.

Chemische Formel: $(Li,Na)Al(PO_4)(F,OH)$

Kristallsystem: triklin

Etymologie: vom griechischen *amblus:* stumpf, und *gonia:* Ecke

Habitus: isometrische bis kurz prismatische [010] Kristalle. Spaltbar bis kompakt

Physikalische Eigenschaften: *Glanz:* glasig bis fett. *Farbe:* farblos, milchig Weiß bis Cremeweiß, Gelb bis Grüngelb. Durchsichtig bis durchscheinend. *Bruch:* uneben. *Spaltbarkeit:* (100) vollkommen, (110) gut. *Härte:* 5,5–6. *Dichte:* 3–3,1

Chemische Eigenschaften: schwer in Säure löslich. Schmilzt leicht und färbt dabei die Flamme des Lötrohrs rot

155 LIBETHENIT

Kristalle, 8 mm. Lubietová, Slowakei

Vorkommen: Dieses Mineral wurde erstmals in Lubietová, Slowakei entdeckt. Man fand dort reiche Vorkommen an millimetergroßen Kristallen auf Quarz. Größere Kristalle von bis zu 10 mm gibt es nur selten. Im Tagebau Mindula Open Pit, Kitwe, Sambia hingegen wurden große oktaedrische Kristalle von bis zu 35 mm gefunden. Die herrlichen dunkelgrünen, fast schwarzen Exemplare befinden sich meist isoliert auf Ganggestein und gehören zu den schönsten bekannten Stücken. Das klassische Vorkommen Wheal Phoenix, Cornwall, Großbritannien hat prachtvolle, zentimetergroße Kristalle hervorgebracht, wenn auch nur wenige. Weitere schöne Stücke stammen aus der Grube Mednorudjansk, Nishnij Tagil, im Ural, Russland, aus Chuquicamata, Antofagasta sowie aus der Grube Mercedes, Coquimbo, Chile. Schließlich kommen aus Castle Dome, Gila County, Arizona, USA Mikrokristalle auf Quarzganggestein.

Lagerstätten: Libethenit ist ein sekundäres Mineral der Oxidationszone kupferführender Lagerstätten.

Bestimmung: Hinweise geben Habitus, Färbung und die Paragenese mit anderen sekundären Kupfermineralen. Es kann mit Olivenit verwechselt werden.

Chemische Formel: $Cu_2(PO_4)(OH)$

Kristallsystem: orthorhombisch

Etymologie: nach dem Ortsnamen Libethen, Slowakei

Habitus: kurze [001] bis leicht gestreckte [100] prismatische oder auch isometrische Kristalle

Physikalische Eigenschaften: *Glanz:* glasig. *Farbe:* Olivgrün bis Schwarzgrün. Durchscheinend. *Bruch:* muschelig bis uneben. *Spaltbarkeit:* schlecht (100) und (010). *Härte:* 4. *Dichte:* 4

Chemische Eigenschaften: leicht in Säuren und Ammoniak löslich. Bildet eine unterbrochene Mischungsreihe mit Olivenit

Kristalle, 5 mm, auf Quarz. Huel Gorland, Cornwall, Großbritannien

Vorkommen: Olivenit ist ein verbreitetes sekundäres Kupfermineral, das meist millimetergroße Kristallüberzüge bildet. Die schönsten bekannten Exemplare, sehr gut ausgeprägte zentimetergroße Kristalle, stammen aus Tsumeb, Namibia. Dort ist das Mineral in allen Übergangsformen bis zum Adamin anzutreffen. Die Kristalle werden bis zu 40 mm groß, ihre Färbung ist dunkelgrün bis grasgrün. Wunderschöne nadelförmige Exemplare von bis zu 15 mm wurden kürzlich in sehr geringen Mengen in Schacht 9 in Touissit bei Oujda, Marokko abgebaut. Die klassischen Exemplare aus den Gruben von Gwennap (u. a. Wheal Unity, Wheal Gorland) in Cornwall, England bestehen aus zentimetergroßen dicken Krusten radialfasriger Kristalle, die meist schlecht individuell ausgeprägt sind und in „Wood Copper“ („holzigen Kupfer“) übergehen. Attraktives Olivenit findet sich in der Last Chance Mine in Coconino County, Arizona und in den Gruben Mammoth und American Eagle, Tintic, Utah, USA. Lagerstätten in Europa sind z. B. Nassau bei Dermbach, Rheinland-Pfalz und Nishnij Tagil, Ural, Russland. In Frankreich gibt es reiche Vorkommen an Olivenit in der Grube von Cap Garonne bei Le Pradet, Var.

Lagerstätten: Sekundäres Mineral der Oxidationszone arsenreicher kupferführender Lagerstätten

Bestimmung: Hinweise geben der häufig nadelförmige Habitus, die Farbe und die Paragenese mit anderen sekundären Kupfermineralen.

Chemische Formel: $Cu_2(AsO)_4(OH)$

Kristallsystem: orthorhombisch

Etymologie: nach seiner Farbe

Habitus: häufig prismatische Kristalle, kurz bis nadelig [100] oder [001]. Strahlige nierenförmige Aggregate („Wood Copper“). Faserige Kristalle (Leucochalcit). Erdige Verkrustungen

Physikalische Eigenschaften: *Glanz:* diamantartig bis glasig. *Farbe:* Olivgrün bis weißlich Grün. Durchscheinend bis opak. *Bruch:* muschelig. *Spaltbarkeit:* schlecht. *Härte:* 3. *Dichte:* 4–4,4

Chemische Eigenschaften: löslich in Säuren und Ammoniak. Bildet eine unterbrochene Mischungsreihe mit Libethenit und Adamin

157 ADAMIN

Kristalle, 5 mm. Ojuela, Mapimi, Durango, Mexiko

Vorkommen: Die ersten Stücke Adamin wurden in Chanarcillo, Chile, von G. Adam gefunden. Reiche Vorkommen an herrlichen Kristallen in kräftigem Grün und neuerdings auch in Lavendel bis Violett (Manganoadamin) in einer Größe von meist 5 mm (max. 30 mm) stammen aus der Grube Ojuela in Mapimi, Durango, Mexiko, aus der die wahrscheinlich besten bekannten Exemplare kommen. Adamin aus dieser Lagerstätte fluoresziert unter UV-Licht gelb. Hervorragende Exemplare kupfer- und kobalthaltiger Varietäten, bis zu 30 mm große Kristalle, in violetter bzw. grüner Farbe, wurden in Tsumeb, Namibia gefunden. Cupro- und Cobaltoadamin bilden auch in der Grube Cap Garonne bei Le Pradet, Var, Frankreich recht schöne millimetergroße Kristalle. Attraktive, smaragdgrüne zentimetergroße kugelförmige Aggregate auf Limonit mit Kristallen im Millimeterbereich stammen aus Lavrion, Griechenland; zentimetergroße grüne Kristalle aus der Grube Dareh Zandijr bei Yazd, Iran. Weitere Lagerstätten sind Aïn Achour bei Guelma, Constantine, Algerien, Reichenbach bei Lahr im Schwarzwald, Baden-Württemberg, Monte Valerio bei Campiglia in der Toskana, Italien und schließlich die Simon Mine, Cedar Mountain, Mineral County, Nevada, USA.
Lagerstätten: Es ist ein sekundäres Mineral der Oxidationszone erzführender Lagerstätten.
Bestimmung: Sie ist schwierig.

Chemische Formel: $Zn_2(AsO_4)(OH)$
Kristallsystem: orthorhombisch
Etymologie: nach dem französischen Mineralogen G.-J. Adam (1795–1881) benannt
Habitus: nach [010] oder, seltener, [001] lang prismatische Kristalle. Kristalline Verkrustungen oder verzwillingte Aggregate

Physikalische Eigenschaften: *Glanz:* glasig. *Farbe:* unterschiedlich; meist Gelb bis bräunlich Gelb, manchmal auch Grün, Rosa usw. Durchsichtig bis durchscheinend. *Bruch:* unbestimmt. *Spaltbarkeit:* (101) gut. *Härte:* 3,5. *Dichte:* 4,3–4,5
Chemische Eigenschaften: leicht löslich in Säuren. Paradamin-Dimorph. Bildet eine Mischungsreihe mit Olivenit

Kristall, 12 mm, mit Siderit. Rapid Creek, Yukon, Kanada

Vorkommen: Dieses Phosphat liegt häufig in Form eingeschlossener Kristalle oder Körner vor. Die schönsten Exemplare bedecken die Wände der Quarz- und Sideritdrusen der Adern von Rapid Creek in den Wüstengebieten des Yukon, Kanada. Dort werden seit 1970 große Mengen gefunden. Es handelt sich dabei um zentimetergroße nachtblaue Einzelkristalle (max. 20 mm) mit glänzenden Flächen, oft in Paragenese mit einem anderen, sehr seltenen Phosphat. Andere Vorkommen sind bereits erschöpft. Dort wurden zudem nur eingeschlossene Kristalle gefunden. Dazu zählen z. B. Graves Mountain, Lincoln County, Georgia, USA, wo bipyramidales Lazulit mit angelaufenen Flächen, verwachsen mit Rutil und Disthen, in zuckerkörnigem Quarz gefunden wurde, ferner Werfen bei Salzburg, Österreich, wo die Kristalle in Quarz oder Calcit eingeschlossen sind, oder Västanå in Schweden, wo die Kristalle bis zu 150 mm groß sind. Dezimetergroße linsenförmige Lazulitkristalle wurden außerdem bei Diamantina, Brasilien, sowie in den Schweizer Alpen auf dem Stockhorn bei Zermatt, Wallis, gefunden, wo es aktiv gesucht wird. Wesentlich seltener ist Skorzalit, der hauptsächlich aus den Pegmatiten von Corrego Frio, Minas Gerais, Brasilien bekannt ist.

Lagerstätten: Es handelt sich um ein Mineral hochtemperierter hydrothermaler Lagerstätten.

Bestimmung: Habitus und Farbe sind charakteristisch. Massiv kann es mit Lasurit verwechselt werden, der aber ist in HCl löslich, wobei der Geruch verfaulter Eier freigesetzt wird [H_2S].

Chemische Formel: $MgAl_2(PO_4)_2(OH)_2$

Kristallsystem: monoklin

Etymologie: nach dem alten deutschen Namen *Lasurstein:* blauer Stein

Habitus: spitze bipyramidale Kristalle, häufig verzwillingt entlang (100). Tafelige Kristalle ($\bar{1}$11) oder (101). Kompakt bis körnig

Physikalische Eigenschaften: *Glanz:* glasig. *Farbe:* Azurblau oder Himmelblau. Durchsichtig bis durchscheinend. *Bruch:* uneben. Spröde. *Spaltbarkeit:* (110). *Härte:* 5–5,6. *Dichte:* 3,1

Chemische Eigenschaften: schwach löslich in heißen Säuren. Bildet eine isomorphe Mischungsreihe mit Skorzalit [$(Fe^{+2},Mg)Al_2(PO_4)_2(OH)_2$]

159 PSEUDOMALACHIT

Kügelchen, 20 mm Durchmesser. Rheinbreitbach, Rheinland-Pfalz

Vorkommen: In den meisten klassischen Lagerstätten liegt Pseudomalachit allein vor, in glänzenden konkretionierten Klumpen oder seltener in einzelnen Kügelchen. Die schönsten Sammlerstücke stammen aus der stillgelegten Grube Mednorudjansk, Nishnij Tagil, Ural, Russland, wo Pseudomalachit mit Quarz verwachsen ist. Im Steinbruch Sesa bei Kambove, Shaba, Kongo bildet es körnige monomineralische Klumpen von über 100 mm Durchmesser. Eine sehr ergiebige Lokalität für klassische Prachtexemplare radialfaseriger Klumpen oder einzelner millimetergroßer Klumpen war die Grube Virneberg bei Rheinbreitbach, Rheinland-Pfalz. Attraktive Stücke mit Malachit sind aus Brown's Deposit, Rum Jungle, Northern Territory, Australien bekannt, glänzende Verkrustungen aus Lubietová (Libethen), Slowakei. In Frankreich wurde Pseudomalachit in Paragenese mit Malachit und gediegenem Kupfer in der alten Hämatitgrube Las Costes, Alban-le-Fraysse, Tarn entdeckt.

Lagerstätten: Pseudomalachit ist ein sekundäres Mineral der Oxidationszone kupferführender Lagerstätten.

Bestimmung: Die Stücke aus den klassischen Lagerstätten sind anhand des konkretionierten Habitus und der Farbe leicht zu bestimmen.

Chemische Formel: $Cu_5(PO_4)_2(OH)_4 \cdot H_2O$

Kristallsystem: monoklin

Etymologie: aufgrund seiner Ähnlichkeit mit dem Malachit

Habitus: in körnigen Klumpen, nieren- bis traubenförmig, mit faseriger Struktur und glänzender Oberfläche. Gelegentlich in kleinen prismatischen [001] Kristallen mit nicht sehr gut ausgeprägten Flächen

Physikalische Eigenschaften: *Glanz:* glasig. *Farbe:* dunkles Smaragdgrün bis Schwarzgrün (dunkler an der Außenseite der Kügelchen). Durchscheinend. *Bruch:* splittrig. *Spaltbarkeit:* (010). *Härte:* 4,5–5. *Dichte:* 4–4,3

Chemische Eigenschaften: Pseudomalachit ist säurelöslich.

Millimetergroße Kügelchen. Tintic, Utah, USA

Vorkommen: Die seltenen Konichalcitkristalle sind oft mikroskopisch klein. Das Mineral wurde erstmals in Hinojosa de Cordoba, Andalusien, Spanien entdeckt. Die schönsten Kristalle stammen aus der Higgins Mine in Bisbee, Cochise County, Arizona, USA. Mehrere reiche Vorkommen finden sich in Tintic in Juab Co, Gold Hill in Tooele Co, Utah, USA, insbesondere in der American Eagle Mine, wo pistaziengrüne hügelige Verkrustungen aus der Alteration von Enargit entstanden und mit Chenevixit [$Cu_2Fe^{+3}_2(AsO_4)_2(OH)_4 \cdot H_2O$] verwachsen sind. Große Mengen attraktiver Stücke stammen auch aus Mapimi, Durango und dem Bundesstaat Sonora, Mexiko, ferner aus Tsumeb, Namibia, wo das Mineral früher Parabayldonit genannt wurde, sowie aus Talmessi, Anarak, Iran, wo es in transparenten und stark glänzenden apfelgrünen Kügelchen vorliegt und mit anderen Kupferarsenaten verwachsen ist, z. B. mit Tirolit oder Lavendulan [$(NaCa)_2Cu_5(AsO_4)_4Cl \cdot 5H_2O$]. Schließlich kommen aus Lavrion, Griechenland Klumpen von bis zu 500 g, verwachsen mit Olivenit. Aus Frankreich sind geringe Mengen an Kügelchen mit 1 mm Durchmesser aus Cap Garonne, Var und apfelgrüne Krusten aus Anozel, Vogesen bekannt.

Lagerstätten: Es ist ein sekundäres Mineral der Oxidationszone arsenreicher kupferführender Lagerstätten.

Bestimmung: Der Habitus hügeliger Krusten sowie die leuchtend grüne Farbe sind charakteristisch für Konichalcit aus den klassischen Lagerstätten.

Chemische Formel: $CaCu(AsO_4)(OH)$

Kristallsystem: orthorhombisch

Etymologie: vom griechischen *konia*: Kalk und *khalkos*: Kupfer

Habitus: isometrische bis kurz prismatische [010] Kristalle. Nieren- bis traubenförmige Verkrustungen mit radialfaseriger Struktur

Physikalische Eigenschaften: *Glanz:* glasig bis fett. *Farbe:* leuchtend Grasgrün bis Pistaziengrün. Durchscheinend. *Bruch:* unbestimmt. *Härte:* 4,5. *Dichte:* 4,3

Chemische Eigenschaften: leicht in HCl und HNO_3 löslich. Bildet eine Mischungsreihe mit Austinit [$CaZn(AsO_4)(OH)$]

161 DESCLOIZIT

Millimetergroße Krusten auf Vanadinit, Touissit, Marokko

Vorkommen: Descloizit tritt häufig in Paragenese mit Mottramit auf. Viele der besten bisher gefundenen Stücke stammen aus dem südlichen Afrika, insbesondere aus Berg Aukas, Tsumeb, Namibia, wo wunderbare bräunlich rote, pyramidale Kristalle in baumartigen Anordnungen von mehreren Zentimetern Länge gefunden wurden; ein weiterer Fundort ist Abenab, ebenfalls Namibia. Fundstätten schöner Exemplare sind zudem Gruben in Arizona, USA, insbesondere in Gila County die C&B Vanadium Mine, Christmas, mit Kristallen von bis zu 5 mm Größe, ferner die Z9 Mine, Banner District; außerdem Los Lamentos in Chihuahua, Mexiko. In Europa wurden attraktive Stücke in Form feiner kristalliner Krusten in Pim Hill, bei Shrewsbury, Shropshire, Großbritannien gefunden. Mottramit wurde in Mottram, Saint Andrew, Cheshire, Großbritannien, entdeckt. Über 30 cm große prismatische Kristalle dunkelbrauner Färbung fand man in Otavi, Namibia. Aus Tsumeb, Namibia sind schöne Anordnungen grünlicher prismatischer Kristalle bekannt. Kürzlich wurde in Schacht 11 in Touissit, Oujda, Marokko eine relativ große Menge interessanter Exemplare von Endlichit, überzogen mit Mottramit, gewonnen.

Lagerstätten: Sekundäres Mineral vanadiumhaltiger Erzlagerstätten

Bestimmung: Habitus – paralleles baumartiges Wachstum – und Farbe sind gute Hinweise.

Chemische Formel: $(Zn,Cu)Pb(VO_4)(OH)$

Kristallsystem: orthorhombisch

Etymologie: benannt nach dem französischen Mineralogen A. Descloizeaux (1817–1897)

Habitus: häufig pyramidenförmige (111) Kristalle; paralleles baumartiges Wachstum oder [001] lang prismatische Einzelkristalle. Traubige Klumpen faseriger Struktur

Physikalische Eigenschaften: *Glanz:* fett. *Farbe:* bräunlich Rot bis schwärzlich. *Bruch:* unbestimmt. Spröde. Durchsichtig bis durchscheinend. *Spaltbarkeit:* keine. *Härte:* 3–3,5. *Dichte:* 6,2

Chemische Eigenschaften: leicht löslich in Säuren; die entstehende Lösung ist gelbgrün.

Kristall, 50 mm, auf Muskovit. Corrego Frio, Minas Gerais, Brasilien

Vorkommen: Brasilianit wurde 1945 als neues Mineral anerkannt. Man fand es im brasilianischen Bundesstaat Minas Gerais in den Pegmatiten von Corrego Frio, an den Ufern des Rio Doce, in der Nähe des Dorfes Divino das Lajanjeiras. Dorther kommen auch die bisher schönsten Stücke – entweder nach [001] prismatische Kristalle von bis zu 200 mm oder kleinere Kristalle (bis 50 mm), die dafür perfekt und nach [100] gestreckt sind, zwei Abschlüsse aufweisen und auf Muskovit aufgewachsen sind. Die meisten von ihnen wurden 1963 entdeckt. Andere brasilianische Pegmatite haben Kristalle geringerer Güte hervorgebracht, so die Lagerstätten Galiléia, Governador Valadares mit ihren grüngelben, steinartigen und bis zu 100 mm großen Kristallen, ferner Mantena, Minas Gerais, und Piedras Lavrades, Paraiaba. In den USA ist Brasilianit in farblosen radialfaserigen Kügelchen aus dem berühmten Pegmatiten der Palermo Mine, North Groton, New Hampshire bekannt. In Europa wurde es in Carniole gemeldet, in den alpinen Pegmatiten von Wolfsberg bei Spittal in Österreich.

Lagerstätten: Es ist ein hydrothermales Mineral granitischer Pegmatite.

Bestimmung: Aufgrund der geringen Anzahl von Lagerstätten ist die Bestimmung vergleichsweise einfach. Massives Brasilianit kann mit anderen Phosphaten verwechselt werden (Wardit, Amblygonit-Montebrasit, madagassischer eisenhaltiger Orthoklas).

Chemische Formel: $NaAl_3(OH)_4(PO_4)_2$

Kristallsystem: monoklin

Etymologie: von „Brasilien“

Habitus: kurzprismatische [001] bis isometrische Kristalle mit nach [100] gerillten oder gestreckten Prismaflächen. Oktaedrisches Aussehen aufgrund gekappter Prismen. Radialfasrige Kügelchen. Bisweilen massiv und schwammartig

Physikalische Eigenschaften: *Glanz:* glasig. *Farbe:* grünlich Gelb bis gelblich, Weiß bis farblos. Durchsichtig. *Bruch:* muschelig. Spröde. *Spaltbarkeit:* (010) gut. *Härte:* 5,5. *Dichte:* 3

Chemische Eigenschaften: wird langsam von warmer Fluss- oder Schwefelsäure angegriffen

163 CAFARSIT

Kristall, 30 mm. Lercheltini Alp, Binnental, Wallis, Schweiz

Vorkommen: Cafarsit wurde um 1900 in Lercheltini Alp, Binnental, Wallis, Schweiz erstmals entdeckt. Anhand der ersten Proben konnte es noch nicht vollständig definiert werden, und man nannte es zunächst Arsenoferrit aufgrund einer vermuteten Eisenarsenid-Pseudomorphose. Das Mineral ist in dieser Fundstätte als sehr deutliche Kubo-Oktaeder ausgeprägt, die bis zu 35 mm groß werden. Im Jahre 1967 konnte es dann eingehender beschrieben werden, als relativ reiche Vorkommen in den Orthogneisspalten der Gipfelpartie des Cherbadung (Piz Cervandana) entdeckt wurden, sowohl auf der Schweizer Seite (Binnental) als auch auf der italienischen (Val d'Ossola). Das Cafarsit liegt dort in prachtvollen, teilweise verwitterten Kristallen vor; die größten erreichen bis zu 50 mm. Die am häufigsten angetroffenen Kristallformen sind der Kubo-Oktaeder, der Würfel und der pentagonale Dodekaeder. Kürzlich wurde auch aus der großen Goldmine von Hemlo, Lake Superior, Ontario, Kanada Cafarsit gemeldet.

Lagerstätten: Cafarsit ist ein seltenes Mineral aus Kristallschieferspalten.

Bestimmung: In den Lagerstätten liegt es in Form recht charakteristischer dunkler Kristalle mit kubischer Symmetrie vor (Kuben, Kubo-Oktaeder, Dodekaeder). Cafarsit ähnelt oxidiertem Pyrit.

Chemische Formel: $Ca_3(Fe,Ti)_3Mn(AsO_4)_6 \cdot H_2O$

Kristallsystem: kubisch

Etymologie: nach seiner chemischen Zusammensetzung (Kalzium, Eisen und Arsen)

Habitus: gut ausgeprägte isometrische Kristalle, deren Flächen jedoch häufig angelaufen sind

Physikalische Eigenschaften: *Glanz:* fettig. *Farbe:* Dunkelbraun, bräunlich, gelblich. Durchscheinend bis opak. *Bruch:* muschelig. *Spaltbarkeit:* nicht deutlich. *Härte:* 5,5–6. *Dichte:* 3,8

Chemische Eigenschaften: Cafarsit wird von starken Säuren langsam angegriffen.

Kristall, 2 mm, auf Dolomit. Lengenbach, Binnental, Wallis, Schweiz

Synonym: Hamlinit

Vorkommen: Goyazit wurde erstmals in Form von kleinen Klumpen und Körnern in den Alluvionen der brasilianischen Provinz Goiás entdeckt, der nationalen Hauptlagerstätte von Diamanten. Die klassische Lokalität, der Steinbruch Lengenbach, Binnental, Wallis, Schweiz ist relativ reich an tafeligen hexagonalen Einzelkristallen. In den Dolomitdrusen erreichen sie in Paragenese mit Oellacherit und Hyalophan $[(KBa)Al(SiAl)_3O_8]$ Größen von bis zu 3 mm. Die schönsten Stücke wurden dort im Sommer 1981 gefunden. Die attraktivsten Kristalle wurden Ende der 1970er-Jahre im Steinbruch Fuchsbau im Fichtelgebirge in Bayern gefunden. Es sind meist dicke, gelbe, tafelige, hexagonale Einzelkristalle mit bis zu 30 mm Durchmesser. Goyazit wurde aus zahlreichen Lagerstätten in der ganzen Welt gemeldet, so kamen schöne Kristalle von der Goldkuppe bei Omaruru, Namibia. In den USA gibt es reiche Vorkommen mit Ferberit in der Eagle Rock Mine, Boulder County, Colorado. In Brasilien wurden kleine bariumhaltige Goyazitkristalle in einem Pegmatit in Alto Bernardino, Picui, Paraiba, gefunden.

Lagerstätten: Goyazit findet sich in bestimmten hydrothermalen Lagerstätten, in Greisen und Pegmatiten.

Bestimmung: Sie ist schwierig.

Chemische Formel: $SrAl_3(PO_4)_2(OH)_5 \cdot H_2O$

Kristallsystem: hexagonal

Etymologie: nach der brasilianischen Provinz Goyaz (heute Goiás)

Habitus: rhomboedrische, pseudokubische $(10\bar{1}2)$ bis tafelige (0001) Kristalle mit hexagonaler Gestalt. Körner und kleine Klumpen

Physikalische Eigenschaften: *Glanz:* fett bis glasig; perlmuttartig auf (0001). *Farbe:* farblos bis weißlich, Strohgelb bis Gelbbraun, manchmal Rosa bis Orangegelb. Durchsichtig. *Spaltbarkeit:* (0001), vollkommen. *Härte:* 4,5–5. *Dichte:* 3,3

Chemische Eigenschaften: langsam löslich in Säuren

165 APATIT

Synonym: Francolit

Vorkommen: Apatit ist ein allgegenwärtiges Mineral von großer Bedeutung: In der Landwirtschaft spielt es als Dünger eine wichtige Rolle (Phosphorlieferant), und bei Menschen und Tieren ist es als Hydroxylapatit ein zentraler Bestandteil der Skelett- und Zahnstruktur. Die Lagerstätten, die die schönsten Kristalle hervorgebracht haben, sind nicht sehr ergiebig. Aus dem Steinbruch Pulsifer, Maine, USA stammen jedoch hervorragende Kristalle tief dunkelvioletter Färbung, tafelige hexagonale Prismen, die im Durchmesser bis zu 50 mm erreichen. Die Gruben von Panasqueira in Portugal sind reiche Vorkommen an herrlichen Apatitkristallen, die größten davon über 100 mm, in Form stark gestreckter tafeliger Prismen. Diese Kristalle variieren stark in der Farbe, vorherrschend sind dabei Violett, Blau, Grün und Gelb. Weitere klassische Lagerstätten sind Greifenstein, Ehrenfriedersdorf, Sachsen mit violetten Kristallen und Epprechtstein, Bayern mit grünen Kristallen. Aus der Goldmine Morro Velho in Nova Lima, Brasilien kommen prachtvolle rosafarbene, tafelige Kristalle, deren Durchmesser bisweilen 50 mm übersteigt und die unter Lichteinwirkung verblassen. Diese Exemplare sind die besten bisher gefundenen in dieser Farbe. Ein reiches Vorkommen an wunderschönen goldgelben Prismen ist die Grube von Cerro Mercado, Durango, Mexiko. Aus den Lagerstätten der Provinz Greenville, Ontario, Kanada stammen ebenfalls sehr schöne, in Calcit eingeschlossene Apatitkristalle; und auch aus den Pyroxeniten im Süden Madagaskars kommen bemerkenswerte Stücke. Die schönsten alpinen rosafarbenen Kristalle finden sich im Habachtal, Österreich, ferner in den Gruben von La Mure, Isère und der L'Aiguille des Glaciers in Savoie, Frankreich. Aus dem Val Cristallina, Graubünden, Schweiz stammen die besten violetten Apatite. Wunderschöne farblose tafelige Kristalle mit Asbesteinschlüssen wurden mit Epidot in der klassischen Lagerstätte Knappenwand gefunden; große weiße Kristalle von über 100 mm am Großvenediger, Österreich. In der Schweiz wurden in La Fibbia, St. Gotthard prächtige farblose Kristalle abgebaut mit sehr komplexen Formen, die pseudo-kugelige Einzelkristalle ergeben. Apatit kann ein sehr wichtiger Ausgangstoff für Dünger sein, meist in massiver Form, wie auf der Halbinsel Kola im Norden Russlands, oder in den reichen Lagerstätten von Kourigha, Marokko. Herrliches Collophanit, wunderschöne glänzende Konkretionen, stammt aus den Gruben von Quercy, Frankreich.

Lagerstätten: Apatit ist ein allgegenwärtiges Mineral aus Pegmatiten, hochtemperierten Adern, alpinen Klüften und sedimentären Ablagerungen.

Bestimmung: Da das Apatit in so vielfältigem Habitus auftritt, ist es schwer zu bestimmen. Apatit aus Pegmatiten kann mit Beryll verwechselt werden.

Abb. rechts oben:
Kristalle, 8 mm. Greifenstein, Vogtland, Sachsen

Abb. rechts unten:
Kristall, 13 mm, auf Dolomit. La Mure, Isère, Frankreich

Chemische Formel: $Ca_5(PO_4)_3(Cl,OH,F)$

Kristallsystem: hexagonal

Etymologie: vom griechischen *apatan:* täuschen, denn das Mineral kann leicht mit anderen Arten verwechselt werden

Habitus: häufig gestreckt tafelige oder nadelige, hexagonale prismatische Kristallen; konkretioniert (Collophanit)

Physikalische Eigenschaften: *Glanz:* glasig bis halbfettig. *Farbe:* Weiß bis Grau, manchmal Grün, Blau, Violett oder Rosa. Durchsichtig. Bisweilen fluoreszierend. *Spaltbarkeit:* nach (0001) schlecht. *Härte:* 4,5–5. *Dichte:* 3,2

Chemische Eigenschaften: Die Bezeichnung Apatit umfasst eine Reihe von Verbindungen, z. B. Chlorapatit, Hydroxylapatit und Fluorapatit.

166 PYROMORPHIT

Synonym: Grünbleierz

Vorkommen: Pyromorphit ist ein relativ häufig vorkommendes Mineral und bei Sammlern aufgrund seines Farbenreichtums sehr begehrt. Klassische Exemplare wurden in den heute stillgelegten Gruben von Bad Ems, Rheinland-Pfalz abgebaut. Die schönsten Kristalle stammen aus der Grube Friedrichssegen, die drei Arten von Exemplaren hervorgebracht hat – Aggregate schwammartiger brauner hexagonaler Kristalle von über 50 mm, in Klumpen bis über 100 kg; tönnchenförmige grüne Kristalle; sowie sehr schöne braune prismatische Kristalle auf Quarz. In Bernkastel, Rheinland-Pfalz wurden ebenfalls sehr schöne Kristalle mit interessanten Galenit-Pseudomorphen gefunden, während aus Hofsgrund, Schwarzwald, Baden-Württemberg schöne grasgrüne Krusten bekannt sind. Auch aus französischen Lagerstätten kommen wunderschöne Kristalle. Die besten Stücke stammen aus der klassischen Lokalität der Grube von Farges bei Ussel, Corrèze. Sie ist berühmt für die Qualität der Exemplare, die dort hauptsächlich zwei Habitus haben: glänzende grasgrüne zentimetergroße Kristalle und schwammartige olivgrüne Kristalle, die bisweilen bis zu 30 mm groß werden. Beide Farbvarietäten treten häufig in Verwachsungen auf. Reiche Mengen großer brauner Kristalle wurden auch in den oberen Sohlen der Grube Huelgoat, Finistère, Frankreich gefunden. Neue Funde sind diesen gleichwertig, es sind die außergewöhnlichen Exemplare aus Bunker Hill, Kellogg, Idaho, USA, große hexagonale, leicht schwammartige Kristalle gelbgrüner bis grasgrüner Färbung, bis 30 mm groß, oder Anordnungen orangegelber Kügelchen mit Campylit-Habitus. In Europa werden noch gelegentlich prachtvolle grasgrüne Kristalle in der Grube Roughton Gill, Cumberland, England gefunden; ähnliche Exemplare sind auch in den alten Gruben von Leadhills, Schottland abgebaut worden. In der klassischen Lagerstätte El Horcajo in Kastilien, Spanien wurden vor etwa 50 Jahren schwammartige Kristallmassen in schöner gelber bis grüngelber Färbung abgebaut. Attraktive Exemplare aus Mitteleuropa sind die braunen Kristalle hoher Güte aus Stribro (Mies), Slowakei und die grünen Kristalle aus Przibram, Tschechien, sowie die länglichen grasgrünen Prismen aus Zschopau, Sachsen. Weitere Fundstätten brauner bis gelber Kristalle sind Broken Hill, Sambia und Broken Hill, New South Wales, Australien.

Lagerstätten: Pyromorphit ist ein Verwitterungsmineral aus bleiführenden Lagerstätten.

Bestimmung: Minerale aus der Pyromorphit-Familie sind leicht zu erkennen. Schwieriger ist es, Pyromorphit von Mimetit zu unterscheiden; das Merkmal Farbe (Pyromorphit grün, Mimetit gelb) ist absolut nicht eindeutig.

Abb. rechts oben:
Kristall, 15 mm, auf Dolomit. Schacht 11, Touissit, Marokko
Abb. rechts unten:
Kristalle, 25 mm. Les Farges, Ussel, Corrèze, Frankreich

Chemische Formel: $Pb_5(PO_4)_3Cl$
Kristallsystem: hexagonal
Etymologie: vom griechischen *pyr, pyros:* Feuer, und *morpho:* Gestalt.
Habitus: hexagonale prismatische Kristalle, bisweilen tönnchenförmig oder schwammartig. Selten konkretioniert

Physikalische Eigenschaften: *Glanz:* fettig. *Farbe:* Gelb bis Braun, Grün. *Bruch:* unbestimmt. Durchscheinend. *Spaltbarkeit:* nach $(10\bar{1}0)$, schlecht. *Härte:* 3,5–4. *Dichte:* 6,5–7,1.
Chemische Eigenschaften: Pyromorphit ist das phosphorreichste Mineral der Mischungsreihe Pyromorphit–Mimetit–Vanadinit. Es ist löslich in Salpetersäure.

167 MIMETIT

Kristalle, 10 mm. Tsumeb, Namibia

Vorkommen: Die Exemplare mit der höchsten Güte wurden bisher um 1971 in Tsumeb, Namibia gefunden. Die perfekten, prismatischen, hexagonalen durchsichtigen und gelben Kristalle mit flachen Abschlüssen werden in Einzelfällen bis zu 60 mm groß. Sehr schöne gelbe, abgeflachte hexagonale Kristalle von bis zu 20 mm stammen aus Johanngeorgenstadt, Sachsen. Ähnliche, aber mehr edelsteinartige Kristalle mit einem Durchmesser bis zu 15 mm wurden vom Mount Bonney, Price's Spring Station, Grove Hill, Northern Territory, Australien gemeldet. Die schönsten Stücke mit Campylitfazies wurden in der Grube Dry Gill in der Nähe der Roughton Gill Mine, Caldbeck Fells, Cumberland, Großbritannien gefunden; es handelt sich um glänzende orangegelbe, zentimetergroße Kristalle. In der Grube El Potosi, Aquiles Serdan (früher Santa Eulalia), Chihuahua und in der Grube Bilbao, Ojo Caliente, Zacatecas, Mexiko bildet Mimetit sehr schöne körnige, orangegelbe Klumpen. In Frankreich wurden in der Grube Cap Garonne, Le Pradet, Var durchsichtige gelbe, millimetergroße Kristalle gefunden.

Lagerstätten: Mimetit ist ein sekundäres Mineral der Oxidationszone von Erzlagerstätten.

Bestimmung: Außer bei den Exemplaren mit Campylitfazies ist die Bestimmung schwierig. Mimetit kann mit Pyromorphit verwechselt werden.

Chemische Formel: $Pb_5(AsO_4)_3Cl$

Kristallsystem: hexagonal

Etymologie: vom griechischen *mimetes*: imitierend; aufgrund der Ähnlichkeit mit Pyromorphit

Habitus: in hexagonalen prismatischen Kristallen [0001]. In abgerundeten Kristallen (Campylitfazies). In nieren- bis kugelförmigen Aggregaten

Physikalische Eigenschaften: *Glanz:* fettig bis halbdiamantartig. *Farbe:* Gelb, Orangegelb bis Orangerot. Durchsichtig bis durchscheinend. *Spaltbarkeit:* schlecht $(10\bar{1}1)$. *Härte:* 3,5–4. *Dichte:* 7,1–7,2

Chemische Eigenschaften: bildet eine Mischungsreihe mit Pyromorphit

Kristalle, 8 mm, auf Baryt. Mibladen, Marokko

Vorkommen: Die besten bekannten Exemplare stammen aus den Bleigruben von Mibladen, Marokko. Es handelt sich dabei um stark abgeflachte hexagonale prismatische Kristalle im Zentimeterbereich (max. 50 mm), die trichterförmige Anordnungen von bis zu 100 mm bilden. Die schönsten Stücke bestehen aus Einzelkristallen auf weißem Baryt. In jüngerer Vergangenheit wurden in den ehemaligen Gruben von Taouz reiche Vorkommen an Edelsteinkristallen abgebaut, die in stärkerer Rotfärbung als die in Mibladen und auf Goethit- und Manganoxidsäulen vorlagen. Ebenfalls in Marokko, im Schacht 11 von Touissit, Oujda wurden reiche Vorkommen großer olivbrauner tönnchenförmiger Endlichitkristalle gefunden. Fundstätten schöner zentimetergroßer Vanadinitkristalle sind die Old Yuma Mine bei Tucson und der J C Holmes Claim, Santa Cruz County, beide Arizona, USA, ferner Broken Hill, New South Wales, Australien, sowie Abenabe, Namibia, wo es in Form riesiger mit Descloizit überzogener Kristalle von bis zu 60 mm vorliegt. In Europa wurde Vanadinit aus Leadhills, Schottland und aus Bleiberg, Österreich gemeldet. In Frankreich schließlich gibt es für kleine, millimetergroße Kristalle nicht bestätigte Meldungen aus Hérival, Vogesen.
Lagerstätten: Vanadinit ist ein sekundäres Mineral der Oxidationszone vanadiumreicher bleiführender Lagerstätten.
Bestimmung: In vielen Fällen sind die rote Farbe und der hexagonale Habitus charakteristisch.

Chemische Formel: $Pb_5(VO_4)_3Cl$
Kristallsystem: hexagonal
Etymologie: nach seiner Zusammensetzung
Habitus: kurze bis lang prismatische Kristalle [0001] mit hexagonaler Gestalt. Bisweilen schwammartig
Physikalische Eigenschaften: *Glanz:* fettig bis diamantartig. *Farbe:* Orangerot, Rubinrot, Rotbraun bis Braun. Durchsichtig bis durchscheinend. *Bruch:* muschelig. *Spaltbarkeit:* keine. *Härte:* 3. *Dichte:* 6,9
Chemische Eigenschaften: löslich in HNO_3 (gelbe Lösung). Endlichit ist eine arsenhaltige Varietät zwischen Mimetit und Vanadinit.

169 HUREAULITH

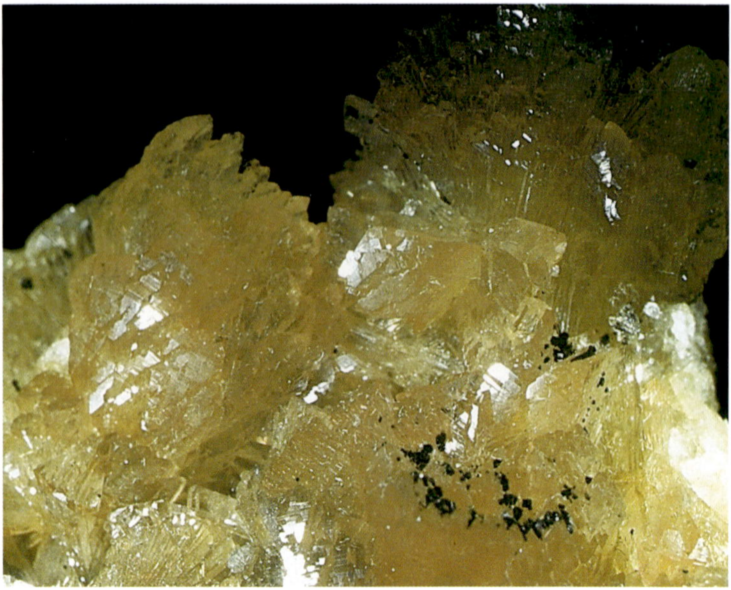

Kristalle, 12 mm. Criminoso, Minas Gerais, Brasilien

Vorkommen: Hureaulith wurde erstmals im Steinbruch Hureaux bei Saint-Sylvestre, Limoges entdeckt, später auch in La Vilate bei Chanteloube, Haute-Vienne, Frankreich. Es lag dort in stilbitähnlich aufgefächerten, orangefarbenen oder violetten Büscheln von bis zu 10 mm Größe vor, verwachsen mit Heterosit und Dufrenit, auf den Spaltflächen nach Triphylit alterierend. Besonders schöne, häufig blassrosa- bis violettrosafarbene Kristalle von bis zu 30 mm Größe stammen aus dem Steinbruch Hagendorf, Oberpfalz, der für seine Vielfalt an Phosphaten berühmt ist. Eine weitere deutsche Lokalität ist der Hühnerkobel bei Zwiesel. Der Steinbruch Mangualde, Beira, Portugal ist reich an attraktiven Stücken, die dort die Dissolutionshohlräume großer Lithiophilitkristalle auskleiden. Kürzlich wurden auch reiche Vorkommen schöner Stücke aus den Pegmatiten der Grube Criminoso, Minas Gerais, Brasilien abgebaut, wo rosa-braunes Hureaulith kiloschwere Kristallklumpen bildet. In den USA wurden prachtvolle Kristalle bis 30 mm Größe aus der Tip-Top Mine, Black Hills, South Dakota gemeldet.

Lagerstätten: Hureaulith findet sich in Pegmatiten als sekundäres Mineral aus der Verwitterung primärer Phosphate wie Triphylit oder Lithiophilit.

Bestimmung: Bei klassischen Lokalitäten einfach.

Chemische Formel: $Mn_5H_2(PO_4)_4 \cdot 4H_2O$

Kristallsystem: monoklin

Etymologie: nach der Fundstätte Les Hureaux bei Limoges, Haute-Vienne, Frankreich

Habitus: kurz prismatische [001], manchmal auch tafelige (100) bis isometrische Kristalle. Stilbitähnlich aufgefächerte Kristallaggregate

Physikalische Eigenschaften: *Glanz:* glasig bis fett. *Farbe:* Lachsrosa bis rötlich Braun, manchmal ins Violette spielend. Durchsichtig bis durchscheinend. *Spaltbarkeit:* (100) gut. *Härte:* 3,5. *Dichte:* 3,2

Chemische Eigenschaften: leicht löslich in Säuren

Rosette, 3 mm. Sainte-Marie-aux-Mines, Haut-Rhin, Frankreich

Vorkommen: Sainfeldit wurde erstmals 1963 beschrieben anhand von Exemplaren aus Sainte-Marie-aux-Mines, Haut-Rhin, Frankreich. Sainfeldit ist eines der neu gebildeten Calciumarseniate, die in Rauental in alten Arsen-, Kupfer- und Silberbergwerken reichhaltig entstanden sind. Es liegt dort in millimetergroßen Rosetten vor, die nicht einfach zu entdecken und zu erkennen sind, außer wenn sie durch Kobaltspuren rosa gefärbt sind. Die schönsten Exemplare stammen aus der klassischen Sohle –40 m der Grube Gabe Gottes, Sainte-Marie-aux-Mines, Elsass, Frankreich. Farbloses Sainfeldit wurde auch häufig in der Giftgrube von Sainte-Marie-aux-Mines gefunden. In diesen Lagerstätten ist es oft mit Picropharmacolith verwachsen. Auch auf alten Fundstücken aus Jachymov (Joachimsthal), Böhmen, Tschechien, sowie aus Richelsdorf, an der Grenze von Thüringen zu Hessen, und in Wittichen, Schwarzwald wurde Sainfeldit entdeckt.

Lagerstätten: Sainfeldit ist ein sekundäres Mineral der Oxidationszone arsenreicher Lagerstätten.

Bestimmung: Dieses Mineral unterscheidet sich von den meisten anderen Calcium- und Magnesiumarseniaten durch sein ausblühendes, nicht pudriges Aussehen und in bestimmten Fällen durch seine rosa Färbung. Aufgrund dieser Farbe kann es höchstens noch mit Fluckit [$CaMnH_2(AsO_4)_4 \cdot 2H_2O$] verwechselt werden.

Chemische Formel: $Ca_5H_2(AsO_4)_4 \cdot 4H_2O$

Kristallsystem: monoklin

Etymologie: nach dem französischen Mineralogen P. Sainfeld benannt

Habitus: kleine, strahlige Rosetten aus prismatischen [001] und nach (100) abgeflachten Kristallen

Physikalische Eigenschaften: *Glanz:* glasig. *Farbe:* farblos, bisweilen Zartrosa. Durchsichtig. *Spaltbarkeit:* keine. *Härte:* unbekannt. *Dichte:* 3

Chemische Eigenschaften: Calciumarseniat. Kann Kobalt enthalten

171 VARISCIT

Knolle, abgesägt, 20 cm. Lucin, Utah, USA

Vorkommen: Variscit kommt selten als Kristall vor, bildet jedoch häufig außergewöhnliche Knollen von schönem Glanz. Sehr attraktive Mikrokristalle wurden in den Drusen massiven Variscits in Lucin, Box Elder County, Utah, USA gefunden. Die besten bekannten Exemplare kommen vom Clay Canyon, nahe Fairfield, Utah, USA. Es handelt sich um Knollen (bis zu 300 mm im Durchmesser), bei denen sich beim Polieren Wachstumsfiguren in konzentrischen Kreisen zeigen. Sie bilden Retraktionsrisse (Typ Septarien), die mit anderen Phosphaten bedeckt sind, welche durch Alteration des Variscit entstehen. Sehr schöne Mikrokristalle kommen aus Iron Knob, Südaustralien; Klumpen von 10 kg gibt es in Cole Shaft, Bisbee, Arizona, USA. In Europa wurde Variscit in Messbach, nahe Plauen, Vogtland, Sachsen gefunden (ursprüngliche Lokalität); schöne schleifbare Exemplare findet man in Palazuelos in der Nähe des Sees Cuevas, Zamora, Spanien. In Frankreich wurde Variscit in mehrere Kilogramm schweren pisolithischen Klumpen im Steinbruch von La Floquerie, Pannecé, Loire-Atlantique festgestellt.

Lagerstätten: Es handelt sich um ein sekundäres Mineral, das durch Reaktion von aluminiumhaltigen Gesteinen mit Regenwasser oder mit hydrothermalem, phosphatiertem Wasser entsteht.

Bestimmung: Die Knollen von Fairfield sind charakteristisch. Das Mineral kann mit dem Türkis verwechselt werden, der beim Lötrohrversuch knistert und sich schwärzlich verfärbt.

Chemische Formel: $Al(PO_4)\cdot 2H_2O$

Kristallsystem: orthorhombisch

Etymologie: nach der typischen Lokalität Variscia, früherer Name des Vogtlands, Deutschland

Habitus: seltene oktaedrische Kristalle (111) durch (001) abgeschnitten. Meistens körnige Massen, Knollen, Äderchen oder Verkrustungen.

Physikalische Eigenschaften: *Glanz:* glasig bis wachsartig. *Farbe:* Blassgrün bis Smaragdgrün. Durchsichtig bis durchscheinend. *Spaltbarkeit:* (010) gut. *Härte:* 3,5–4,5. *Dichte:* 2,6

Chemische Eigenschaften: In Laugen löslich. Bildet eine Serie mit Strengit $[Fe(PO_4)\cdot 2H_2O]$

Kristall, 12 mm auf Quarz. Concepción del Oro, Mexiko

Vorkommen: Skorodit bildet im Allgemeinen Verkrustungen, seltener Kristalle. Letztere zeigen manchmal einen Alexandrit-Effekt (Farbwechsel je nach dem, welche Lichtquelle – Kunstlicht oder natürliches Licht – verwendet wird). Die besten bekannten Exemplare kommen aus zwei Lokalitäten: aus der Grube El Cobre, Concepción del Oro, Mexiko, in der sich Quarzplatten gebildet haben, die mit blau-grünen Skorodit-Kristallen (bis zu 15 mm Kantenlänge) überzogen sind, und aus der Grube von Tsumeb, Namiba, wo (seltene) Kristalle auf über 40 mm Kantenlänge kommen. Mehrere Zentimeter lange, grün-schwarze Kristalle kommen aus der Grube Kuira, Õita, Japan. Zu nennen sind noch die klassischen Lokalitäten, nämlich das Gebiet von Ouro Prêto, Minas Gerais, Brasilien, ein reiches Vorkommen an zentimeterlangen, ein wenig alterierten Kristallen, und das Vorkommen von Dermbach, Hessen-Nassau mit seinen Aggregaten millimetergroßer, prismatischer Kristalle auf Quarz in sehr schöner Farbe. In Frankreich hat man um 1840 wunderbare, bis zu 10 mm große Kristalle in der Zinnlagerstätte von Vaulry, Mont Blond, Haute-Vienne gefunden.

Lagerstätten: Es handelt sich um ein sekundäres Mineral aus der Oxidationszone von Arsenopyritlagerstätten und anderen Lagerstätten arsenhaltiger Minerale. Er ist häufig verwachsen mit Pharmakosiderit.

Bestimmung: Habitus, Farbe, Verwachsung mit Pharmakosiderit-Arsenopyrit und der Knoblauchgeruch bei Erhitzung sind charakteristisch.

Chemische Formel: $Fe^{3+}AsO_4 2H_2O$

Kristallsystem: orthorhombisch

Etymologie: vom griechischen *scorodion:* Knoblauch

Habitus: bipyramidale Kristalle (111), tafelig (001) oder länglich nach [010]. Kompakte Klumpen, manchmal streifig bis erdig

Physikalische Eigenschaften: *Glanz:* glasig. *Farbe:* Hellgrün bis Braungrün, Blau, Violett. *Bruch:* muschelig-uneben. Durchsichtig bis durchscheinend. *Spaltbarkeit:* schlecht. *Härte:* 3,5–4. *Dichte:* 3,1–3,3

Chemische Eigenschaften: in Säuren löslich. Schmilzt auf Holzkohle und verbreitet dabei Knoblauchgeruch. Bildet eine Serie mit dem Mansfieldit $[(Fe,Al)(AsO_4)\cdot 2H_2O]$

173 HOPEIT

Parahopeit-Kristall, 12 mm. Broken Hill, Sambia

Vorkommen: Schöne Kristalle sind in nur einer Lokalität bekannt. Es handelt sich um die Grube von Broken Hill, im Norden von Sambia, Afrika. Reiche Vorkommen millimetergroßer mit Rostflecken versehener Kristalle wurden dort gefunden, seltener zentimetergroße, prismatische Kristalle (maximal 35 mm) von perlmutterartigem Aussehen und von milchigweißer bis blassgelber Farbe. Andere sekundäre Zinkminerale treten als Begleitminerale auf. Zu erwähnen ist sein trikliner Dimorph, Parahopeit, mit dem Hopeit eng verwachsen ist, jedoch auch Hemimorphit, Zinkspat, und der seltene Tarbuttit [$Zn_2(PO_4)(OH)$], für den die Grube von Broken Hill ebenfalls die beste Lokalität ist. Ursprünglich wurde der Hopeit mit dem Hemimorphit verwachsen im Jahre 1820 in der Zinkgrube von Altenberg nahe Aachen gefunden, in Aachen-Moresnet, deutsch-belgisches Grenzgebiet. Er kommt auch mit dem Spencerit [$Zn_4(PO_4)_2(OH)_2 \cdot 3H_2O$] verwachsen vor, und zwar in der Grube von Hudson Bay, Salmo, im Revier Nelson, British Columbia, Kanada. Schließlich sei noch erwähnt, dass vor nicht langer Zeit außerordentliche, zentimetergroße Parahopeit- und Tarbuttit-Kristalle entdeckt wurden, die mit Scholzit [$CaZn_2(PO_4)_2 \cdot 2H_2O$] verwachsen sind, und zwar in dem berühmten neuen Vorkommen von Reaphook Hill, Easter Flinders Ranges, Australien.

Lagerstätten: Es handelt sich um ein sekundäres Mineral aus der Oxidationszone von Zinklagerstätten.

Bestimmung: Die Exemplare von Broken Hill, Sambia sind als typisch anzusehen.

Chemische Formel: $Zn_3(PO_4)_2 \cdot 4H_2O$

Kristallsystem: orthorhombisch

Etymologie: nach T. C. Hope, Chemieprofessor (1766–1844)

Habitus: tafelige (010) bis prismatische Kristalle [001], Einzelkristalle oder in unterschiedlichen Aggregaten. Nierenförmig

Physikalische Eigenschaften: *Glanz:* glasig bis perlmuttartig nach (010). *Farbe:* farblos bis gräulichweiß oder Blassgelb. Durchsichtig bis durchscheinend. *Bruch:* uneben. Spröde. *Spaltbarkeit:* vollkommen (010) und (100) gut. *Härte:* 3,2. *Dichte:* 3

Chemische Eigenschaften: löslich in HCl. Parahopeit-Dimorph (triklin)

Kristall, 35 mm. Potosi, Bolivien

Vorkommen: Phosphophyllit ist ein extrem seltenes und aufgrund seiner wunderbaren Farbe besonders attraktives Mineral. Um 1913 wurden zum ersten Mal kleine (bis 15 mm große), blasse Kristalle im Pegmatit von Hagendorf nahe Pleystein, Oberpfalz entdeckt. Die meisten dieser Kristalle maßen 2–3 mm. Millimetergroße Kristalle wurden dort reichlich ebenfalls um 1970 gefunden. Um 1935 hat man in der Grube Unificada de Potosi, Potosi, Bolivien die schönsten bekannten Kristalle gefunden. Diese zwillingsartig verwachsenen Kristalle von grün-blauer bis gleichmäßig grüner Farbe erreichten Größen bis zu 150 mm. Sie wurden in Spalten massiver Erze gefunden (Chalkopyrit oder Pyrit). Es wurden jedoch nur wenige Kristalle entdeckt, und die Produktionszone ist zur Zeit stillgelegt. Kleine, millimetergroße Kristalle sind noch aus der berühmten Oxidationszone der Zinklagerstätte von Reaphook Hill im südlichen Australien bekannt. Schließlich kommt Phosphophyllit auch im klassischen Pegmatit der Palermo No. 1 Mine, North Groton, New Hampshire, USA vor.

Lagerstätten: Es handelt sich um ein sekundäres Mineral, das bei der Umwandlung von Phosphaten in Pegmatiten oder in der Oxidationszone bestimmter Erzlagerstätten gebildet wird.

Bestimmung: Phosphophyllit ist im Vorkommen von Potosi aufgrund der grünen Farbe sofort zu bestimmen. Die Bestimmung kann durch Fluoreszenz unter kurzwelligem UV-Licht bestätigt werden.

Chemische Formel: $Zn_2(Fe, Mn)(PO_4)_2 \cdot 4H_2O$

Kristallsystem: monoklin

Etymologie: in Anspielung auf seine Zusammensetzung und seine perfekte, blättrige Spaltbarkeit

Habitus: dicktafelige Kristalle (100). Häufig Zwillinge nach (100), zuweilen polysynthetisch

Physikalische Eigenschaften: *Glanz:* glasig. *Farbe:* farblos, grün-bläulich bis Grün. Violette Fluoreszenz unter kurzwelligem UV-Licht. Durchsichtig. Spröde. *Spaltbarkeit:* vollkommen (100). *Härte:* 3–3,5. *Dichte:* 3,1

Chemische Eigenschaften: Der Phosphophyllit ist in Säuren löslich.

175 LUDLAMIT

Kristall, 17 mm, auf Quarz und Siderit. Trepca, Serbien

Vorkommen: Ludlamit wurde in Großbritannien in der Grube Wheal Jane, Truro, Cornwall beschrieben. In diesem Vorkommen wurden vor nicht langer Zeit außerordentliche, bis zu 30 mm große Kristalle gefunden. Die besten Exemplare (bis zu 30 mm) kommen jedoch eher aus der Grube von Trepca, Serbien in Form von Einzelkristallen mit wunderschöner grüner Farbe und gut ausgeprägten kristallinen Formen. In den USA gibt es exzellente Exemplare in der Blackbird Mine, Lemhi County, Idaho und in den Pegmatiten von Custer und von Keystone, Süd-Dakota, wo der Ludlamit kompakte Massen bildet (bis zu 300 mm) und mit kleinen Kristallen überzogene Geoden abschließt. In Pegmatiten findet man ihn auch in Galiléia und in Lavra do Enio, Minas Gerais, Brasilien. Kürzlich noch wurden schöne Kristalle (40 mm), in Büscheln angeordnet, in der Grube von San Antonio, Chihuahua, Mexiko entdeckt. In Frankreich kommen wunderschöne, zentimetergroße Kristalle auf Pyrit vor in der Goldgrube von Salsigne, Aude.

Lagerstätten: Ludlamit ist ein sekundäres Mineral aus der Oxidationszone von Erzlagerstätten. Er ist ebenfalls als hydrothermale Alteration bestimmter Pegmatitphosphate bekannt.

Bestimmung: Anhand von Form und Farbe lässt sich das Mineral bestimmen. Dennoch kann man es mit dem Skorodit verwechseln.

Chemische Formel: $(Fe^{2+}, Mg, Mn)_3(PO_4)_2 \cdot 4H_2O$
Kristallsystem: monoklin
Etymologie: nach dem englischen Mineralogen M. Ludlam
Habitus: tafelige Kristalle, nach (001) abgeflacht, mit dachförmigen Abschlüssen, bildet manchmal parallele Gruppen. Der Ludlamit kommt auch massiv oder körnig vor.

Physikalische Eigenschaften: *Glanz:* glasig. *Farbe:* kräftig Grün, Apfelgrün, Blassgrün oder farblos. Durchsichtig bis durchscheinend. *Bruch:* unregelmäßig. *Spaltbarkeit:* (001) perfekt. *Härte:* 3,5. *Dichte:* 3,1–3,2
Chemische Eigenschaften: wird langsam von Säuren angegriffen

Kristall, 80 mm, auf Siderit. Trepca, Serbien

Vorkommen: Dieses häufig vorkommende Phosphat kann enorm große Kristalle bilden wie im Sumpfbassin von Anloua, Ngaoundéré, Kamerun, wo metergroße Kristallrosetten gefunden wurden. Die attraktivsten prismatischen Kristalle erreichen eine Länge von 150 mm, haben eine sehr schöne dunkelgrüne Farbe und kommen aus der bolivianischen Zinnprovinz – früher aus der Grube Siglo XX, Llallagua, oder aus Colquechaca und aus Potosi, heute aus der Grube Santa Fe, Morococala, nahe Huanuni Oruro. Sie befinden sich leider auf dem (wenig stabilen) Markasit-Ganggestein. Zu erwähnen sind noch die schönen Kristalle von Trepca, Serbien, die Gruben Wheal Kind und Wheal Jane, Cornwall, Großbritannien, die wunderschönen blaugrünen Kristalle von 50 mm Größe aus der Grube Blackbird, Lemhi County, Idaho, USA, die großen Kristalle der Gruben in Ashio, Provinz Shimotsuke, Japan und schließlich die großartigen, dezimetergroßen Kristalle aus den Pegmatiten von Lavra do Enio, Boa Vista, Minas Gerais, Brasilien. In Frankreich wurde der Vivianit in Salsigne, Aude gefunden, und in den Kohlegruben von Commentry, Allier in Form schöner, zentimetergroßer Edelsteinkristalle.

Lagerstätten: Es handelt sich um ein sekundäres Mineral der hydrothermalen Alteration von Erzlagerstätten und von primären Phosphaten in Pegmatiten. In Ton und anderen Sedimenten ist er mit organischer Materie verwachsen.

Bestimmung: Habitus, blättrige Spaltbarkeit und die geringe Härte sind als charakteristisch anzusehen.

Chemische Formel: $(Fe_3(PO_4)_2 \cdot 8H_2O$

Kristallsystem: monoklin

Etymologie: nach dem englischen Mineralogen J. G. Vivian

Habitus: prismatische Kristalle [001], manchmal abgeflacht nach (010), aber auch isometrisch bis tafelig (010). Kristallrosetten. Faserige Massen und Verkrustungen

Physikalische Eigenschaften: *Glanz:* glasig. *Farbe:* farblos und durchsichtig, wenn er frisch ist. Kann rasch an der Luft oxidieren und sich blassblau bis grünlichblau verfärben. *Bruch:* muschelig. Schneidbar. *Spaltbarkeit:* vollkommen (010). *Härte:* 1,5–2. *Dichte:* 2,7

Chemische Eigenschaften: in Säuren leicht löslich

177 ERYTHRIN

Kristall, 35 mm, mit Beta-Roselith. Bou Azzer, Marokko

Vorkommen: Die besten Kristalle kommen aus den heute aufgegebenen Gängen von Bou Azzer, Anti-Atlas, Marokko, insbesondere aus der berühmten Ader Nr. 7. Es handelt sich um Kristalle tafeliger „Facetten“, die in Ausnahmefällen 150 mm groß sein können (meistens jedoch 30 mm). Die großen Kristalle sind oft angelaufen, da sie mit einer Schicht Annabergit überzogen sind. Um 1980 hat man bei Arbeiten, die in Ader Nr. 6 durchgeführt wurden, außerordentliche Verkrustungen glänzender, zentimetergroßer Kristallrosetten gefunden. Vorher kamen die besten Exemplare, Büschel nadeliger Kristalle, die bis zu 40 mm groß sind, aus den Gruben Rappold, Weißer Hirsch und Daniel, Schneeberg, Sachsen. Der Erythrin wurde in Form schöner Mikrorosetten-Verkrustungen in der Grube von Ojuela, Mapimí, Durango, Mexiko gefunden, und als Kristall von bis zu einem Zentimeter Größe nahe Hoschstadten, Deutschland. In Frankreich wurden seltene und schöne millimetergroße Kristalle in La Treille, Sainte-Marie-aux-Mines, Haut-Rhin entdeckt.

Lagerstätten: Es handelt sich um ein sekundäres Mineral aus der Oxidationszone von Kobalt-Nickellagerstätten (Skutterudit, Kobaltglanz).

Bestimmung: Die Farbe kann verwechselt werden mit der des Roselith, der einen anderen Habitus hat, mit der des löslichen Sphärocobaltit, der sich in Säuren unter Aufschäumen löst, und mit der des in Säuren nicht löslichen Kämmererit.

Chemische Formel: $(Co,Ni)_3(AsO_4)_2 \cdot 8H_2O$

Kristallsystem: monoklin

Etymologie: nach dem griechischen *erythros:* rot.

Habitus: prismatische bis nadelige Kristalle [001], nach (010) abgeflacht, nach [001] gerillt. Strahlenförmige Aggregate. Erdige Verkrustungen

Physikalische Eigenschaften: *Glanz:* schwach diamantartig. *Farbe:* Pfirsichblütenrosa, Karminrot bis bläulich Rot. Durchsichtig bis durchscheinend. Schneidbar. Feine, biegsame Blätter. *Spaltbarkeit:* vollkommen (010). *Härte:* 1,5–2,5. *Dichte:* 3–3,2

Chemische Eigenschaften: in Säuren löslich. Bildet eine vollständige isomorphe Reihe mit Annabergit

Kristall, 3 mm. Kamareza, Lavrion, Griechenland

Vorkommen: Annabergit bildet selten Kristalle, höchstens zentimetergroße. Er ist noch seltener als Erythrin und hat einen wesentlichen Anteil an der „Nickelblüte", die ein Indikator für Nickellagerstätten ist. Die besten kristallisierten Exemplare (Cabrerit-varietät) kommen aus dem klassischen Revier von Lavrion, Griechenland, insbesondere aus den Gruben am Kilometer 100, Pláka und Kamareza. Er wurde ursprünglich in Annaberg, Sachsen in Belag und in sehr seltenen nadeligen Kristallen gefunden, er kommt dort jedoch im gesamten Erzrevier vor: in Schneeberg, Johanngeorgenstadt, u. a. Schöne Exemplare sind auch aus dem Revier von Cobalt, Ontario, Kanada bekannt, reiche Vorkommen gibt es in der Grube Lovelock, Cottonwood Canyon, Humbold County, Nevada, USA. In Anărak, Iran existieren Klumpen von über 1 kg. Man findet Annabergit in Bou Azzer, Marokko und in der Eisengrube von Hüttenberg, Kärnten, Österreich. In Frankreich gab es reiche Vorkommen in erdiger Form mit Erythrin und mit gediegenem Silber in den Gruben von Chalanches, Allemont, Isère. In Sainte-Marie-aux-Mines, Haut-Rhin, findet man ihn sehr häufig in den Gruben Chrétien, Rauental und in den Kobaltgruben von Fertrupt.

Lagerstätten: Es handelt sich um ein sekundäres Mineral aus der Oxidationszone von Nickel-Kobaltlagerstätten.

Bestimmung: Habitus und Farbe sind charakteristisch.

Chemische Formel: $(Ni, Co)_3(AsO_4)_2 \cdot 8H_2O$

Kristallsystem: monoklin

Etymologie: nach Annaberg, Deutschland

Habitus: prismatische bis nadelige Kristalle [001], abgeflacht nach (010) und gestreift nach [001]. Mikrokristalline, erdige Verkrustungen

Physikalische Eigenschaften: *Glanz:* schwach diamantartig, permuttartig auf (010). *Farbe:* Blassgrün bis Apfelgrün. Durchsichtig bis durchscheinend. Feine, biegsame Blätter. *Spaltbarkeit:* vollkommen (010). *Härte:* 1,5–2,5. *Dichte:* 3–3,2

Chemische Eigenschaften: in Säuren löslich. Bildet eine Reihe mit Erythrin. Caberit ist eine magnesiumhaltige Varietät des Annabergit.

179 ROSELITH

Kristalle, 2 mm, auf Quarz. Schneeberg, Sachsen, Deutschland

Synonym: Alpha-Roselith

Vorkommen: Die Farbe des Roselith ist sehr nuancenreich: Rosa bis Rotviolett. Die besten Exemplare kommen aus den Lagerstätten des Reviers von Bou Azzer, Marokko. So wurden um 1965 herrliche Exemplare dieses Minerals in der Grube von Arhbar zwischen den Sohlen 125 und 165 gefunden, wo dieses Mineral außergewöhnliche Gruppen glänzender Kristalle in Rotviolett auf weißem Dolomit gebildet hatte. Die größten Einzelexemplare sind bis zu 1 cm groß. Roselith ist mit kobalthaltigem Kalkspat in roten Skalenoedern verwachsen. Die Grube Daniel bei Schneeberg, Sachsen hat früher sehr schöne, heute bereits als klassisch anzusehende Exemplare in Form von kleinen, millimetergroßen Kristallen auf Quarz geliefert. Den Roselith ß, Roselith-Dimorph, findet man ebenfalls in kristallinen Sphäroliten von hellerer Farbe. Er kommt zudem in Schneeberg, Sachsen, in Bou Azzer, Marokko und neuerdings auch in Tsumeb, Namibia vor.

Lagerstätten: Roselit ist ein sekundäres Mineral aus der Oxidationszone von Lagerstätten, die Kobalt-Arsenverbindungen führen. Es ist ein Dimorph des triklinischen Roselith ß-$[Ca_2Co(AsO_4)_2 \cdot 2H_2O]$.

Bestimmung: In den Kobaltlagerstätten kommt Roselith mit den gleichen Farbschattierungen vor wie Erythrin, jedoch unterscheiden sie sich in ihrem Habitus.

Chemische Formel: $Ca_2(Co,Mg)[AsO_4]_2 \cdot 2H_2O$

Kristallsystem: monoklin

Etymologie: nach G. Rose, deutscher Mineraloge

Habitus: prismatische, längliche Kristalle mit allgemein einfachen Endflächen und dominierenden Flächen (122) und ($\bar{1}$22), die eine spitze Pyramide bilden

Physikalische Eigenschaften: *Glanz:* glasig. *Farbe:* Rosa bis dunkel Rotviolett. Durchscheinend bis durchsichtig. *Bruch:* ungleichmäßig. *Spaltbarkeit:* (010) vollkommen. *Härte:* 3,5. *Dichte:* 3,5–3,7

Chemische Eigenschaften: Der variierende Kobaltgehalt ist verantwortlich für die Farbschattierungen.

Büschel zentimetergroßer Kristalle. Saint Marie aux Mines, Haut-Rhin, Frankreich

Vorkommen: Der Pikropharmakolith wurde zum ersten Mal in Richelsdorf, Thüringen beschrieben. Er kommt in zahlreichen Lokalitäten in Deutschland vor: im gesamten sächsischen Revier, in Freiberg und Schneeberg, dann noch in Wittichen, Schwarzwald. Schöne Exemplare kommen aus Jáchymov, Tschechien. In den USA kommt er in Franklin, New Jersey vor, sowie in der Grube Getchell, Humboldt County, Nevada. In Frankreich findet man reiche Vorkommen in den alten Gruben von Sainte-Marie-aux-Mines, Haut-Rhin, verwachsen mit anderen Kalkarseniaten oder klassischen Kalkmagnesiumverbindungen dieses Reviers. Diese Exemplare, die zu den besten bekannten gehören, kommen im Allgemeinen aus den schon sehr früh ausgebeuteten Zonen, wo sich die neu entstandenen Minerale über eine sehr lange Zeit bilden konnten, wie dies der Fall ist in der Grube Saint-Pierre Supérieure, in der Ader Saint-Guillaume, wo sich Bärenfellformationen von 20 bis 30 mm mit Nadeln von 10 bis 20 mm Länge gebildet haben, oder in der Giftgrube, Ader Saint-Jacques. Pikropharmakolith wurde dort durch Alteration von Erzen gebildet, die den höchsten Gehalt an Arsen hatten, wie z. B. gediegenes Arsen und Löllingit [$FeAS_2$]. Er ist verwachsen mit Pharmakolith [$CaHAsO_4 \cdot 2H_2O$], Sainfeldit und Rauenthalit [$Ca_3(AsO_4)_2 \cdot 10H_2O$].

Chemische Formel: $H_2Ca_4Mg(AsO_4)_4 \cdot 11H_2O$

Etymologie: nach dem griechischen *pikros:* bitter, und *pharmakon:* Gift, in Anspielung auf seine Zusammensetzung (Arsen und Magnesium)

Habitus: nadelige Kristalle [001], sehr fein mit quadratischem Querschnitt, oft vereinigt in kleinen Kügelchen, die wiederum in Aggregaten angeordnet sind

Physikalische Eigenschaften: *Glanz:* schwach perlmuttartig. *Farbe:* Weiß. Durchscheinend bis opak. *Spaltbarkeit:* (100) und (010) vollkommen. *Härte:* unbekannt. *Dichte:* 2,6

Chemische Eigenschaften: Pikropharmakolith kann in trockener Atmosphäre dehydrieren.

181 LEGRANDIT

Kristall, 15 mm. Ojuela, Mapimi, Durango, Mexiko

Vorkommen: Legrandit wurde erstmals 1932 in der Grube Flor de Peña, Lampazos, Nuevo Leon, Mexiko beschrieben. Dieses Vorkommen hat jedoch keine schönen Exemplare hervorgebracht. In der Grube Ojuela, Mapimi, Staat Durango, auch in Mexiko, wurden die schönsten Stücke gefunden. Legrandit war dort in recht großer Menge vorhanden und befand sich in den Hohlräumen einer kompakten limonithaltigen Matrix im Fürstbereich der Grube. Hervorragende Einzelkristalle, gut ausgeprägt, goldgelb bis bernsteinfarben, wurden abgebaut; die größten waren manchmal länger als 150 mm und sahen oft aus wie aus mehreren Kristallen zusammengesetzt, mit mehrfachen Endungen. Diese Kristalle sind mitunter in außergewöhnlichen Gruppen angeordnet, die bis zu 230 mm Größe erreichen konnten. In diesem Vorkommen wurde Legrandit oft mit sehr schönen grünlich gelben bis grünen Adaminkristallen verwachsen vorgefunden. Vor kurzem hat man Legrandit in Tsumeb, Namibia in Form von zentimetergroßen orangefarbenen Einzelkristallen entdeckt.

Lagerstätten: Legrandit ist ein sekundäres Mineral der Oxidationszone von Erzlagerstätten, zuweilen mit anderen seltenen Arseniaten verwachsen.

Bestimmung: Im klassischen Vorkommen in Mapimi sind Farbe, Glanz und Habitus der Kristalle die Merkmale, die Legrandit von anderen Mineralen unterscheiden.

Chemische Formel: $Zn_2(AsO_4)(OH) \cdot H_2O$

Kristallsystem: monoklin

Etymologie: benannt nach Legrand, belgischer Bergbauingenieur

Habitus: meist Aggregate auseinanderlaufender lang prismatischer Kristalle. Große Kristalle weisen mehrfache pyramidische Endungen auf.

Physikalische Eigenschaften: *Glanz:* stark fettig. *Farbe:* grünlich Gelb bis Wachsgelb. Durchscheinend bis durchsichtig. *Bruch:* unregelmäßig. *Spaltbarkeit:* wenig deutlich (100). *Härte:* 4,5. *Dichte:* 4

Chemische Eigenschaften: Legrandit wird langsam von Säuren angegriffen.

Kristall, 12 mm. Lubietova, Slowakei

Vorkommen: Euchroit ist ein extrem seltenes oxidiertes Mineral. Es wurde in nur einem einzigen, dafür aber reichen Vorkommen entdeckt: in Lubietova (früher Libethen), nahe Neusohl (Bansra Bystica), Slowakei. Die größten Kristalle sind bis zu 15 mm groß und eingewachsen in den Rissen eines serizit- und limonithaltigen Schiefers. Euchroit ist dort ausschließlich mit einem Wadüberzug anzutreffen. In einigen Proben wurden die großen Kristalle wieder zusammengeklebt. Im Vorkommen von Lubietova, klassische Lokalität für dieses Mineral, gibt es drei Gruben, wo Euchroit abgebaut wird: die Grube Swatocheska, die Seelen-Grube (oder Geistgrube) und die Grube Farbischtia. Schöne glänzende Kristalle sind bekannt in den Gruben von Lavrion bei Athen, Griechenland; diese sind jedoch wenig ergiebig. Euchroit kommt ebenfalls in den USA vor, in Montana, ferner in Bulgarien, in Zapachitsa, dort begleitet von Azuritmalachit und von Strashimirit [$Cu_8(AsO_4)_4(OH)_4 \cdot 5H_2O$].

Lagerstätten: Euchroit ist ein sehr seltenes sekundäres Mineral der kupferhaltigen Lagerstätten, das mit anderen Kupferarseniaten assoziiert ist.

Bestimmung: Sie ist leicht, da das Vorkommen in Lubietova quasi einmalig ist.

Chemische Formel: $Cu_2(AsO_4)(OH) \cdot 3H_2O$

Kristallsystem: orthorhombisch

Etymologie: vom griech. *eukhroia:* schöne Farbe

Habitus: kurz prismatische [010] bis isometrische Kristalle, zuweilen tafelig (100), dick mit den Flächen (110), (302), (201) und gerillt nach [010]

Physikalische Eigenschaften: *Glanz:* glasig. *Farbe:* Smaragdgrün mit gelblicher Nuance. Durchscheinend. *Bruch:* uneben bis muschelig-uneben. Leicht spröde. *Spaltbarkeit:* unsauber (101) und (110). *Härte:* 3,5–4. *Dichte:* 3,4

Chemische Eigenschaften: in Säuren löslich; dieses Mineral ist an der natürlichen Stabilitätsgrenze und geht leicht in Olivenit über.

183 WAVELLIT

Kügelchen, 10 mm, auf Türkis. Montebras-en-Soumans, Creuse, Frankreich

Vorkommen: Wavellit ist ein häufiges Phosphat, Wavellitkristalle jedoch sind selten, meist winzig und schlecht ausgebildet. In den Gruben in Llallagua, Bolivien kommen schöne weiße, 5 mm lange Kristalle vor, zu Büscheln gruppiert und mit Paravauxit $[Fe^{2+}Al_2(PO_4)(OH)_2 \cdot H_2O]$ und mit Vauxit $[Fe^{2+}Al_2(PO_4)_2(OH)_2 \cdot 6H_2O]$ verwachsen. Wavellit bildet normalerweise radialfaserige Kugeln, bedeckt mit Kristallspitzen, die sich in den Rissen von aluminiumhaltigen Schiefern befinden. Die schönsten Exemplare von diesem Habitus in Form von blau-grauen Kügelchen (bis zu 50 mm Durchmesser) stammen aus dem Steinbruch Highdown, Filleigh, Devonshire, Großbritannien, und in Form von grünen Kügelchen mit bis zu 30 mm Durchmesser aus Arkansas, USA, im Garland County, Hot Springs County und Montgomery County, insbesondere in Pencil Bluff. Sehr schöne Exemplare sind aus Deutschland, Grube Tannenberg, Mühlleiten, Vogtland und aus Lichtenburg, nahe Ronneburg bekannt, in der Form von schönen weißen bis gelben Kugeln, von 15 mm Durchmesser. In Frankreich sind zentimetergroße strahlige Kügelchen in Montebras-en-Soumans, Creuse und in La Floquerie, nahe Pannecé, Loire-Atlantique anzutreffen.

Lagerstätten: Es handelt sich um ein sekundäres Phosphat, das in Pegmatiten, aluminiumhaltigen Schiefern und in einigen Erzlagerstätten vorkommt.

Bestimmung: Der Habitus in Form radialfaseriger Kugeln ist ein sicheres Anzeichen.

Chemische Formel: $Al_3(OH)_3(PO_4)_2 \cdot 5H_2O$

Kristallsystem: orthorhombisch

Etymologie: benannt nach dem Physiker W. Wavell, Entdecker des Minerals

Habitus: normalerweise kugelige bis halbkugelige Aggregate radialfaseriger Struktur; zuweilen Stalaktite; selten wuchtige bis prismatische Kristalle nach [001]

Physikalische Eigenschaften: *Glanz:* glasig bis perlmuttartig. *Farbe:* Grün bis Braun, manchmal farblos oder Weiß. Durchscheinend. *Bruch:* unbestimmt. *Spaltbarkeit:* perfekt nach (110) und gut nach (101). *Härte:* 3,5–4. *Dichte:* 2–3

Chemische Eigenschaften: Wavellit ist in Säuren leicht löslich.

Kristall, 8 mm. George and Charlotte Mine, Devonshire, Großbritannien

Vorkommen: Dieses Mineral bildet eine durchgehende isomorphe Reihe mit Eosphorit [$(Mn,Fe)Al(PO_4)(OH)_2 \cdot H_2O$], dem manganhaltigen Endglied. Die schönsten Childrenitkristalle sind 10 mm groß und stammen aus den englischen Vorkommen in Wheal Crebor und aus den Gruben George und Charlotte nahe Tavistock, Devonshire, wo Childrenit zusammen mit Siderit, Quarz und Pyrit vorkommt; Childrenit ist in Großbritannien auch bekannt aus der Grube Chrinis, nahe St. Austell, Cornwall. Childrenit findet sich auch in den Pegmatiten von Greifenstein, Sachsen und mit Paravauxit [$Fe^{2+}Al_2(PO_4)(OH)_2 \cdot H_2O$] als Begleitmineral in Llallagua, Bolivien. Ausgezeichnete Exemplare von Eosphorit, einem Mineral mit gelbbrauner bis rosaroter Farbe, kennt man aus den Pegmatiten der Minas Gerais, Brasilien und insbesondere aus der Region Taquaral, wo es mit Rosenquarzkristallen verwachsen vorkommt, und zwar in Form von Büscheln aus prismatischen bis zu 200 mm großen Kristallen. In den USA wurden zahlreiche schöne Exemplare in den Pegmatiten Maines gefunden, ebenso in der Grube Palermo, nahe North Groton, New Hampshire. In Deutschland ist Childrenit in Hagendorf, Bayern anzutreffen.

Lagerstätten: Es ist ein spätes sekundäres Phosphat, das in Pegmatiten und einigen hydrothermalen Adern vorkommt.

Bestimmung: Farbe, Habitus und die späte Entstehung der Kristalle sind charakteristisch in den klassischen Lagerstätten.

Chemische Formel: $(Fe, Mn)Al(PO_4)(OH)_2 \cdot H_2O$

Kristallsystem: orthorhombisch

Etymologie: benannt nach J. G. Children, englischer Chemiker und Mineraloge

Habitus: isotrope oder nach [001] prismatische Kristalle fein tafelig, längs gerillt; faserige Krusten

Physikalische Eigenschaften: *Glanz:* fettig. *Farbe:* Gelbbraun bis Dunkelbraun. Durchscheinend bis durchsichtig. *Bruch:* unregelmäßig. *Spaltbarkeit:* (100) unvollkommen. *Härte:* 4,5–5. *Dichte:* 3,2

Chemische Eigenschaften: Childrenit ist in Salzsäure löslich.

185 TÜRKIS

Türkis, 6 cm x 3 cm. Nishapur, Iran

Vorkommen: Türkiskristalle sind selten und zudem auch winzig. Die nach Qualität und Farbe schönsten gibt es in den Quarzadern der Grube Bishop, nahe Lynch Station, Campbell County, Virginia, USA. Sie bilden Überkrustungen von millimetergroßen Kristallen. Meistens bildet Türkis von Ton umgebene Knollen oder kleine Gesteinsgänge. Türkis von ganz besonderer, von „persischer" Qualität wurde seit der Antike aus Vorkommen in Maaden, in den Ali Mirsa Kuh-Bergen, nahe Nishapur im Iran abgebaut. Im Iran wird in den Gruben Abourrezzagi, Surkh, Shaperadar und Aghali Türkis heute noch abgebaut. Wunderschöne Türkise sind auch aus China bekannt: aus Yunxian und Zhushan, Hubei und Sahnyang, Shaanxi, ferner aus Eilat, Israel. Türkis wird in den USA intensiv abgebaut. Erwähnt seien hier nur die Vorkommen am Turquoise Mountain, Gleeson, Arizona und die am Battle Mountain, Lander County, Nevada abgebauten 75 kg schweren Knollen. In Frankreich gibt es Türkis in Montebras-en-Soumans, Creuse.

Lagerstätten: Dieses sekundäre Mineral bildet sich hauptsächlich in aridem Klima in aluminiumhaltigen Gesteinen.

Bestimmung: Türkis könnte mit Variscit verwechselt werden – der jedoch in der Flamme nicht knistert – und mit dem weniger harten Chrysokoll.

Chemische Formel: $CuAl_6(PO_4)_4(OH)_8 \cdot 4H_2O$

Kristallsystem: triklin

Etymologie: nach dem Land Türkei benannt, woher Türkis vor langer Zeit nach Europa gelangte

Habitus: selten kurz prismatische [001] Kristalle, meist kryptokristallin oder körnig; Adern, Krusten und Konkretionen.

Physikalische Eigenschaften: *Glanz:* glasig bis wachsartig. *Farbe:* Himmelblau, bläuliches Grün bis Apfelgrün. Durchscheinend bis opak. *Bruch:* muschelig. *Spaltbarkeit:* vollkommen nach (001). *Härte:* 5–6. *Dichte:* 2,6–2,8

Chemische Eigenschaften: bildet mit Chalkosiderit eine Mischreihe $[CuFe^{3+}_6(PO_4)_4(OH)_8 \cdot 4H_2O]$. Knistert und läuft schwarz an beim Lötrohrversuch

Kristall, 20 mm. Penamerella, Asturien, Spanien

Synonym: Kupferschaum
Vorkommen: Tirolit ist ein Mineral, das sehr selten und nur in kristalliner Ausprägung anzutreffen ist. Erstmals wurde er in Form schöner Kristalle und kristallisierter Überkrustungen in Tirol, Österreich, vor allem in Kogel nahe Brixlegg und in Falkenstein nahe Schwaz entdeckt. Als schönste Kristalle gelten die aus Penamerella, Asturien, Spanien; es handelt sich um dicktafelige, bis zu 15 mm große Stücke. Tirolit ist ebenfalls bekannt aus den Vorkommen Linares, nahe Jaen, Sierra Morena, Spanien, ferner aus Majuba Hill, Pershing County, Nevada, und aus Tintic, Utah, USA, sowie aus Oued Mahisser, Tunesien, einem reichen Vorkommen an Tirolit, und schließlich aus der Grube Farbischtia, Pojnik, Lubietova, Ungarn. In Frankreich kommen Rosetten rechteckiger Blätter, 2 bis 3 mm groß, in der Grube Cap Garonne, Var vor; auch gibt es große Mengen nierenförmiger, millimetergroßer Klumpen in La Treille, Sainte-Marie-aux-Mines, Haut-Rhin. Gefunden wurde Tirolit auch in La Verrière-en-Ardillats, Rhône, ferner in Ceilhes, Hérault und in Cerisier, Alpes-Maritimes.
Lagerstätten: Tirolit ist ein sekundäres Mineral der Oxidationszone kupferhaltiger Lagerstätten.
Bestimmung: Es könnte mit anderen sekundären Cu-Mineralen blättriger Struktur verwechselt werden, insbesondere mit Torbernit, der einen anderen Habitus aufweist und radioaktiv ist, oder mit Chalkophyllit, der einen hexagonalen Habitus und eine bläuliche Farbe hat.

Chemische Formel: $CaCu_5(AsO_4)_2(CO_3)(OH)_4 \cdot 6H_2O$
Kristallsystem: orthorhombisch
Etymologie: benannt nach Tirol, Österreich
Habitus: Leisten oder abgeflachte Schuppen nach (010) und gestreckt nach [100], oft strahlige Gruppen. Nierenförmige Verkrustungen mit strahliger Struktur. Fasern

Physikalische Eigenschaften: *Glanz:* glasig, perlmuttartig nach (001). *Farbe:* blass Apfelgrün bis Graugrün mit himmelblauer Nuance. Durchscheinend. *Spaltbarkeit:* blättrig, (001) vollkommen. *Härte:* 2. *Dichte:* 3–3,2
Chemische Eigenschaften: in Säuren und in Ammoniak löslich

187 CHALKOPHYLLIT

Kristalle, 12 mm. Wheal Gorland, Gwennap, Cornwall, Großbritannien

Vorkommen: Dieses Mineral kommt selten und nur in Form von Kristallen vor. Seine Kristalle sind selten größer als ein Zentimeter. Die schönsten Exemplare stammen aus dem „Eisernen Hut" der berühmten Ader Wheal Gorland, Cornwall, Großbritannien, die Ende des 18. Jahrhunderts entdeckt wurde. In anderen Gruben in Cornwall, unter ihnen Wheal Muttrel, Wheal Unity, nahe Gwennap und Wheal Tamar, Gunnislake, wurden attraktive Chalkophyllitkristalle gefunden. Die schönsten Kristalle sind zentimetergroß, smaragdgrün, perlmuttartig. Die größten von ihnen sind oft zum Teil verwittert. Ausgezeichnete Exemplare zentimetergroßer Kristalle kommen aus der Grube El Teniente, Rancagua, Chile. Erwähnt seien auch die schönen Stücke aus Majuba Hill mit Cyanotrichit und Spangolit [$Cu_6Al(SO_4)(OH)_{12}Cl\cdot 3H_2O$], und aus Sodaville, Nevada, ferner die aus Calumet und Arizona Mine, Arizona, USA. In Europa sind die klassischen Vorkommen in Schwaz, Tirol, Österreich mit den Gruben Eisenstein, Alte Zeche, sowie Herrengrund, Ungarn. In Frankreich gibt es wundervolle Kristalle als Deckschicht auf Cyanotrichit in der Grube Cap Garonne, Le Pradet, Var.

Lagerstätten: Es handelt sich um ein sekundäres Mineral der Oxidationszone kupferführender Lagerstätten.

Bestimmung: Die Farbe und die blättrige Spaltbarkeit sind charakteristisch für dieses Mineral. Außerdem ist Chalkopyllit der einzige hexagonale „Kupferglimmer".

Chemische Formel: $Cu_{18}Al_2(AsO_4)_3(SO_4)_3(OH)_{27}\cdot 33H_2O$

Kristallsystem: rhomboedrisch

Etymologie: vom griech. *chalcos:* Kupfer und *phylos:* Blätter, Kupferglimmer

Habitus: feintafelige Kristalle nach (0001) bis zur hexagonalen Grenze (des rhomboedrischen Aspektes). Rosetten bildende Kristallaggregate

Physikalische Eigenschaften: *Glanz:* glasig bis halbdiamantartig. *Farbe:* Smaragdgrün, Grasgrün bis bläulich Grün. Durchsichtig bis durchscheinend. Nicht spröde. *Spaltbarkeit:* blättrig, vollkommen nach (001). *Härte:* 2. *Dichte:* 2,7

Chemische Eigenschaften: löslich in Säuren und in Ammoniak

Kristall, 12 mm. Wheal Gorland, Gwennap, Cornwall, Großbritannien

Vorkommen: Lirokonit ist ein äußerst seltenes Kupfermineral, das Ende des 18. Jahrhunderts im „Eisernen Hut" der Gruben in Wheal Gorland und Wheal Unity, in Gwennap, nahe von Saint Day, Cornwall, Großbritannien auftrat. Die größten Kristalle, die man kennt, sind um 1780 gefördert worden und erreichen in Ausnahmefällen 30 mm; sie sind verwachsen mit Klinoklas [$Cu_3(AsO_4)(OH)_3$] und mit Chrysokoll. Im 19. Jahrhundert wurden nach einer erneuten Inbetriebnahme der Gruben neue Exemplare gefunden, die teilweise verwittert sind und nicht mehr die unvergleichliche Farbe der alten Exemplare aufweisen. Lirokonit ist ebenfalls in Cornwall bekannt, in Muttrel Lode, nahe Gwennap, ferner in Great Hewas United und Gunnislake. In seinen anderen Vorkommen ist Lirokonit eine große Seltenheit und bildet nur winzige Kristalle. Zu nennen sind: Spania Docina (Herrengrund), Ungarn, ferner die Grube Guckäuglein, Schwarzenberg, Sadisdorf und die Grube Altväter und Eschis, Mörtelgrund, Sayda, Sachsen, außerdem die Grube Preobrashenski, Ural, Russland und auch die Grube Cerrogordo, Inyo County, Californien, USA.

Lagerstätten: Lirokonit ist ein sekundäres Mineral der Oxidationszone kupferführender Lagerstätten neben anderen Kupfer-Arseniaten wie Chalkophyllit und Olivenit.

Bestimmung: Habitus und Farbe sind bestimmend.

Chemische Formel: $Cu_2Al(AsO_4)(OH)_4 \cdot 4H_2O$

Kristallsystem: monoklin

Etymologie: vom griech. *leiros:* blaß und *konia:* Staub

Habitus: abgeflachte bis linsenförmige Kristalle nach [001], bis zu abgeflachten Oktaedern. (110) und (011) gerillt parallel zu ihrer gemeinsamen Schnittfläche

Physikalische Eigenschaften: *Glanz:* glasig bis fettig. *Farbe:* Graugrün bis Himmelblau. Durchsichtig bis durchscheinend. *Bruch:* uneben bis muschelig. *Spaltbarkeit:* schlecht nach (110) und (011). *Härte:* 2–2,5. *Dichte:* 2,9–3

Chemische Eigenschaften: in Säuren löslich

189 PHARMAKOSIDERIT

Kristalle, 4 mm. Wheal Gorland, Cornwall, Großbritannien

Vorkommen: Pharmakosiderit kommt relativ häufig in der Oxidationszone der Arsenlagerstätten vor in Form kubischer Kristalle, oft kleiner als 1 mm. Die attraktivsten bekannten Kristalle erreichen 5 mm Größe und stammen aus den Gruben von Gwennap: Wheal Gorland, Wheal Unity und Wheal Muttrel in Cornwall, Großbritannien. Die sehr schönen und sehr alten Exemplare bestehen aus Krusten von Kristallen (bis zu 5 mm) auf Limonit-Ganggestein. Zentimetergroße Kristalle – meistens sind sie aber eher millimetergroß – wurden in Majuba Hill, Pershing County, Nevada, USA gefunden. Schöne Exemplare entdeckte man in Europa in Schwarzenberg und Ehrenfriedersdorf, Sachsen, ferner in Saubach, Vogtland, sowie in der Grube Clara Wolfach, Schwarzwald – es waren dies kleine Kristalle einer bariumreichen Varietät; und schließlich fand man Pharmakosiderit in Kamareza, Lavrion, Griechenland. In Frankreich bilden submillimetergroße Pharmakosiderit-Kristalle Plättchen von mehreren Quadratzentimetern Größe, und sind dabei oft zu Limonit alteriert, so in der Grube in Cap Garonne, Le Pradet, Var. Pharmakosiderit ist ebenfalls bekannt in La Rabasse, Ceilhes, Hérault und auch in Puy-les-Vignes, Haute-Vienne.

Lagerstätten: Meist sekundären Ursprungs ist dieses Mineral ein Oxidationsprodukt von Arsenopyrit und anderen arsenreichen Eisenmineralen. Pharmakosiderit ist oft mit Skorodit verwachsen.

Bestimmung: Der kubische Habitus, die Farbe und die Verwachsung mit Arsenopyrit sind für die Bestimmung ausschlaggebend.

Chemische Formel: $KFe_4^{+3}(AsO_4)_3(OH)_4 \cdot 6{-}7H_2O$

Kristallsystem: kubisch

Etymologie: vom griech. *pharmakon:* Gift und *sideros:* Eisen

Habitus: abgeschnittene Würfel; körnig oder erdig, Überzüge

Physikalische Eigenschaften: *Glanz:* diamantartig bis fett. *Farbe:* Olivgrün bis Smaragdgrün, manchmal schnell die Farbe ändernd, von Grün bis Grüngelb. Durchsichtig bis durchscheinend. *Bruch:* uneben. *Spaltbarkeit:* unvollkommen nach (001). *Härte:* 2,5. *Dichte:* 2,8

Chemische Eigenschaften: In Ammoniak werden die Kristalle rot; in verdünnte Salzsäure getaucht bekommen sie wieder ihre ursprüngliche Farbe.

Fasern, 10 mm. Baryt, Faymont, Vogesen, Frankreich

Vorkommen: Meist bildet Mixit millimetergroße nadelige Kristalle. Er wurde erstmals in der „Ader der Geister", Jachimov, Böhmen, Tschechien gefunden. Sehr reiche Mixit-Vorkommen gibt es im gesamten Distrikt Tintic, Utah, USA, insbesondere die Mammoth Mine, wo einige der besten Exemplare herstammen. Schöne Stücke wurden auch in der Grube El Carme, Durango, Mexiko gefunden; reichhaltig ist auch das Vorkommen in Wittichen, Neubulach, Schwarzwald, ferner die Grube Kamareza, Lavrion, Griechenland und schließlich die in Tsumeb, Namibia. In Frankreich ist Chlorotil, ein verwandtes Mineral, in Form von bis zu 15 mm großen Fasern aus der Grube Roches, Val-d'Ajol, Vogesen und aus der Grube Cap Garonne, Var bekannt. Dort kommt auch Agardit vor. Er wurde erstmals in Bou Skour, Marokko entdeckt. In der Grube Clara, Oberwolfach, Schwarzwald und in Schneeberg, Sachsen wurde Agardit ebenfalls gefunden. In Chessy, Rhône, Frankreich ist Agardit auf alten, chrysokollreichen Stücken mit Goudeyit verwachsen. Wunderschönes Goudeyit findet man in Majuba Hill, Pershing County, Nevada, USA.

Lagerstätten: Es handelt sich um ein sekundäres Mineral aus der Oxidation von kupferhaltigen, mehr oder weniger wismutreichen Sulfoarseniden.

Bestimmung: Sie ist relativ leicht, da es nur sehr wenige kupferhaltige Minerale gibt, die blaugrün und nadelig sind.

Chemische Formel: $BiCu_6(AsO_4)_3(OH)_6 \cdot 3H_2O$

Kristallsystem: hexagonal

Etymologie: benannt nach A. Mixa, Bergrat in Jachymov

Habitus: nadelige und nach [0001] gerillte Kristalle. Verkrustungen von Kristallbüscheln. Nierenförmige Aggregate mit faseriger Struktur

Physikalische Eigenschaften: *Glanz:* seidig. *Farbe:* Smaragdgrün bis Blassgrün, weißlich bis Himmelblau. *Härte:* 3–4. *Dichte:* 3,8

Chemische Eigenschaften: Agardit enthält Yttrium, Gudeyit enthält Aluminium anstelle des Wismuths. Chlorotil ist ein mixitverwandtes Mineral.

191 TORBERNIT

Fächerartige Kristalle, 20 mm. Margabal, Aveyron, Frankreich

Synonym: Kupferuranglimmer
Vorkommen: Torbernit ist eines der häufigsten sekundären Uranminerale. Zuweilen ist es mit Autunit verwachsen und kann mit ihm Kristallgemenge bilden. Große Exemplare, unvergleichlich wegen ihrer Frische und Farbe, stammen aus Musonoï, Shaba, Kongo. Sie bestehen aus zentimetergroßen (höchstens 30 mm) grasgrünen blättrigen Kristallen, die Flächen von mehreren Quadratdezimetern bedecken. Wunderschöne Kristalle auf Rauchquarz, rosenförmig angeordnet, wurden in der alten Lagerstätte in Gunnislake, Cornwall, Großbritannien entdeckt. Um 1959 wurden während bei der Suche nach Uran in Margabal nahe Entraygues, Aveyron, Frankreich herrliche tafelige, dicke smaragdgrüne Kristalle von 10 bis 20 mm Seitenlänge entdeckt, sowie fächerartige Aggregate auf Morion-Quarz. Qualitäts- und größengleiche Exemplare sind aus dem Vogtland bekannt. In Frankreich ist das Uranvorkommen Bois-Noirs, Saint-Priest-la-Prugne, Loire sehr reich an Torbernit. Dort sind große Flächen mit grasgrünen, durchscheinenden und zentimetergroßen blättrigen Torbernitkristallen bedeckt.
Lagerstätten: Dieses sekundäre Mineral entsteht durch Alteration primärer Uranminerale.
Bestimmung: Habitus und Farbe sind oft für die Erkennung ausreichend.

Chemische Formel: $Cu(UO_2)_2(PO_4)_2 \cdot 8\text{–}12H_2O$
Kristallsystem: tetragonal
Etymologie: benannt nach dem schwedischen Chemiker Torbern Bergmann (1735–1784)
Habitus: tafelige Kristalle (001) blättrig bis dick. Zuweilen wuchtige Bipyramiden, von (001) abgeschnitten. Blättrige fächerartige Kristallaggregate oder parallel wachsend. Blättrige Klumpen

Physikalische Eigenschaften: *Glanz:* perlmuttartig glasig auf (001). *Farbe:* Smaragd- bis Grasgrün. Durchsichtig bis durchscheinend. Spröde. *Spaltbarkeit:* blättrig und vollkommen (001). *Härte:* 2–2,5. *Dichte:* 3,2
Chemische Eigenschaften: in Säuren löslich. Die Aufbewahrung in trockener Atmosphäre führt zur Entwässerung.

Gruppe, 60 mm. Daybrake Mine, Washington, USA

Vorkommen: Um Autunit konservieren zu können, ist eine Behandlung gegen Entwässerung notwendig. Ein gängiges Verfahren ist das Lackieren (mit Acryllack). Fantastische Autunitexemplare wurden in der Daybrake Mine im Mount Spokane nahe Spokane, Washington, USA gefunden. Sie bestehen aus bis zu 300 mm großen fächerförmigen Kristallgruppen. Die Kristalle mit tetragonalem tafeligen Habitus haben eine Kantenlänge bis zu 40 mm. Wundervolle Kristalle, die wahrscheinlich zu den besten bekannten zählen, wurden in einem Pegmatit in Malacachetta, Minas Gerais, Brasilien gefunden. Man kennt Autunitkristalle auch aus dem Mount Painter, Flinders Range, Südaustralien. Dort wurden bis zu 300 mm mächtige Autunitadern abgebaut. In Frankreich kommt Autunit im gesamten Zentralmassiv vor. Sehr gute Exemplare mit bis zu 20 mm Kantenlänge kommen aus der Grube Gagnol, Gourniaud nahe Lachaux, Puy-de-Dôme, ferner aus Huis-Saint-Jacques, Nièvre und aus dem vor kurzem noch im Betrieb befindlichen Vorkommen Oudots nahe Issy-l'Evêque, Saône-et-Loire, wo großartige bariumhaltige Autunitexemplare mit höchstens zentimetergroßen oktaedrischen bis tafeligen Kristallen gefunden wurden.

Lagerstätten: Autunit ist ein sekundäres Mineral in Uranlagerstätten.

Bestimmung: Autunit ist das häufigste sekundäre, grün fluoreszierende tetragonale Mineral des Uran.

Chemische Formel: $Ca(UO_2)_2(PO_4)_2 \cdot 10\text{–}12H_2O$

Kristallsystem: tetragonal

Etymologie: nach Autun, Saône-et-Loire, Frankreich

Habitus: tafelige tetragonale Kristalle (001). Kristallaggregate halb parallel wachsend

Physikalische Eigenschaften: *Glanz:* glasig, perlmuttartig auf (001). *Farbe:* Zitronengelb bis grünlich Gelb glänzend. Durchsichtig bis durchscheinend. Stark gelblich grün fluoreszierend unter ultraviolettem Licht. *Spaltbarkeit:* blättrig (001) vollkommen. *Härte:* 2–2,5. *Dichte:* 3,1–3,2.

Chemische Eigenschaften: in Säuren löslich. Kann durch Entwässerung in Meta-Autunit übergehen

193 RENARDIT

Kristalle, 5 mm auf Torbernit. Kerségalec-en-Lignol, Morbihan, Frankreich

Vorkommen: In der Grube La Faye nahe Grury, Saône-et-Loire ist Renardit eines der am häufigsten vorkommenden „gelben Produkte"; oft sind seine Kristalle gut ausgebildet und zeigen kompakte, auseinandergehende, gespickte Aggregate. Aus Kerségalec-en-Lignol, Morbihan stammen die schönsten französischen Exemplare. Renardit bildet dort Filze, die aus unzähligen gestreckten tafeligen Kristallen bestehen und die Risse eines Quarzes bedecken, oder es bildet glänzende Pseudomorphe baumartiger Gruppen aus mehrere Zentimeter großen Chalkolitkristallen. Mineralogisch sehr reizvolle Exemplare sind von der Loire bekannt, nämlich Deckschichten von 0,5–1 mm aus Gourniaux bei Lachaux, ferner Kristalle auf violettem Ianthinit [$UO_2 \cdot 5UO_3 \cdot 10H_2O$] aus Limouzat und schließlich aus Bois-Noirs sternförmige Aggregate auf Kasolit. In Shaba, Kongo kommt Renardit in Schinkolobwe häufig vor, in Gruppen tafeliger Kristalle, als mikrokristalline Krusten mit Phosphuranylit oder, wie in Swambo, mit Kasolit verwachsen.

Lagerstätten: Es ist ein sekundäres Mineral der Oxidationszone in Uranvorkommen.

Bestimmung: Renardit unterscheidet sich von anderen sekundären Uranmineralen vor allem durch seine Farbe und seine kristallinen Formen, sowie vom Phosphuranylit durch den mikrochemischen Nachweis von Blei.

Chemische Formel: $Pb(UO_2)_4(PO_4)_2(OH)_4 \cdot 7H_2O$

Kristallsystem: orthorhombisch

Etymologie: benannt nach A.-F. Renard von der Universität in Gent, Belgien

Habitus: sternförmige Aggregate oder blättrige Klumpen. Seltener gut ausgebildete tafelige nach (100) abgeflachte oder nadelige Kristalle

Physikalische Eigenschaften: *Glanz:* glasig bis diamantartig. *Farbe:* Goldgelb bis grünlich Gelb, Grün oder bräunlich. Durchscheinend bis durchsichtig. *Bruch:* unregelmäßig. *Spaltbarkeit:* vollkommen (100). *Härte:* 3,5. *Dichte:* 4,35

Chemische Eigenschaften: löslich in Säuren

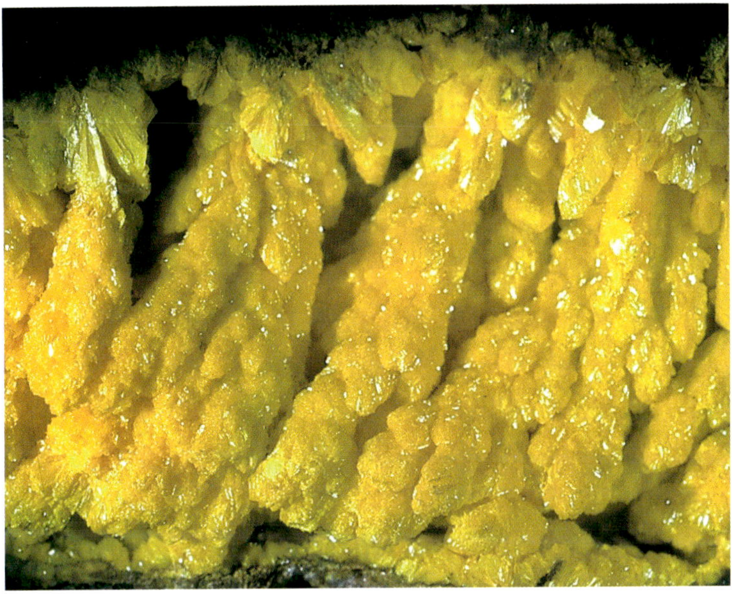

Kristallbildungen, 30 mm. Mounana, Franceville, Gabun

Vorkommen: Vanuralit kommt nur in der Oxidationszone des Vorkommens Oklo nahe Franceville, Gabun vor, wo er gelegentlich mit Francevillit verwachsen ist. Das Vorkommen hat einige außergewöhnliche Exemplare hervorgebracht. Es formten sich wunderschöne Kristallaggregate (3 mm), baumartige Büschel bis zu 40 mm. Sie füllen komplett oder teilweise Spalten in den Sandsteinen. Solche Exemplare sind jedoch eher eine Ausnahme. Vanuralit bildet vor allem Beläge oder mikrokristalline Deckschichten, zuweilen verwachsen mit anderen seltenen Uran-Vanadaten wie Curienit [$Pb(UO_2)_2(VO_4)_2 \cdot 5H_2O$] (kanariengelbe Beläge und Klumpen) und Mounanait [$PbFe_2^{3+}(VO_4)_2 \cdot (OH)_2$] (brauner Belag).

Lagerstätten: Vanuralit ist ein sekundäres Mineral der Oxidationszone der Uranvorkommen und dient als Imprägnierung oder als Füllung der Gesteinsspalten. Vanuralit entsteht unter den gleichen Bedingungen wie Francevillit, mit dem er oft verwachsen ist.

Bestimmung: Vanuralit ist nur aus dem Vorkommen Oklo, Gabun bekannt. Vanuralit unterscheidet sich von Francevillit durch das Aussehen der kristallinen Gruppen. Sehr schwer zu identifizieren ist Vanuralit als mikrokristalliner Belag.

Chemische Formel: $Al(UO_2)_2(VO_4)_2(OH) \cdot 11H_2O$

Kristallsystem: monoklin

Etymologie: benannt nach seiner Zusammensetzung: Vanadium, Uran, Aluminium

Habitus: meist dichte Gebilde lanzettförmiger Kristalle, abgeflacht nach (100), die charakteristische Aggregate in Form von „Büscheln" bilden

Physikalische Eigenschaften: *Glanz:* perlmuttartig. *Farbe:* Zitronengelb bis Goldgelb. Durchscheinend. *Bruch:* uneben. *Spaltbarkeit:* basal (001) vollkommen. *Härte:* 2. *Dichte:* 3,6

Chemische Eigenschaften: Vanuralit dehydriert leicht zu Metavanuralit. Dieser Prozess ist reversibel.

195 FRANCEVILLIT

Kügelchen, 8 mm auf Mounanait. Mounana, Franceville, Gabun

Vorkommen: Francevillit wurde 1956 in dem Vorkommen Mounana nahe Franceville, Gabun erstmals beschrieben. Sehr reichlich vorhanden bildete Francevillit dort den Hauptbestandteil der supergenen Mineralisierung und diente als Imprägnierung der Sandsteine. In den Spalten der Gesteinsformation wurde sowohl baumartiges Francevillit als auch in Form von Kügelchen oder Krusten von mehreren Millimetern Dicke gefunden. Aus geodischen Teilen wurden Kristalle mit deutlichen Abschlüssen von bernsteingelber bis dunkelgelber Farbe gewonnen, bis zu 8 mm groß. In diesem Vorkommen gibt es zudem orangerote Beläge, verwachsen mit Curienit $[Pb(UO_2)_2(VO_4)_2 \cdot 5H_2O]$, mit Chervetit $[Pb_2V_2O_7]$ und mit Mounanait $[PbFe_2(VO_4)_2(OH)_2]$. In Frankreich wurde Francevillit in großen Mengen in Saint-Pierre, Cantal gefunden, jedoch nur als dünner Pulverbelag auf Sandstein. Während Francevillit aus Mounana immer bleihaltig ist, bildet derjenige aus Saint-Pierre das bariumhaltige Ende der Francevillit-Curienit-Reihe.

Lagerstätten: Francevillit ist ein sekundäres Mineral, das die Oberflächen der Uranvorkommen imprägniert. Francevillit bildet eine durchgehende isomorphe Reihe mit Curienit.

Bestimmung: Francevillit ist als mikrokristalliner Belag ziemlich schwer zu bestimmen. Seine gut ausgebildeten Kristalle sind selten, jedoch recht typisch. Francevillit ist nicht fluoreszierend.

Chemische Formel: $Ba(UO_2)_2(VO_4)_2 \cdot 5H_2O$

Kristallsystem: orthorhombisch

Etymologie: benannt nach dem Ort Franceville, Gabun

Habitus: meist mikrokristalliner Belag. Deutlich seltener Aggregate aus tafeligen Kristallen, die fächerartige Gruppen bilden

Physikalische Eigenschaften: *Glanz:* fettig bis diamantartig. *Farbe:* Olivgrün bis Orangegelb für die bleihaltigen Varietäten. Durchscheinend. *Bruch:* unregelmäßig. *Spaltbarkeit:* (001) vollkommen. *Härte:* 3,5. *Dichte:* 4,4

Chemische Eigenschaften: wird durch starke Säuren angegriffen

Kristall, 30 mm. San Miguel de Paracicaba, Minas Gerais, Brasilien

Vorkommen: Die besten Exemplare wurden in den Pegmatiten von San Miguel de Paracicaba, Minas Gerais, Brasilien gefunden. Dort bilden prachtvolle tafelige, mehrere Zentimeter große, farblose Kristalle Gruppen von bis zu 300 mm Größe. In letzter Zeit wurden gute Proben in Pica Pau, Teofilo Otoni abgebaut. Aus den USA, Pikes Peak, Teller County, Colorado stammen sehr schöne klare rhomboedrische, mit Amazonit verwachsene Kristalle. Aus Kleine Spitzkopje in Namibia sind wunderschöne Phenakitzwillinge bekannt. Gegenwärtig werden in den Pegmatiten von Anjanabonoina, Madagaskar sehr schöne gestreckte, teilweise edelsteinartige, bis zu 100 mm große Kristalle abgebaut. In den Schiefern von Kragerø, Norwegen und in der Region Takowaja, Ural, Russland kommen große durchscheinende Kristalle (von 150 bis 200 mm) vor, die in Quarz oder in Albit eingeschlossen sind. In Lagerstätten des alpinen Kluften-Typs ist Phenakit selten, dafür sind aber herrliche bis zu 30 mm große Einzelkristalle am Luzerner See, Sankt Gotthard, Schweiz zu finden. In Frankreich gibt es Phenakit in den alpinen Klüften in Plan-du-Lac, Isère.

Lagerstätten: Es handelt sich um ein ziemlich seltenes Mineral in einigen Glimmerschiefern, in Granitpegmatiten und in alpinen Klüften.

Bestimmung: Phenakit unterscheidet sich von Topas durch das Fehlen einer vollkommenen Spaltbarkeit und vom Quarz durch die zur Streckung parallele Streifung der Kristalle.

Chemische Formel: Be_2SiO_4

Kristallsystem: rhomboedrisch

Etymologie: vom griech. *phenakos:* täuschend, aufgrund der Ähnlichkeit mit Quarz

Habitus: oft wuchtige Kristalle, abgeflacht nach [001] oder lang prismatisch mit hexagonalem Querschnitt. Häufig Penetrationszwillinge

Physikalische Eigenschaften: *Glanz:* glasig. *Farbe:* farblos, Weiß oder bläulich. Durchsichtig bis durchscheinend. *Bruch:* muschelig. *Spaltbarkeit:* unbestimmt nach $(11\bar{2}0)$. *Härte:* 7,5–8. *Dichte:* 2,9–3

Chemische Eigenschaften: in Säuren unlöslich

197 WILLEMIT

Kristalle, 8 mm. Tsumeb, Namibia

Vorkommen: Nur aus dem Vorkommen Franklin, New Jersey kommen große Einzelkristalle einer manganhaltigen Willemit-Varietät (Troostit). Sie sind opak, rotbraun, in Kalkspat eingewachsen und können bis 150 x 50 mm groß sein; ihre Flächen sind meist rau. Ebenfalls aus diesem Vorkommen wurden ausgezeichnete freie zentimetergroße, gelbgrüne, zuweilen durchsichtige Kristalle gewonnen sowie bis zu 50 mm große orangegelbe Einzelkristalle, oft eingeschlossen, jedoch perfekt edelsteinartig. Willemit ist in den USA ebenfalls in der Mammoth Mine, Tiger, Pinal County, Arizona bekannt. Bemerkenswerte Gruppen aus zentimetergroßen Kristallen in Form von farblosen bis weißen Fässchen kommen aus Tsumeb und dem Berg Aukas, Grootfontein, Namibia. Reiche Vorkommen an Willemit sind Los Lamentos, Chihuahua, Mexiko und Broken Hill, New South Wales, Australien, aber in beiden Vorkommen wurden wenig ausgebildete Kristalle gefunden. In Europa ist Willemit in Kamareza, Lavrion, Griechenland und in Altenberg, nahe Moresnet, Belgien anzutreffen. An letzterer Stätte wurde Willemit erstmals entdeckt.

Lagerstätten: Willemit ist ein sekundäres Mineral von Zinklagerstätten, oft verwachsen mit Franklinit und mit Zinkit. Troostit ist eine manganhaltige Varietät, große Kristalle kommen in Franklin, New Jersey vor.

Bestimmung: Sie ist nicht immer leicht. Paragenese und die starke grüngelbe Fluoreszenz sind für Willemit charakteristisch.

Chemische Formel: Zn_2SiO_4

Kristallsystem: rhomboedrisch

Etymologie: benannt nach Willem I der Niederlande

Habitus: körnige oder faserige Massen, hexagonale prismatische Kristalle, gestreckt oder wuchtig, abgeschlossen mit einem Pinakoid oder einem sehr abgeflachten (012) Rhomboeder

Physikalische Eigenschaften: *Glanz:* fett bis glasig. *Farbe:* Gelb, Grün, Braun oder rötlich, selten Blau oder Weiß. Durchsichtig bis opak. *Bruch:* unregelmäßig. *Spaltbarkeit:* (001) gut. *Härte:* 5–6. *Dichte:* 3,9–4,3

Chemische Eigenschaften: wird langsam von Salzsäure angegriffen

Kristall, 50 mm. Zabarghad, Ägypten

Synonyme: Peridot, Chrysolit
Vorkommen: Körnige, zuweilen sehr große Aggregate sind in Frankreichs Pyroklastiten häufig, insbesondere am Mont Briançon nahe Langeac, Haute-Loire. Schöne zentimetergroße Kristalle wurden bei Château de Maillargues, Allance, Cantal und in der Region Puy-en-Velay, Haute-Loire entdeckt. Aus den Vorkommen in Zabarghad, Insel St. John im Roten Meer kommen jedoch die besten Exemplare, außergewöhnliche Edelkristalle mit deutlich ausgebildeten Formen und bis zu 100 mm groß. Sehr schöne Edelkristalle sind auch aus Tansania bekannt, aber vor allem klare, 40 mm großen Kristalle aus Totenkopf, Stubachtal, Österreich und die bis zu 50 mm großen Einzelkristalle aus den verwitterten Serpentiniten von Kyavkpon, Hoch-Birma. Schöne Fayalitkristalle kommen vor in den Marmoriten von Bolton, Worcester County, Massachusetts und in Crestmore, Riverside County, Kalifornien, USA.
Lagerstätten: Olivin ist wesentlicher Bestandteil von zahlreichen basischen und ultrabasischen Magmatiten. Die Olivin-Zusammensetzung variiert von Forsterit [Mg_2SiO_4] zu Fayalit [Fe_2SiO_4]. Die magnesiumhaltigen Varietäten sind weitaus die häufigsten. Fayalit kommt vor allem in eisenreichen metamorphen Gesteinen vor.
Bestimmung: In seinen Vorkommen sind Aussehen, Härte und Farbe charakteristisch.

Chemische Formel: $(Mg,Fe)_2SiO_4$
Kristallsystem: orthorhombisch
Etymologie: nach seiner olivgrünen Farbe
Habitus: meist abgerundete Körner oder körnige Aggregate. Selten prismatische oder tafelige Kristalle
Physikalische Eigenschaften: *Glanz:* glasig. *Farbe:* gelblich Grün, Olivgrün bis Dunkelgrün. Durchscheinend bis durchsichtig. *Bruch:* muschelig. *Spaltbarkeit:* unvollkommen auf (010) und (100). *Härte:* 7. *Dichte:* 3,2–3,6
Chemische Eigenschaften: in Salzsäure löslich, unter Bildung eines Gels

199 ALMANDIN

Vorkommen: Almandin ist der am meisten verbreitete Granat. Die wertvollsten Steine stammen aus den Sedimenten in Jaipur, in Kishinggarh, in Rajasthan und in Hyderabad, Indien; außerdem noch aus der Provinz Lindi, Tansania; aus Simbabwe; und aus Madagaskar. Wunderschöne Almandin-Kristalle kommen von Wrangell, Alaska; aus Russel, Hampden County, Massachusetts, USA; in Europa kennt man sie von der Granatenwand und von der Seeber Alpe, Passiertal und von der Granatklamm, Zillertal, Tirol, Österreich. In Frankreich finden sich gute Exemplare in den Serizitschiefern von Collobrières, Var. Riesige Einzelkristalle gibt es in Selvik, Gjolanger, Norwegen, wo ein Kristall mit den Maßen 1 m x 0,7 m x 0,4 m gefunden wurde, oder in den Pegmatiten von Madagaskar, wo die Kristalle bis zu 0,5 m groß sind. Spessartin ist ein manganhaltiger Granat. In den USA, in der Little Three Mine und in der Hercules Mine, Ramona, San Diego County, Kalifornien wurden prächtige Verwachsungen mit Spessartin-, Schörl- und Rauchquarz gefunden. Mineralogisch sehr wertvolle Exemplare aus bis zu 40 mm großen Kristallen wurden kürzlich aus den Pegmatiten von Dusso, Shingus und Gilgit im Norden Pakistans gewonnen. Aus den brasilianischen Vorkommen Corrego do Urucum sowie Poco dos Calavos und Ceara, Bahia stammen wunderschöne dezimetergroße Edelsteine. In Australien, in den berühmten Abbaustätten von Broken Hill, wurden wundervolle rote, bis 100 mm große Dodekaeder in Bleiglanz gefunden. Aus Sri Lanka und aus den Vorkommen Anjanabonoina und Tsilaizine, Madagaskar kommen die schönsten Edelsteine für die Schmuckindustrie. Pyrop ist das magnesiumreichste Mineral der Reihe und auch unter dem Namen „böhmischer Granat“ bekannt; die Kristalle sind in Ultrabasiten und in Alluvionen eingeschlossen. Er wird vor allem aufgrund des außergewöhnlichen Glanzes der geschliffenen Steine geschätzt. Die wichtigsten Vorkommen befinden sich in Tschechien, insbesondere in Trebnitz und in Meronitz, Böhmen, man findet ihn aber auch in Sambia und in Tansania.

Lagerstätten: Almandin ist das eisenhaltigste Mineral der Granatreihe, der so genannten Pyralspitreihe. Die anderen Minerale sind Pyrit als magnesiumreiches Endglied und Spessartin als manganreiches Endglied. Almandin ist besonders in metamorphen Schiefern bekannt. Spessartin wird in Pegmatiten und in einigen Manganlagerstätten gefunden. Pyrop ist meist in Ultrabasiten und in Eklogiten zu finden.

Bestimmung: Eine chemische Analyse ist fast immer notwendig, um ein Granat bestimmen zu können. Die reinen chemischen Endglieder sind sehr selten. Die Farbe und die Art der Lagerstätten können für die Diagnose hilfreich sein.

Abb. rechts oben:
Almandinkristall, 35 mm. Zillertal, Tirol, Österreich
Abb. rechts unten:
Spessartinkristall, 5 mm. San Piero, Insel Elba, Italien

Chemische Formel: $A_3Al_2(SiO_4)_3$ mit A: Mg, Mn, Fe^{2+}
Kristallsystem: kubisch
Etymologie: nach Plinius, wahrscheinlich von *alabandicus* abgeleiteter Name
Habitus: meist dodekaedrische rhomboide, gut ausgebildete Kristalle in Glimmerschiefern oder Trapezoeder in Pegmatiten

Physikalische Eigenschaften: *Glanz:* glasig: *Farbe:* violett Rot bis Dunkelrot. Durchsichtig bis durchscheinend. *Bruch:* muschelig bis unregelmäßig. *Spaltbarkeit:* unbestimmt. *Härte:* 7–7,5. *Dichte:* 4,3
Chemische Eigenschaften: Almandin ist in Säuren nicht löslich.

200 GROSSULAR

Vorkommen: Eine der bedeutendsten klassischen Grossularlokalitäten befindet sich in Xalostoc, Morelos, Mexiko, wo dodekaedrische weiße bis rosafarbene, bis zu 100 mm große Kristalle auftreten. Ähnliche Exemplare kommen ebenfalls in Los Gavilanes, Baja California und am Jaco-See, Chihuahua vor. Wunderschöne Exemplare, perfekte Kristalle von 60 mm Durchmesser, wurden in Frankreich, in Raon, Vosges, entdeckt. Tsavorit, eine vanadiumhaltige Varietät in Form glänzender smaragdgrüner Edelsteine, wird gegenwärtig in Lualenyi Voi, Kenia abgebaut. Sehr schönes Hessonit, eine orangefarbene Varietät, ist aus Pian della Mussa, Val d'Ala sowie aus Val Susa und aus Val Gava, Italien bekannt. In der Regel stammen die schönsten Kristalle aus der Grube Jeffrey, Asbestos, Quebec, Kanada; sie sind vollkommen edelsteinartig, von einer orange-rötlichen bis blass-braunen Farbe und können bis zu 30 mm groß werden. Andere sehr attraktive Kristalle kommen aus Eden Hills, Vermont, USA. Die hervorragendsten Edelsteine jedoch sind die aus Okkampitiya und aus Kataragame, Sri Lanka. Ausgezeichnete Exemplare von Andradit, dem eisenhaltigsten Ende der Reihe der Ugrandit-Granate kommen aus Franklin, New Jersey, USA. Je nach Farbe des Minerals werden mehrere Varietäten unterschieden: schöne gelbe Topazolith-Kristalle gibt es in Kreuzspitze, Pfitschtal und in Roch Neir, Val d'Ala, Italien; Melanit, eine ausgeprägt dunkelrote bis schwarze Varietät, kennt man aus New Idria, Kalifornien; glänzende schwarze dezimetergroße Dodekaeder aus Melanit kommen aus der Grube Ojos Españoles, Cardena, Chihuahua, Mexiko. Die besten Demantoid-exemplare, eine grüne Varietät, wurden in der kleinen Abbaustätte Sferlun, Val Malenco, Italien gefunden – wunderschöne auf Asbest gewachsene Kristalle. In Russland ist Demantoid in alluvialen Lagerstätten der Region Sysert, Ural zu finden in Form von bis zu 50 mm großen, teilweise edelsteinartige Knollen. Bemerkenswerte Kristallgruppen wurden in letzter Zeit in einem Vorkommen in Zentralmexiko entdeckt.

Lagerstätten: Grossular ist das aluminiumreichste Mineral der Kalkgranat-Reihe, der so genannten Ugrandit-Reihe. In dieser Reihe bildet Andradit das eisenhaltige Endglied und Uwarowit das chromhaltige Endglied. Grossular und Andradit sind charakteristisch für Skarnlagerstätten. Demantoid kommt auf Klüften von Serpentingesteinen vor.

Bestimmung: Die Zusammensetzung des Vorkommens kann Hinweise geben, jedoch ist eine chemische Analyse für die Bestimmung oft unerlässlich.

Abb. rechts oben:
Demantoidkristalle, 3 mm. Sferlun, Val Malenco, Italien

Abb. rechts unten:
Hessonitkristall, 8 mm. Eden Hills, Vermont, USA

Chemische Formel: $Ca_3B_2(SiO_4)_3$ mit B = Al, Fe^{3+}, Cr

Kristallsystem: kubisch

Etymologie: vom lateinischen *grossularia:* Johannisbeere, Anspielung auf die Farbe einiger Kristalle

Habitus: meist gut ausgebildete Kristalle mit dominanten Dodekaederflächen. Zuweilen körnige Aggregate

Physikalische Eigenschaften: *Glanz:* glasig. *Farbe:* Weiß, Grün, Rosa, orangefarben. Durchsichtig bis durchscheinend. *Bruch:* muschelig. *Spaltbarkeit:* unbestimmt. *Härte:* 6–7. *Dichte:* 3,6–3,9

Chemische Eigenschaften: nicht löslich in Säuren

201 UWAROWIT

Kristall, 5 mm. Bissivisk, Ural, Russland

Vorkommen: Prächtige (und wahrscheinlich die besten bekannten Exemplare) kommen aus Saranowskaja bei Bissersk und aus der Region Kyshtym, Ural, Russland. Es sind im Allgemeinen kleine, jedoch stark glänzende, edelsteinartige Kristalle. Andere sehr schöne Exemplare kommen aus Quebec, Kanada, besonders aus Magog, Stanstead County und aus Thetford, Megantic County. In den USA findet man Uwarowit in den Chromlagerstätten von Riddle, Grant County, Oregon und in Redlodge, Yuba County, Kalifornien. Die größten dodekaedrischen, rhomboiden Einzelkristalle sind bis zu 25 mm groß und kommen aus den Kupferminen von Outokumpu, Finnland; ihre Flächen sind jedoch im Allgemeinen angelaufen, und sie sind fast opak. In der Grube von Kop Krom, nahe Urzurum, Anatolien, Türkei findet man millimetergroße Kristalle, manchmal mit Kammererit verwachsen. Schließlich kommt er auch noch in Jordansmunl, Schlesien, Polen und auf der Ile d'Ouen, Neukaledonien vor.

Lagerstätten: Es handelt sich um ein Mineral aus Chromlagerstätten, das in Adern und Spalten mit anderen Alterationsmineralen des Chromit verwachsen ist. Uwarowit gehört zu den „Ugrandit-Granaten“, wo er mit Andratit und Grossular eine Mischungsreihe bildet.

Bestimmung: Art des Vorkommens und die kräftig grüne Farbe der Kristalle sind ziemlich charakteristisch.

Chemische Formel: $Ca_3Cr_2Si_3O_{12}$

Kristallsystem: kubisch

Etymologie: nach S. Uwarow, russischer Staatsmann

Habitus: dodekaedrische, rhomboide Kristalle, gut ausgebildet, meist jedoch klein

Physikalische Eigenschaften: *Glanz:* glasig. *Farbe:* Smaragdgrün bis Dunkelgrün. Durchsichtig bis durchscheinend. *Bruch:* muschelig bis unregelmäßig. Keine offensichtliche Spaltbarkeit. *Härte:* 6–7. *Dichte:* 3,9

Chemische Eigenschaften: Der Uwarowit wird nicht von Säuren angegriffen.

Kristall, 8 mm. Deutschland

Synonyme: Hyacinthin, Malakon

Vorkommen: Vor nicht langer Zeit wurden prächtige rote, 50 mm große Kristalle auf der Insel Seiland, Finnmark, Norwegen entdeckt. Andere große Einzelkristalle von bis zu 200 mm Größe, teilweise edelsteinartig, kommen aus den Karbonatiten im Westen Australiens. Da dieses Mineral bei Vulkantätigkeit auftritt, finden sich reiche Vorkommen an Edelsteinen am Laacher See, Eifel. In Frankreich gibt es Vorkommen in den Seifen von Riou, Pezzoulio, Espaly, Haute-Loire. Glänzende millimetergroße Kristalle finden sich auch in den alpinen Klüften Österreichs und der Schweiz. In den Seifen von Matura, Sri Lanka, ferner in Queensland, Australien, sowie in Myanmar (ehem. Burma), Thailand u. a. wurden ebenfalls großartige Edelsteine gefunden. Vom Cyrtolith, einer metamikten Varietät des Zirkons, findet man dezimetergroße Kristalle in zahlreichen pegmatitischen Formationen wie in Teete, Mosambik, in Ontario, Kanada, im Cheyenne Canyon und in Saint Peter's Dome, Colorado, USA, sowie in zahlreichen Lokalitäten auf Madagaskar.

Lagerstätten: Schöne Kristalle des Zirkons findet man in den Pegmatiten und in einigen kristallinen Kalkgesteinen. Er bildet eine isomorphe durchgehende Mischreihe mit dem Hafnon [$HfSiO_4$].

Bestimmung: Oft schwierig. Der Habitus der Kristalle und die hohe Dichte sind jedoch gute Indikatoren.

Chemische Formel: $Zr(SiO_4)$

Kristallsystem: tetragonal

Etymologie: von *Jargon*, gelbe Varietät des Zirkons

Habitus: körnig oder prismenartig mit quadratischem Querschnitt, oft gestreckt mit oktaedrischen dominierenden Endflächen

Physikalische Eigenschaften: *Glanz:* glasig bis diamantartig. *Farbe:* farblos, gelblich, Braun bis Rot. Durchsichtig bis durchscheinend. *Bruch:* muschelig. *Spaltbarkeit:* (110) unvollkommen. *Härte:* 7,5. *Dichte:* 4,2–4,9

Chemische Eigenschaften: enthält häufig Spuren von U, Th, Y und Hf

203 EUKLAS

Kristall, 50 mm. Boa Vista, Ouro Prêto, Brasilien

Vorkommen: Prächtige Exemplare des Euklas wurden in Simbabwe gefunden: In der Grube Sainte-Anne, Miami kommen große Kristalle von wunderschöner blauer Farbe vor, und in der Grube Last Hope nahe Karoi kommt Euklas manchmal als Pseudomorphose des Beryll vor, wie auch in Form schöner isometrischer Kristalle. In Brasilien findet man ausgezeichnete Exemplare des Euklas in den Minas Gerais, vor allem in Boa Vista nahe Rodrigo Silva, Region Ouro Prêto. In Verwachsungen mit imperialem (orangefarbenen) Topas bildet er wunderschöne zentimeterlange Edelsteine, die oft farblos sind, jedoch an einigen Stellen ganz feine blaue, grüne, gelbe oder lavendelfarbige Schattierungen haben. Andere sehr schöne Exemplare hat man in den Smaragdlagerstätten von Galacha, Kolumbien gefunden, tafelige, blaugrüne Einzelkristalle von 40 mm Länge, und in Wkangasi, Tansania, Kristalle von bis zu 70 mm Länge. In Europa kommen wunderschöne farblose Kristalle (bis zu 20 mm) in den Granitdrusen von Epprechtstein und im Fichtelgebirge, Bayern vor.

Lagerstätten: Mit Topas verwachsener Euklas kommt in einigen brasilianischen Chloritschiefern vor. Er findet sich auch in Pegmatit und ganz selten in Lagerstätten vom Typ alpine Klüfte.

Bestimmung: Anhand der vollkommenen Spaltbarkeit entlang der Streckung und anhand des Habitus kann man Euklas von bestimmten Turmalinen, von Beryll und von Topas unterscheiden.

Chemische Formel: $BeAlSiO_4(OH)$

Kristallsystem: monoklin

Etymologie: vom griechischen *eu*: gut, und *klastos*: gebrochen, in Anspielung auf die leichte Spaltbarkeit

Habitus: In seinen Lagerstätten ist der Euklas immer in gestreckter Prismenform kristallisiert, vertikal gestreift, oft tafelig und flächenreich.

Physikalische Eigenschaften: *Glanz:* glasig auf den Spaltflächen. *Farbe:* farblos, gelblich, blass Blaugrün bis Blau. Durchsichtig bis durchscheinend. *Bruch:* muschelig. *Spaltbarkeit:* (010) vollkommen. *Härte:* 7,5. *Dichte:* 3,1

Chemische Eigenschaften: unlöslich in Säuren

Fasern von 30 mm. Kieselstein aus dem Flussbett des Allier, Frankreich

Synonym: Fibrolith
Vorkommen: Sillimanit ist sehr weit verbreitet, findet sich aber vor allem als Fibrolith: gedrungene und sehr kompakte Aggregate feiner, paralleler Fasern, manchmal wellig, die oft als Geröll in Seifen gefunden werden. Einige Exemplare haben nach dem Schleifen einen sehr ausgeprägten „Katzenaugeneffekt". Dies ist der Fall beim Fibrolith aus Brasilien und aus Oconee County, South-Carolina, USA, bei den Goldseifen von Ratrupuna und Elahera, Sri Lanka und von Mogok, Birma, wo Sillimanit als vollkommen durchsichtiger Kies von blassblauer Farbe und sehr selten als Kristall mit deutlich ausgeprägten Flächen vorkommt. Aus diesen Exemplaren sind außergewöhnliche Edelsteine geschliffen worden. In Frankreich birgt das Flussbett der Senouire, ein Nebenfluss des Allier, Haute-Loire, reiche Vorkommen an manchmal recht großen Fibrolith-Blöcken. Im Tunnel von Cambo, Pyrénées-Orientales kommen gestreckte Kristalle mit deutlichen prismatischen Flächen vor, eingeschlossen in Quarz und von Ausmaßen bis zu 100 mm x 8 mm. Diese Fundstätte ist heute nicht mehr zugänglich.
Lagerstätten: Es handelt sich um ein sehr häufiges Mineral in metamorphen Gesteinen, das jedoch nicht in bedeutenden Mengen auftritt. Sillimanit ist ein Disthen- und Andalusit-Polymorph.
Bestimmung: Sillimanit unterscheidet sich von faserigen Amphibolen durch die Härte und die kompakte Erscheinung.

Chemische Formel: Al_2SiO_5
Kristallsystem: orthorhombisch
Etymologie: benannt nach B. Silliman, Professor für Mineralogie an der Universität von Yale, USA
Habitus: allgemein kompakte, sehr feinfaserige Klumpen. Deutlich erkennbare Kristalle sind sehr selten.

Physikalische Eigenschaften: *Glanz:* glasig bis seidig. *Farbe:* Weiß, bräunlich oder grünlich. Durchscheinend bis durchsichtig. *Bruch:* splittrig oder muschelig. *Spaltbarkeit:* (001) vollkommen. *Härte:* 6–7. *Dichte:* 3,2–3,3
Chemische Eigenschaften: Sillimanit ist in Säuren unlöslich.

205 ANDALUSIT

Kristall, 22 mm. Espirito Santo, Brasilien

Synonym: Chiastolit
Vorkommen: Großartige Edelsteine mit ausgeprägtem rot-violettem bis charakteristisch grünem Dichroismus kommen aus den Seifen von Ratnapura, Sri Lanka und aus Brasilien, wo die glitzernden Kristalle bis zu 50 mm groß sind und relativ reiche Vorkommen in Santa Tereza, Espirito Santo, im Fluss Iguape, Sao Paulo bilden, ferner in der Bergkette von Chapada, Diamantina, Bahia. In den USA kommen die klassischen prismatischen Andalusit-Kristalle aus Standish, Cumberland County, Maine und aus Leipperville und Upper Providence, Delaware County, Pennsylvania. In Frankreich finden sich schöne Exemplare in La Bellière bei Vire, Calvados, in den Pegmatiten von Saint-Chély d'Apcher, Lozère und in Ariège. Außergewöhnliche Exemplare der Varietät Chiastolit gibt es in der Region von Bimbowrie im Süden Australiens und in Frankreich in Salles-de-Rohan, Morbihan, wo die Kristalle bis zu 200 mm groß sind.
Lagerstätten: Es handelt sich um ein Mineral aus metamorphen oder granitischen Gesteinen und aus hyperaluminösen Pegmatiten. Chiastolit ist eine Varietät mit kohlehaltigen, kreuzförmig angeordneten Einschlüssen auf den Querschnitten der Kristalle.
Bestimmung: Der Habitus ist im Allgemeinen ausreichend typisch.

Chemische Formel: Al_2SiO_5
Kristallsystem: orthorhombisch
Etymologie: nach der spanischen Provinz Andalusien
Habitus: prismatische Kristalle mit quadratischem oder rechteckigem Querschnitt, im Allgemeinen mit matten Oberflächen und divergierend angeordnet

Physikalische Eigenschaften: *Glanz:* glasig bis matt. *Farbe:* Weiß, Grau, Rosa bis Violett, selten Grün. Durchsichtig bis durchscheinend. *Bruch:* unregelmäßig. *Spaltbarkeit:* (110) wenig deutlich. *Härte:* 7,5. *Dichte:* 3,1–3,2
Chemische Eigenschaften: Andalusit ist in Säuren unlöslich.

Kristall, 40 mm. Pizzo Forno, Tessin, Schweiz

Synonym: Cyanit, Kyanit
Vorkommen: In den USA findet man freie, zentimeterlange Kristalle in Graves Mountains, Lincoln County, Georgia. Im Distrikt von Yancey, North Carolina kommen außergewöhnliche Kristalle mit unterschiedlichsten Abschlüssen vor, die bis zu 80 mm lang werden. Sie sind grün und manchmal edelsteinartig. Große Blätter (bis zu 150 mm), manchmal durchsichtig und von schöner saphirblauer Farbe wurden in Capelinha, Minas Gerais, Brasilien gefunden. In den 1950er-Jahren wurden prächtige, sehr reine Kristalle in den Gruben von Sultan Hamib, Kenia gefunden. Viele schöne Exemplare, heute schon klassisch, kommen noch reichlich aus einem Paragonitschiefer am Pizzo Forno, Tessin, Schweiz. In Frankreich findet man attraktive Exemplare in La Haie-Haute nahe Baud und in Keroman nahe Plumelin, Morbihan, ferner in Gagneric-de-Brignan, Loire-Atlantique, und nahe Saint-Leger-de-Peyre, Lozère, wo man dezimeterlange Blätter mit einer sehr schönen blauen Farbe antrifft.
Lagerstätten: Disthen ist ein Mineral aus aluminiumhaltigen metamorphen Gesteinen und den damit assoziierten Quarzadern und Pegmatiten. Er ist ein Andalusit- und Sillimanit-Polymorph.
Bestimmung: Der blättrige Habitus und der Perlmuttglanz auf den Spaltflächen sind charakteristisch. Ein Härtetest erleichtert die Diagnose.

Chemische Formel: Al_2SiO_5
Kristallsystem: triklin
Etymologie: vom griechischen *di*: zwei und *stenos*: Kraft
Habitus: kompakte Aggregate blättriger Kristalle, manchmal divergierend angeordnet. Selten freie, gestreckte Kristalle nach [001]

Physikalische Eigenschaften: *Glanz:* glasig bis perlmuttartig. *Farbe:* Weiß, grünlich bis Blau. Durchscheinend bis durchsichtig. *Bruch:* splittrig. *Spaltbarkeit:* (100) vollkommen. *Härte:* 5 entlang des Prismas und 7 senkrecht. *Dichte:* 3,6–3,7
Chemische Eigenschaften: Disthen ist in Säuren unlöslich.

207 TOPAS

Vorkommen: Bedeutende Topasvorkommen gibt es in Russland, insbesondere in den Bergen von Adun Tschilon, Sibirien, wo man großartige dezimeterlange blaue, mit Beryll und Rauchquarz verwachsene Kristalle gefunden hat. Aus diesen Lagerstätten kommen auch champagnerfarbene, zwischen 70 und 80 mm lange Kristalle. Sehr schöne Exemplare stammen auch noch aus dem Ural, aus den Regionen von Alabaschka und von Mursinsk, nahe dem Fluss Urulga.

In den brasilianischen Pegmatiten der Minas Gerais fanden sich ebenfalls großartige Exemplare: blaue, bis zu 300 mm lange Kristalle sowie enorme metergroße farblose Einzelkristalle (bis zu 500 kg). Die größten Lagerstätten befinden sich in Fazendo do Funil, in Teofilo Otoni und vor allem in der Region von Virgem da Lapa, die während des Zweiten Weltkriegs entdeckt wurden und wo zwischen 1976 und 1978 blaue, dezimeterlange, perfekt ausgebildete Kristalle auf Cleavelandit gefunden wurden.

Aus den Pegmatiten von Madagaskar, insbesondere aus denen von Bemainandro, stammen bemerkenswerte blaue Kristalle (maximal 150 mm).

Zahlreiche Vorkommen gibt es in den USA wie z. B. in der Region des Mount Baldface nahe Conway, Carrol County, New Hampshire, wo der Topas in schönen blassblauen oder honigfarbenen, mit Rauchquarz, Mikroklin und Albit verwachsenen Kristallen vorkommt. Zu erwähnen sind auch die berühmten Pegmatite des roten Granits von Pikes Peak westlich von Colorado Springs, Colorado wie auch die Rhyolith-Höhlen von Thomas Range, Juab County, Utah. Aus Kalifornien kommen wunderschöne blassblaue Einzelkristalle von bis zu 90 mm Länge in Verwachsungen mit dem Cleavelandit, Turmalin und Lepidolith aus den Pegmatiten von Little Three nahe Ramona und aus der Grube Ware am Mount Aguanca im Distrikt von San Diego. Von den weiteren bemerkenswerten Lokalitäten seien noch erwähnt die Grube Sainte-Anne, Miami, Simbabwe und die Pegmatite von der Kleinen Spitzkopje, Namibia.

In Europa gehören zu den klassischen Lagerstätten die Vorkommen vom Mount Cairn Gorn, von Banffshire und von Aberdeen, Schottland, die Mourne Mountains, County Down, Irland sowie das Vorkommen am Schneckenstein, Sachsen, das seit dem Mittelalter bekannt ist und das schöne gelbe, bis zu 15 mm lange Kristalle hervorgebracht hat.

Lagerstätten: Topas ist ein charakteristisches Mineral von Pegmatiten und Greisen.

Bestimmung: Wenn massiv oder körnig, ist der Topas oft schwierig zu bestimmen. Bei den Kristallen sind „dachförmige“ Abschlüsse bei einigen Einzelkristallen, eine vollkommene basale Spaltbarkeit und die Härte typisch für dieses Mineral.

Abb. rechts oben:
Kristall, 30 mm, mit Quarz. Adun Tschilon, Sibirien, Russland

Abb. rechts unten:
Kristall, 40 mm auf Cleavelandit. Dosso, Pakistan

Chemische Formel: $Al_2(SiO_4)(F,OH)_2$

Kristallsystem: orthorhombisch

Etymologie: vom griechischen *topazos:* Begriff für bestimmte Edelsteine

Habitus: im Allgemeinen gut ausgebildete, wuchtige oder nach [001] gestreckte Kristalle mit prismatischen, gut entwickelten Flächen (110) und (120).

Physikalische Eigenschaften: *Glanz:* glasig. *Farbe:* farblos bis Blau oder champagnerfarben. Durchsichtig bis durchscheinend. *Bruch:* muschelig. *Spaltbarkeit:* (001) vollkommen. *Härte:* 8. *Dichte:* 3,5–3,6

Chemische Eigenschaften: Topas wird von Säuren nicht angegriffen.

208 SARAMENHA-TOPAS

Kristall, 90 mm. Saramenha, Ouro Prêto, Brasilien

Vorkommen: Ursprünglich wurden die außerordentlich schönen violetten Saramenha-Topase im Kies beim Goldwaschen im Fluss Sanarka, Sibirien, Russland gefunden. Die mehr oder weniger stumpfen Steine erreichen eine Größe von 20 bis 30 mm, sind jedoch eher die Ausnahme. Schließlich sind noch neue Lagerstätten im Revier von Ouro Prêto, Minas Gerais, Brasilien entdeckt worden. Die größten Lokalitäten liegen dabei in Vermelhao, in Boa Vista, in Capao do Lana und in Saramenha, wo herrliche orange bis gelbe, bis zu 250 mm große Edelsteine gefunden wurden. Die Farbe ändert sich bei Erwärmung: Sie wechselt ins Violette, diese Farbe kann auch durch Bestrahlung betont werden. Schließlich kommen großartige dezimeterlange, violette und edelsteinartige Kristalle und Einzelkristalle von gelber Farbe aus den pakistanischen Lagerstätten von Ghundao und Katlang nahe Mardan.

Lagerstätten: Die Saramenha-Topase entstehen hauptsächlich in mehr oder weniger metamorphen Kalkformationen.

Bestimmung: Habitus der Kristalle, die vollkommene basale Spaltbarkeit und die Härte sind charakteristisch. Orangefarbene Topase kennt man auch unter dem Namen imperiale Topase. Das Violett ist in der Gemmologie eine hochgeschätzte Farbe.

Chemische Formel: $Al_2(SiO_4)(F,OH)_2$

Kristallsystem: orthorhombisch

Etymologie: vom griechischen *topazus* und nach der brasilianischen Lokalität Saramenha.

Habitus: im Allgemeinen gut ausgebildete, nach [001] gestreckte Kristalle mit prismatischen, gut entwickelten Flächen (110) und (120)

Physikalische Eigenschaften: *Glanz:* glasig. *Farbe:* Orange bis Violett. Durchsichtig bis durchscheinend. *Bruch:* muschelig. *Spaltbarkeit:* (001) vollkommen. *Härte:* 8. *Dichte:* 3,5–3,6

Chemische Eigenschaften: Topas wird von Säuren nicht angegriffen

Kristall, 35 mm. Coray, Finistère, Frankreich

Vorkommen: In Frankreich kann man in zahlreichen Lokalitäten in der südlichen Bretagne und im Finistère, dort insbesondere in der Nähe von Bond, Scaër, Locminé und Coray, Einzelkristalle finden, die in Ausnahmefällen bis zu 200 mm groß werden. Sie zählen zu den größten bekannten Exemplaren. Die Zwillingsexemplare, die „kleinen bretonischen Kreuze“, sind gemeinhin kleiner, zwischen 20 und 50 mm. Ähnliche Exemplare finden sich in zahlreichen anderen Lagerstätten. Die „zyklischen“ Zwillinge, bestehend aus drei unter 60°-Winkeln stehenden Kristallen, kommen vor allem in den Revieren von Fanin und Cherokee, Georgia, USA vor. In Brasilien in den Diamantlagerstätten von Salobro, Minas Gerais bildet Staurolit manchmal Edelsteinbruchstücke, die geschliffen werden können und einen deutlichen Dichroismus von Grün bis Braunrot aufweisen. Großartige dezimeterlange Kristalle kommen auch im Gang von Groias vor. Schließlich sei noch die klassische Lagerstätte des Monte Campione, Pizzo Forno, St. Gotthard, Schweiz erwähnt, wo sehr schöne dezimeterlange nicht verzwillingte Kristalle mit scharfen Kanten, örtlich edelsteinartig, verwachsen mit blauen Disthen-Kristallen in einem Paragonitschiefer vorkommen.

Lagerstätten: Es handelt sich um ein metamorphes Mineral, das in Glimmerschiefern und Gneisen vorkommt, seltener in Kontaktlagerstätten.

Bestimmung: Habitus und Zwillinge sind ganz charakteristisch für dieses Mineral.

Chemische Formel: $(Fe, Mg)_2Al_9(Si,Al)_4O_{22}(OH)_2$

Kristallsystem: orthorhombisch

Etymologie: vom griechischen *stauros:* Kreuz (der häufigste Habitus)

Habitus: prismatische Kristalle (110) und (010), manchmal von (201) abgeschnitten. Häufig Zwillinge nach (031): Zwilling unter 90°, oder nach (231): Zwilling unter 60°

Physikalische Eigenschaften: *Glanz:* glasig bis harzig. *Farbe:* Dunkelrot, Braun bis Dunkelbraun. Durchscheinend bis durchsichtig. *Bruch:* unregelmäßig. *Spaltbarkeit:* wenig deutlich (010). *Härte:* 7–7,5. *Dichte:* 3,7

Chemische Eigenschaften: In kaltem Zustand wird er von Säuren nicht angegriffen.

210 CHONDRODIT

Kristall, 20 mm. Tilly Foster Mine, Brewster, Putnam County, New York, USA

Vorkommen: Aus der berühmten Eisengrube Tilly Foster bei Brewster, Putnam County, New York, USA stammen die schönsten Stücke Chondrodit, perfekte Kristalle, tiefrot, meist um 20 mm groß, bisweilen aber auch über 60 mm. Die anderen klassischen Vorkommen in den USA sind Franklin, New Jersey; Amity, Orange County, New York, ferner Riverside und San Bernardino Counties, Kalifornien. Gelbe, in Einzelfällen zentimetergroße Kristalle sind auch aus den Kalkglimmerschiefervorkommen in Pargas, Finnland bekannt sowie in Madagaskar aus der Provinz Mahafaly bei Ejeda, und aus Ampotaka. Desweiteren wurden hervorragende Kristalle von weniger als 10 mm Größe in den Hohlräumen der Kalkgesteinenklaven des Monte Somma beim Vesuv, Italien gefunden. In Frankreich kommt Chondrodit ebenfalls nicht selten vor, aber nie in besonders schönen Exemplaren. Fundorte sind Le Chipal und der Steinbruch Saint-Philippe bei Sainte-Marie-aux-Mines, Haut-Rhin sowie Port-de-Saleix, Ariège.

Lagerstätten: Chondrodit gehört zur Humit-Gruppe und wird kontaktmetamorph in Kalkgesteinen oder Dolomiten gebildet.

Bestimmung: Chondrodit kann mit Norbergit [$Mg_3SiO_4(F,OH)_2$], mit dem es gelegentlich auftritt, verwechselt werden, ebenso wie mit bestimmten Peridoten oder Granaten.

Chemische Formel: $(Mg,Fe^{2+})_5(SiO_4)_2(F,OH)_2$

Kristallsystem: monoklin

Etymologie: vom griechischen *chondros:* Körner, in Anspielung an den Habitus

Habitus: massiv, kompakt, oder rundliche Körner mit rissigem Aussehen. Seltener flächenreiche isometrische oder tafelige Kristalle

Physikalische Eigenschaften: *Glanz:* glasig bis fett. *Farbe:* Gelb mit roten bis rotbraunen Tönen. Durchscheinend bis durchsichtig. *Bruch:* uneben. *Spaltbarkeit:* (100) unbestimmt. *Härte:* 6,5. *Dichte:* 3,2

Chemische Eigenschaften: löslich in Säuren

Kristall, 18 mm, auf Quarz. Zillertal, Österreich

Synonym: Titanit

Vorkommen: Die schönsten Sphen-Exemplare stammen aus alpinen Klüften. In Österreich sind Kristalle von bis zu 100 mm in Form von Edelsteinen in leuchtenden Farben – gelblich grün bis pistaziengrün – unter anderem an folgenden Orten gefunden worden: Venedigergruppe, Glocknergebiet, Laperwitzkees oder Wallhorn Alpe. Auch aus alpinen Klüften in der Schweiz stammen hervorragende Kristalle. In ähnlichen Paragenesen kommen in Capelinha bei Teofilo Otoni, Brasilien wunderschöne grüngelbe Einzelkristalle vor. In Madagaskar wurden aus außergewöhnlichen Kristallen von über 150 mm Schmucksteine unvergleichlicher Ausmaße geschliffen; sie kommen aus der Region Vohimarina. Die größten bekannten Kristalle aber, schwarzbraun, undurchsichtig und bis über 400 mm groß, stammen aus Eganville und anderen Lokalitäten im Revier Greenville, Renfrew County, Ontario, Kanada. Ähnliche Vorkommen gibt es auch in den USA: in St. Lawrence County und in der berühmten Tilly Foster Mine, Putnam County, New York.

Lagerstätten: Sphen ist ein häufiger Bestandteil eruptiver und metamorpher Gesteine. Es ist auch in einigen kristallinen Kalkgesteinen zu finden.

Bestimmung: Sphen kann Monazit, Allanit, Tilasit oder Axinit ähneln. Habitus und Glanz der Kristalle sind recht charakteristisch.

Chemische Formel: $CaTiSiO_5$

Kristallsystem: monoklin

Etymologie: vom griechischen *sphen:* Stempel, in Anspielung auf die Form der Kristalle

Habitus: meist nach [001] abgeflachte Kristalle mit scharfen Kanten. Häufig und klassisch Zwillinge an (100), daher rinnenförmiger Habitus

Physikalische Eigenschaften: *Glanz:* fettig bis diamantartig. *Farbe:* Gelb bis Grün, Braun, Orange oder Schwarz. Durchsichtig bis durchscheinend. *Bruch:* uneben. *Spaltbarkeit:* (110) recht deutlich. *Härte:* 5–5,5. *Dichte:* 3,4–3,5

Chemische Eigenschaften: löslich in Schwefelsäure

212 DATOLITH

Kristall, 50 mm. Charcas, San Luis Potosi, Mexiko

Vorkommen: In den USA sind sehr große Kristalle, vereinzelt mit einer Kantenlänge bis zu 70 mm, im Steinbruch Lane bei Westfield, Hampden County, Massachusetts gefunden worden. Aufgrund ihrer großen Reinheit konnten sie zum Teil als Schmucksteine verwendet werden. Auch die Leesburg Plant, London County, Virginia brachte große Einzelkristalle hervor. Schöne Exemplare wurden weiterhin aus Paterson, Passaic County, sowie vom Bergen Hill, Bergen County, beide New Jersey gemeldet. Dezimetergroße porzellanartige Klumpen von reinstem Weiß, mit rosaroten Einfärbungen am Rand aufgrund von Einschlüssen gediegenen Kupfers, wurden in den Gruben Delaware und Caledonia in den Lagerstätten von Keeweenaw in Michigan gefunden. In Mexiko gibt es reiche Vorkommen herrlicher grünlicher kuboidischer Kristalle in Charcas, San Luis Potosi. In Kanada finden sich große Einzelkristalle vor allem in der Smith and Lacey Mine, Sydenham, Ontario. Europäische Fundstätten schöner Exemplare sind z. B. St. Andreasberg, Harz, Niedersachsen; Baveno, Piemont, und Saltriatal, Südtirol, beide Italien.

Lagerstätten: Datolith wird unter ähnlichen Bedingungen gebildet wie Zeolithe – in den Hohlräumen von Vulkangestein und in den Klüften von Graniten und Gneis.

Bestimmung: Glanz und Fehlen einer Spaltbarkeit ermöglichen die Unterscheidung des Datolith von den meisten Zeolithen und vor allem vom Apophyllit.

Chemische Formel: $CaBSiO_4(OH)$

Kristallsystem: monoklin

Etymologie: vom griechischen *dateistha:* teilen und *lithos:* Stein, wegen des Verhaltens der körnigen Aggregate auf Schlagbeanspruchung

Habitus: körnige, kugelige, säulige oder strahlige Klumpen, aber auch meist tafelige Kristalle mit rundem Abschluss

Physikalische Eigenschaften: *Glanz:* glasig bis porzellanartig. *Farbe:* farblos bis Weiß, Blassgelb, Grün bis Blasslila. Durchscheinend bis durchsichtig. *Bruch:* muschelig. *Spaltbarkeit:* keine. *Härte:* 5–5,5. *Dichte:* 2,9–3

Chemische Eigenschaften: löslich in Säuren

Kristalle, 60 mm. Ambatosoratra, Madagaskar

Vorkommen: In Frankreich wurde makroskopisch sichtbares Dumortierit bisher nur in den Gneispegmatiten von Beaunan (Ursprungslokalität) bei Lyon, Rhône, gefunden. In den USA wurde es aus den sehr reichen Vorkommen der Oreana Mine, Pershing County, Nevada als Feuerfestwerkstoff abgebaut; in der Lagerstätte Dehesa in San Diego County, Kalifornien liegt es in fächerförmigen Anordnungen gedrängter rosa- bis lilafarbener Kristalle vor, die stark an bestimmte Andalusitstücke erinnern. Ebenfalls in Kalifornien, in der Gegend von Los Angeles, sind Klumpen in sehr schöner blauer, lapislazuliähnlicher Färbung abgebaut worden. Weiterhin fand man Dumortierit im brasilianischen Bundesstaat Minas Gerais. Die schönsten bekannten Exemplare in Form feiner Kristalle von 100 mm x 3 mm stammen aber aus dem Pegmatiten von Ambatosoratra beim Alaotra-See in Madagaskar, wo sie als oft zerbrochene, in Quarz eingeschlossene und von ihm zementierte Kristalle vorkommen. In Europa ist Dumortierit vor allem aus Tvedestrand, Norwegen bekannt.

Lagerstätten: Dumortierit liegt immer in Verwachsungen mit Quarz in Granitpegmatiten oder metamorphem Gestein vor. Gelegentlich fluoresziert es purpur- oder violettfarben.

Bestimmung: Das faserige Aussehen, das leuchtende Blau und die typische Paragenese mit Quarz sind charakteristisch.

Chemische Formel: $Al_7(BO_3)(SiO_4)_3O_3$

Kristallsystem: orthorhombisch

Etymologie: benannt nach dem französischen Paläontologen E. Dumortier

Habitus: meist kompakte, sehr feinfaserige, bisweilen strahlige Klumpen. Selten deutlich ausgeprägte prismatische Kristalle

Physikalische Eigenschaften: *Glanz:* glasig bis perlmuttartig. *Farbe:* Azurblau, Rosa oder Violett. Durchscheinend. *Bruch:* muschelig. *Spaltbarkeit:* (100) deutlich. *Härte:* 7. *Dichte:* 3,4

Chemische Eigenschaften: Dumortierit wird von Säuren nicht angegriffen; bei Wärme verliert es seine Färbung.

214 GRANDIDIERIT

Kristall, 80 mm. Marotrana, Madagaskar

Vorkommen: Grandidierit wurde erstmals 1902 von A. Lacroix entdeckt. Die heute unauffindbare und damals offenbar nicht sehr ergiebige Lagerstätte befand sich in den Felswänden des Kap Andrahomana südwestlich von Taolagnaro (Fort-Dauphin), Madagaskar in einem Pegmatiten mit Almandin, Pleonast, Andalusit und Biotit in meist xenomorphen und sehr poikilitischen (andere Kristalle einschließenden) Einzelkristallen, die alle Minerale der Formation einschließen konnten. Später wurde auch an anderen Lokalitäten in Madagaskar Grandidierit gefunden, aber Kristalle mit pyramidalen Abschlüssen blieben sehr selten. Man fand sie im Steinbruch Nampoana, Bezavona bei Fort-Dauphin; und vor allem im Tal des Oberlaufs des Mandrare, bei Marotrana als unvollkommene Kristalle von bis zu 150 mm Länge sowie als zentimetergroße, ebenfalls eingeschlossene Kristalle. Ein außergewöhnliches, durchscheinendes Exemplar von 80 mm mit perfekten Abschlüssen ist im Museum der École des Mines in Paris ausgestellt.

Lagerstätten: Grandidierit ist ein seltenes Mineral von Apliten und Granitpegmatiten.

Bestimmung: Deutlich ausgeprägte Einzelkristalle sind von Turmalinen durch die optischen Eigenschaften und vor allem durch die zwei deutlichen prismatischen Spaltbarkeiten zu unterscheiden. Dumortierit, ebenfalls ein Aluminium-Borsilikat, sieht faseriger aus.

Chemische Formel: $(Mg,Fe^{2+})Al_3(BO_4)(SiO_4)O$

Kristallsystem: orthorhombisch

Etymologie: benannt nach dem Forscher und Wissenschaftler A. Grandidier aus Madagaskar

Habitus: spaltbare Klumpen oder Körner, bisweilen gestreckt orthorhombische Prismen, selten in tafeligen Kristallen

Physikalische Eigenschaften: *Glanz:* glasig bis perlmuttartig. *Farbe:* bläulich Grün bis Tiefblau. Durchscheinend bis durchsichtig. *Bruch:* uneben. *Spaltbarkeit:* nach (100) und (010), deutlich. *Härte:* 7,5. *Dichte:* 3

Chemische Eigenschaften: Grandidierit wird von Säuren nicht angegriffen.

Zentimetergroße Kristalle. Musonoï, Shaba, Kongo

Synonym: Jachimovit
Vorkommen: Die Ursprungsfundstätte des Cuprosklodowskit ist Jáchymov (Joachimsthal), Böhmen, Tschechien, wo millimetergroße hügelige Klumpen faseriger Struktur gefunden wurden. Die schönsten Exemplare kommen jedoch aus Shaba, Kongo, insbesondere aus der Lagerstätte Musonoï. Dort wurden wunderschöne Büschel nadeliger Kristalle von bis zu 15 mm abgebaut, die dort Geoden mit Durchmessern bis zu 600 mm vollständig auskleiden. Gelegentlich wachsen die Kristalle auch auf massiver Pechblende auf, in Paragenese mit Kasolit und Vandenbrandeit [$Cu(UO_2)(OH)_4$]. In der Region Shaba kommt Cuprosklodowskit auch in Shinkolobwe und Kalongwe vor, in sternförmigen Aggregaten oder häufiger in faserigen Krusten im Gemenge mit Dioptas, mit Sklodowskit und Uranopilit. Cuprosklodowskit wurde auch in anderen Lokalitäten gefunden, jedoch nie in Exemplaren, die den kongolesischen vergleichbar wären. Meist liegt es dort nur in grünen Verkrustungen vor.
Lagerstätten: Cuprosklodowskit ist ein sekundäres Mineral der Oxidationszone uranführender Lagerstätten. Es ist strukturidentisch mit Uranotil und fluoresziert nicht.
Bestimmung: Die mikrokristallinen Verkrustungen sind schwierig zu erkennen. Die langen, nadeligen Kristalle in leuchtendem Grün sind recht charakteristisch.

Chemische Formel: $Cu(UO_2)_2Si_2O_6(OH)_2{\cdot}5H_2O$
Kristallsystem: triklin
Etymologie: kupferhaltiges Sklodowskit; Sklodowskit ist nach Marie Curie (geb. Sklodowska) benannt.
Habitus: meist Verkrustungen oder radialfaserige Klumpen. Bisweilen nadelige Kristalle

Physikalische Eigenschaften: *Glanz:* wachs- bis perlmuttartig. *Farbe:* gelblich Grün bis kräftig Grün. Durchscheinend bis durchsichtig. *Bruch:* uneben. *Spaltbarkeit:* vollkommen nach (010), weniger deutlich nach (100). *Härte:* 4. *Dichte:* 3,9
Chemische Eigenschaften: löslich in Säuren

216 URANOTIL

Kristalle, 8 mm. Les Bois-Noirs, Loire, Frankreich

Synonym: Uranophan
Vorkommen: Uranotil ist zwar ein sehr verbreitetes Mineral, aber es liegt nur selten in gut ausgeprägten Kristallen vor. Aus kristallografischer Sicht sind die Exemplare aus der Grube von Bauzot bei Issy-l'Évêque, Saône-et-Loire, Frankreich, wo mehrere Quadratdezimeter große Deckschichten auf violettem Fluorit vorkommen, sehr schön. In der Grube von Limouzat bei Saint-Priest-la-Prugne, Loire finden sich die vielleicht besten bisher bekannten Stücke: Büschel feiner, nadelförmiger, gut ausgeprägter Kristalle von 20 bis 30 mm in Paragenese mit Ianthinit [$2UO_2 \cdot 5UO_3 \cdot 10H_2O$]. Auch aus der Ursprungslokalität, der Grube von La Faye bei Grury, Saône-et-Loire stammen wunderschöne Exemplare. Weitere Fundstätten für schöne Uranotilproben sind der Poison Canyon, New Mexico und die Spruce Mine, Mitchell County, North Carolina, beide USA, sowie Shinkolobwe und die gesamte Region Shaba, Kongo, wo das Mineral sehr schöne Verfilzungen aus bis zu zentimeterlangen nadeligen Kristallen bildet.
Lagerstätten: Uranotil ist ein Verwitterungsmineral der Pechblende in der Oxidationszone uranführender Lagerstätten. Es ist ein b-Uranotil-Dimorph [$CaH_2[(UO_2)(SiO_4)]_2 \cdot 5H_2O$].
Bestimmung: Uranotil ist bisweilen schwierig von den anderen gelben sekundären Uranverbindungen zu unterscheiden. Die Federbusch-Anordnung ist recht charakteristisch.

Chemische Formel: $CaH_2[(UO_2)(SiO_4)]_2 \cdot 5H_2O$
Kristallsystem: monoklin
Etymologie: nach seiner Zusammensetzung und nach dem griechischen *tiles:* Pelz
Habitus: meist feine nadelige, federbuschförmig angeordnete Kristalle, faserige Klumpen, radialfaserige Verkrustungen

Physikalische Eigenschaften: *Glanz:* glasig. *Farbe:* Gelb bis Zitronengelb. Durchsichtig bis durchscheinend. *Bruch:* muschelig. *Spaltbarkeit:* basal vollkommen (100). *Härte:* 3. *Dichte:* 3,7–3,9
Chemische Eigenschaften: in Säuren leicht löslich unter Freisetzung von Gasen

Kügelchen, 8 mm. Kerségalec-en-Lignol, Morbihan, Frankreich

Vorkommen: Aus Shinkolobwe und Swambo, beide Shaba, Kongo stammen wunderbare gestreckte, millimetergroße Kristalle, die in strahligen Kügelchen angeordnet sind. Dies sind die wahrscheinlich besten bekannten Stücke. In Frankreich ist die Grube La Faye bei Grury, Saône-et-Loire ein reiches Vorkommen guter Proben. Zwei Arten von Habitus wurden von dort gemeldet: prismatische Einzelkristalle bis 2 mm in kleinen Hohlräumen der sehr wenigen Kasolitklumpen, die bisher gefunden wurden, und abgeflachte nadelige Kristalle in Rosettenanordnung, die Geoden mit hauchdünnen Äderchen bedecken. Weiterhin finden sich dort auch orangerote Kügelchen in Paragenese mit Wölsendorfit [(Pb,Ca) $U_2O_7 \cdot 2H_2O$]. Die schönsten französischen Exemplare stammen jedoch aus Kerségalec-en-Lignol, Morbihan, Deckschichten millimetergroßer orangefarbener Kügelchen. Weitere Fundstätten in Frankreich sind Bigay bei Lachaux und Lagadaillère, Les Bois-Noirs, Loire. Recht gute Stücke wurden auch in Midelt, Marokko, in Mounana, Gabun und in Tsumeb, Namibia gefunden.

Lagerstätten: Kasolit ist ein sekundäres Mineral der Oxidationszone uranführender Lagerstätten.

Bestimmung: Anhand der Farbe und des Glanzes der Kristalle ist es von den anderen verbreiteten sekundären Uranverbindungen zu unterscheiden. Die Abgrenzung gegen b-Uranotil ist schwierig.

Chemische Formel: $Pb(UO_2)(SiO_4) \cdot H_2O$

Kristallsystem: monoklin

Etymologie: nach dem Ort der ersten Bestimmung, Kasolo in Shaba, Kongo

Habitus: in kleinen nach [010] gestreckten Prismen, gelegentlich mit abgeflachten Abschlüssen, oft Rosettenanordnung oder kristalline Überzüge

Physikalische Eigenschaften: *Glanz:* fett bis halbdiamantartig. *Farbe:* Orange bis Orangerot oder grünlich Grau. Durchscheinend. *Bruch:* muschelig. *Spaltbarkeit:* vollkommen (001). *Härte:* 4–5. *Dichte:* 5,9

Chemische Eigenschaften: Kasolit ist in Säuren löslich.

218 ILVAIT

Kristall, 15 mm. Punta Calamita, Insel Elba, Italien

Synonym: Lievrit
Vorkommen: Wunderschöne Anordnungen sehr gut ausgeprägter Kristalle stammen aus den italienischen Lagerstätten an der Punta Calamita, Rio Marina, Insel Elba. Weitere Fundstätten in Italien sind Campiglia Maritima, Toskana und Pedra Nieda bei Iglesias auf Sardinien. Bis zu 100 mm große Einzelkristalle werden von der Kykladeninsel Serifos in der griechischen Ägäis gemeldet. Weitere Kristalle von mehreren Zentimetern Größe wurden am Kap Bougaroune bei Collo, Constantine, Algerien gefunden. Die schönsten bekannten Ilvait-Exemplare kommen aus der Grube Laxey, Owyhee County, Idaho, USA. Dort wurden etwas längliche prismatische Kristalle abgebaut, die schwarz, glänzend und bis zu 75 mm groß sind. In Russland wurden schöne Stücke in der Kupfermine von Turinskije im Ural abgebaut. In Siorarsiut in Südgrönland wurde Ilvait in Nephelinsyeniten gefunden.
Lagerstätten: Ilvait entsteht kontaktmetamorph aus Kalk- und Dolomitgestein. Es wurde auch in Paragenese mit Magnetitmassen und in Nephelinsyeniten gefunden.
Bestimmung: Ilvait kann Epidot, Vesuvianit oder erzhaltigen Turmalinen ähneln. Von diesen Mineralen ist es vor allem anhand der Farbe und der physikalischen Eigenschaften zu unterscheiden. Die Kristalle weisen gelegentlich irisierende Oberflächen auf.

Chemische Formel: $CaFe^{2+}_2Fe^{3+}(Si_2O_7)O(OH)$
Kristallsystem: orthorhombisch
Etymologie: nach *Ilva*, der lateinischen Bezeichnung der Insel Elba
Habitus: körnige kompakte Klumpen. Prismatische Aggregate oder gestreckte Kristalle mit Streifen entlang der Streckungsachse

Physikalische Eigenschaften: *Glanz:* halbmetallisch. *Farbe:* Schwarz bis Dunkelgrau. Opak. *Bruch:* uneben bis muschelig-uneben. *Spaltbarkeit:* (010) und (001), wenig deutlich. *Härte:* 5,5–6. *Dichte:* 4
Chemische Eigenschaften: Ilvait ist in Salzsäure löslich.

Kristall, 25 mm, auf Färberit und Fluorit. TaeHwa, Südkorea

Vorkommen: Zum ersten Mal wurde Bertrandit in Frankreich, in Petit-Port, Loire-Atlantique entdeckt und beschrieben. Weitere Vorkommen wurden in Barbin und bei Bauarbeiten Anfang des 20. Jahrhunderts in der Rue de la Poudrière in Nantes entdeckt sowie in La-Chapelle-sur-Erdre, wo zentimetergroße, abgeflachte Kristalle in Rautenform gefunden wurden. Weitere Fundstätten bisweilen recht schöner Bertrandit-Exemplare in Frankreich sind Ménez-Gouaillou, Finistère, ferner die Pegmatiten von Chanteloube, Haute-Vienne und die Zinnlagerstätten von La Villeder, Morbihan. In den USA fanden sich schöne Stücke am Mount Antero in Colorado. Herrliche Kristalle von bis zu 25 mm auf Wolframit, verwachsen mit Scheelit, Quarz und Fluorit stammen aus der Grube TaeHwa bei NeungAm-Ri, Südkorea. Reiche Vorkommen kleiner, verzwillingter Bertranditkristalle bis zu 5 mm gibt es in den alpinen Klüften von Rauris und Schafkarr, Salzburg, Österreich.

Lagerstätten: Bertrandit ist ein Verwitterungsprodukt von Beryll in Pegmatiten und Greisen. Es wurde auch als wichtiges Begleitmineral im rhyolithischen Tuffgestein des Spors Mountain, Utah, USA gefunden.

Bestimmung: Die Verwachsung mit Beryll, der perlmuttartige Glanz auf (001) und die „rinnenförmigen" Zwillinge sind charakteristisch.

Chemische Formel: $Be_4Si_2O_7(OH_2)$

Kristallsystem: orthorhombisch

Etymologie: benannt nach dem französischen Mineralogen P. Bertrand

Habitus: in gestreckten Kristallen, oft nach (001) abgeflacht, bisweilen blättchenförmig. Die „rinnenförmigen" Zwillinge sind häufig und typisch.

Physikalische Eigenschaften: *Glanz:* glasig, auf den Spaltflächen perlmuttartig. *Farbe:* farblos, Weiß oder gelblich. Durchsichtig bis durchscheinend. *Bruch:* muschelig-uneben. *Spaltbarkeit:* sehr deutlich nach (001), (100) und (010). *Härte:* 6,5–7. *Dichte:* 2,5–2,6

Chemische Eigenschaften: wird von Säuren nicht angegriffen

220 HEMIMORPHIT

Kristalle, 15 mm, auf Quarz. L'Argentolle, Saône-et-Loire, Frankreich

Synonym: Kieselzinkerz/Zinkkieselerz

Vorkommen: Die schönsten Hemimorphitexemplare, wunderbare Gruppen klarer Kristalle, die Hohlräume erdigen Limonits auskleiden, stammen aus den Gruben von Santa Eulalia, Los Lamentos, Chihuahua, Mexiko. Besonders in der Grube Ojuela wurden wundervolle Einzelkristalle gefördert, farblos bis schneeweiß und bis 75 mm groß. In den USA wurden in den Gruben von Franklin, New Jersey klare bis weiße Kristalle gefunden, die schöne traubenförmige Anordnungen mit bis 100 mm Durchmesser bilden. Sehr attraktive Exemplare stammen auch aus den Gruben von Kef Sammah und Djebel Guergour, Constantine (Quacentina), Algerien, aus Mehdi Abad, Iran, aus Mfouati, Kongo und aus Broken Hill, Sambia. In Frankreich stammen die ansehnlichsten Kristalle aus dem Steinbruch von Rocher du Bœuf, L'Argentolle, Saône-et-Loire. Ebenfalls in Frankreich wurden sehr schön blaue, hügelige Krusten in der Grube Bentaillou, Sentein, Ariège gefunden. Ähnliche Exemplare sind auch aus der Grube La Duchessa, Sardinien, Italien bekannt.

Lagerstätten: Hemimorphit ist ein sekundäres Mineral der Oxidationszone von Blei-Zink-Lagerstätten.

Bestimmung: Hemimorphit schäumt in Kontakt mit Säuren nicht auf. Das unterscheidet es von Zinkspat, mit dem es sehr oft verwachsen ist.

Chemische Formel: $Zn_4Si_2O_7(OH)_2 \cdot H_2O$

Kristallsystem: orthorhombisch

Etymologie: aufgrund der hemimorphen Kristallformen mit doppeltem Abschluss

Habitus: Krusten oder körnige Aggregate; zuweilen säulig oder tafelige Kristalle, gestreckt oder gerillt nach [001]

Physikalische Eigenschaften: *Glanz:* glasig. *Farbe:* farblos bis Weiß, Grün, Blassblau oder gelblich. Durchsichtig bis durchscheinend. *Bruch:* uneben bis muschelig. *Spaltbarkeit:* (110) vollkommen. *Härte:* 4,5–5. *Dichte:* 3,4

Chemische Eigenschaften: Hemimorphit wird langsam von Säuren angegriffen.

Kristalle, 6mm, mit Quarz. Chamrousse, Isère, Frankreich

Synonym: Pistazit
Vorkommen: Die begehrtesten und schönsten bekannten Exemplare stammen aus den Lagerstätten von Knappenwand im Untersulzbachtal, Österreich. Dort finden sich relativ reichlich wundervolle lang prismatische Kristalle, die oft Parallelwachstum aufweisen. Sie sind erstaunlich vollkommen, zuweilen Edelsteine, pistaziengrün bis dunkelgrün, und erreichen eine Größe von 500 mm x 80 mm. In Alaska finden sich in den Vorkommen von Green Monster Deposit, Prince of Wales Island ebenfalls wunderbare, glänzende, tafelige, dicke Kristalle mit pseudotetragonalem Habitus bis 100 mm Größe. Vor kurzem wurden reiche Vorkommen an wunderschönen dezimetergroßen Kristallen in der Nähe von Peshawar, Nordpakistan, sowie in Saline Valley, Inyo County, Kalifornien und in Hawthorne, Nevada, USA entdeckt. In Frankreich stammen schöne Exemplare aus Cornillon, nach Bourg-d'Oisans, Isère, ferner aus Saint-Vérain, Hautes-Alpes und vom Kamm Charlet-Straton, Argentière, Haute-Savoie.
Lagerstätten: Epidot ist ein Alterationsmineral von kalkhaltigen Mineralen in Amphiboliten, in Serpentin und in alpinen Klüften. Es ist ein Klinozoisit-Isomorph.
Bestimmung: Sie ist nicht immer einfach. In den klassischen Lagerstätten sind Habitus und vor allem die Farbe des Epidots typisch.

Chemische Formel: $Ca_2(Al,Fe^{3+})_3(SiO_4)_3(OH)$
Kristallsystem: monoklin
Etymologie: vom griechischen *epidotos:* Wachstum, denn die Prismenbasis besitzt eine längere Seite
Habitus: lang prismatische Kristalle oder tafelige Einzelkristalle mit deutlich ausgeprägten Formen, gerillt entlang der Streckung. Zwillinge nach (100), seltener auf (001). Zuweilen faserige Aggregate

Physikalische Eigenschaften: *Glanz:* glasig. *Farbe:* Grün-gelblich, Pistaziengrün, Dunkelgrün. Durchsichtig bis durchscheinend. *Bruch:* muschelig. *Spaltbarkeit:* vollkommen (001). *Härte:* 6–7. *Dichte:* 3,3–3,5
Chemische Eigenschaften: wird von Flusssäure angegriffen

222 ALLANIT

Kristall, 12 mm, auf Dolomit. Luzenac, Ariège, Frankreich

Synonym: Orthit

Vorkommen: Das größte erhaltene Stück, ein riesiger gestreckter Kristall von 1,12 m x 0,49 m x 0,38 m mit unregelmäßiger Oberfläche, stammt aus der Magnetitabbaustätte von Arendal, Norwegen. In Fimbo, Schweden finden sich nadelige Kristalle mit zuweilen 30 mm Länge. In Kanada stammen wunderbare Einzelkristalle, darunter die schönsten Bekannten, aus Olden Township, Frontenac County, Ontario. In den Talkgruben von Trimouns, nahe Luzenac, Ariège, Frankreich finden sich wundervolle, nicht metamikte Kristalle, die bis 25 mm groß sein können, mit Lepidolith verwachsen in Dolomitgeoden. Ausgezeichnete Einzelkristalle, die zentimetergroß, schwarz und stark glänzend sind, wurden vom Laacher See, Eifel gemeldet. In alpinen Klüften finden sich millimetergroße Kristalle in Rauris, Österreich und in der Schweiz in Ried Reußtal, Uri, sowie im St. Gotthard-Tunnel und in Camperio, Tessin.

Lagerstätten: Dieses Mineral kommt in granitischen Pegmatiten, in Gneisen, in Amphiboliten und in Kontaktlagerstätten vor. Im nicht metamikten Zustand ist Allanit praktisch nur in alpinen Klüften und Kontaktlagerstätten bekannt.

Bestimmung: Sie ist oft sehr schwierig, sogar unmöglich, wenn Allanit massiv vorliegt.

Chemische Formel:
$(Ca,Ce,La)_2(Al,Fe,Be,Mg)_3(SiO_4)(Si_2O_7)O(OH)$

Kristallsystem: monoklin

Etymologie: benannt nach T. Allan, der das Mineral entdeckte

Habitus: massiv, körnig, oder bazillenförmige Aggregate. Tafelige bis nadelige Kristalle

Physikalische Eigenschaften: *Glanz:* fettig. *Farbe:* Gelb-braun, Dunkelbraun bis Pfefferschwarz. Durchscheinend bis opak. *Bruch:* muschelig-uneben. *Spaltbarkeit:* nach (001) und ($\bar{1}01$) wenig deutlich, fehlt in metamikten Arten. *Härte:* 5,5–6. *Dichte:* 3–4,2

Chemische Eigenschaften: löslich in HCl unter Bildung eines Gels

Kristall, 25 mm. Arusha, Tansania

Synonym: Tansanit

Vorkommen: 1967 wurde im Umbatal, Usambara-Berge nahe Arusha, Tansania ein wundervoller Edelstein aus sehr schönen prismatischen gerillten Kristallen gefunden, mit oft schönen Abschlüssen. Es handelt sich um eine Varietät des Zoisit, den sogenannten Tansanit. Aus diesen Kristallen entstanden wunderbare geschliffene Steine mit einem starken Trichroismus: saphirblau, lavendelfarben und farblos. Schöne Thulitstücke, eine rosafarbene Zoisitvarietät, die für Dekorationszwecke verwendet wird, sind aus Thule, Norwegen, aus Mitchell, North Carolina, USA und aus Namibia bekannt. In ultraviolettem Licht fluoresziert Thulit orangegelb. Große, apfelgrüne Zoisitklumpen, die rosa-rote Rubinkristalle umgeben, werden ebenfalls zur Schmuckherstellung in Longido, Kenia gewonnen. In der Grube Jeffrey, Asbestos, Quebec, Kanada ist Zoisit selten, dort werden aber schöne rosafarbene, mehr oder weniger durchsichtige Kristalle gefunden. In Frankreich sind rosafarbene, dezimetergroße Klumpen aus Pontaut-d'Aleu, Ariège bekannt.

Lagerstätten: Das Mineral kommt in eruptiven und metamorphen basischen Gesteinen vor und ist ein Klinozoisit-Dimorph.

Bestimmung: Zoisit unterscheidet sich von andern Epidoten durch die optischen Eigenschaften. Die einzigartige Spaltbarkeit mit perlmuttartigem Glanz unterscheidet ihn von klaren Amphibolen. Die Bestimmung ist jedoch immer schwierig.

Chemische Formel: $Ca_2Al_3(SiO_4)(Si_2O_7)O(OH)$

Kristallsystem: orthorhombisch

Etymologie: nach dem österreichischen Baron von Zois, der das Mineral entdeckte

Habitus: oft massiv oder faserige Aggregate. Zuweilen prismatische Kristalle, tief gerillt nach der Streckung, aber selten mit Abschlussflächen

Physikalische Eigenschaften: *Glanz:* glasig, perlmuttartig auf den Spaltflächen. *Farbe:* Weiß, Gelb, grünlich, rosafarben oder Blau. Durchsichtig bis durchscheinend. *Bruch:* uneben-muschelig. *Spaltbarkeit:* vollkommen (001). *Härte:* 6–6,5. *Dichte:* 3,2–3,4

Chemische Eigenschaften: wird zögerlich von Salzsäure angegriffen

VESUVIAN

Kristall, 50 mm. Bellecombe, Val d'Aosta, Italien

Synonym: Idokras

Vorkommen: Kürzlich wurden in der Grube Jeffrey, in Asbestos, Québec, Kanada einige wunderbare Vesuviankristalle von einem erstaunlichen Violett gefunden – Einzelkristalle erreichten eine Größe von 40 mm. Diese Stücke gehören mit denen aus Bellecombe bei Saint-Vincent, Val d'Aosta, Italien zu den schönsten dieses Minerals. Aus dem italienischen Vorkommen stammen sehr schöne prismatische Kristalle, die bis 50 mm, ausnahmsweise auch bis 100 mm groß sind. Sie sind braun-grün und zuweilen vollständig edelsteinartig. Sie sind mit Epidot, Klinochlor und Hessonit verwachsen. Ebenfalls aus Italien stammen wunderbare Kristalle (bis 50 mm) aus Hohlräumen in marmorisierten Kalkgesteinblöcken am Vesuv. Es handelt sich um sehr gut ausgebildete, glänzende Einzelkristalle. Von den anderen bemerkenswerten Lokalitäten seien die Vorkommen von Achtaragda am Fluss Vilui bei Jakutsk, Russland, ferner die von Laco-Lajo, Mexiko und in den USA die Vorkommen von Magnet Cove, Arkansas, ferner von Eden Mills, Vermont sowie Crestmore, Kalifornien genannt.

Lagerstätten: Vesuvian ist ein typisches Mineral in metamorphen Kalkgesteinen.

Bestimmung: Die Bedingungen des Vorkommens und der Habitus der Kristalle mit quadratischem Querschnitt sind typisch. Massiv kann Vesuvian mit Nephrit, Epidot, Grossular oder Zirkon verwechselt werden.

Chemische Formel: $Ca_{10}(Mg,Fe)_2Al_4(SiO_4)_5(Si_2O_7)_2(OH)_4$

Kristallsystem: tetragonal

Etymologie: nach dem Vulkan Vesuv

Habitus: im Allgemeinen prismatische, gut ausgebildete Kristalle, mit einem Pinakoid (001) abgeschlossen und schräg abgeschnitten nach (110), (111), (331) usw. Auch körnig oder strahlig

Physikalische Eigenschaften: *Glanz:* glasig bis fettig. *Farbe:* Gelb bis Braun oder Grün bis Schwarz. Durchsichtig bis durchscheinend. *Bruch:* unbestimmt. *Spaltbarkeit:* deutlich (110). *Härte:* 6,5. *Dichte:* 3,4

Chemische Eigenschaften: teilweise löslich in Salzsäure

Kristall, 30 mm. Benitoite Gem Mine, Kalifornien, USA

Vorkommen: Benitoit wurde 1907 im Tal von San Joaquim, San Benito County, Kalifornien, USA entdeckt. Dieses Vorkommen, das einzige, in dem Benitoitkristalle gefunden wurden, heißt seitdem Benitoite Gem Mine. Es ist heute erschöpft, aber in der Vergangenheit wurden dort außergewöhnliche mineralogische Proben gefunden. Benitoitkristalle, ursprünglich in massivem Natrolith eingeschlossen, werden durch fortschreitende Laugung des Natroliths mit Salzsäure freigesetzt. Die meisten sind kleiner als 20 mm, aber in Ausnahmefällen können sie 50 mm groß sein. Die bläulich graue Farbe einiger Stücke rührt von feinen Einschlüssen eines faserigen Amphibols, des Crossit. Aus Edelsteinen wurden fehlerlose kräftig blaue Steine geschliffen. In diesem Vorkommen ist Benitoit klassischerweise mit wundervollen Neptunitkristallen und anderen seltenen Mineralen verwachsen.

Lagerstätten: Benitoitkristalle treten in Adern massiven Natroliths in Serpentinitschiefer auf. Benitoit ist blau-fluoreszierend in UV-Licht kurzer Wellenlänge.

Bestimmung: Der Habitus der Kristalle ist typisch. Zudem gibt es nur eine Lagerstätte, in der Benitoit immer mit den gleichen Paragenesen auftritt.

Chemische Formel: $BaTiSi_3O_9$

Kristallsystem: hexagonal

Etymologie: nach dem Fluss San Benito nahe dem Ursprungsvorkommen

Habitus: prismatische tafelige Kristalle, schräg abgeschnitten von drei pyramidalen dreieckigen Flächen. Zuweilen trigonale Dipyramiden

Physikalische Eigenschaften: *Glanz:* glasig. *Farbe:* Himmel- bis Saphirblau, selten farblos. Durchsichtig bis durchscheinend. *Bruch:* muschelig. *Spaltbarkeit:* wenig deutlich ($0\bar{1}11$). *Härte:* 6–6,5. *Dichte:* 3,6

Chemische Eigenschaften: Benitoit ist in Säuren unlöslich.

226 EUDIALYT

Kristall, 1,5 mm. Mont Saint-Hilaire, Quebec, Kanada

Synonym: Eukolit
Vorkommen: Die schönsten erhaltenen Handstücke kommen aus Illimaussak, Grönland, wo sich große Kristalle von bis zu 100 mm finden. Ebenfalls aus Grönland, aus den Pegmatiten von Nassârssuk, stammen attraktive Kristalle (bis 50 mm), die zuweilen frei stehen. Eukolit, eine wegen ihrer hochroten bis pfirsischblütenrosa Farbe bemerkenswerte Varietät, ist auf den Inseln des Langesundsfjord, Norwegen, in den Ozark-Bergen, Magnet Cove, Arkansas, USA, sowie im Lovozero-Massiv nahe der Kolahalbinsel, Russland bekannt, wo es wunderbare Kristalle von 100 mm bildet, die zuweilen frei stehen. Auf Madagaskar wurden schöne rote Aggregate am Berg Andevanenanakombry, Benavoza-Massiv gefunden. Von der Insel Rouma, Los-Inseln, Guinea kommen orangegelbe Einzelkristalle mit Ägirin und Lavenit. In den Lagerstätten des Bergs Saint-Hilaire, Quebec, Kanada sind wunderbare orange Mikrokristalle von einigen Millimetern Größe bekannt, die Edelsteinqualität haben.
Lagerstätten: Eudialyt tritt nur in Nephelinsyeniten und ihren Pegmatiten auf, und zwar fast immer in Form von im Gestein eingeschlossenen Kristallen.
Bestimmung: In den Lagerstätten ist die purpurrote, weinrote bis rotviolette Farbe charakteristisch.

Chemische Formel: $Na_{12}Ca_6Fe_3[(Si_3O_9)_2(OH,Cl)_2]$
Kristallsystem: rhomboedrisch
Etymologie: vom griechischen *eu:* gut, und *dialusis:* Auflösung.
Habitus: prismatische Einzelkristalle (110) oder rhomboedrische Kristalle (101) mit pseudo-oktaedrischem Habitus

Physikalische Eigenschaften: *Glanz:* glasig. *Farbe:* Gelb bis Braun oder Rosa bis Violett, mit verschiedenen Tönungen. Durchscheinend bis durchsichtig. *Bruch:* splittrig. *Spaltbarkeit:* (001) deutlich. *Härte:* 5,5. *Dichte:* 2,9
Chemische Eigenschaften: Eudialyt wird von Säuren angegriffen.

Kristall, 20 mm, auf Asbest. Bourg-d'Oisans, Frankreich

Vorkommen: Wunderbares Ferroaxinit, vielleicht die schönsten bekannten Stücke, stark glänzende, violette Edelsteine von teilweise mehr als 50 mm Größe wurden relativ reichlich in den Vorkommen des Typs alpine Klüfte von Isère bei Bourg-d'Oisans, insbesondere im Gestein von Armantiers, Balme d'Auris, Rampe de Commères, Frankreich gefunden. In Chamrousse wurden 100 mm große Einzelkristalle entdeckt. Vergleichbare Stücke sind aus Piz Vallatscha, Val Medel, Schweiz bekannt. Die größten Kristalle mit einer schönen Farbe, bis 250 mm groß, stammen aus Vitoria de Conquista, Bahia, Brasilien. Wunderbare Manganaxinitstücke finden sich in den Gruben Obira, Oita, Toroku, Miyzaki, Insel Kyushu, Japan, ferner in Franklin, Passaic County, New Jersey, USA, sowie in Frankreich in den Lagerstätten der Pyrenäen. Große Magnesioaxinitedelsteine sind aus Coarse Gold, Madera County und Bonsall, San Diego County, Kalifornien, USA bekannt. Tinzenit schließlich kommt aus Tinzen, Schweiz.

Lagerstätten: Die Axinitgruppe besteht aus vier Mineralen: Ferroaxinit, Magnesioaxinit, Manganaxinit und Tinzenit. Sie finden sich vor allem in Lagerstätten des Typs alpine Klüfte oder in Kontaktlagerstätten.

Bestimmung: Der Habitus der Kristalle mit scharfen Kanten und die oft schwarzbraune Tönung des Minerals sind charakteristisch.

Chemische Formel: $A_3Al_2BSi_4O_{15}(OH)$, wobei A = Ca, Fe^{2+}, Mg^{2+}

Kristallsystem: triklin

Etymologie: vom griechischen *axis:* Axt, in Anspielung auf die Form der Kristalle

Habitus: abgeflachte, parellelepipedische Kristalle mit scharfen Kanten oder blattförmige Einzelkristalle von abgerundeter Gestalt

Physikalische Eigenschaften: *Glanz:* stark glasig. *Farbe:* Orange bis Violett. Durchsichtig bis durchscheinend. *Bruch:* muschelig. *Spaltbarkeit:* leicht (010). *Härte:* 6,5–7. *Dichte:* 3,2–3,3

Chemische Eigenschaften: wird von Säuren nicht angegriffen

SMARAGD

Kristall, 20 mm. Muzo, Kolumbien

Vorkommen: Smaragd ist einer der begehrtesten Edelsteine, aber perfekte Edelsteine sind selten und enthalten oft „Eisblumen". Die schönsten mineralogischen Handstücke stammen aus den Vorkommen von Muzo, Chivor, Galacha, Coscuez und Pena Blanca, Kolumbien, die seit dem 16. Jahrhundert bekannt sind und seitdem abgebaut werden. Es gibt dort wunderbare Smaragdkristalle in Calcitadern, die von bituminösen Kalken und Tonschiefer durchlaufen werden. Ein anderes wichtiges Vorkommen befindet sich am Fluss Takowaja, Ural, Russland, wo in Glimmerschiefer eingefasste, bis zu 400 mm große Prismen von schöner Farbe vorkommen, die aber im Allgemeinen von geringerer Qualität sind als die aus den kolumbianischen Vorkommen. Heute werden schöne Stücke in den afrikanischen Vorkommen von Sadowana, Simbabwe und am Manjava-See, Tansania abgebaut. In Brasilien gibt es sehr attraktive Kristalle in Bom Jesus dos Meiras, Bahia und in Conquista, Minas Gerais. In Europa wurde Smaragd aus den Glimmerschiefern von Legbach, Habachtal, Österreich gemeldet.

Lagerstätten: Smaragd ist in einigen Biotit-Glimmerschiefern oder in Kalkgestein nach hydrothermaler Umwandlung bekannt. Smaragd findet sich selten in Pegmatiten, und wenn, dann in mittelmäßiger Qualität. Die Färbung rührt von Chromspuren her.

Bestimmung: Härte, Habitus und die grüne Farbe sind charakteristisch.

Chemische Formel: $Al_2Be(Si_6O_{18})$

Kristallsystem: hexagonal

Etymologie: vom griechischen *smaragdos:* orientalischen Ursprungs

Habitus: im Allgemeinen lang prismatische Kristalle, glatt oder fein entlang der Streckung gerillt, pinakoide (0001) Abschlüsse mit reduzierten Pyramidenflächen

Physikalische Eigenschaften: *Glanz:* glasig. *Farbe:* kräftig Grün. Durchsichtig bis durchscheinend. *Bruch:* muschelig. *Spaltbarkeit:* unvollkommen nach $(10\bar{1}0)$. *Härte:* 7,5–8. *Dichte:* 2,7

Chemische Eigenschaften: Smaragd wird von Säuren nicht angegriffen.

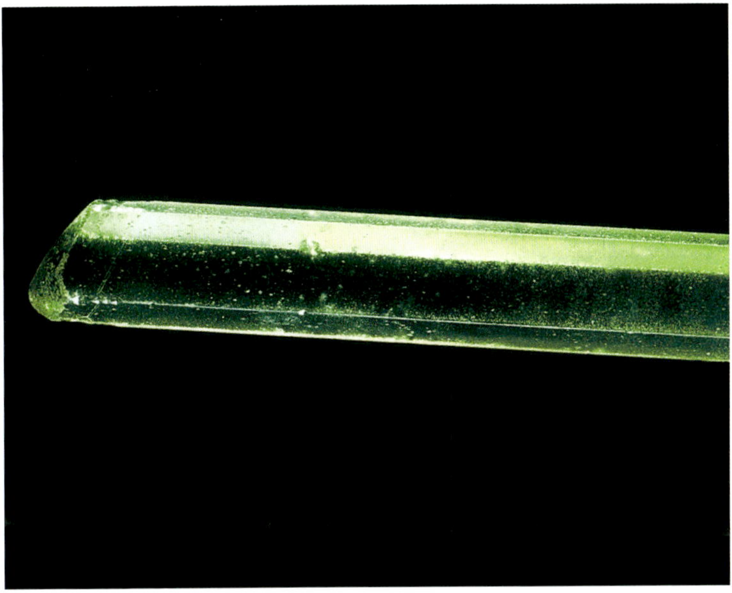

Kristall, 70 mm. Miami, Simbabwe

Vorkommen: In Russland wurden sehr schöne gelbe Kristalle in den Granitpegmatiten von Mursinsk bei Jekaterinburg, Ural gefunden, sowie in den Vorkommen von Nerschinsk und Urulga, Transbaikalien mehrere Zentimeter große Einzelkristalle, die mit blauem Topas und Rauchquarz verwachsen waren. Wunderbare Kristalle mit angeätztem Aussehen, bis 150 mm groß, finden sich im Gebiet von Schitomir, Ukraine. In Brasilien sind Heliodoreinzelkristalle von bis zu 200 mm aus zahlreichen Lokalitäten bekannt, insbesondere aus Fazenda do Funil, Minas Gerais. Von Madagaskar, aus den Pegmatiten von Sahnivotry und Ampangabé im Gebiet Ankazobé stammen wunderbare Stücke. In den 1960er-Jahren wurden perfekte Edelsteine in der Grube Green Walking Stick bei Sainte Anne, Miami, Simbabwe gefunden. Die Kristalle mit der schönsten Farbe sind wahrscheinlich die aus den Vorkommen von Rossing und Spitzkopje, Namibia. In Frankreich ist Heliodor aus den Pegmatiten des Limousin, aus La Bachelerien-Compreignac, Haute-Vienne, aus Hureaux und aus dem Steinbruch von Pécout bei Pont-de-Barost bekannt.

Lagerstätten: Heliodor gehört zur Beryllgruppe. Es ist ein recht seltenes Mineral in Pegmatiten und einigen pneumatolytischen Lagerstätten.

Bestimmung: Heliodor unterscheidet sich von anderen Beryllarten durch die Farbe und vom Apatit durch die Härte.

Chemische Formel: $Al_2Be(Si_6O_{18})$

Kristallsystem: hexagonal

Etymologie: vom griechischen *helios:* Sonne und *doron:* Gabe

Habitus: prismatische Kristalle, im Allgemeinen gestreckt, mit pinakoiden Abschlüssen (0001). Die Pyramidenflächen sind immer untergeordnet.

Physikalische Eigenschaften: *Glanz:* glasig. *Farbe:* Blassgelb bis Goldgelb. Durchsichtig bis durchscheinend. *Bruch:* muschelig. *Spaltbarkeit:* unvollkommen nach $(10\bar{1}0)$. *Härte:* 7,5–8. *Dichte:* 2,7

Chemische Eigenschaften: Heliodor wird von Säuren nicht angegriffen.

AQUAMARIN

Vorkommen: Aquamarin ist aufgrund seiner wunderbaren blauen Farbe als Schmuckstein sehr begehrt. Auch von Sammlern wird Aquamarin geschätzt, besonders seit in den brasilianischen und neuerdings auch in den pakistanischen Vorkommen sehr viele schöne Stücke gefunden wurden. Seit dem Zweiten Weltkrieg werden ungewöhnliche Proben in den brasilianischen Pegmatiten der Gebiete Teofilo Otoni und Governador Valadares, Minas Gerais, abgebaut. Es handelt sich meist um Einzelkristalle und seltener um die wunderbaren Gruppen auf Ganggestein. Die Stücke aus Maxixe mit den schönsten Farben weisen entlang der c-Achse eine tiefblaue Tönung auf. Ebenfalls in Brasilien sind sehr schöne Gruppen mit Mikroklin und Muskovit in den Vorkommen des Gebietes Virgem da Lapa und in der Grube Golconda im Gebiet Itatiaia zu finden. Aquamarine sind insbesondere in verwitternden Pegmatiten oder Eluvialböden bekannt. Die Kristalle sind meist isoliert. Die größten Edelsteine können mehr als 100 kg schwer sein, aber sie sind äußerst selten. Seit Ende der 1970er-Jahre werden schöne Sammlerstücke in den Pegmatiten von Dusso, Pakistan abgebaut. Die Kristalle weisen eine klare blaue Tönung auf, sind oft auf Ganggestein aufgewachsen und bilden wunderbare Anordnungen in Verwachsungen mit Albit und Schörl. In Ausnahmefällen finden sich sehr attraktive Stücke auch in den Pegmatiten von Madagaskar. Diese Vorkommen werden zur Zeit kaum noch abgebaut, dort wurden aber Aquamarine mit je nach Herkunft unterschiedlichen Färbungen gefunden: Himmelblau, Blau-grün, Wasserblau, Spargelgrün usw. Die dunkelblaue Farbe ist für den Beryll aus Tongateno typisch. In den afrikanischen Lagerstätten wurde Aquamarin aus den Miami Fields, Miami, Simbabwe gemeldet, aus Kleine Spitzkopje, Namibia sowie aus dem Gebiet von Alto Ligonha, Gilé, Mosambik. Wunderschöne Stücke stammen auch aus den russischen Lagerstätten am Fluss Takowaja bei Jekaterinburg, Ural. Reiche Vorkommen gibt es in den Borschtschowochnij-Bergen und Kususerken sowie in Adun Tschilon, Transbaikalien. In Europa sind klassische Lagerstätten die Mourne Mountains, County Down, Irland und Monte Capanne, Insel Elba, Italien. In Frankreich wurden freie, farblose Aquamarinkristalle im Pegmatit des Mas-Barbu bei Margnac, Haute-Vienne und in Orvault, Loire-Atlantique gefunden.

Lagerstätten: Aquamarin gehört zur Beryllgruppe. Er ist ein Mineral granitischer Pegmatite.

Bestimmung: Habitus und Farbe sind charakteristisch, durch die Härte lässt er sich leicht von Apatit unterscheiden.

Abb. rechts oben:
Kristall, 100 mm. Coronel Murta, Governador Valadares, Brasilien
Abb. rechts unten:
Kristall, 50 cm. Chanteloube, Haute-Vienne, Frankreich

Chemische Formel: $Al_3Be_2Si_6O_{18}$
Kristallsystem: hexagonal
Etymologie: vom lateinischen *aqua maris:* Meereswasser
Habitus: immer gestreckte hexagonale Prismen, zuweilen durch Pyramidenfacetten schräg angeschnitten. Sie sind zuweilen angeätzt und bilden dann Einzelkristalle in Form von „Schiffchen".

Physikalische Eigenschaften: *Glanz:* glasig. *Farbe:* farblos bis Blau, grünlich bis Grün, gelblich. Durchsichtig bis durchscheinend. *Bruch:* muschelig. *Spaltbarkeit:* (0001) unvollkommen. *Härte:* 7,5–8. *Dichte:* 2,6.
Chemische Eigenschaften: Aquamarin ist in Säuren unlöslich.

231 MORGANIT-GOSHENIT

Vorkommen: In den Pegmatiten des Granits von San Piero, Insel Elba, Italien sind sehr schöne rosafarbene Morganitkristalle (bis 30 mm Durchmesser) zu finden, die zuweilen wunderbare Verwachsungen mit Turmalin bilden. Die zahlreichen Pegmatite von Minas Gerais, Brasilien haben manchmal reiche Vorkommen an sehr attraktiven Stücken. Außergewöhnliche Kristalle auf Ganggestein, die zu den schönsten bekannten gehören, stammen aus Corrego do Urucum und können bis 250 mm Durchmesser erreichen. Morganit mit der schönsten Farbe, einem Pfirsichblütenrosa, kommt aus den Pegmatiten von Anjanabonoina und Mahritra, Madagaskar, vollständige Kristalle sind hier aber sehr selten. In Russland, wo das Mineral auch unter dem Namen Vorobeyit bekannt ist, kommen schöne Stücke aus Sawateewa, Nerchinsk, Transbaikalien. In den USA finden sich wunderbare Stücke in mehreren Lokalitäten des Districts San Diego, insbesondere in den Gruben Tourmaline King, White Queen, Himalaya usw. Aus der Grube Tourmaline Queen stammen sehr schöne Kristalle, die 70 mm Durchmesser erreichen und zuweilen auf rosafarbenen Elbaitprismen aufgewachsen sind. Rosa- bis orangefarbene, sehr große Einzelkristalle, die angeätzt sind, wurden in Muiane bei Alto Ligonha, Mosambik gefunden. In Afghanistan wurden bemerkenswerte Stücke in den Pegmatiten von Nuristan abgebaut. Die schönsten Goshenitstücke, wunderbare farblose Kristalle bis 200 mm Durchmesser, die zuweilen mit grünem Turmalin verwachsen sind, stammen aus den Lagerstätten von Criminosas und Sao José de Saphira nahe Governador Valadares, Minas Gerais, Brasilien. Andere sehr attraktive Proben wurden aus Lavra do Criminoso, Gebiet Teofilo Otoni gemeldet. In den USA ist Goshenit vor allem im Pegmatit von Intersol, South Dakota und in Goshen, Massachusetts, seinem Ursprungsvorkommen, vorhanden. Schöne Stücke stammen auch aus den Pegmatiten von Ampangabé und Anjanabonoina, Madagaskar und aus Dusso, Pakistan. In Europa ist das Mineral in den Mountains of Mourne, Irland und vor allem im Granit von San Piero, Insel Elba, Italien entdeckt worden. Bityit ist eine Beryllvarietät mit einer sehr schönen kräftig roten Farbe. Kleine Kristalle (maximal 25 mm groß) finden sich in den Rhyolithen von Thomas Range, Utah, USA.

Lagerstätten: Morganit und Goshenit sind zwei typische Beryllvarietäten von sodalithischen Pegmatiten, die Lepidolith, Elbait usw. begleiten.

Bestimmung: Die Farbe und vor allem der tafelige Habitus der Kristalle ermöglichen die Unterscheidung von Morganit und Goshenit von anderen Beryllvarietäten. Die Härte unterscheidet die beiden von Apatit.

Abb. rechts oben:
Kristall, 20 mm. Morganit auf Albit, Corrego do Urucum, Minas Gerais, Brasilien
Abb. rechts unten:
Kristall, 60 cm. Goshenit, Sao José de Saphira, Minas Gerais, Brasilien

Chemische Formel: $Al_2(Be, Cs, Li, ...)(Si_6O_{18})$
Kristallsystem: hexagonal
Etymologie: benannt nach J. P. Morgan, Finanzmann aus New York
Habitus: wuchtige Kristalle mit gut entwickelten Pyramidenflächen $(11\bar{2}1)$ und $(01\bar{1}1)$. Der tafelige Habitus ist für Cäsium- und Lithiumberyllvarietäten typisch.

Physikalische Eigenschaften: *Glanz:* glasig. *Farbe:* farblos (Goshenit), Rosa bis Orange (Morganit). Durchsichtig bis durchscheinend. *Bruch:* muschelig. *Spaltbarkeit:* $(10\bar{1}0)$ unbestimmt. *Härte:* 7,5–8. *Dichte:* 2,8–2,9
Chemische Eigenschaften: unlöslich in Säuren

232 ELBAIT

Vorkommen: Elbait ist der typische Edelstein für Brasilien. Zahlreiche Vorkommen im Staat Minas Gerais sind zuweilen reich an bemerkenswerten Stücken, insbesondere im Bezirk Araçuai, Itinga und Salina. Große grüne Turmaline und vor allem außergewöhnliche saphirblaue Kristalle werden in den Pegmatiten von Virgem da Lapa gefunden, in Salinas gibt es sehr schöne blaue und violette Prismen. Aus der eluvialen Lagerstätte von Ouro Fino stammen wunderbare Rubellite. Andere wichtige Gebiete sind in Governador Valadares die Vorkommen an sehr großen (bis 500 mm) rosafarbenen und smaragdgrünen Prismen in Cruzeiro; wunderbare klassische polychrome Stücke (50 mm) auf Cookeit finden sich in Golconda; ausgezeichnete Edelsteine, so genannte „Wassermelonen“ (durchsichtige, grüne Prismen mit rosafarbenem Kern) in Santa Rosa; polysynthetische, bis 150 mm große grüne Kristalle mit rotem Abschluss gibt es in Marilac. Schließlich ist die Grube Jona in Itatiaia zu nennen, wo 1978 eine Tasche von 3 m Durchmesser entdeckt wurde, die vollständig mit rosaroten Edelsteinprismen auf Cleavelandit ausgekleidet war. Die größten Einzelkristalle erreichten eine Länge von 1,10 m. Ausgezeichnete Lagerstätten in den USA liegen in Kalifornien, im District Pala, in den Gruben Himalaya, Pala Chief, Tourmaline Queen und Tourmaline King. Wunderbare Stücke kommen auch aus den Lagerstätten von New England: Mount Mica und die Dunton Mine, Oxford County, und Mount Apatite, Androsojgin County. Ähnlich gute Lagerstätten liegen auf Madagaskar, insbesondere im Pegmatit von Anajanabonoina, wo große Kristalle mit schwarzer Oberfläche, die sogenannten „Senegalköpfe“, gefunden wurden. Ihre Querschnitte zeigen dreieckige, rosa, gelbe oder braune Wachstumsrillen. Es handelt sich dabei um Liddicoatit, ein mit Elbait verwandtes Mineral. Zu nennen sind noch in Mosambik die Pegmatiten von Alto Ligonha und von Muiane, aus denen wahrscheinlich der schönste grüne Turmalin stammt. Ausgezeichnete Stücke kommen aus den Gruben von Hyakule und Phakuva, Nepal, aus Mursinsk und Shaitaka, Russland, aus Stak Nala, Dusso, Gilgit, Pakistan, aus den Pegmatiten von Nuristan, Afghanistan, sowie aus der klassischen italienischen Lagerstätte der Grotta D'Oggi, Insel Elba.

Lagerstätten: Elbait gehört zur Gruppe der Turmaline. Es ist ein Mineral sodalithischer Pegmatite.

Bestimmung: In den Vorkommen sind der Habitus der Kristalle, die Farbe und vor allem die Härte eindeutig. Die rosa bis roten Varietäten heißen Rubellite, die grünen Verdelite, die blauen Indicolite und die farblosen Achroite.

Abb. rechts oben:
Kristall, 11 cm, mit Lepidolit. Itatiaia, Minas Gerais, Brasilien
Abb. rechts unten:
Kristall, 50 cm. Maharitra, Madagaskar

Chemische Formel: $Na(Li,Al)_3Al_6(BO_3)_3(Si_6O_{18})(OH)_4$
Kristallsystem: rhomboedrisch
Etymologie: nach der Insel Elba, Italien
Habitus: gut ausgebildete, lang prismatische Kristalle, nach der Streckung gerillt. Die doppelt endenden Prismen weisen eine deutliche Hemimorphie auf.

Physikalische Eigenschaften: *Glanz:* glasig. *Farbe:* farblos, Rosa, Grün oder Blau. Durchsichtig bis durchscheinend. *Bruch:* muschelig. *Spaltbarkeit:* unbestimmt. *Härte:* 7. *Dichte:* 3–3,1
Chemische Eigenschaften: Elbait wird von Säuren nicht angegriffen.

233 DRAVIT

Kristall, 50 mm. Gouverneur, New York, USA

Vorkommen: Große braun-rötliche Dravitkristalle finden sich häufig in kristallinen Kalkgesteinen von Gouverneur, De Kalb, Pierrepont und Kingsbridge, Saint Lawrence County, New York, USA. Sie sind bis zu 150 mm x 75 mm groß, oft doppelt endend, mit ausgeprägter Hemimorphie. Ähnliche Stücke gibt es in den Dolomiten von Inwood entlang des Harlem River, New York. In Westaustralien finden sich reiche Dravitvorkommen in den Glimmerschiefern von Yinneitharra. Es handelt sich um die schönsten bekannten Stücke, wuchtige Kristalle von bis zu 250 mm Durchmesser. In Europa stammen schöne Kristalle aus den Dolomiten von Dobrova, Kärnten, Österreich sowie aus Lengenbach, Binnental und dem Simplontunnel, Wallis, Schweiz. Ähnliche Vorkommen gibt es in Frankreich in Arnave, Ariège, und in Salies-du-Salat, Haute-Garonne. Schließlich sind wunderbare rote Edelsteine aus Sambia und aus Kenia bekannt.

Lagerstätten: Dravit gehört zur Turmalingruppe und kommt vor in leicht metamorphen Kalkgesteinen und Dolomiten sowie bestimmten basischen Magmagesteinen.

Bestimmung: Dravit bildet eine isomorphe Reihe mit Elbait und Schörl. Von letzterem ist Dravit schwer zu unterscheiden.

Chemische Formel: $(Na, Ca)Mg_3Al_6(BO_3)_3Si_6O_{18}(OH)_4$

Kristallsystem: rhomboedrisch

Etymologie: nach dem österreichischen Fluss Drau (Drave)

Habitus: i. Allg. gut ausgebildete, prismatische Kristalle mit dreieckigem oder halbrundem Querschnitt und mit trigonalen Pyramiden (101) und (021) abgeschlossen

Physikalische Eigenschaften: *Glanz:* glasig. *Farbe:* farblos, Gelb, Gelb-braun, Dunkelbraun. Durchsichtig bis durchscheinend. *Bruch:* muschelig. *Spaltbarkeit:* unbestimmt. *Härte:* 7. *Dichte:* 3–3,1

Chemische Eigenschaften: unlöslich in Säuren

Kristall, 50 mm. Fournels, Lozère, Frankreich

Vorkommen: Klassischerweise kommen die sehr großen Kristalle mit gut ausgeprägten Formen aus den zahlreichen Pegmatiten in Madagaskar und Minas Gerais, Brasilien. In den USA findet sich Schörl neben anderen Vorkommen in großer Zahl in den Pegmatiten des Reviers von Ramona, San Diego County, Kalifornien. Hier gibt es sehr schöne, dezimetergroße Prismen mit Spessartit auf Rauchquarz und Albit. Sehr attraktive Kristalle von 250 mm x 30 mm auf Ganggestein wurden in der Fano Mine, Riverside County, Colorado gefunden. In Norwegen werden schöne Einzelkristalle mit doppeltem Abschluss in den Bergwerken von Kragerø gefördert. Andere sehenswerte Verwachsungen stammen aus den Pegmatiten von Nuristan, Afganistan, sowie aus Shingus und Gilgit, Pakistan. In Frankreich ist Schörl in Pegmatiten in Haute-Garonne, Loire-Atlantique, Ariège und Lozère bekannt, wo schöne Kristalle (bis 100 mm) in Cros und Fournels gefunden wurden. Glänzende Klumpen aus La Chaumette können mehr als 100 kg wiegen.

Lagerstätten: Schörl ist ein verbreitetes Begleitmineral in metamorphen Gesteinen, in Leukograniten und in Pegmatiten. Es handelt sich um ein Elbait- und Dravitisomorph. Mit Dravit bildet Schörl eine ununterbrochene Mischungsreihe.

Bestimmung: Habitus und physikalische Eigenschaften ermöglichen eine leichte Bestimmung dieses Minerals.

Chemische Formel: $NaFe^{2+}Al_6(BO_3)_3(Si_6O_{18})(OH)_4$

Kristallsystem: rhomboedrisch

Etymologie: ein deutscher Bergmannsbegriff

Habitus: im Allgemeinen massive Aggregate paralleler Kristalle oder strahlenförmige Klumpen, aber auch lang prismatische, gerillte Kristalle mit den dominanten Flächen (101) abgeschlossen.

Physikalische Eigenschaften: *Glanz:* glasig. *Farbe:* Dunkelbraun bis Schwarz. *Spaltbarkeit:* unbestimmt. *Härte:* 7. *Dichte:* 3,1–3,3

Chemische Eigenschaften: Schörl wird von Säuren nicht angegriffen.

235 CORDIERIT

Kristall, 60 mm. Plymouth, Connecticut, USA

Synonym: Dichroit, Iolit
Vorkommen: Kristallisierte Formen sind immer mehr oder weniger verwittert, daher liefern Edelsteinvorkommen nur sehr wenige gut ausgebildete Kristalle. Die Edelsteine werden aufgrund ihres intensiven Dichroismus von Grau bis Blau-violett zu ganz besonderen Schmucksteinen geschliffen. Die begehrtesten stammen aus den Alluvionen von Triclinopoly und Coimbatore, Madras, Indien, ferner aus Mogok, Birma und aus Ratnapura, Sri Lanka, wo eine klare Varietät von tiefem Blau, der „Wassersaphir", abgebaut wird. Sehr schöne Cordieritedelsteine sind auch aus Ihosy und Tsilaizina, Gebiet des Berges Bity, Madagaskar, ferner aus Picui, Paraiba und aus Virgolândia, Governador Valadares, Brasilien bekannt. Aus dem letzten Vorkommen, das 1973 entdeckt wurde, stammen Cordieritknoten von 40 cm Durchmesser in Biotit, die wunderbare blaue Edelsteine hervorgebracht haben. In Europa gibt es schöne, leicht bläuliche Kristalle von bis zu 100 mm in Orijärvi, Finnland. Gut gebildete, verwitterte Einzelkristalle finden sich in den Mikrograniten von Huelgoat, Finistère, von Isserteaux und Manzat, Puy-de-Dôme, Frankreich.
Lagerstätten: Als verbreitetes Begleitmineral in metamorphen Gesteinen, in Zweiglimmergraniten und Mikrograniten ist Cordierit fast immer von Phyllit (Varietäten Pinit oder Gigantolit) pseudomorph ersetzt.
Bestimmung: Wenn Cordierit nicht verwittert ist, dann sind Farbe und Glanz recht typisch.

Chemische Formel: $(Mg, Fe^{2+})_2Al_3(AlSi_5O_{18})$
Kristallsystem: orthorhombisch
Etymologie: benannt nach Cordier, französischer Geologe
Habitus: im Allgemeinen kompakt, Kristalle sind selten; orthorhombische, pseudo-hexagonale Prismen

Physikalische Eigenschaften: *Glanz:* fett. *Farbe:* farblos oder Blau bis Blau-violett in verschiedenen Tönungen. Durchsichtig bis durchscheinend. *Bruch:* muschelig. *Spaltbarkeit:* wenig deutlich (010). *Härte:* 7–7,5. *Dichte:* 2,6–2,7
Chemische Eigenschaften: Cordierit wird von Säuren nicht angegriffen.

DIOPTAS 236

Kristalle, 30 mm. Pimbi, Niari, Kongo

Vorkommen: In der Ursprungsfundstätte Altyne Tyube in der kirgisischen Steppe bildet Dioptas sehenswerte Kristalle in den Rissen eines kompakten Kalkgesteins. Die schönsten Stücke kommen aus den Kupferlagerstätten des Niari-Beckens, Shaba, Kongo, sowie hauptsächlich aus Mindouli, Renéville, und Pimbi, wo die Kristalle, die ausnahmsweise bis zu 80 mm x 20 mm groß werden, mit Quarz, seltener mit Wulfenit oder gediegenem Silber verwachsen sind. Sie wachsen zum Teil auf Chrysokoll oder Plancheit oder bedecken vollständig die Hohlräume des Ganggesteins. Ähnliche Proben sind aus Tantara, Shaba, sowie aus Sambia bekannt. Die zweite Oxidationszone der Grube Tsumeb, Namibia ist ebenfalls reich an ungewöhnlichen Stücken. Es handelt sich um wunderbare Einzelkristalle von mehr als 25 mm Größe auf weißem Calcit, die mit Cerussit verwachsen sind. Die größten bekannten Kristalle kommen aus Mavoyo, Angola. Sie sind bis 150 mm groß. In den USA finden sich feine nadelige Kristalle, die mit Descloizit und Wulfenit verwachsen sind, in den Gruben Mammoth, Christmas und Roy bei Tiger, Pinal County, Arizona.

Lagerstätten: Es ist ein sekundäres Mineral, das sich in heißem und aridem Klima im oberen Teil von Kupferlagerstätten bildet.

Bestimmung: Farbe und Habitus der Kristalle sind typisch.

Chemische Formel: $Cu_6(Si_6O_{18})\cdot 6H_2O$

Kristallsystem: orthorhombisch

Etymologie: vom griechischen *diopteuein:* ins Innere sehen (die Spaltbarkeiten sind bei transparenten Kristallen im Inneren sichtbar)

Habitus: mehr oder weniger gestreckte Prismen, von Rhomboederflächen abgeschlossen. Seltener nadelige Prismen

Physikalische Eigenschaften: *Glanz:* glasig. *Farbe:* Smaragdgrün bis Dunkelgrün. Durchsichtig bis durchscheinend. *Bruch:* unregelmäßig. *Spaltbarkeit:* vollkommen parallel zum Rhomboeder $(10\bar{2}1)$ *Härte:* 5. *Dichte:* 3,3

Chemische Eigenschaften: wird teilweise von Säuren angegriffen

237 MILARIT

Kristall, 30 mm. Juguaraçu, Minas Gerais, Brasilien

Vorkommen: Die wichtigsten klassischen Vorkommen sind die von Val Giuv und Val Stern im Graubündener Massiv in der Schweiz. In Val Giuv wurden sehr schöne, zentimetergroße, farblose, zuweilen durch Chloriteinschlüsse grün getönte Kristalle gefunden, die mit außerordentlich klarem Rauchquarz verwachsen sind. Die größten alpinen Kristalle erreichen 30 mm Größe und stammen aus Calmut im Sterntal. Am Fieschergletscher, ebenfalls in der Schweiz, finden sich schöne Kristalle bis 25 mm Größe, die mit Axinit und Bavenit verwachsen sind. In nicht alpinen Lagerstätten wurden wunderbare gelb-grüne Einzelkristalle bis 30 mm Größe auf Adular in der Grube Valenciana, Guanajuato, Mexiko gefunden. Aus den Pegmatiten von Rossing, Namibia stammen sehr schöne, zentimetergroße gelbliche Edelsteine. Die schönsten Stücke wurden 1980 in einem Pegmatiten von Juguaraçu, Minas Gerais, Brasilien entdeckt. Es handelt sich um lang prismatische Kristalle (bis 30 mm), grün-gelb mit einem leicht fässchenförmigen Habitus.

Lagerstätten: Milarit ist ein Mineral granitischer Pegmatite und von Lagerstätten des Typs alpine Klüfte.

Bestimmung: In den Vorkommen kann Milarit mit anderen Mineralen mit hexagonalem Habitus verwechselt werden, insbesondere mit Apatit, aber auch mit Phenakit, Beryll oder Quarz.

Chemische Formel: $K_2Ca_4Al_2Be_4Si_{24}O_{60} \cdot H_2O$

Kristallsystem: hexagonal

Etymologie: benannt nach Val Milar, Schweiz, nahe der Ursprungslokalität

Habitus: immer kristallin, hexagonale gestreckte Prismen, von den Flächen $(11\bar{2}0)$ und $(10\bar{1}1)$ abgeschlossen. Selten fässchenförmiger Habitus

Physikalische Eigenschaften: *Glanz:* glasig. *Farbe:* farblos, Weiß, gelblich bis Grün. Durchsichtig bis durchscheinend. *Bruch:* muschelig. *Spaltbarkeit:* (001) unbestimmt. *Härte:* 2,6. *Dichte:* 5,5–6

Chemische Eigenschaften: Milarit wird von Salzsäure angegriffen.

Kristall, 40 mm. Pian della Mussa, Val d'Ala, Italien

Vorkommen: Wunderbare blassgrüne bis 100 mm große Edelsteine auf kräftig rotem Hessonit und Chlorit wurden in Pian della Mussa im Val d'Ala, Italien gefunden. Violait, eine violette Varietät, ist aus Saint-Marcel, Val d'Aosta, Italien bekannt. In Österreich, Rotkopfkar, Schwarzenstein Alp, Tirol finden sich wundervolle isolierte Stäbchen mit mehr oder weniger faserigen Abschlüssen, die bis 200 mm groß sowie edelsteinartig sind. Ausgezeichnete Stücke kommen auch aus dem Marmor von De Kalb und Russel, St. Lawrence County, USA. Sehr attraktive Kristalle sind aus verschiedenen Lokalitäten in Quebec, Ontario, Kanada, aus dem Revier von Mysore, Indien und aus Madagaskar bekannt. Wunderbare Edelsteine aus Chromdiopsid, eine Varietät von schöner grasgrüner Farbe, wurden in Outokumpu, Finnland gefunden.

Lagerstätten: Ein kontaktmetamorphes Mineral in Dolomiten, das auch als Bestandteil basischer und ultrabasischer Gesteine vorkommt. Diopsid gehört zur Gruppe der Pyroxene und bildet eine isomorphe Reihe mit Hedenbergit und Augit.

Bestimmung: Farbe und Gestalt der Kristalle sind recht typisch, aber die Unterscheidung von den anderen Klinopyroxenen ist nicht immer einfach.

Chemische Formel: $CaMg(Si_2O_6)$

Kristallsystem: monoklin

Etymologie: vom griechischen *di:* zwei, und *opsis:* Blick, aufgrund der Antihemiedrie der Kristalle

Habitus: körnig oder kompakt. Kristalle mit pseudotetragonalem Habitus mit quadratischem oder achteckigem Querschnitt, gerillt nach [001]

Physikalische Eigenschaften: *Glanz:* glasig. *Farbe:* farblos, Grau, gelblich bis Grün. Durchsichtig bis durchscheinend. *Bruch:* muschelig. *Spaltbarkeit:* gut (110). *Härte:* 5–6. *Dichte:* 3,2–3,4

Chemische Eigenschaften: unlöslich in Säuren

239 JADEIT

Kristalle, 5 mm. Cloverdale, Kalifornien, USA

Synonym: Chlormelanit

Vorkommen: Jadeit ist für seine Festigkeit und Härte seit sehr langer Zeit wohlbekannt. In China wurde er schon immer als heiliges Mineral angesehen und wird bis heute zur Herstellung von Kunstobjekten aktiv gesucht und bearbeitet. Eines der Hauptvorkommen ist das von Longchuan in der Provinz Yunnan. Andere wichtige Vorkommen gibt es in Japan, in Tibet, in Guatemala, in Kalifornien, USA, usw. In den Seifen von Tawmaw bei Mogok, Birma finden sich häufig Jadeitkiesel in einem rötlichen Ton. Die Stücke aus dieser Lokalität sind für die Schmuckherstellung sehr begehrt. Die seltenen bekannten Jadeitkristalle, millimetergroße Einzelkristalle von weiß-grünlicher Farbe, stammen aus Cloverdale, Kalifornien, USA. In Frankreich findet sich Jadeit in Saint-André-de-Cotonne, Korsika.

Lagerstätten: Jadeit gehört zur Familie der Pyroxene und wird selten in den Ursprungsvorkommen, alkalihaltigen magmatischen Gesteinen, gefunden. Besonders häufig kommt Jadeit als Kies in Seifenlagerstätten vor.

Bestimmung: Jadeit färbt die Flamme des Lötrohrs orangegelb. Damit kann man ihn von Nephrit unterscheiden, einer Amphibolvarietät, die einen ähnlichen Habitus aufweist.

Chemische Formel: $NaAl(Si_2O_6)$

Kristallsystem: monoklin

Etymologie: von Jade, da er einer der Hauptbestandteile dieses Gesteins ist

Habitus: normalerweise sehr kompakt und fest, die Textur ist mit bloßem Auge oft nicht erkennbar. Kristalle sind sehr selten.

Physikalische Eigenschaften: *Glanz:* glasig bis seidig. *Farbe:* Smaragdgrün bis Hellgrün, gelblich, bräunlich, Violett. Durchscheinend bis opak. *Bruch:* splittrig. *Spaltbarkeit:* (110) deutlich. *Härte:* 6,5–7. *Dichte:* 3,3–3,5

Chemische Eigenschaften: Jadeit ist in Säuren unlöslich.

Kristall, 35 mm. Puys du Vivarais, Ardèche, Frankreich

Vorkommen: Am Vesuv und am Ätna in Italien finden sich in junger Lava viele glänzende und gut ausgebildete Augitkristalle. Die Kristalle sind normalerweise 20 bis 25 mm groß. Gleichartige Kristalle sind aus vulkanischen Formationen der Eifel und aus Sasbach, Kaiserstuhl bekannt. In Frankreich gibt es zahlreiche Vorkommen. In Chenevary, Rochemaure und Montbrul, Ardèche finden sich Kristalle von 20 mm Größe aus Basaltschlacken; in Velzic und Loubéjac, Cantal, sehr viele Kristalle von 10 bis 30 mm Größe, die oft Schwalbenschwanzzwillinge bilden; im Gebiet von Mézenc, Haute-Loire, große Einzelstücke von 50 bis 60 mm Größe. Sehr große Kristalle (bis 50 kg) kommen aus Lake Clear, Renfrew County, Ontario, Kanada, sowie aus dem Gebiet von St. Lawrence, New York, USA. In der Nordmark, Schweden finden sich ebenfalls sehr große Einzelstücke, die mit Magnetit und Chlorit in den Hohlräumen eines Pyroxenits verwachsen sind.

Lagerstätten: Es handelt sich um ein häufiges Begleitmineral in Effusivgesteinen und in bestimmten Gabbros und Peridotiten. Augit gehört zur Pyroxengruppe und bildet eine isomorphe Reihe mit Diopsid und Hedenbergit.

Bestimmung: Einzelkristalle sind typisch, aber das Mineral ist oft von anderen Pyroxenen schwer zu unterscheiden.

Chemische Formel: (Ca, Na)(Mg, Fe, Al, Ti)(Si, Al)$_2$O$_6$

Kristallsystem: monoklin

Etymologie: vom griechischen *augites:* eine Edelsteinart, in Anspielung auf den Glanz

Habitus: wuchtige Kristalle mit quadratischem oder achteckigem Querschnitt, zuweilen gestreckt. Häufig Schwalbenschwanzzwillinge

Physikalische Eigenschaften: *Glanz:* glasig. *Farbe:* Schwarz mit bräunlichen bis grünlichen Reflexen. Durchscheinend bis opak. *Bruch:* unregelmäßig. *Spaltbarkeit:* (110), suborthogonal und sehr deutlich. *Härte:* 5–6. *Dichte:* 3,2–3,4

Chemische Eigenschaften: wird von Säuren nicht angegriffen

241 SPODUMEN

Kristall, 15 mm. Hiddenit, North Carolina, USA

Synonym: Triphan

Vorkommen: Spodumen bildet zuweilen sehr große Kristalle wie in der Grube Etta, Pennington County, South Dakota, USA, wo Einzelkristalle von über 10 m Länge gefunden wurden. Schöne Proben der Edelsteinvarietät Hiddenit sind praktisch nur aus den Pegmatitadern von Hiddenite, Alexander County, North Carolina bekannt, denn diese Varietät ist heute selten. Auch aus der Pala Chief Mine, San Diego County, Kalifornien wurden wunderbare, klare Kunzitkristalle gefördert, die zuweilen mehr als 250 mm Länge aufwiesen. Die schönsten Kunzite, perfekte Edelsteine von bis zu 7,5 kg Gewicht, wurden in der Grube Urupuca, Farendo Anglo, und in Corrego do Urucum, Galiléia, Minas Gerais, Brasilien gefunden. Aus den Pegmatiten der Provinzen Kunar, Laghman und Nuristan, Afghanistan kommen viele wunderbare klare Kristalle, zuweilen metergroß. Sehr schöne Stücke mit unterschiedlichen Färbungen sind auch aus Madagaskar bekannt.

Lagerstätten: Als Mineral der Pyroxengruppe ist Spodumen in sodalithischen Pegmatiten zu finden. Es ist zuweilen edelsteinartig mit rosalila (Kunzit) oder grüner bis smaragdgrüner Färbung (Hiddenit).

Bestimmung: Unter UV-Licht fluoresziert Spodumen orange. Der splittrige Bruch und das gerillte Aussehen unterscheiden Spodumen von den Feldspaten.

Chemische Formel: $LiAlSi_2O_6$

Kristallsystem: monoklin

Etymologie: vom griechischen *spodumenos:* aschfarben

Habitus: im Allgemeinen kompakt, kryptokristallin, aber auch langprismatische und abgeflachte Kristalle mit gerillten Flächen

Physikalische Eigenschaften: *Glanz:* glasig. *Farbe:* Weiß, gräulich, Grün oder Rosa bis Violett, instabil. Durchsichtig bis durchscheinend. *Bruch:* uneben bis splittrig. *Spaltbarkeit:* (110) vollkommen. *Härte:* 6,5–7. *Dichte:* 3,2

Chemische Eigenschaften: unlöslich in Säuren

Kristall, 120 mm. Bamle, Norwegen

Vorkommen: Enstatit bildet normalerweise relativ unattraktive, körnige Aggregate von bis zu 10–20 mm großen Kristallen. Solche Stücke sind aus der Tilly Foster Mine nahe Brewster, Putnam County, New York bekannt, ebenso aus den Gebieten von Boulder, Colorado und aus Lancaster, Pennsylvania, USA. Sehr große und gut ausgebildete Kristalle, klassische Stücke, von bis zu 500 mm, gibt es in den Apatitvorkommen von Kjörrestad bei Bamle, Norwegen. Diese sind oft teilweise verwittert. Bronzit, eine eisenhaltige Varietät, wird aufgrund der charakteristischen bronzefarbenen Reflexe in der Schmuckindustrie verwendet und findet sich in Kraubat, Steiermark, Österreich. Edelstein-Enstatite kommen aus den Lagerstätten von Mogok, Birma, aus den Alluvionen von Ankaratra, Madagaskar, aus Elhara, Sri Lanka und aus Tansania. Geschliffene Steine, die Asterismus zeigen, stammen aus Südindien.

Lagerstätten: Es ist ein Mineral basischer, kalziumarmer Intrusivgesteine (Peridotite usw.). Seltener ist es in metamorphen Gesteinen, Kontaktlagerstätten oder vulkanischen Gesteinen zu finden. Enstatit bildet eine isomorphe Reihe mit Heddenbergit und Diopsid.

Bestimmung: Enstatit ist schwer von anderen orthorhombischen Pyroxenen zu unterscheiden.

Chemische Formel: $Mg_2Si_2O_6$

Kristallsystem: orthorhombisch

Etymologie: vom griechischen *enstates:* der widersteht, aufgrund der Unschmelzbarkeit

Habitus: faserig, lamellar oder körnig. Selten prismatische Kristalle (100), zuweilen nach (010) abgeflacht

Physikalische Eigenschaften: *Glanz:* glasig. *Farbe:* Weiß, gräulich bis gelblich mit grünlichen Reflexen. Durchscheinend. *Bruch:* unregelmäßig. *Spaltbarkeit:* (110) vollkommen. *Härte:* 5,5–6. *Dichte:* 3,3–3,6

Chemische Eigenschaften: Enstatit wird von Säuren nicht angegriffen.

243 PLANCHEIT

Kugeln mit Dioptas und Malachit. Rénéville, Kongo

Vorkommen: Viele Autoren meinen, dass die schönsten Proben aus Rénéville, Niari-Becken, Kongo kommen. In dieser Lokalität bildet Plancheit Krusten aus zentimetergroßen Kugeln mit radialfaseriger Struktur und ist mit Dioptas verwachsen. Im Kongo gibt es Plancheit auch in Pimbi, Tchikoumba, sowie in Mindouli. In diesem Vorkommen ist er mit gediegenem Silber und mit Kuprit verwachsen und bildet kleine Äderchen von einigen Zentimetern Stärke mit feinfaseriger Fazies (asbestartig). Aufgrund seiner Struktur gehört das Mineral zur Familie der Amphibole. Aus den oberflächennahen Sohlen der Grube Tantara, Shaba, Kongo kommen ebenfalls wunderbare Stücke mit Dioptas und Shattuckit, die in der Qualität den anderen wohl gleichwertig sind. Bläuliche Plancheitklumpen sind aus Tsumeb, Namibia bekannt, ebenso aus Arizona, USA, aus Shattuck Shaft, Besbee und der New Cornelia Mine, Ajo. Auch in Arizona finden sich Mikrokristalle in der Table Mountain Mine bei Mammoth und in Tiger, Pinal County.

Lagerstätten: Es ist ein recht seltenes Mineral der Oxidationszone von Kupfervorkommen in aridem Klima.

Bestimmung: Die Unterscheidung von anderen blauen Kupfersilikaten wie Shattuckit [$Cu_5(SiO_3)_4(OH)_2$] oder Papagoit [$CaCuAlSi_2O_6(OH)_3$] ist oft schwierig.

Chemische Formel: $Cu_8Si_8O_{22}(OH)_4 \cdot H_2O$

Kristallsystem: orthorhombisch

Etymologie: benannt nach dem französischen Forschungsreisenden Planche, der als Erster eine Originalprobe aus Afrika mitbrachte.

Habitus: konkretionierte Haufen oder faserige Aggregate, mit Mikrokristallen gespickt

Physikalische Eigenschaften: *Glanz:* matt, perlmuttartig bis seidig. *Farbe:* Himmelblau bis Marineblau. Opak bis leicht durchscheinend. *Bruch:* unregelmäßig. *Spaltbarkeit:* unbestimmt. *Härte:* 5,5. *Dichte:* 3,4

Chemische Eigenschaften: wird nur zögerlich von Säuren angegriffen

Zentimetergroße Kristalle. St. Lawrence County, New York, USA

Vorkommen: Schöne Massen nadeliger Aktinolithkristalle sind aus dem Val Malenco, Italien, sowie aus Greiner, Zillertal, Österreich bekannt. Asbest, eine feinfaserige Varietät, findet sich in alpinen Lagerstätten wie in der Schlucht von La Selle, Saint-Christophe-en-Oisans, Isère, Frankreich, oder in Kammegg, Teifal und Steintal, Uri, Schweiz. Die bekanntesten Nephritvorkommen (eine sehr feste mikrokristalline Varietät, die für Schmuck verwendet wird) liegen in China, nämlich im Jadeberg von Khotan, Xijiang, in Russland, Alibert, Baikalsee, in Kanada u. a. Tremolith [$Ca_2Mg_5Si_8O_{22}(OH)_2$] ist ein verwandtes Mineral. Reiche Vorkommen an Kristallen mit bis 100 mm Größe gibt es in der Provinz Greenville, Ontario, Kanada und vor allem in Keller Farm, Lake Hardwood, ferner in Nordland, in Wilberforce (Chromtremolit) u. a., sowie unter ähnlichen Bedingungen in den USA, insbesondere in De Kalb, Russell, Gouverneur und in Edwards, St. Lawrence County, New York, wo fehlerlose Edelsteine aus klaren, zentimetergroßen Kristallen in schöner rosa Farbe abgebaut werden.

Lagerstätten: Aktinolith ist ein verbreitetes Mineral von Talkschiefern, Amphiboliten, Serpentin usw. Tremolith ist besonders in metamorphen Kalkgesteinen bekannt.

Bestimmung: Tremolith und Aktinolith bilden eine ununterbrochene isomorphe Reihe. Tremolith ist hat eine klare, weiße oder gräuliche Farbe.

Chemische Formel: $Ca_2(Mg,Fe)_5Si_8O_{22}(OH)_2$
Kristallsystem: monoklin
Etymologie: vom griechischen *actinos:* Strahl
Habitus: nadelige oder feinfaserige Aggregate. Deutlich ausgeprägte Kristalle sind recht selten.

Physikalische Eigenschaften: *Glanz:* glasig bis seidig. *Farbe:* Grau grünlich bis Flaschengrün. Durchscheinend. *Bruch:* unregelmäßig. *Spaltbarkeit:* leicht (110). *Härte:* 5–6. *Dichte:* 3–3,2
Chemische Eigenschaften: langsam löslich in Salzsäure

245 HORNBLENDE

Kristall, 20 mm. Greenville, Ontario, Kanada

Vorkommen: Sehr schöne grüne Hornblendekristalle (Edenit) finden sich reichlich in den kristallinen Kalkgesteinen des Reviers von Bancroft, Ontario, Kanada, besonders an den Lokalitäten Willberforce und Tory Hill. Ähnliche Vorkommen gibt es in De Kalb, Russell, und in Gouverneur, St. Lawrence County, sowie in Warwick, Orange County, New York, USA. In Russland wurden im Nordural große freie Kristalle bis 0,50 m Länge in den Gabbro-Pegmatiten des Berges Sokolinaja gefunden. In Europa stammen ausgezeichnete Proben grüner Hornblende (Pargasit) aus Evsly, Finnland, sowie aus Norwegen. In Frankreich gibt es schöne, zentimetergroße, nadelige Kristalle nahe Bourg-Saint-Maurice, Savoie. Basaltische Hornblende, schöne Kristalle bis 35 mm, oft verzwillingt, finden sich in den verwitterten Basalten von Bilin und Schima, Böhmen, Tschechien und in Roda bei Predazzo, Italien. In Frankreich gibt es Hornblende in Cantal und Puy-de-Dôme.

Lagerstätten: Es ist ein verbreitetes Amphibol in zahlreichen metamorphen und eruptiven Gesteinen.

Bestimmung: Hornblende ist eine Gruppe, deren Minerale schwierig zu bestimmen sind, wie Edenit, Pargasit und Hastingsit (grüne Hornblende) oder Kaersutit und basaltische Hornblende (braune Hornblende).

Chemische Formel:
$[(Ca, Na)_{2\text{-}3}(Mg, Fe)Al]_5[Si_6(Al,Si)_2O_{22}(OH,F)_2]$

Kristallsystem: monoklin

Etymologie: deutsche bergmännische Begriffe *Horn* und *blenden* – glänzen

Habitus: mehr oder weniger faserige Klumpen oder Aggregate. Lang prismatische oder wuchtige Kristalle

Physikalische Eigenschaften: *Glanz:* glasig. *Farbe:* Grün bis Dunkelgrün oder Braun bis Schwarz. Durchscheinend. *Bruch:* muschelig-uneben. *Spaltbarkeit:* vollkommen (110), aber unterbrochen. *Härte:* 5–6. *Dichte:* 3,2–3,4

Chemische Eigenschaften: nur löslich in Flusssäure

Kristall, 20 mm. Asbestos, Quebec, Kanada

Vorkommen: Wunderbare Stücke stammen aus der Jeffrey Mine, Asbestos, Quebec, Kanada. Pektolith bildet dort sehr gut geformte tafelige bis nadelige Kristalle von bis zu 20 mm Größe, die oft in Form von „Schleifen" angeordnet sind. In Quebec finden sich auch kleine, millimetergroße, gut ausgebildete Kristalle in den Lagerstätten des Mont Saint-Hilaire. Faserige Klumpen gibt es in Grönland in der klassischen Lagerstätte von Ilimaussak. Weitere bemerkenswerte Lokalitäten sind Lower New Great Quarry, Paterson, New Jersey, USA mit radialfaserigen Kugeln (bis 80 mm Durchmesser) mit Prehnit und Calcit, ferner die berühmten schottischen Zeolith-Vorkommen, insbesondere Ratho Quarry, Edinburgh, und die Insel Skye, ferner der Steinbruch Rauschermühle, Niederkirchen, Bayern, außerdem die Berge Baldo und Monzoni, Tirol, Österreich, sowie die Lagerstätte von Buffaure, Val di Fassa, Piemont, Italien mit zentimetergroßen Aggregaten.

Lagerstätten: Pektolith ist mit den Zeolithen verwandt und findet sich in Hohlräumen von basischem Eruptivgestein, in nephelinischen Syeniten und in ophiolithischen Formationen. Pektolith bildet mit Serandit eine isomorphe Reihe. Die Zwischenstufen heißen Schizolit.

Bestimmung: Pektolith unterscheidet sich von den Zeolithen durch den Säureangriff ohne Gelbbildung. Wenn man es im Dunkeln bricht, leuchtet es.

Chemische Formel: $NaCa_2Si_3O_8(OH)$

Kristallsystem: triklin

Etymologie: vom griechischen *pectos:* gut zusammensetzen, unter Anspielung auf den Habitus

Habitus: gebündelte Aggregate nadeliger Kristalle oder feinstrahlige Kugeln. Seltener prismatische Kristalle (001) und (100)

Physikalische Eigenschaften: *Glanz:* glasig bis seidig. *Farbe:* Weiß bis gräulich, grünlich oder Rosa. Durchsichtig bis opak. *Bruch:* (100) und (001), vollkommen. *Härte:* 4,5–5. *Dichte:* 2,9

Chemische Eigenschaften: wird von HCl angegriffen

247 SERANDIT

Kristall, 50 mm. Mont Saint-Hilaire, Quebec, Kanada

Vorkommen: In den Vorkommen ist Serandit immer kristallin. Die ersten beschriebenen Stücke kommen von der Insel Rouma, Los-Inseln, Guinea, wo seltene, lang prismatische, rosafarbene Kristalle zu finden sind. Die schönsten Stücke wurden in den 1970er-Jahren in den Steinbrüchen Demix und Poudrette, Mont Saint-Hilaire, Quebec, Kanada gefunden. Die Kristalle waren sehr schön lachsrosa und bis zu 250 mm lang bei einer Dicke von mehreren Zentimetern. Sie traten auf in Paragenese mit wundervollem dezimetergroßem pfeilförmigem prismatischem Ägirin und wunderbaren isometrischen Analcimkristallen sowie zusammen mit zahlreichen seltenen Mineralen. Weitere Kristalle wurden am Mont Saint-Hilaire gefunden, diese sind normalerweise bis 50 mm groß, haben aber eine weniger schöne Farbe, nämlich Blassrosa bis Rosagrau. Serandit wurde auch in der berühmten Benitoit- und Neptunit-Lagerstätte der Benitoite Gem Mine, San Benito County, Kalifornien, USA gefunden.

Lagerstätten: Serandit ist ein spätes Mineral in Nephelinsyenit-Geoden und -Pegmatiten und bildet mit Pektolith eine isomorphe Reihe. Die Zwischenstufen heißen Schizolit.

Bestimmung: Farbe und physikalische Eigenschaften ermöglichen die Unterscheidung von den Mineralen, mit denen es vorkommt.

Chemische Formel: $NaMn_2Si_3O_8(OH)$

Kristallsystem: triklin

Etymologie: benannt nach dem Forscher Sérand

Habitus: dickprismatische Kristalle mit monokliner Symmetrie oder tafelige Kristalle mit pseudotetragonalem Aussehen

Physikalische Eigenschaften: *Glanz:* glasig bis perlmuttartig. *Farbe:* Blassrosa, Lachsrosa oder Rosarot. Durchsichtig bis durchscheinend. *Spaltbarkeit:* vollkommen nach (001) und (100). *Härte:* 4,5–5. *Dichte:* 3,3

Chemische Eigenschaften: wird von Salzsäure angegriffen

Büschel, 35 mm, auf Gyrolith. Khandivali, Bombay, Indien

Vorkommen: Okenit wurde zum ersten Mal 1828 auf der Insel Disko, Westgrönland entdeckt und beschrieben. Heute stammen die schönsten Stücke aus den Steinbrüchen von Khandivali bei Bombay, Maharashtra, Indien, wo Okenit wunderbare Kugeln von bis zu 50 mm Durchmesser bildet, häufig auf anderen gut kristallisierten Mineralen wie Calcit, Apophyllit, Gyrolith oder Laumontit. Eine andere wichtige Lokalität ist die berühmte Grube Jeffrey, Asbestos, Quebec, Kanada, wo zentimetergroße Büschel sehr attraktive Stücke bilden. In den USA ist Okenit in verschiedenen Vorkommen bekannt, die aber nicht mit den indischen vergleichbar sind. Gemeldet wurde Okenit auch aus Lower Geyser Basin, im Yellowstone Nationalpark, aus Horseshoe Dam, Mariposa County, Arizona, sowie aus Crestmore, Riverside County, Colorado und aus dem Steinbruch Fairfax, Centreville, Virginia.

Lagerstätten: Okenit ist in Hohlräumen vulkanischen Gesteins mit Zeolithen verwachsen.

Bestimmung: Die Fazies von Kugeln, die sehr fein gespickt und stark gebündelt sind, ist sehr charakteristisch und ermöglicht die Bestimmung. Okenit könnte eventuell mit Mordenit verwechselt werden.

Chemische Formel: $CaSi_2O_4(OH)_2 \cdot H_2O$

Kristallsystem: triklin

Etymologie: benannt nach L. Ockenfuss, genannt Oken

Habitus: globulare strahlige Haufen, deren Oberfläche mit sehr feinen nadeligen, biegsamen, nach (010) abgeflachten Kristallen gespickt ist, die sehr dichte haarförmige Anhäufungen bilden

Physikalische Eigenschaften: *Glanz:* glasig, perlmuttartig auf den Spaltflächen. *Farbe:* farblos bis Weiß oder gelblich bis bläulich. Durchsichtig bis durchscheinend. *Bruch:* unregelmäßig. *Spaltbarkeit:* (010) vollkommen. *Härte:* 4,5–5. *Dichte:* 2,3

Chemische Eigenschaften: wird von Salzsäure angegriffen und bildet dabei ein Gel

249 RHODONIT

Kristall, 20 mm. Broken Hill, New South Wales, Australien

Vorkommen: Die besten Stücke stammen aus Broken Hill, New South Wales, Australien. Es handelt sich um wunderbare lang prismatische rote Edelsteine aus der ZC Mine und um wuchtige Prismen auf Bleiglanz aus der North Mine. Große rosafarbene Kristalle (bis 100 mm) mit abgerundeten Kanten, die von Calcit befreit und mit Franklinit verwachsen sind, kommen aus Franklin, New Jersey, USA. Rhodonitkristalle gibt es auch in Langban und Pajsberg, Schweden (rosa, glänzende Einzelkristalle von klar ausgebildeter Gestalt und höchstens zentimetergroß), sowie verwachsen mit Tetraedit in Retzbaniya und Kapnik, Ungarn. Große rosafarbene Klumpen werden für Schmuckherstellung in Sedelnikowaja bei Jekaterinburg, Ural, Russland, in Plainfield, Massachusetts, USA, sowie in Ambindavato, Navansuo, Madagaskar abgebaut. Ebenfalls große rosafarbene Klumpen, mit schwarzen Adern, werden auf Vancouver Island, Kanada und in Südafrika abgebaut.

Lagerstätten: Man findet Rhodonit in hydrothermalen Adern und in Kontaktlagerstätten mit anderen Manganmineralen und Mn-, Zn-, Pb-Sulfiden.

Bestimmung: Härte, Farbe und die leichte Spaltbarkeit sind hinreichend charakteristisch. Oft enthält Rhodonit schwarze Oxidationsadern (hauptsächlich aus Vernadit bestehend).

Chemische Formel: $CaMn_4Si_5O_{15}$

Kristallsystem: triklin

Etymologie: vom griechischen *rhodon:* Rose, aufgrund der Farbe

Habitus: normalerweise massiv, körnig bis kompakt, aber auch tafelige, nach (001) abgeflachte Kristalle

Physikalische Eigenschaften: *Glanz:* glasig bis perlmuttartig. *Farbe:* Rosa, rötlich, Braun oder grünlich. Durchscheinend bis durchsichtig. *Spaltbarkeit:* deutlich (110). *Härte:* 5,5–6,5. *Dichte:* 3,6

Chemische Eigenschaften: wird langsam von Salzsäure angegriffen

Kristall, 3 mm, auf Orthoklas. Baveno, Italien

Vorkommen: Aus dem Steinbruch Lane Trap Rock, Westfield, Hampden County und aus Athol, Worcester County, USA stammen die schönsten Stücke: zentimetergroße schwarze Kristalle (bis 40 mm), die mit Epidot und Prehnit verwachsen sind. Attraktive Kristalle finden sich auch in Blueberry Mountain, Middlesex County, Massachusetts. In Indien sind die Steinbrüche von Khandivali bei Bombay, Maharashtra reich an glänzenden, polysynthetischen Rosetten, die maximal zentimetergroß werden und mit Prehnit und Okenit verwachsen sind. Ähnliche Vorkommen gibt es in den Trappgesteinen im Revier Paterson, Sussex County, New Jersey, USA. In Europa kommen aus den Steinbrüchen von Arvigo, Tessin, Schweiz und besonders aus Baveno nahe dem Lago Maggiore, Piemont, Italien wunderschöne kristalline Krusten (die Kristalle können bis 10 mm groß sein) auf verzwillingten Orthoklaskristallen. Erwähnt seien noch die großen Kristalle (bis 20 mm), die mit Epidot verwachsen sind, aus Arendal, Norwegen, und die großen Klumpen aus Sutherland, Shetland, Schottland, die in Quarz eingeschlossen sind.

Lagerstätten: Babingtonit ist ein hydrothermales Mineral in granitischen Pegmatiten und in Hohlräumen von Effusivgestein. Es ist immer mit Zeolithen assoziiert.

Bestimmung: Dieses Mineral ist in Pegmatiten zuweilen schwer von Schörl zu unterscheiden.

Chemische Formel: $Ca_2(Fe^{++}, Mn)Fe^{+++}Si_5O_{14}(OH)$

Kristallsystem: triklin

Etymologie: benannt nach dem englischen Chemiker W. Babington

Habitus: körnige Klumpen, Krusten oder Deckschichten aus glänzenden Kristallen

Physikalische Eigenschaften: *Glanz:* glasig. *Farbe:* Dunkelbraun bis Schwarz. Opak. *Spaltbarkeit:* vollkommen nach (100), weniger deutlich auf (001). *Härte:* 5,5–6. *Dichte:* 3,3–3,4

Chemische Eigenschaften: wird von Säuren nicht angegriffen. Schmilzt leicht vor dem Lötrohr

251 INESIT

Kristalle, 25 mm. Hale Creek, Trinity County, Kalifornien, USA

Vorkommen: In der Grube Hale Creek, Trinity County, Kalifornien, USA wurden die schönsten Stücke gefunden: lang prismatische Kristalle auf Ganggestein, die bis 30 mm groß und wunderschön rosa sind. Ein reiches Vorkommen ist auch die Grube Equity, Creede Mineral County, Colorado; dort finden sich zentimetergroße Kugeln. In der Grube Wessels bei Kuruman, Südafrika wurden attraktive nadelige Kristalle (bis 10 mm) gefunden, die mit Datolith und Quarz verwachsen sind. Wunderbare Stücke kommen auch aus der ZC Mine, Broken Hill, Australien. Es handelt sich hierbei um lachsrosa radialfaserige Klumpen (bis 60 mm), eher selten um gut ausgebildete zentimetergroße orangefarbene Kristalle, die mit Apophyllit verwachsen sind. In Europa finden sich sehenswerte Stücke in den schwedischen Lagerstätten von Jacobsberg, Langban, und nadelige Kristalle bis 10 cm in der Grube Harstig bei Pajsberg. Aus Dillenburg, Nanzenbach sind rosarote radialfaserige Klumpen von 50 mm Größe bekannt.

Lagerstätten: Dieses Silikat ist recht selten und findet sich in Manganlagerstätten. Die Vorkommen sind mit denen von Rhodonit identisch.

Bestimmung: Inesit lässt sich von Bustamit $[(Mn, Ca)_3Si_3O_9]$ oder Rhodonit schwer unterscheiden. Farbe und radialfaseriger Habitus sind allerdings recht typisch.

Chemische Formel: $Ca_2Mn_7Si_{10}O_{28}(OH)_2 \cdot 5H_2O$

Kristallsystem: triklin

Etymologie: vom griechischen *ines:* Fleischfaser

Habitus: nadelige Aggregate, zuweilen radialfaserig, spherulitisch. Seltener prismatische Kristalle

Physikalische Eigenschaften: *Glanz:* glasig. *Farbe:* Orangerosa bis Lachsrosa. *Spaltbarkeit:* vollkommen (010), weniger deutlich nach (100). *Härte:* 5,5–6. *Dichte:* 3

Chemische Eigenschaften: Dieses Mineral ist in bestimmten Fällen unter Licht instabil (Bräunung). Inesit wird von Säuren langsam angegriffen.

Kristall, 30 mm. San Benito County, Kalifornien, USA

Vorkommen: Neptunit ist aufgrund der Qualität seiner Kristalle sehr begehrt. Aus dem berühmten Vorkommen der Benitoite Gem Mine, San Benito County, Kalifornien, USA kommen wunderbare Stücke. Neptunit findet sich dort als Einzelkristall in weißem Natrolith in den Spalten einer Serpentinformation. 1970 wurden die schönsten Neptunite gefunden, außergewöhnliche glänzende Kristallgruppen, von denen einige bis 50 mm groß waren. Neptunit ist normalerweise mit Benitoitkristallen verwachsen. Neptunit findet man auch in Nassârssuk, Grönland, seiner Ursprungslokalität, aber es bildet dort kleinere und weniger schön ausgebildete Einzelkristalle. Manganneptunit, wunderbar braun-rote, sehr dunkle, prismatische, mehr oder weniger wuchtige Kristalle bis 100 mm Länge finden sich am Mont Saint-Hilaire, Quebec, Kanada. Sie sind mit Analcim und Serandit verwachsen.

Lagerstätten: Neptunit ist ein seltenes Mineral in Serpentinspalten und Nephelinsyeniten. Es hat die dieselbe Kristallstruktur wie Manganneptunit [$KNa_2Li(Mn, Fe^{2+})_2Ti_2Si_8O_{24}$].

Bestimmung: Die schwarzen Prismen mit quadratischem Querschnitt und rötlichen inneren Reflexen sind recht typisch. Neptunit unterscheidet sich von den Amphibolen durch den Habitus und den Winkel der Spaltflächen.

Chemische Formel: $KNa_2Li(Fe^{2+}, Mn)_2Ti_2Si_8O_{24}$

Kristallsystem: monoklin

Etymologie: benannt nach Neptun, dem Gott des Meeres

Habitus: monokline Prismen, (110) gestreckt, zuweilen von (100) abgeschnitten, mit vielen Pyramidenflächen. Zwillinge nach (001) selten

Physikalische Eigenschaften: *Glanz:* glasig. *Farbe:* Schwarz mit inneren rötlichen Reflexen, sehr dunkel. Durchscheinend bis opak. *Bruch:* muschelig bis splittrig. *Spaltbarkeit:* vollkommen (110). *Härte:* 5–6. *Dichte:* 3,2

Chemische Eigenschaften: unlöslich in Säuren

253 PREHNIT

Kristalle, 20 mm, auf Asbest. Combe de la Selle, Isère, Frankreich

Vorkommen: In Frankreich sind die Vorkommen des Combe de la Selle bei Saint-Christophe-en-Oisans, Isère, relativ reich an sehr begehrten Sammlerstücken. Die Kristalle können „helmförmig" (bis 50 mm) sein oder blättchenförmig mit rautenförmiger Gestalt. In den Hautes-Pyrénées sind ebenfalls sehr schöne Stücke aus der Nähe von Lourdes und in La Piquette bei Barèges bekannt. Die besten Proben, was ihre Form angeht, nämlich prismatische weiße bis grünliche Kristalle, stammen aus der Jeffrey Mine, Asbestos, Quebec, Kanada. In den Steinbrüchen von Khandivali und Poona bei Bombay, Maharashtra, Indien gibt es reiche Vorkommen an kristallinen Krusten auf Laumontit, sehr oft mit Apophyllit verwachsen. Zu nennen sind auch noch als bemerkenswerte Vorkommen das Revier von Paterson, Sussex County, New Jersey, der Steinbruch von Fairfax, Centreville, Virginia, und alle Kupferlagerstätten in Michigan, USA, ferner der Steinbruch von Boylestone, Barrhead, Schottland, Großbritannien, sowie das Val di Fassa und das Val d'Ala, Italien.

Lagerstätten: Es ist ein hydrothermales Mineral der Spalten von basischen Eruptivgesteinen und kristallinen Schiefern, das mit Zeolithen und Calcit assoziiert ist.

Bestimmung: Habitus und Farbe der Kristalle sind oft charakteristisch. Prehnit unterscheidet sich von Zeolithen durch die höhere Härte und die schwache Reaktion bei Säuren.

Chemische Formel: $Ca_2Al_2Si_3O_{10}(OH)_2$

Kristallsystem: orthorhombisch

Etymologie: benannt nach dem Baron von Prehn, der das Mineral entdeckte

Habitus: kristalline Verwachsungen, die nierenförmige bis säulige Klumpen bilden. Selten prismatische Kristalle

Physikalische Eigenschaften: *Glanz:* glasig, perlmuttartig auf (100). *Farbe:* farblos bis Weiß, Grau, grünlich bis Lauchgrün. Durchsichtig bis durchscheinend. Spaltbarkeit (001) deutlich. *Härte:* 6–6,5. *Dichte:* 2,8–3

Chemische Eigenschaften: löst sich in Säuren langsam auf

Kristall, 35 mm, mit Stilbit. Poona, Mahrashtra, Indien

Vorkommen: Apophyllit findet man in zwei Arten: als Hydroxyapophyllit und (häufiger) als Fluorapophyllit. Aus den Steinbrüchen von Paskan, Poona und Nasik, Maharashtra, Indien kommen die schönsten Stücke, lang prismatische Kristalle, pyramidal, klar und in einem schönen Grasgrün, verwachsen mit Stilbit und Heulandit, oder es sind sehr große, kuboidische, farblose bis grüne Einzelkristalle mit einer wunderbaren Zonierung. Andere, sehr große (bis 150 mm Kantenlänge) Kristalle kommen aus dem Tunnel von Antas, Rio Grande do Sul, Brasilien. Sehr attraktive Stücke wurden in Paterson, New Jersey, und im Steinbruch von Fairfax, Virginia, USA gefunden, ferner in El Refugio, Guanajuato, Mexiko und in der Grube Jeffrey, Asbestos, Quebec, Kanada. In Europa ist Apophyllit besonders bekannt in Teigarhord, Berufjord, Island; hier findet man durchscheinende Einzelkristalle bis 60 mm. Wunderbare, rosa durchscheinende Kristalle, die mit Harmotom und Stilbit verwachsen sind, kommen aus der Grube Samson, Sankt Andreasberg, Harz; dies sind ebenfalls klassische Fundstücke.

Lagerstätten: Apophyllit kommt mit Zeolithen vor und bildet sich in Vakuolen in vulkanischen Gesteinen, in Spalten von Graniten und Gneis sowie in Erzadern.

Bestimmung: In den Vorkommen sind prismatische Kristalle mit quadratischem Querschnitt und vollkommener basaler Spaltbarkeit charakteristisch.

Chemische Formel: $KCa_4Si_8O_{20}(F, OH) \cdot 8H_2O$

Kristallsystem: tetragonal

Etymologie: vom griechischen *apophyllos*; der, der abblättert

Habitus: kurz tetragonale Prismen mit Oktaederabschlüssen (111), oder tafelige auf (001) abgeflachte Kristalle. Auch blättrige Klumpen oder fächerartige Gruppen

Physikalische Eigenschaften: *Glanz:* glasig bis perlmuttartig. *Farbe:* farblos, Weiß, gelblich, Grün oder Rosa. Durchsichtig bis durchscheinend. *Bruch:* unregelmäßig. *Spaltbarkeit:* vollkommen (001). *Härte:* 4,5–5. *Dichte:* 2,3–2,4

Chemische Eigenschaften: wird von HCl angegriffen

255 TALK

Kristalle, 8 mm. Trimouns, Ariège, Frankreich

Synonym: Steatit

Vorkommen: Talk ist ein Mineral, das in zahlreichen Lokalitäten abgebaut wird, insbesondere in den USA und in Kanada. In Europa gibt es wichtige Vorkommen in Italien, Österreich, Tschechien und der Slowakei sowie in Schweden (Sala und Falun). Die schönsten Kristalle kommen heute aus den Steinbrüchen von Trimouns bei Luzenac im Ariège, dem weltweit größten Talkvorkommen. Die maximal zentimetergroßen Kristalle hexagonaler Gestalt bilden Büschel durchsichtiger perlmutterner Lamellen, die senkrecht auf Spaltwänden aufgewachsen und mit Quarz und Dolomit verwachsen sind. Andere schöne Stücke kommen aus der Grube Brumado, Bahia, Brasilien. In den Alpen stammen sehenswerte Kristalle aus dem Zillertal und der Frossnitz Alp, Prägraten, Tirol, Österreich, ferner aus dem Medelsertal, Graubünden, Schweiz, sowie dem Val Malenco, Italien. In den USA finden sich schöne Stücke in Staten Island, New York und in Chester, Pennsylvania.

Lagerstätten: Talk ist ein Mineral der hydrothermalen Verwitterung von aluminiumfreien Magnesiumsilikaten, das mit Serpentinen oder, in Kontaktlagerstätten, mit Tremolit assoziiert ist.

Bestimmung: Talk fühlt sich beim Anfassen fettig an und ist nicht sehr hart. Diese Eigenschaften sind charakteristisch, aber oft ermöglicht nur die Radiokristallografie die Unterscheidung des Talks von anderen Phyllitmineralen.

Chemische Formel: $Mg_3Si_4O_{10}(OH)_2$

Kristallsystem: monoklin

Etymologie: vom arabischen: *talq*

Habitus: kompakt, schuppig (Steatit) oder blättrig. Selten deutlich ausgebildete Kristalle: Lamellen mit hexagonaler Gestalt oder pseudo-orthorhombische Prismen

Physikalische Eigenschaften: *Glanz:* perlmuttartig. *Farbe:* Weiß, Blassgrün, gelblich oder bräunlich. Opak bis durchscheinend. Spaltbarkeit (001) vollkommen. Schneidbar und biegsam. *Härte:* 1. *Dichte:* 2,7–2,8

Chemische Eigenschaften: Talk wird von Säuren nicht angegriffen.

Kristall, 10 mm. Vesuv, Italien

Vorkommen: Der größte bekannte Kristall ist ein Einzelstück von 4,5 m Länge und 3 m Durchmesser aus dem Vorkommen Inikurti bei Nellore, Indien. In Brasilien gibt es schönes Muskovit in zahlreichen Pegmatiten und besonders in Golconda, Itatiaia, wo eine gelb-braune bis rote Varietät als Schmuckstein gewonnen wird. Wunderbare tafelige, hexagonale Kristalle bis 250 mm Größe stammen aus Cruzeiro und Virgem da Lapa in Minas Gerais. Sehr große Klumpen sind auch aus Mam, Sibirien, Russland bekannt, sowie aus den USA und aus Kanada. In alpinen Klüften wurden attraktive Kristalle im Zillertal, Tirol, Österreich und im Mandernarental, Uri, Schweiz gefunden. Es gibt einige Muskovit-Varietäten wie Alurgit (magnesiumhaltig) und violette Klumpen aus Saint-Marcel, Piemont, Italien; ferner gibt es das bariumhaltige Öllacherit – wunderbare kleine grüne Kristalle aus Lengenbach, Binnental, Schweiz, und schließlich den chromhaltigen grünen Fuchsit.

Lagerstätten: Muskovit ist ein Grundbestandteil bestimmter Gesteine wie Glimmerschiefer, Gneis, Alumino-Kaligranite und Greisen.

Bestimmung: Die äußeren Eigenschaften sind typisch, aber die Unterscheidung von anderen weißen Glimmern kann nur kristallchemisch erfolgen.

Chemische Formel: $KAl_2(Al, Si)_3O_{10}(OH, F)_2$

Kristallsystem: monoklin

Etymologie: von *vitrum muscoviticum:* Moskauer Glas

Habitus: fein- bis grobkristalline Aggregate, blättrige Klumpen oder tafelige Kristalle hexagonaler oder rautenförmiger Gestalt

Physikalische Eigenschaften: *Glanz:* perlmuttartig. *Farbe:* farblos, Grau, gelblich, Grün oder Rosa. Durchscheinend bis durchsichtig. *Spaltbarkeit:* vollkommen (001). *Härte:* 2–2,5. *Dichte:* 2,8–3

Chemische Eigenschaften: wird mit Ausnahme der Flusssäure von Säuren nicht angegriffen

257 PHLOGOPIT

Kristall, 50mm. Fluss Sljudjanka, Baikalsee, Russland

Vorkommen: Wunderbare Kristalle in Tönnchenform mit spitzem Abschluss stammen aus den Vorkommen des Flusses Sljudjanka im Gebiet des Baikalsees, Russland. Im Uluntuital sind ebenfalls sehr schöne Einzelstücke in Calcit oder Hyalophan gefunden worden. Ähnliche Lagerstätten gibt es in Kanada in den kristallinen Kalkgesteinen der Provinz Greenville, Ontario, ferner in Gatineau Park, Quebec, wo man mit Uranit verwachsene Kristalle von 80 mm Größe findet, sowie in der Yates Mine, Pontiac County, woher Kristalle bis 250 mm kommen, und auch in der Smith and Lacey Mine, Ontario, wo der größte bekannte Kristall mit 10 m Länge und 4,3 m Durchmesser gefunden wurde. Sehr große Einzelstücke wurden auch im Süden von Madagaskar abgebaut, u. a. in Volomandrongo, in Andramasy. Die schönsten Kristalle kommen vor allem aus den Pegmatitoiden von Mamambola, Ambatorina und Antafiamalana. Vorkommen der gleichen Art gibt es in Indien, in Korea und in Sri Lanka. In Europa finden sich sehr gut gebildete Kristalle in den Einschlüssen der Kalkmarmorgesteine des Monte Somma, Vesuv, Italien.

Lagerstätten: Es handelt sich um ein häufiges Mineral metasomatischer Kontaktlagerstätten und granitischer Pegmatite.

Bestimmung: Nur kristallchemisch ist Phlogopit von den Biotiten zu unterscheiden, mit denen es verwachsen sein kann.

Chemische Formel: $KMg_3(AlSi_3O_{10})(F,OH)_2$
Kristallsystem: monoklin
Etymologie: vom griechischen *phlogopos:* flammenähnlich, Anspielung auf die Farbe einiger Stücke
Habitus: häufig Kristalle hexagonaler Gestalt, blättrig oder nach [001] gestreckt

Physikalische Eigenschaften: *Glanz:* perlmuttartig auf den Spaltflächen. *Farbe:* Grau, Gelb, Braun bis rötlich Braun. Durchscheinend. *Spaltbarkeit:* (001) vollkommen. *Härte:* 2,5–3. *Dichte:* 2,7–2,8
Chemische Eigenschaften: wird langsam von Salz- und Schwefelsäure angegriffen

Kristall, 6 mm. Zillertal, Österreich

Vorkommen: Das größte Stück Biotit, ein abgespaltenes Blatt von 2,5 m x 1,5 m, kommt aus den Gruben von Purdey, Ontario, Kanada. Dieses Vorkommen ist wie viele andere im Revier von Bancroft, so z. B. die Silver Crater Mine, Hastings County, Davis Hill, reich an wunderbaren Biotitkristallen. Große Stücke, Platten von 0,50 m Durchmesser, kommen auch aus den Ilmenbergen, Russland, sowie aus Evjö, Skandinavien. Biotit liegt nur sehr selten in Form von freien Kristallen vor. Sehr ansehnliche mineralogische Proben stammen aus Santa Maria, Minas Gerais, Brasilien, ferner aus New Jersey, USA und aus Val di Fassa, Italien, von wo das schönste alpine Biotit kommt. Kleinere Kristalle von hellerer Farbe sind aus Hohlräumen in vulkanischen Gesteinen von Somma, Vesuv, und aus den Laven des Kaiserstuhls und der Eifel bekannt.

Lagerstätten: Biotit ist ein sehr verbreitetes Mineral in sauren und basischen Eruptivgesteinen und in zahlreichen metamorphen Gesteinen. Es wird leicht zu Chlorit alteriert.

Bestimmung: Biotit unterscheidet sich im Allgemeinen von anderen Glimmern durch die sehr dunkle Farbe. Verwandte Minerale wie Lepidomelan haben einen ähnlichen Habitus und werden oft als Biotit eingestuft.

Chemische Formel: $K(Mg, Fe^{2+})Si_3O_{10}(OH, F)_2$

Kristallsystem: monoklin

Etymologie: benannt nach J.-B. Biot, französischer Physiker

Habitus: tafelige oder prismatische Kristalle hexagonaler oder rautenförmiger Gestalt, die in Pegmatiten oft wie „Messerklingen" aussehen

Physikalische Eigenschaften: *Glanz:* perlmuttartig. *Farbe:* Dunkelbraun bis Schwarz. Durchscheinend. *Spaltbarkeit:* vollkommen (001). *Härte:* 2,5–3. *Dichte:* 2,8–3,2

Chemische Eigenschaften: Biotit wird langsam von Säuren angegriffen.

259 LEPIDOLITH

Kugeln (Durchmesser 4 mm). Itatiaia, Minas Gerais, Brasilien

Vorkommen: Wunderbare Gruppen hexagonaler Kristalle, wuchtige Prismen, zentimeter- bis dezimetergroß mit halbrundem Querschnitt und polysynthetischem Aussehen, stammen aus der Grube Xanda, Virgem da Lapa, Brasilien. Lepidolith ist hier, zuweilen edelsteinartig, mit sehr schönen Albit- und blauen Topaskristallen verwachsen. Reiche Vorkommen gibt es auch in anderen brasilianischen Pegmatiten, so in Taquaral, in der Grube Cruzeiro, in der berühmten Grube Itatiaia, Conseilhero mit zentimetergroßen mit Elbait verwachsenen Kristallen. Von den zahlreichen weiteren Vorkommen mit oft sehr schönen Stücken sind noch Muiane, Mosambik, Anjanabonoina, Antsirabé, Madagaskar, ferner das Revier von San Diego, Kalifornien und das von New England, USA zu nennen. In Frankreich wurden wunderbare Proben, massiv und zuweilen dezimetergroß mit Topaskristallen, vor allem in den Steinbrüchen von Coudier nahe Saint-Sylvestre, Haute-Vienne gefunden. Zudem gibt es ein großes Vorkommen in Echassière, Allier.

Lagerstätten: Dieses sehr verbreitete Mineral ist charakteristisch für sodalithische Pegmatite und Greisen.

Bestimmung: Nur mittels der Radiokristallografie kann man Lepidolith von Muskovit unterscheiden. Die rosa Farbe aufgrund von Mn^{3+}-Spuren ist kein eindeutiges Unterscheidungmerkmal.

Chemische Formel: $K(Li, Al)_3(Si, Al)_4O_{10}(F, OH)_2$

Etymologie: vom griechischen *lepidos*, in Anspielung auf die schuppige Struktur

Habitus: massive Aggregate feiner Blättchen oder Einkristalle hexagonaler oder rautenförmiger Gestalt

Physikalische Eigenschaften: *Glanz:* perlmuttartig. *Farbe:* Lilatöne, Rosa, Grau, gelblich, grünlich. Durchsichtig bis durchscheinend. *Spaltbarkeit:* vollkommen (001). *Härte:* 2,5–3. *Dichte:* 2,8–2,9

Chemische Eigenschaften: färbt die Flamme des Lötrohrs rot. Diese Färbung rührt vom Lithium.

Kristall, 5 mm (Kammererit). Grube Kop Krom, Anatolien, Türkei

Synonym: Penninit, Kammererit
Vorkommen: Pennin bildet im Allgemeinen sehr spitze Rhomboeder oder dicktafelige Einzelkristalle. Dunkelgrüne Kristalle bis 500 mm x 15 mm in Calcit finden sich in den Moränen der Rimpfischwänd, Zermatt, Schweiz. Pennin kommt ebenfalls vor in der Schwarzenstein Alp, Österreich und am Monte Breccia, Val Malenco, Italien. Schöne Stücke stammen aus der Grube Nikolai Maximilian, Ural und aus Bejanow bei Jekaterinburg, Russland. Kammererit (benannt nach dem russischen Mineralogen Kammerer) ist ein chromhaltiger Klinochlor von sehr schöner rosaroter Farbe. In Russland wurde er am Berg Saranowskaja und in Sisertsk bei Jekaterinburg festgestellt. Die größten Kristalle kommen aus Hardadinsk. Die schönsten Stücke wurden aber in der Grube Kop Krom bei Erzurum, Anatolien, Türkei entdeckt. Es sind wunderbare Einzelkristalle bis 20 mm Größe. Mächtige violette Kristalle (15 mm) finden sich auch in Kraubath, Steiermark, Österreich.
Lagerstätten: Pennin kommt in Serpentinen oder in Talkschiefern vor. Kammererit ist typischerweise an chromführende Lagerstätten gebunden.
Bestimmung: Kammererit ist das einzige rosarote Chlorit. Der Habitus der Penninkristalle ermöglicht oft die Unterscheidung von anderen Chloriten, obwohl die Bestimmung schwierig ist.

Chemische Formel:
$(Mg, Al, Fe)_3[AlSi_3O_{10}(OH)_2]\cdot Mg_3(OH)_6$
Kristallsystem: monoklin
Etymologie: nach den Alpi Pennini
Habitus: körnig, lamellar oder wurmartig. Die Kristalle sind im Allgemeinen wuchtig mit pseudo-hexagonalem bis pseudo-rhomboedrischem Aussehen.

Physikalische Eigenschaften: *Glanz:* perlmuttartig. *Farbe:* Weiß oder verschiedene Grün- bis Brauntöne, Rosa für Kammererit. Durchscheinend bis durchsichtig. *Spaltbarkeit:* vollkommen (001). *Härte:* 2–2,5. *Dichte:* 2,6–3
Chemische Eigenschaften: wird langsam von Säuren angegriffen

261 NAKRIT

Kugeln, 3 mm. Brand, Sachsen

Vorkommen: Nakrit ist ein häufiges Mineral in Sachsen, besonders in Brand bei Freiberg, wo es millimetergroße Kristalle gibt, die zu strahligen Garben auf Bleiglanz angeordnet sind. In Frankreich ist Nakrit bekannt in den Pegmatiten des Limousin, besonders in Margnac, Haute-Vienne, aus diesen Vorkommen kommen aber nur sehr selten Sammlerstücke. In La Mure, Isère gibt es attraktive Kristalle und mikrokristalline Klumpen, die Siderit, Bournonit und Tetraedrit einschließen. Aus Tschechien wurden Überzüge und Beschichtungen aus feinen Kristallen in Horní Slavkov und in Golèuv Jenikov gemeldet. Schöne, mit Kryolith verwachsene Stücke finden sich in St. Peter's Dome, Colorado, USA.

Lagerstätten: Nakrit ist ein Mineral aus der Familie der Tone und gehört zu den Kaoliniten. Nakrit bildet sich durch hydrothermale oder supergene Alteration von aluminiumhaltigen Mineralen wie Alkalifeldspäte. Nakrit ist vor allem in Pegmatiten und bestimmten Zinnlagerstätten oder Erzadern bekannt.

Bestimmung: Massiv ist Nakrit fast nicht von anderen Tonmineralen zu unterscheiden. Der Perlmuttglanz der Kristalle ist typisch. Nur die optischen Eigenschaften unterscheiden Nakrit von Dickit, einem ähnlichen Mineral mit der gleichen chemischen Zusammensetzung aus derselben Gruppe.

Chemische Formel: $Al_4(Si_4O_{10}(OH)_8)$

Kristallsystem: monoklin

Etymologie: vom französischen *nacre:* Perlmutt (bezieht sich auf den kräftigen Perlmuttglanz der Kristalle)

Habitus: im Allgemeinen blättrig oder kompakt, fasst sich fettig an. Selten blättrige, pseudo-hexagonale Kristalle, die zuweilen strahlig angeordnet sind

Physikalische Eigenschaften: *Glanz:* perlmuttartig. *Farbe:* Weiß, gelblich bis grünlich. Durchsichtig bis durchscheinend. *Spaltbarkeit:* (001) vollkommen. *Härte:* 1–1,5. *Dichte:* 2,6

Chemische Eigenschaften: wird langsam von starken Säuren angegriffen

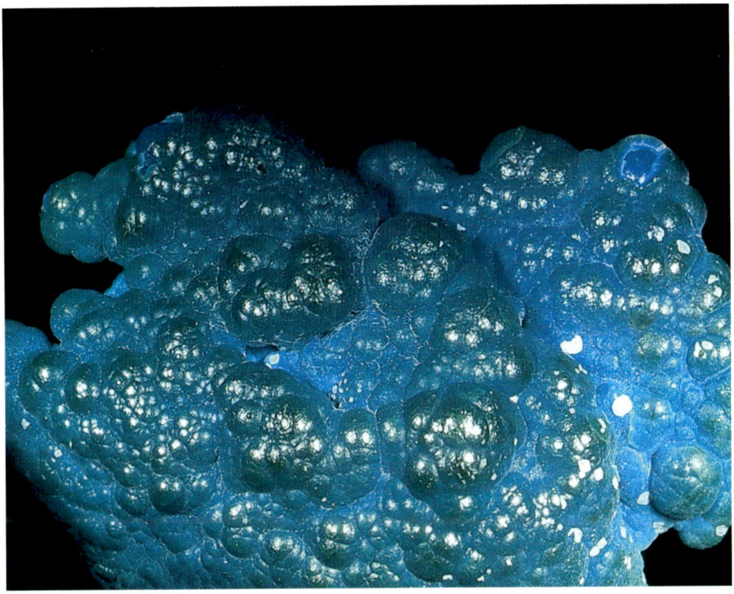

Gruppe, 70 mm. Likasi, Shaba, Kongo

Synonyme: Kupfergrün, Kieselkupfererz
Vorkommen: Die besten mineralogischen Stücke, dezimetergroße nierenförmige konkretionierte Klumpen von einem außergewöhnlichen Blau, verwachsen mit Malachit, stammen aus Likasi, Mindigi, und Kabolela Kambove, Shaba, Kongo. Insbesondere in der Ray Mine, Pinal County, Arizona wurde Chrysokoll als Kupfererz abgebaut. Von dort kommen wunderbare Stücke, Kristallbüschel bis 50 mm, Epsomit-Pseudomorphe [$MgSO_4 \cdot 7H_2O$] oder Chrysokoll-Chalcedon-Gemenge, ein hervorragender Rohstoff für die Schleiferei. Azurit-Pseudomorphe bildet Chrysokoll in der Bagdad Open Pit, Mohave County, Arizona und in der Live Oak Pit, Tuspiration Mine, Miami. Andere große klassische Lagerstätten sind die von Chuquicamata bei Antofagasta und die Grube von Farola bei Copiapo, Chile, ferner Nishnij Tagil, Ural, Russland sowie La Duchessa, Sardinien und Cap Calamita, Insel Elba, Italien.
Lagerstätten: Als verbreitetes Mineral der Oxidationszone von Kupferlagerstätten ist Chrysokoll oft eng mit anderen Kupfersilikaten, mit Phospaten oder Oxiden vermengt.
Bestimmung: In reiner Form sind Bruch, Farbe und geringe Härte recht typisch, aber wegen der häufig eingeschlossenen Verunreinigungen ist die Unterscheidung von anderen Kupfersilikaten nicht immer einfach.

Chemische Formel: $(CuAl)_2H_2Si_2O_5(OH)_4 \cdot nH_2O$
Kristallsystem: monoklin
Etymologie: vom griechischen *chrysos:* Gold, und *colla:* Leim; das Mineral wurde früher zum Löten von Gold benutzt.
Habitus: im Allgemeinen konkretioniert, kryptokristallin oder mit erdigen Überzügen. Viel seltener feine nadelige Kristalle

Physikalische Eigenschaften: *Glanz:* glasig bis porzellanartig. *Farbe:* Grün oder Blau in allen Tönungen. Durchscheinend bis opak. *Bruch:* uneben oder muschelig. *Härte:* 2–4. *Dichte:* 2–2,3
Chemische Eigenschaften: wird langsam von Salzsäure zersetzt

263 PYROSMALITH

Kristall, 30 mm. Nordmark, Schweden

Vorkommen: Die größten bekannten Kristalle und die begehrtesten Stücke kommen aus der Grube Bjelke, Nordmark, Philipstad, Värmland, Schweden. Pyrosmalith bildet dort wuchtige prismatische Einzelkristalle von mehreren Zentimetern Größe und mit hexagonalem Querschnitt. Die größten sind bis 70 mm lang. In Australien wurden wunderbare Stücke mit Manganpyrosmalithkristallen, in Ausnahmefällen bis 50 mm groß, in den berühmten Vorkommen des Gebietes Broken Hill und besonders in der South Mine und der ZC Mine gefunden. In der Junction Mine (eine andere Abbaustätte von Broken Hill) fand sich Pyrosmalith in metergroßen Klumpen. Manganpyrosmalith ist in Paragenese mit Willemit, Franklinit und dem Isomorph Zinkit auch in der Lagerstätte Franklin, Sussex County, New Jersey, USA zu finden. In Frankreich fand sich Pyrosmalith in den Manganlagerstätten von Adervielle, Haute-Pyrénées.

Lagerstätten: Pyrosmalith ist ein Schichtsilikat, das unter kontaktmetamorphen Bedingungen aus hornblende- und mangansilikatführenden Gesteinen entsteht. Es ist ein Friedelit-Dimorph $[Mn_8Si_6O_{15}(OH, Cl)_{10}]$ und ein Isomorph des rot- bis orangefarbenen Manganpyrosmaliths $[(MnFe^{2+})_8 Si_6O_{15}(OH, Cl)_{10}]$.

Bestimmung: In den klassischen Lokalitäten ist das Aussehen typisch.

Chemische Formel: $(Fe^{2+}Mn)_8Si_6O_{15}(OH, Cl)_{10}$

Kristallsystem: hexagonal

Etymologie: vom griechischen *pyr, pyros:* Feuer und *osma:* Geruch: beim Erhitzen entsteht ein typischer Geruch.

Habitus: hexagonale, prismatische oder tafelige Kristalle mit tönnchenförmigem Aussehen, aber auch in blattförmigen körnigen Aggregaten

Physikalische Eigenschaften: *Glanz:* perlmuttartig. *Farbe:* Pistaziengrün bis Grün-braun. Durchscheinend bis opak. *Spaltbarkeit:* vollkommen nach (0001). *Härte:* 4. *Dichte:* 3,1–3,3

Chemische Eigenschaften: langsam löslich in starken Säuren

Kugel, 25 mm, mit Okenit. Khandivali, Bombay, Indien

Vorkommen: Gyrolith wurde zum ersten Mal in den Felsen von Storr, Insel Skye bei Schottland bestimmt. Es handelte sich um Kugeln von bis zu 10 mm Durchmesser. Auf dieser Insel wurde Gyrolith auch in den Doleriten von Quirina und Lyerdale entdeckt. Heute kommen die schönsten Stücke aus den Steinbrüchen von Khandivali und anderen Lagerstätten des Gebiets um Bombay, Maharashtra, Indien. Dort wurden Kugeln von bis zu 50 mm Durchmesser gefunden. Stücke mit Verwachsungen von grünem Gyrolith, farblosem Apophyllit und Okenit sind besonders schön. Zentimetergroße, deutlich ausgebildete Kristalle mit hexagonalem Habitus sind in Breiddalur, Island und auf den Färoer Inseln in Ljosa, Eysturoy und Streymoy bekannt. In Europa findet sich Gyrolith auch in Loch Screden, Insel Mull, Schottland. Andere Lokalitäten mit attraktiven Stücken sind die amerikanischen Lagerstätten Fort Point, San Francisco County oder New Almaden Mine, Santa Clara County, Kalifornien, sowie die Vorkommen der Bay of Fundy, Nova Scotia. In Grönland findet sich Gyrolith in mehreren Lokalitäten der Insel Disko.

Lagerstätten: Gyrolith kommt in Zeolithlagerstätten in den Hohlräumen von Vulkangesteinen vor.

Bestimmung: Gruppen von blättrigen Kristallen in konzentrischer Anordnung sind typisch für dieses Mineral und ermöglichen die leichte Unterscheidung von anderen kugelförmigen Zeolithen.

Chemische Formel: $Ca_2Si_3O_7(OH)_2 \cdot H_2O$

Kristallsystem: hexagonal

Etymologie: vom griechischen *guros:* Kreis, rund, in Anspielung auf die Art der Kristallanordnungen

Habitus: weiße globulare Klumpen mit fibrolamellarer Struktur oder abgeflachte blättrige Lamellen hexagonaler Gestalt. Oft fächerförmig oder rosettenartig

Physikalische Eigenschaften: *Glanz:* glasig, perlmuttartig auf den Spaltflächen. *Farbe:* Weiß, Gelb-grün oder Braun. Durchsichtig bis durchscheinend. *Bruch:* unregelmäßig. *Spaltbarkeit:* (0001) vollkommen. *Härte:* 3–4. *Dichte:* 2,4

Chemische Eigenschaften: wird von Säuren angegriffen

265 NEPHELIN

Kristall, 8 mm, mit Klinohumit. Vesuv, Italien

Synonym: Eläolith

Vorkommen: Aus der Ursprungslokalität des Nephelin, Monte Somma, Vesuv, Italien, kommen wahrscheinlich die besten bekannten Stücke: wunderbare hexagonale, tafelige oder isometrische Kristalle von bis zu 15 mm Durchmesser. Sie sind mit Augit, Biotit, Vesuvianit, Humit u. a. verwachsen. Ebenfalls am Monte Somma sowie am Capo di Bove, Rom, Italien fanden sich wundervolle Gruppen farbloser gestreckter Kristalle in Krusten auf den Spaltenwänden älterer Lava, einzelne Kristalle waren bis 35 mm groß. Sehr begehrte Stücke stammen aus den Vorkommen von Natural Bridge, Lewis County, New York, USA und aus Incarnacion, Jalisco, Mexiko. Die mit über 150 mm größten Kristalle finden sich im Calcit von Davis Hill, Bancroft, Ontario, Kanada. Sie sind weißlich bis gräulich, ihre Flächen sind immer angelaufen und nicht gut ausgebildet. Große, teilweise verwitterte Einzelkristalle gibt es auch in Diana, Lewis County, New York, USA und am Katzenbuckel bei Heidelberg.

Lagerstätten: Es ist ein verbreitetes Mineral in siliziumuntersättigter, alkalischer Lava und in Nephelinsyeniten und zerfällt sehr leicht zu Zeolithen und Cancrinit.

Bestimmung: In massiver Form lässt sich Nephelin durch Glanz und Säurereaktion von Skapolithen oder Feldspäten unterscheiden.

Chemische Formel: $(NaK)AlSiO_4$

Kristallsystem: hexagonal

Etymologie: vom griechischen *nephele:* Wolke

Habitus: oft massiv und kompakt. Geodische Kristalle sind selten: kurz oder lang prismatisch mit 6 oder 12 Flächen und ebenen oder pyramidalen Abschlüssen

Physikalische Eigenschaften: *Glanz:* fett. *Farbe:* farblos bis Weiß, gelblich, grünlich oder rötlich. Durchsichtig bis leicht durchscheinend. *Bruch:* muschelig-uneben. *Spaltbarkeit:* (1010) und (0001), wenig deutlich. *Härte:* 5,5–6. *Dichte:* 2,5–2,6

Chemische Eigenschaften: wird von Salzsäure angegriffen

Kristall, 20 mm. Ariccia, Rom, Italien

Vorkommen: Die klassischen Proben stammen aus zahlreichen italienischen Vorkommen. Die besten Lokalitäten sind in Ariccia, in Albano und in Frascati sowie in Capo di Bove, in den Albaner Bergen, sowie beim Lago Bolsena nördlich Roms und schließlich in Roccamonfina bei Gaeta. Aufgrund ihrer Qualität und ihrer perfekten Formen sind die begehrtesten Stücke jedoch die mehrere Zentimeter großen Kristalle vom Monte Somma und vom Vesuv. Sehr sehenswerte Gruppen gibt es auch am Laacher See in der Eifel sowie an den Stränden der Insel Vancouver, British Columbia, Kanada. Eine große Zahl gut geformter trapezoedrischer Kristalle, die größten bekannten mit bis zu 120 mm, finden sich in Kaman bei Kirshehir, südlich von Ankara, Türkei. Diese Einzelkristalle sind meist Pseudomorphe nach einem Gemenge aus Kalifeldspat und Serizit. Andere Vorkommen mit attraktiven Stücken sind u. a. die von Pinhalzinho, Sao Paulo, Brasilien, sowie die von Leucite Hills und von Absaroka Range, Wyoming, USA.
Lagerstätten: Es ist ein Begleitmineral in kaliumreichen siliziumuntersättigten alkalischen Laven. Leucit ist oft alteriert zu einem Gemenge aus Orthoklas, Nephelin und Analcim (Pseudoleucit).
Bestimmung: Die Art der Vorkommen und die Kristalle in Trapezoedern, die auch Leucitoeder genannt werden, sind typisch.

Chemische Formel: $KAlSi_2O_6$
Kristallsystem: tetragonal
Etymologie: vom griechischen *leukos:* weiß, in Anspielung auf die Farbe der ersten beschriebenen Proben
Habitus: fast immer trapezoedrische (211), gut ausgebildete Kristalle. Die Riffelung der Flächen zeigt die Anordnung der polysynthetischen Zwillinge an.

Physikalische Eigenschaften: *Glanz:* glasig. *Farbe:* farblos, Weiß, gräulich oder gelblich. Durchscheinend, selten durchsichtig. *Bruch:* muschelig. *Spaltbarkeit:* fehlt. *Härte:* 5,5–6. *Dichte:* 2,5
Chemische Eigenschaften: wird von HCl angegriffen

267 POLLUCIT

Kristall, 30 mm. San Piero, Insel Elba, Italien

Vorkommen: Pollucit, das wichtigste Cäsiummineral, bildet große abbaubare Klumpen in zahlreichen Pegmatiten, so in Helicon bei Karibib, Namibia (mit Beryll und Amblygonit), ferner in den Hayat Claims, Bikita bei Fort Victoria, Simbabwe (mit Bikitait [$LiAlSi_2O_6 \cdot H_2O$], Petalit, Spodumen u. a.), schließlich in vielen Vorkommen in Nordamerika, z. B. im Himalaya Dike System, Mesa Grande, Kalifornien, wo große Klumpen von etwa 10 cm Größe gefunden wurden. Reiche Vorkommen massiven Pollucits gibt es auch in der Grube Laura do Zé Mario, Aracuai, Minas Gerais, Brasilien und in den afghanischen Pegmatiten in Maewi und Nilaw, Laghman. Bis heute kommen die besten Stücke aus den Drusen der Pegmatiten der Grotte von Oggi, Monte Capanne, Insel Elba, Italien, wo Pollucitkristalle, die meist einzeln vorkommen und oft tief korrodiert sind, normalerweise eine Größe von 20 bis 30 mm erreichen, in Ausnahmefällen aber bis zu 60 mm groß werden. Sie sind mit Turmalin, Beryll, Lepidolith, Petalit und verschiedenen Zeolithen verwachsen.

Lagerstätten: Pollucit ist ein Begleitmineral in sodalithischen Pegmatiten.

Bestimmung: Pollucit unterscheidet sich typischerweise von anderen Mineralen durch die „fensterglasartige“ Erscheinung. In massiver Form ist es schwer von farblosen Feldspaten oder Feldspatoiden zu unterscheiden.

Chemische Formel: $(Cs, Na)_2Al_2Si_4O_{12} \cdot H_2O$

Kristallsystem: kubisch

Etymologie: von *Pollux*, Bruder des Castor, in Anspielung auf die fast systematische Verwachsung mit Castor (Petalit)

Habitus: meist Äderchen oder kompakte Klumpen. Selten Kristalle kubischer Symmetrie und häufig korrodiert

Physikalische Eigenschaften: *Glanz:* glasig. *Farbe:* farblos, Weiß, bläulich oder Rosa. Durchscheinend bis durchsichtig. *Bruch:* muschelig. *Spaltbarkeit:* nicht deutlich. *Härte:* 6,5. *Dichte:* 2,9

Chemische Eigenschaften: löslich in warmer Salzsäure

Kristall, 50 mm. Col de la Croix-Saint-Robert, Puy-de-Dôme, Frankreich

Vorkommen: In Vulkangesteinen bildet Sandinin normalerweise große Kristalle mit sehr klar ausgebildeten Formen, häufig verzwillingt. In Deutschland gibt es im Siebengebirge, am Drachenfels und am Laacher See, insbesondere in den Steinbrüchen von Mendig und Emmelberg, reiche Vorkommen an wunderbaren freien Mikrokristallen. Sehenswerte Stücke sind auch aus Chataya Peak, Kawich Range, Nevada und den Rhyolithen der Ragged Mountains, Gunnisson County, Colorado, USA bekannt. In Frankreich finden sich sehr schöne tafelige Kristalle mit deutlich ausgebildeten Formen, die zuweilen dezimetergroß sind, oder auch wunderbare Anordnungen von voneinander durchdrungenen Einzelkristallen, sehr häufig in den Vorkommen der Monts Dore, Puy-de-Dôme, Roc de Courlande, Grande Cascade, Col de la Croix-Saint-Robert u. a. Die am besten ausgebildeten Kristalle sind diejenigen, die aus den Ablagerungen von pyroklastischen Strömen, seltener aus verwitterten Trachyten gewonnen werden können.

Lagerstätten: Sanidin ist der Kalifeldspat-Vertreter in zahlreichen Effusivgesteinen, insbesondere Rhyolithen, Trachyandesiten und Trachyten. Natrium kann ein Großteil des Kaliums in der Struktur des Minerals ersetzen.

Bestimmung: Die Art der Vorkommen, das Aussehen der Kristalle und besonders das glasig-rissige Aussehen von Sanidin sind charakteristisch.

Chemische Formel: $(K, Na)AlSi_3O_8$

Kristallsystem: monoklin

Etymologie: vom griechischen *sanidion:* Brettchen, in Hinblick auf die Form der Kristalle

Habitus: im Allgemeinen gut ausgebildete Kristalle, gestreckt nach (100), oder nach (010) abgeflachte Tafeln. Zusammengewachsene Zwillinge oder Durchdringungszwillinge sind häufig.

Physikalische Eigenschaften: *Glanz:* glasig. *Farbe:* farblos, Weiß oder gräulich. Durchscheinend bis durchsichtig. *Bruch:* uneben bis muschelig. *Spaltbarkeit:* gut nach (001). *Härte:* 6. *Dichte:* 2,6

Chemische Eigenschaften: wird langsam von Flusssäure angegriffen

269 ORTHOKLAS

Kristall, 35 mm. Itrongay, Madagaskar

Vorkommen: Sehr schöne Kristalle stammen vor allem aus Pegmatithohlräumen. Die besten Lokalitäten sind die von Baveno, Lago Maggiore und auf der Insel Elba, Italien, ferner die in Strzegom (Striegau), Schlesien, Polen, sowie u. a. alle Pegmatiten von Minas Gerais, Brasilien und auf Madagaskar. In Frankreich gibt es reiche Vorkommen an gut gebildeten Kristallen in den Mikrograniten von Four-la-Brouque, Puy-de-Dôme. Außergewöhnliche gelbe bis gelb-grünliche Edelsteine, selten größer als 20 mm, stammen aus den Eluvialböden von Itrongay, Madagaskar und aus Mogok, Birma. Der Mondstein, eine Edelsteinvarietät mit schillernden bläulichen Reflexen, ist bekannt aus Black Range, Grant County, New Mexico, USA und aus Tissamaharama, Sri Lanka. Sehr schönes Adular findet sich in Chamonix, Haute-Savoie, und an der Combe de la Selle, Isère, ferner im Habachtal, Tirol, Österreich (Kristalle bis 15 kg) und in der Schweiz im Grosstal, Uri sowie am St. Gotthard und im Val Cristallina.

Lagerstätten: Orthoklas ist ein Hauptbestandteil zahlreicher Eruptivgesteine und ihrer Pegmatiten. Adular ist eine Niedertemperaturform, die für Lagerstätten des Typs alpine Klüfte charakteristisch ist.

Bestimmung: Habitus und Spaltbarkeit der Kristalle sind typisch. Massiver Orthoklas ist zuweilen schwer zu bestimmen.

Chemische Formel: $KAlSi_3O_8$

Kristallsystem: monoklin

Etymologie: vom griechischen *orthos:* gerade, wegen des Winkels zwischen den Spaltbarkeiten

Habitus: tafelige oder kurz prismatische Kristalle, häufig nach den Gesetzen von Carlsbad, Manebach, Baveno usw. verzwillingt

Physikalische Eigenschaften: *Glanz:* glasig bis perlmuttartig. *Farbe:* farblos Weiß, gelblich, Orange, Rot. Durchsichtig bis opak. *Bruch:* unregelmäßig. *Spaltbarkeit:* (001) und (010), deutlich. *Härte:* 6. *Dichte:* 2,5–2,6

Chemische Eigenschaften: wird langsam von Flusssäure angeätzt

Kristall, 20 mm, auf Quarz. Baveno, Piemont, Italien

Vorkommen: Einzelkristalle von beträchtlicher Größe (10,5 m x 4,5 m x 1,8 m) wurden aus der Hugo Mine, South Dakota, USA und in einer Größe von 9 m x 3,5 m x 2 m aus Tveit, Norwegen gemeldet. Amazonit, eine schöne grüne bis blau-grüne Varietät, bildet oft wunderbare Kristallgruppen. Solche Stücke wurden vor allem in den Pegmatiten der Ilmenberge, Ural, Russland gefunden. Die schönsten, heute klassischen Stücke kommen aus Crystal Peak und Pikes Peak, Teller County, Colorado, USA, wo außerordentliche Amazonitparagenesen mit Rauchquarz gefunden wurden, in Ausnahmefällen mit braunem Topas oder Phenakit. Schöne Kristalle, zuweilen recht groß, wurden auch in zahlreichen anderen Pegmatiten entdeckt, so in Amelia, Virginia, USA, ferner in Laghman, Afghanistan, und auch in Virgem da Lapa und in Fazendo do Funil, Minas Gerais, Brasilien. Sehr schönes Amazonit kommt zudem aus Indien, Madagaskar und Mosambik.

Lagerstätten: Es ist ein Hauptmineral granitischer Pegmatite und zahlreicher metamorpher Gesteine. Amazonit ist eine grüne bis blau-grüne Varietät.

Bestimmung: Die Art des Vorkommens ist recht charakteristisch, aber Röntgenuntersuchungen sind fast immer notwendig, um Mikroklin von Orthoklas zu unterscheiden.

Chemische Formel: $KAlSi_3O_8$

Kristallsystem: triklin

Etymologie: vom griechischen *mikros:* klein, und *klinein:* neigen

Habitus: Kristalle mit Formen und Zwillingen ähnlich denen des Orthoklas. Sie sind sehr oft perthitisch (d. h. sie enthalten mikroskopische Entmischungslamellae aus Albit).

Physikalische Eigenschaften: *Glanz:* matt bis glasig. *Farbe:* farblos bis Weiß, gelblich, grünlich bis Blau-grün. Durchsichtig bis opak. *Bruch:* unregelmäßig. *Spaltbarkeit:* (001) sehr deutlich, weniger gut auf (010) und (110). *Härte:* 6. *Dichte:* 2,5–2,6

Chemische Eigenschaften: wird langsam von Flusssäure angeätzt

271 ALBIT

Kristall, 20 mm, auf Dolomit. Modane, Savoie, Frankreich

Vorkommen: Ausgezeichnete Albitstücke wurden in alpinen Klüften in Frankreich gefunden. Besonders zu erwähnen sind die dezimetergroßen, gut gebildeten Kristalle aus Saint-Vérain, Hautes-Alpes. Ähnliche Stücke sind aus Modane, Savoie, aus Saint-Christophe-en-Oisans, Isère und aus verschiedenen Vorkommen der Schweiz bekannt. In Pegmatiten finden sich ausgezeichnete Stücke in Baveno, Italien und in den Vorkommen von Dusso, Pakistan. Die größten Periklinkristalle (bis 300 mm) kommen vor in den alpinen Klüften des Ahrntals und des Pfitschtals in Südtirol, Italien. Diese Varietät ist auch bekannt in den schweizerischen Lagerstätten des Binnentals (Kristalle von 50 mm) und am Fieschergletscher, Uri. Wunderbare Kristalle des Cleavelandit, blättchenförmige Albitkristalle, wurden in zahlreichen Pegmatiten gefunden, so in Minas Gerais, Brasilien, dort besonders in Virgem da Lapa, ferner in New England und in Kalifornien, USA, sowie in Mosambik, u. a.

Lagerstätten: Albit gehört zur Reihe der Plagioklase, einer ununterbrochenen Mischungsreihe vom Natrium-Endglied Albit bis zum Calcium-Endglied Anorthit. Albit wird vor allem in Pegmatiten und alpinen Klüften gefunden.

Bestimmung: Sie ist nicht immer leicht. Sichtbare polysynthetische Zwillinge auf den Kristallen sowie die Spaltbarkeiten geben Hinweise.

Chemische Formel: $NaAlSi_3O_8$

Kristallsystem: triklin

Etymologie: vom lateinischen *albus:* weiß

Habitus: massiv, körnig oder tafelige Kristalle, polysynthetisch verzwillingt nach den Gesetzen des Albit oder des Periklin. Cleavelandit ist ein Albit, der blättchenförmige Kristalle bildet und in Pegmatiten vorkommt.

Physikalische Eigenschaften: *Glanz:* glasig. *Farbe:* farblos bis Weiß, bläulich oder grünlich. Durchscheinend bis durchsichtig. *Bruch:* unregelmäßig. *Spaltbarkeit:* (001) und (010), leicht. *Härte:* 6–6,5. *Dichte:* 2,6

Chemische Eigenschaften: wird langsam von starken Säuren angeätzt

Kristall, 10 mm. St. Lawrence County, New York, USA

Vorkommen: Reiche Vorkommen an sehr großen, lang prismatischen Kristallen, farblos bis weiß, bis 500 mm groß, wurden in der Lagerstätte Tjetjuche, Sibirien, Russland gefunden. Auf Madagaskar wurden wunderbare Kristalle (bis 300 mm), weißlich bis orangefarben, perfekte Edelsteine, aus den Pegmatiten von Anjanabonoina, Antsirabé gewonnen. Danburit liegt vor in der klassischen Lagerstätte der Grube von Bufa, Charcas, San Luis Potosi, Mexiko und bildet dort Büschel großer lang prismatischer Kristalle (bis 100 mm) mit klaren Abschlüssen. In den Alluvionen von Mogok, Birma gibt es Vorkommen an schleifbaren gelben Edelsteinen. Sehenswerte Kristalle kommen aus der Lagerstätte von Obira bei Oita, Japan. In den USA sind die klassischen Lokalitäten von Danbury, Connecticut und von Riverside, Kalifornien zu nennen, in Europa die Pegmatiten von Tangen, Kragerø, Norwegen und die Lagerstätten des Typs alpine Klüfte in der Schweiz, Piz Valatscha und Piz Miez. In letzteren bildet Danburit zentimetergroße, oft chloritisierte Kristalle.

Lagerstätten: Es ist ein pneumatolytisches oder hydrothermales Mineral in Pegmatiten, Erzadern oder seltener in Lagerstätten des Typs alpine Klüfte.

Bestimmung: Danburit ähnelt Topas, aber unterscheidet sich von ihm durch die Härte und die Deutlichkeit der Spaltbarkeit.

Chemische Formel: $CaB_2(SiO_4)_2$

Kristallsystem: orthorhombisch

Etymologie: nach der Ursprungslokalität Danbury, Connecticut, USA

Habitus: dissemiert oder lang prismatische (nach [001]) Kristalle mit den Abschlüssen (110) und (101)

Physikalische Eigenschaften: *Glanz:* glasig. *Farbe:* farblos, Weiß, Gelb bis Orange. Durchsichtig bis durchscheinend. *Spaltbarkeit:* wenig deutlich (001). *Härte:* 7–7,5. *Dichte:* 3

Chemische Eigenschaften: Danburit wird von Säuren nicht angegriffen.

273 SODALITH

Kristall, 10 mm. Monte Somma, Vesuv, Italien

Vorkommen: Die wahrscheinlich besten Stücke, wunderbare blaue Kristalle, stammen vom Mont Saint-Hilaire, Quebec, Kanada. Seltene Kristalle wurden im Lasuritvorkommen von Sar-e-Sang, Badakschan, Afghanistan gefunden. Sehr gut ausgebildete millimetergroße Einzelkristalle kommen aus dem Val di Notto, Sizilien, solche mit Analcim und Nephelin aus Scarrupata, Ischia, Italien und aus Rieden in der Eifel. Sehr große Klumpen in Nephelinsyeniten wurden insbesondere im Steinbruch Princess, Bancroft, Ontario, Kanada gefunden, sowie in Itaju da Colonia, Itabira, Bahia, Brasilien, im zur Zeit größten bekannten Vorkommen. Kleine Hackmanitkristalle, eine rosa Varietät, kommen aus dem Steinbruch Davis Nepheline, Bancroft, Ontario, Kanada. Massives Hackmanit findet sich in Minas Gerais, Brasilien. Eine stark fluoreszierende Varietät, „Molybdosodalith", bildet zentimetergroße, durchsichtige bis milchig weiße Dodekaeder in den Pyroklastiten des Monte Somma, Vesuv, Italien.

Lagerstätten: Es ist ein Mineral von alkalischen, siliziumuntersättigten Eruptivgesteinen. Die rosa Varietät fluoresziert aprikose-orangefarben unter UV-Licht.

Bestimmung: Bei Erwärmung vor dem Lötrohr verliert Sodalith die Farbe, im Unterschied zu Haüyn oder Nosean. Von Leucit und Analcim lässt sich Sodalith durch den Chlortest unterscheiden.

Chemische Formel: $Na_8Al_6Si_6O_{24}Cl_2$

Kristallsystem: kubisch

Etymologie: von *soda:* Natron und vom griechischen *lithos:* Stein

Habitus: oft abgerundete Körner oder große Klumpen, selten rhomboidische Dodekaeder, von (211) und (100) abgeschnitten

Physikalische Eigenschaften: *Glanz:* glasig bis fett. *Farbe:* farblos, milchig, gelblich bis grünlich oder Blau. Durchscheinend. *Bruch:* muschelig. *Spaltbarkeit:* wenig deutlich. *Härte:* 5,5–6. *Dichte:* 2,1–2,3

Chemische Eigenschaften: wird von Säuren angegriffen

Kristall, 20 mm. Niedermendig, Laacher See, Deutschland

Vorkommen: Haüyn ist ein relativ häufiges Mineral. Ausgezeichnete Stücke kommen aus dem Steinbruch Michels bei Niedermendig, Laacher See, Eifel. Es sind himmelblaue Kristalle von stumpfem Aussehen, die in Lava eingeschlossen sind und in Ausnahmefällen 20 bis 30 mm groß werden. Aus ihnen wurden sehr schöne Schmucksteine geschliffen. Auch aus den Nachbarlagerstätten Kottenheim, Thür und Ettringen sind sehr attraktive Stücke bekannt. Mehrere Zentimeter große Kristalle kommen aus Sar-e-Sang, Badakschan, Afghanistan. Sehr schöne Einzelkristalle, angeätzt und von dunkelblauer Farbe, die bis 30 mm groß sind, kommen aus Vaïrao nahe der Insel Taïarapu, Tahiti. In Ariccia in den Albaner Bergen, Italien wurden um 1978 relativ viele wunderbare freie Kristalle (bis 15 mm) gefunden. Aufgrund der Qualität ihrer Formen sind sie wahrscheinlich die attraktivsten bekannten Haüynkristalle, aber die weiße bis bläulich weiße Farbe ist weniger schön. Zu nennen sind noch die blauen Klumpen mit Pyriteinschlüssen aus der Grube von St. Joe, Mineral County, New York, USA.

Lagerstätten: Haüyn ist ein häufiges Begleitmineral in alkalischen, siliziumuntersättigten Laven.

Bestimmung: Nur die chemischen und/oder röntgenkristallografischen Eigenschaften ermöglichen die Unterscheidung des Haüyn von Nosean. Manchmal kann Haüyn mit Sodalith verwechselt werden.

Chemische Formel: $(Na, Ca)_{4-8}(AlSiO_4)_6(SO_4, Cl)_{1-2}$

Kristallsystem: kubisch

Etymologie: benannt nach R.-J. Haüy, französischer Mineraloge

Habitus: meist abgerundete Körner oder angeätzte Kristalle in Lava. Gut ausgebildete rhomboidische dodekaedrische Kristalle sind selten.

Physikalische Eigenschaften: *Glanz:* glasig bis fett. *Farbe:* farblos bis Weiß, Blau-grün, Himmelblau, Rot. Durchscheinend bis durchsichtig *Spaltbarkeit:* vollkommen (110). *Härte:* 5,5–6. *Dichte:* 2,4–2,5

Chemische Eigenschaften: langsam löslich in Salzsäure

275 LASURIT

Kristall, 25 mm. Sar-e-Sang, Badakhschan, Afghanistan

Synonym: Lapis lazuli
Vorkommen: Aus den Vorkommen von Sar-e-Sang, Badakhschan, Afghanistan, die seit der Hochantike bekannt sind, kommen die besten Stücke und die größten bekannten Kristalle. Lasurit bildet dort indigoblaue Klumpen, seltener Kristalle, die in Ausnahmefällen bis 50 mm groß sein können, wunderbar aussehen und sehr begehrt sind. An den Ufern des Flusses Sljudjanka, Russland wird heute Lasurit abgebaut. Das reichste Vorkommen ist das des Reviers von Malaja Bystraja mit den beiden Gruben Novij und Starij, aus denen Klumpen bis 400 kg gewonnen wurden. Letztere Grube ist eine der beiden Lagerstätten, in denen Kristalle gefunden wurden. Es sind Dodekaeder bis 15 mm Größe. Einige Knollen sind zuweilen rot und haben eine dunkelblaue Rinde, daher sind diese Stücke besonders schön. Wichtige Abbaustätten liegen auch in Ovalle, Chile, aber die Qualität dieser Stücke ist vergleichsweise mittelmäßig.
Lagerstätten: Lasurit gehört zur Sodalithgruppe und findet sich in Kontaktlagerstätten, die sich zwischen alkalischen Graniten oder Syeniten und kalkhaltigen Nebengesteinen bilden.
Bestimmung: Lasurit ähnelt Sodalith, Haüyn oder Nosean, aber es unterscheidet sich von ihnen vor allem durch die Art der Vorkommen und die fast systematische Paragenese mit Pyrit.

Chemische Formel: $(NaCa)_8(AlSiO_4)_6(SO_4SCl)_2$
Kristallsystem: kubisch
Etymologie: vom persischen *lazur*
Habitus: im Allgemeinen körnig oder mikrokristallin, kompakt oder locker. Selten als Kristalle
Physikalische Eigenschaften: *Glanz:* glasig bis fett. *Farbe:* Dunkelazurblau, Blau-violett, Mattgrün oder Rot. Durchscheinend bis opak. *Bruch:* uneben. *Spaltbarkeit:* (110) unvollkommen. *Härte:* 5–5,5. *Dichte:* 2,4
Chemische Eigenschaften: wird leicht von HCl angegriffen, bildet dabei ein Gel und setzt H_2S frei

Kristall, 70 mm. Minas Gerais, Brasilien

Synonym: Wernerit
Vorkommen: Die schönsten bekannten Stücke stammen aus dem Gebiet von Tabora, Tansania. Es sind lang prismatische, gerillte Kristalle von zuweilen bis zu 60 mm Größe, honiggelb bis orange, vollkommen edelsteinartig. Im Gebiet von Espirito Santo, Brasilien finden sich viele wunderbare klare Einzelkristalle von champagnerfarbener Tönung. Die gestreckten Prismen (bis 100 mm) sind stark gerillt und oft angeätzt. Ähnliche Kristalle sind auch aus den Pegmatiten von Tsarasaotra nahe Ankarobé, Madagaskar bekannt. In zahlreichen Lagerstätten bildet Skapolith große, mehr oder weniger pseudomorphe Kristalle. Insbesondere finden sich diese in der Provinz Greenville, Ontario, Kanada sowie im Staat New York, USA. Die schönsten europäischen Stücke, wundervolle gestreckte Kristalle in Edelsteinqualität, farblos bis gelblich (bis 70 mm), kommen vom Lago Tremorgio, Tessin, Schweiz.
Lagerstätten: Skapolithe bilden eine durchgehende isomorphe Mischungsreihe von einem natriumreichen bis zu einem calciumreichen Endglied, die die Minerale Mejonit, Dipyr, Mizzonit und Marialith umfasst. Die Minerale kommen häufig in metamorphen Kalkgesteinen und in Pegmatiten vor.
Bestimmung: Die Art des Vorkommens und der Habitus der Kristalle sind recht typisch. Skapolith ist fluoreszierend.

Chemische Formel: $(Na, Ca)_4(Si, Al)_{12}O_{24}(CO_3SO_4,Cl)$
Kristallsystem: tetragonal
Etymologie: vom lateinischen *scapus:* Stiel, in Anspielung auf den stäbchenförmigen Habitus
Habitus: prismatische, nach [001] gestreckte Kristalle, mit einem abgeflachten Oktaeder oder einem Pinakoid endend

Physikalische Eigenschaften: *Glanz:* stark glasig. *Farbe:* farblos, milchig Weiß, grünlich, Gelb, Rosa, rötlich bis Violett. Durchsichtig bis opak. *Bruch:* muschelig-uneben. *Spaltbarkeit:* (100) deutlich. *Härte:* 5–6. *Dichte:* 2,6–2,7
Chemische Eigenschaften: wird langsam von Säuren angegriffen

277 ANALCIM

Kubischer Kristall, 8 mm. Bay of Fundi, Nova Scotia, Kanada

Vorkommen: Analcim ist aus zahlreichen Lokalitäten bekannt. Auf den Zyklopeninseln nahe Catania, Sizilien, der Ursprungsfundstätte, finden sich wunderbare zentimetergroße farblose Kristalle. Die schönsten bekannten Stücke, sehenswerte, dezimetergroße glänzende Einzelkristalle, die mit Natrolith und großen Serandit- und Ägirinkristallen verwachsen sind, stammen aus den Lagerstätten des Mont Saint-Hilaire, Quebec, Kanada. Sehr attraktive, heute klassische Proben sind die rosafarbenen Kristalle bis 100 mm Größe, die auf der Seiser Alm und in Pale, Val di Fassa, Südtirol, Italien gefunden wurden. Aus letzterer Lokalität kommen auch sehr begehrte kubische Einzelkristalle. Weitere bemerkenswerte Lokalitäten sind die Rauschermühle, Niederkirchen, Harz, ferner Breiddalsheidi, Island und Wassons Bluff, Nova Scotia, Kanada, mit zentimetergroßen kubischen Einzelkristallen. In Frankreich fanden sich große, teilweise verwitterte Kristalle in Aveyron, Port-d'Agrès.

Lagerstätten: Es ist ein hydrothermales Niedertemperaturmineral aus Hohlräumen in vulkanischem Gestein, aus Nephelinsyeniten und aus Erzadern. Nephelin bildet eine isomorphe Reihe mit Pollucit.

Bestimmung: Es ist der einzige Zeolith, der in Trapezoedern kristallisiert. Von Leucit unterscheidet sich Analcim durch die Art der Vorkommen. Analcim wird immer spät gebildet.

Chemische Formel: $NaAlSi_2O_6 \cdot H_2O$

Kristallsystem: kubisch

Etymologie: vom griechischen *an:* nicht und *alkinos:* stark

Habitus: im Allgemeinen gut ausgebildete trapezoedrische Kristalle. Selten kubische Kristalle, zuweilen von (211) abgeschnitten

Physikalische Eigenschaften: *Glanz:* glasig. *Farbe:* farblos, Weiß, Rosa oder grünlich. Durchscheinend bis durchsichtig. *Bruch:* muschelig-uneben. *Spaltbarkeit:* keine. *Härte:* 5–5,5. *Dichte:* 2,2–2,3

Chemische Eigenschaften: wird von HCl unter Bildung eines Gels angegriffen

Kristall, 15 mm, auf Quarz. Strzegom, Polen

Synonym: Phakolith

Vorkommen: Chabasit ist in mehr als 100 Lokalitäten auf den Färöer-Inseln bekannt. Aus diesen Vorkommen stammen die besten Stücke, wunderbare weiße Kristalle bis 70 mm Kantenlänge, nämlich aus Dalur, Insel Sandoy, aus Malinfjalls, Insel Vijoy, und von der Insel Eysturoy. Reiche Vorkommen von maximal 10 mm großen attraktiven Kristallen gibt es in den klassischen Lagerstätten Islands und Schottlands. Sehr sehenswerte Stücke kommen auch aus dem Revier der Bay of Fundy, Nova Scotia und aus Paterson, New Jersey, USA. Dort finden sich blutrote Einzelkristalle mit bis zu 30 mm Kantenlänge. Schöne, dezimetergroße Kristalle sind auch in den Pegmatiten von Strzegom, Polen bekannt. Die flächenreiche Zwillinge (Varietät Phakolith) sind klassisch und liegen vor allem in Hohlräumen in den Basalten des Gebietes von Melbourne, Victoria, Australien. In Frankreich ist Chabasit aus Pouzac, Hautes-Pyrénées, aus Fort-de-Saleix, Ariège und aus der Nähe des Château d'Anteroche, Murat, Cantal bekannt.

Lagerstätten: Chabasit kommt in Hohlräumen vulkanischer Gesteine, in Spalten kristalliner Schiefer oder in metamorphen Kalkgesteinen zusammen mit anderen Zeolithen vor. Reiche Vorkommen gibt es zuweilen in den Sedimenten bestimmter Thermalquellen.

Bestimmung: Chabasit ist der einzige Zeolith, der rhomboedrisch kristallisiert. Es kann eventuell mit Apophyllit verwechselt werden.

Chemische Formel: $(Ca, Na_2)[Al_2Si_4O_{12}]\cdot 6H_2O$

Kristallsystem: rhomboedrisch

Etymologie: vom griechischen *chabazios:* schlecht definierter Stein

Habitus: rhomboedrische, pseudokubische Kristalle mit gerillten Flächen. Die flächenreichen Zwillinge heißen Phakolithe.

Physikalische Eigenschaften: *Glanz:* glasig. *Farbe:* farblos bis Weiß, zuweilen Rosa oder Gelb bis Braun. Durchsichtig bis durchscheinend. *Bruch:* muschelig. *Spaltbarkeit:* vollkommen. *Härte:* 4–5. *Dichte:* 2,1–2,2

Chemische Eigenschaften: wird von Salzsäure angegriffen

279 NATROLITH

Kristalle, 15 mm. Puy de Marman, Puy-de-Dôme, Frankreich

Vorkommen: In den berühmten Vorkommen in der Umgebung von Bombay (Maharashtra) wurden die schönsten Stücke gefunden, wunderbare Büschel (bis 250 mm Durchmesser) aus einzelnen, schlanken Kristallen von bis zu 150 mm x 3 mm. In den USA kommen im Steinbruch Brook Bound, Sommerset County, New Jersey wunderbare Exemplare vor, meist Einzelkristalle von bis zu 150 mm x 15 mm Größe, zuweilen mit Krusten aus Leonhardit und Stilbit bedeckt, aber perfekt edelsteinartig und für die Schmuckherstellung zu verwenden. Aus zahlreichen anderen Lokalitäten stammen bemerkenswerte Stücke, so u. a. aus Paterson, New Jersey, aus der Bay of Fundy, Nova Scotia, USA, ferner aus dem Langesundfjord, Norwegen, schließlich von den Färöer Inseln. In Frankreich wurden sehr schöne auseinandergehende Gruppen von prismatischen Kristallen im Puy de Marman, Puy-de-Dôme gefunden, die heute klassisch sind. Reiche Vorkommen an Natrolith gibt es ebenfalls in den Basaltsteinbrüchen von Espalion, Aveyron.

Lagerstätten: Es ist in den Hohlräumen von Eruptivgesteinen ein verbreitetes Mineral. Natrolith bildet mit Tetranatrolith eine isomorphe Reihe.

Bestimmung: Natrolith lässt sich schwer von Skolezit oder Mesolith unterscheiden. Natrolith schmilzt in einer Kerzenflamme. Unter UV-Licht fluoresziert er orange.

Chemische Formel: $Na_2Al_2Si_3O_{10}\cdot 2H_2O$

Kristallsystem: orthorhombisch

Etymologie: von *natron:* soda, wegen des Natriumgehalts des Minerals

Habitus: Lang prismatische Kristalle mit quadratischem Querschnitt, von einem „abgeflachten" Oktaeder abgeschlossen, bilden häufig radialfaserige Aggregate.

Physikalische Eigenschaften: *Glanz:* glasig. *Farbe:* farblos bis Weiß, gelblich, grünlich. Durchsichtig bis durchscheinend. *Bruch:* muschelig. *Spaltbarkeit:* vollkommen (110). *Härte:* 5–5,5. *Dichte:* 2,2–2,3

Chemische Eigenschaften: Natrolith wird von Salzsäure unter Bildung eines Kieselgels angegriffen.

Kristall, 40 mm. Khandivali, Bombay, Maharashtra, Indien

Vorkommen: Die schönsten Stücke stammen aus den Steinbrüchen von Khandivali bei Bombay, Maharashtra, Indien. Skolezit bildet dort große gerillte Prismen mit häufig nadeligen Abschlüssen, bis 300 mm x 20 mm groß, oder es bildet auseinandergehende Gruppen (bis 200 mm Durchmesser) farbloser Kristalle mit deutlichen Abschlüssen. Wunderbare, mit Apophyllit verwachsene Exemplare wurden im Tunnel Das Antas, Rio Grande do Sul, Brasilien gefunden. In den USA sind zu nennen Table Mountain, Colorado, das Revier von Paterson, New Jersey sowie die Bay of Fundy, Nova Scotia. In Europa sind die klassischen Lagerstätten in Teigarhorn, Berufjord, Island, ferner auf den Färöer Inseln sowie am Kaiserstuhl. In alpinen Klüften finden sich Büschel aus Kristallen von 30 mm Größe mit Epidot, Prehnit und Zeolithen in den Steinbrüchen von Arvigo, Val Calanca, ebenso in Schattig Wichtel, Tessin, Schweiz. In Frankreich gibt es Skolezit in der Nähe von Chamonix, Haute-Savoie, ferner im Vallée de Balbonne, Ariège und am Pic du Midi, Hautes-Pyrénées.

Lagerstätten: Skolezit kommt mit anderen Zeolithen in Lavahohlräumen und Spalten kristalliner Schiefer und plutonischer Gesteine vor.

Bestimmung: Skolezit ist von zwei anderen Zeolithen schwer zu unterscheiden, nämlich von Natrolith und Mesolith, die einen ähnlichen Habitus haben.

Chemische Formel: $CaAl_2Si_3O_{10} \cdot 3H_2O$

Kristallsystem: monoklin

Etymologie: vom griechischen *skolex:* Wurm, wegen des Verhaltens im Feuer

Habitus: sehr lang prismatische Prismen oder faserige oder radialstrahlige, kugelige Aggregate

Physikalische Eigenschaften: *Glanz:* glasig, seidig bei feinfaserigen Aggregaten. *Farbe:* farblos bis Weiß. Durchsichtig bis durchscheinend. *Spaltbarkeit:* vollkommen (110). *Härte:* 5–5,5. *Dichte:* 2,2–2,4

Chemische Eigenschaften: Skolezit wird von Salzsäure angegriffen.

281 THOMSONIT

Kristalle, 20 mm. Insel Skye, Schottland, Großbritannien

Synonym: Faröelit

Vorkommen: Es gibt mehrere Thomsonitvarietäten; zum einen Osarkit, d. i. massiver weißer Thomsonit aus Magnet Cove in den Ozark-Bergen, Arkansas, USA; ferner Lintonit, durchsichtige Klumpen, zuweilen blass-grün, aus Grand Marais, Lake Superior, Michigan, USA; oder auch Komptonit aus Monte Somma, Vesuv, Italien. Thomsonit kommt sehr häufig in den klassischen Zeolithvorkommen vor, so auf der Insel Skye und in Kilpatrick Hills, Schottland und auf den Färöer Inseln. Thomsonit ist in Pflasterkante, Sachsen anzutreffen, aber vor allem in Arkensberg, Zilsdorf, Eifel, wo er zentimetergroße kugelige durchscheinende Aggregate bildet, deren Oberflächen sehr klare orthorhombische kristalline Endungen aufweisen. Sehr gute Exemplare, radialfaserige kleine Kugeln, stammen aus Simmons Bay, Victoria, Australien. Klassische Vorkommen sind u. a. Peter's Point, Nova Scotia; das Revier Paterson, New Jersey, USA; Brevik, Norwegen; der Berg Monzoni, Fasatal, Tirol, Österreich und in Frankreich Pouzac, Hautes-Pyrénées.

Lagerstätten: Thomsonit ist verwachsen mit anderen Zeolithen in Hohlräumen von vulkanischen Gesteinen, und zuweilen mit Nephelin, aus dem er sich durch Alteration bildet, anzutreffen. Thomsonit kommt ebenso in kristallinen Schiefern und in Kontaktlagerstätten vor.

Bestimmung: Sie ist schwierig, da Thomsonit anderen Zeolithen ähnelt.

Chemische Formel: $NaCa_2Al_5Si_5O_{20}\cdot 6H_2O$

Kristallsystem: orthorhombisch

Etymologie: benannt nach dem englischen Mineralogen T. Thomson

Habitus: kugelige strahlige Aggregate oder leicht faserige Konkretionen. Selten prismatische Kristalle (110) tief gerillt

Physikalische Eigenschaften: *Glanz:* glasig bis perlmuttartig. *Farbe:* farblos, Weiß, grünlich. Durchsichtig bis durchscheinend. *Spaltbarkeit:* vollkommen nach (010) und weniger deutlich nach (100). *Härte:* 5–5,5. *Dichte:* 2,1–2,4

Chemische Eigenschaften: Thomsonit wird von Salzsäure angegriffen.

Kristalle, 60 mm mit Okenit. Khandivali, Bombay, Indien

Vorkommen: Laumontit ist ein häufiges Mineral, das lokal reiche Vorkommen hat. Die besten Exemplare bestehen aus lang prismatischen, über 150 mm, in Ausnahmefällen bis 300 mm großen Kristallen, die wie ein „Borstenteppich“ auf ihre Gangart aufgewachsen sind. Diese Stücke stammen aus der Wolframgrube in Pine Creek, Bishop, Kalifornien, USA. Sehr schöne Kristalle wurden in den Basaltgesteinen von Veronopolis und von Bento Goncalves im Rio Grande do Sul, Brasilien gefunden. Ganz und gar spektakulär sind die Exemplare, die in der letzten Zeit in den Steinbrüchen von Khandivali nahe Bombay, Maharashtra, Indien entdeckt wurden. Sie bestehen aus bis zu 100 mm großen Einzelkristallen, die meist zentimetergroße „Kugeln“ von Gyrolith und Okenit tragen und so ganz besondere Proben bilden. In alpinen Klüften kommt Laumontit am Gletscher von Miage vor, auf der italienischen Seite des Mont-Blanc-Massivs. In Frankreich ist Laumontit bekannt in Huelgoat, Finistère, seinem ursprünglichen Vorkommen.

Lagerstätten: Es handelt sich um einen häufig anzutreffenden Zeolith in Kluften in eruptiven und metamorphen Gesteinen, in Erzadern und in Hohlräumen in Basalten. Bei Luftzutritt ist Laumontit instabil und verwandelt sich mehr oder weniger schnell durch Entwässerung in Leonhardit.

Bestimmung: Habitus und das porzellanartige Aussehen dieses Minerals sind typisch.

Chemische Formel: $Ca(Al_2Si_2O_6)\cdot 64H_2O$

Kristalsystem: monoklin

Etymologie: benannt nach dem Entdecker dieses Minerals, G. de Laumont

Habitus: lang prismatische Kristalle mit meißelförmigen Abschlüssen oder strahlige kugelige bis spindelförmige Aggregate

Physikalische Eigenschaften: *Glanz:* glasig, perlmutt- bis porzellanartig. *Farbe:* farblos bis Weiß, gelblich, rosafarben bis Rot. Durchsichtig bis undurchsichtig. *Spaltbarkeit:* nach (001) und (110) vollkommen. *Härte:* 3,5–4. *Dichte:* 2

Chemische Eigenschaften: in Salzsäure löslich

283 HEULANDIT

Kristalle, 40 mm. Kilpatrick Hills, Schottland, Großbritannien

Vorkommen: Die schönsten Exemplare stammen aus den indischen Vorkommen Poona, Nasik und Panvel, Maharashtra. Es sind wunderschöne weiße Kristalle, zuweilen einen Dezimeter groß, in „Helmbusch"-Form. Klassische Vorkommen sind auf den Färöer Inseln, ferner auf der Insel Skye, Argyll, Schottland sowie in Teigarhorn, Berufjord, Island. An diesen Orten wurden eindrucksvolle, bis zu 50 mm große Kristalle gefunden. Rote, sehr begehrte, bis zu 30 mm große Kristalle kommen aus den alten schottischen Vorkommen Campsie Hills, Stirling sowie Long Kraig und den Kilpatrick Hills, Dumbarton. Kleinste Kristalle finden sich in den noch im Betrieb befindlichen Vorkommen im Val Duron und in Giumella, Fasatal, Italien. In Erzadern ist Heulandit vor allem in Kongsberg, Norwegen und in St. Andreasberg, Harz anzutreffen. Er kommt zudem vor in den alpinen Klüften in Gibelsbach, Fiesch, Wallis sowie im Val Giuv und in Drun Tobel, Tavetsch und im Sankt-Gotthard-Massiv, Schweiz. Von guter Qualität sind die Exemplare aus den Trappgesteinen des Reviers Paterson, New Jersey, USA, ferner die aus dem Cambo-Tunnel, Pyrénées-Atlantiques und aus Pallet nahe Saint-Nazaire, Loire-Atlantique, Frankreich.

Lagerstätten: Heulandit, verwachsen mit anderen zur Gruppe der Zeolithe gehörenden Mineralen, ist in Hohlräumen der Vulkanite, in Erzadern, in alpinen Klüften und in Pegmatitenhöhlen zu finden.

Bestimmung: Der starke Perlmuttglanz und der Habitus der Kristalle sind für dieses Mineral sehr typisch.

Chemische Formel: $(Ca,Na_2)(Al_2Si_7O_{18})\cdot 6H_2O$

Kristalsystem: monoklin

Etymologie: benannt nach dem englischen Sammler H. Heuland

Habitus: schuppenartige Aggregate oder tafelige Kristalle mit schräg abgeschnittenem rautenförmigen Schnitt, abgeflacht nach [010]

Physikalische Eigenschaften: *Glanz:* glasig, perlmuttartig auf der Spaltfläche. *Farbe:* farblos, Weiß, rosafarben bis Rot. Durchsichtig bis durchscheinend. *Bruch:* muschelig-uneben. *Spaltbarkeit:* vollkommen (010). *Härte:* 3,5–4. *Dichte:* 2,2

Chemische Eigenschaften: in Salzsäure leicht löslich

Kristall, 60 mm mit Apophyllit. Nasik, Maharashtra, Indien

Synonyme: Desmin, Puflerit

Vorkommen: Die schönsten Kristalle in „Schleifen"-Form sind bis zu 100 mm groß, mit grünem Apophyllith und Heulandit verwachsen und stammen aus den berühmten Vorkommen in Bombay, Poona, Lonavia, Nasik und vor allem aus Aurangabad, Maharashta, Indien. Wunderschöne Exemplare kommen aus Vorkommen in den Trappgesteinen des Reviers Paterson, New Jersey, USA und aus Rio das Antas, Rio Grande do Sul, Brasilien. Ebenfalls schöne Stilbitexemplare, bis zu 50 mm große Kristalle auf klarem Calcit, sind bekannt aus Teigarnhorn, Berufjord, Island; orangerote Kristalle, über 40 mm groß, mit rotem Heulandit verwachsen, kennt man aus den Kilpatrick Hills, Schottland. Sehr schöne Stilbitexemplare wurden in den Erzadern von St. Andreasberg, Harz gefunden. Zu nennen sind zudem die Vorkommen des Typs alpine Klüfte, aus denen zuweilen bemerkenswerte Exemplare stammen, so Gibelsbach, Fiesch und Drun Tobel, Val Giuv, Schweiz. Früher wurden bis zu 50 mm große Stilbitkristalle in Combe de la Selle, Oisans, Isère, Frankreich abgebaut.

Lagerstätten: Dieses Mineral ist häufig in Hohlräumen vulkanischer Gesteine, manchmal in Erzadern und als Begleitmineral in Pegmatiten anzutreffen.

Bestimmung: Die Kristallgruppen in „Schleifen"-Form und der starke Perlmuttglanz der Spaltflächen sind charakteristisch für Stilbit.

Chemische Formel: $(Ca,Na)[Al_2Si_7O_{18}]\cdot 7H_2O$

Kristalsystem: monoklin

Etymologie: vom griechischen *stilbein:* glänzen, Anspielung auf seinen starken Glanz

Habitus: Kristalle immer verzwillingt als garbenförmige Bündel oder als feinblättrige oder als kugelige, strahlige Aggregate

Physikalische Eigenschaften: *Glanz:* glasig bis perlmuttartig. *Farbe:* farblos bis Weiß, rosafarben bis Rot. Durchsichtig bis durchscheinend. *Bruch:* uneben. *Spaltbarkeit:* vollkommen nach (010). *Härte:* 3,5–4. *Dichte:* 2,1–2,2

Chemische Eigenschaften: wird von Salzsäure angegriffen, ohne Rückstand

285 WHEWELLIT

Kristall, 12 mm. Saint-Sylvestre, Haut-Rhin, Frankreich

Vorkommen: Gegenwärtig kommen die besten Exemplare dieses Minerals – bis zu 80 mm große Kristalle, die mit honigfarbenem Schwerspat und Calcit verwachsen sind – aus Cheyenne River und Elk Creek, Meade County, South Dakota und aus zahlreichen anderen ähnlichen amerikanischen Vorkommen wie Havre, Montana, Huron River, Erie County, Ohio, usw. Die klassischen Exemplare, wunderschöne bis zu 80 mm große, oft verzwillingte Kristalle sind in den kohlenstoffhaltigen Vorkommen in Kladno, Tschechien sowie nahe Dresden, Sachsen anzutreffen. Schöne Kristalle finden sich ebenfalls in Cavnic, Rumänien. Sehr sehenswerte Gruppen von zentimetergroßen, glasartigen, bläulich reflektierenden, verzwillingten Kristallen wurden in einer silberhaltigen Tetraeditader in der Grube Saint-Sylvestre in Urbes, Haut-Rhin, Frankreich entdeckt. Auch liegt Whewellit vor in den Septarien von Condorcet in Form leicht angeätzter Kristalle (bis 10 mm groß), verwachsen mit Coelestin, Calcit und Tunisit [$NaCa_2Al_4(CO_3)_4(OH)_8Cl$].

Lagerstätten: Whewellit kommt in kohlestoffhaltigen Ablagerungen vor, in Septarien und in einigen Erzadern als hydrothermales, niedrigtemperiertes Mineral.

Bestimmung: Whewellit kann leicht mit Calcit verwechselt werden. In kohlenstoffhaltigen Vorkommen ist der Habitus „Pfeilspitze" typisch. In Septarien ist die Bestimmung sehr schwer.

Chemische Formel: $CaC_2O_4 \cdot H_2O$

Kristallsystem: monoklin

Etymologie: benannt nach dem englischen Naturforscher W. Whewell

Habitus: abgeflachte Kristalle dreieckiger Gestalt (Habitus „Pfeilspitze") oder gestreckt entlang der Achse [001]

Physikalische Eigenschaften: *Glanz:* fett bis seidig. *Farbe:* farblos, Weiß bis gelblich. Durchscheinend bis durchsichtig. *Bruch:* muschelig. *Spaltbarkeit:* vollkommen nach (110) und nach ($\bar{1}01$). *Härte:* 2,5. *Dichte:* 2,5

Chemische Eigenschaften: Whewellit wird von Säuren angegriffen.

Kristall, 30 mm. Tatabanya, Ungarn

Vorkommen: Natürlich gebildete Mellitkristalle sind ziemlich selten. Es gibt viele Vorkommen, einige werden jedoch in Frage gestellt, da die Bildung von Mellit direkt mit dem Pflanzenstoffwechsel zusammenhängt. Daher werden hier nur die Vorkommen aufgeführt, in denen Mellit zusammen mit fossilen Brennstoffen auftritt. Wunderschöne pseudooktaedrische bis zu 50 mm große Kristalle werden in den Kohlengruben von Tatabanya, Ungarn gefördert; ab und zu sind sie edelsteinartig, honiggelb bis braun. Diese Exemplare gelten zur Zeit als die schönsten. Kristalle von 1 cm Größe kommen in Malowka im Revier Bogoroditsk, Russland vor. Millimetergroße Einzelkristalle gibt es in Luschitz, Tschechien, ferner in den Braunkohleabbaugebieten von Bitterfeld, Sachsen; Mikrokristalle kennt man in Dransfeld nahe Göttingen. Anfang des 20. Jahrhunderts wurde Mellit in Frankreich entdeckt, im Braunkohlevorkommen von Auteuil, Seine, wo es mit Bernstein und Markasit assoziiert war.

Lagerstätten: Mellit ist in Braunkohlevorkommen und in Vorkommen anderer fossiler Brennstoffe anzutreffen.

Bestimmung: Mellit unterscheidet sich von anderen tetragonalen Mineralen ähnlichen Aussehens durch seine chemischen Eigenschaften und seine geringe Dichte.

Chemische Formel: $Al_2[C_6(COO)_6]\cdot 18H_2O$

Kristallsystem: tetragonal

Etymologie: vom griechischen *mellitus:* Honig

Habitus: körnige bis massive Aggregate oder quadratische Bipyramiden (001), mit Oktaedern (001) abgeschlossen

Physikalische Eigenschaften: *Glanz:* fett. *Farbe:* Wachsgelb bis bräunlich Gelb, selten Weiß. Durchscheinend bis durchsichtig. *Bruch:* muschelig. *Spaltbarkeit:* undeutlich (111). *Härte:* 2–2,5. *Dichte:* 1,6

Chemische Eigenschaften: in HNO_3 löslich, wird durch kochendes Wasser zersetzt

287 BERNSTEIN

Bernstein aus dem Baltikum mit einer Ameise. 8 mm

Vorkommen: Seit der Antike wurde an den Ufern der Ostsee, in Deutschland, Polen und in den baltischen Ländern und Russland intensiv nach Bernstein gesucht. Zunächst entdeckte man ihn an Stränden, später wurde er aus Bergwerksschächten gefördert, heute wird er in Gruben abgebaut. Meist kommt Bernstein in kleinen, jedoch sehr schweren Stücken vor, die in Ausnahmefällen bis zu 10 kg schwer sind. Diese Exemplare verblüffen zuweilen durch ihre Klarheit und vor allem durch die in ihrem Inneren enthaltenen Fossilien. In den Vorkommen der Cordillera El Seibo auf der Insel Hispaniola (Große Antillen), die aus dem Oligozän und dem Eozän stammen, wird Bernstein intensiv abgebaut – teilweise in Form wunderschöner Exemplare, die Insekten als Einschlüsse enthalten. In der letzten Zeit wurden sehr attraktive Exemplare in Fishun in der Provinz Liaoning, China entdeckt. Zu unterschiedlichen Zeiten wurde Bernstein in vielen anderen Lokalitäten und insbesondere in Birma abgebaut, im Tal von Irra Waddy, wo bis zu 20 kg schwere Stücke gefunden wurden.

Lagerstätten: Am häufigsten mit fossilen Brennstoffen (Stein- und Braunkohle) assoziiert, ist Bernstein vor allem aus detritischen Ablagerungen (fluviatilen Alluvionen oder litoralen Sanden) bekannt, wo er auch abgebaut wird.

Bestimmung: Bernstein kann nur mit rezenten oder subrezenten Harzen verwechselt werden, vielleicht auch mit einigen Kunststoffen. Unter ultravioletten Strahlen fluoresziert er in Weiß bis grünlich Blau.

Chemische Formel: fossiles Harz aus Nadelhölzern, bestehend aus C, O, H und S

Kristallsystem: amorph

Etymologie: aus dem Arabischen *anbar:* graue/s Ambra

Habitus: Massen mit muscheligem oder unregelmäßigem Bruch

Physikalische Eigenschaften: *Glanz:* Harzglanz. *Farbe:* Honiggelb bis rötlich Braun oder Grau bis Schwarz. Durchsichtig bis durchscheinend. *Spaltbarkeit:* keine. *Härte:* 2–2,5. *Dichte:* 1–1,1

Chemische Eigenschaften: teilweise in Alkohol löslich, oxidiert und wird lichtundurchlässig und rissig an Licht und Luft

GLOSSAR

Alluvial: ein Vorkommen, das durch Ablagerung von mit Wasser transportierten natürlichen Stoffen entsteht. Dieser Begriff ist das Gegenteil von Eluvial. Dort sind durch atmosphärischen Einfluss fragmentierte Minerale am Ort geblieben, während andere Elemente gelaugt wurden.

Anion: negativ geladenes Ion

Aussehen: Äußeres eines Kristalls, einer Kristallgruppe, eines Gesteins usw.

Baumartig: hat Verästelungen

Begleitmineral: ein in einem Gestein immer, jedoch in geringem Anteil, vorhandenes Mineral

Blättchenförmig: Kristallaggregat aus Blättern eines Minerals

Blättrig: bezeichnet ein Mineral aus sehr feinen Blättchen, die parallel zueinander gestapelt sind

Dendritisch: verästeltes Aggregat, z. B. die Dendriten von Manganoxid

Diamantartig (Glanz): diamantähnlicher Glanz eines Minerals

Druse: Hohlraum, der mit ebenen, gestreckten Kristallen ausgekleidet ist

Erdig: Krusten oder Füllungen, die die Finger beschmutzen

Gangart: bezeichnet in der Lagerstättenkunde ein Mineral ohne wirtschaftliche Bedeutung, das abbauwürdige Minerale umschließt (Quarz, Flussspat und Baryt/Schwerspat sind die häufigsten Vertreter); für Sammler bezeichnet es im Allgemeinen die Unterlage (Gestein oder Mineral), auf dem ein Kristall oder mehrere Kristalle einer Art aufgewachsen oder in dem sie eingeschlossen sind.

Geode: ein mit Kristallen ausgekleideter Gesteinshohlraum

Glaskopfartig: ist ein kristallines Aggregat, das aus Stapeln nach innen gekrümmter Schuppen besteht

Habitus: Form/Gestalt eines Kristalls

Haupt(minerale): die wesentlichen Minerale eines Gesteins

Hügelig: bezeichnet eine Oberfläche, die von leichten Wölbungen oder Kugelteilen bedeckt ist

Ion: Atom oder Molekül mit einer elektrischen Ladung

Isometrisch: ist ein Mineral, das sich gleichmäßig in alle drei Richtungen entwickelt hat

Isomorph: sind zwei Minerale, die äußerlich gleich sind, aber deren chemische Elemente z. T. einander ersetzt (substituiert) haben. Man spricht auch von einer isomorphen Mischungsreihe: Forsterit ($MgSiO_4$) – Fayalit (Fe_2SiO_4) ist eine isomorphe Reihe, in der sich Mg und Fe substituieren.

Isotyp: sind zwei Minerale mit der gleichen Kristallstruktur, z. B. Steinsalz (NaCl) und Sylvanit (KCl).

Kation: positiv geladenes Ion

Knistern: für ein Mineral, das beim Erwärmen knistert

Kompakt: festes Aggregat

Korallenartig: Aggregat in der Form von Korallenästen

Körnig: Aggregat aus kleinen Körnern

Lagerstätte: Ort, an dem sich ein Erz anreichert

Lagerstättenkunde: Wissenschaft von den Lagerstätten

Muschelig: Bruch, der dem von Glas ähnelt

Nadelig: relativ zum geringen Durchmesser sehr gestreckter Kristall

Netzartig: Aggregat, in dem sich die Kristalle in derselben Ebene in mehreren Richtungen kreuzen

Nierenförmig: in Form einer Niere

Oxidation: chemische Reaktion, für Minerale im Allgemeinen Aufnahme von Sauerstoff in die Struktur, z. B. Pyritoxidation (FeS_2) zu Sulfaten wie Melanterit ($FeSO_4 \cdot 7H_2O$)

Paragenese: Mineralverwachsung, bei der alle Bestandteile unter den gleichen physikalisch-chemischen und thermodynamischen Bedingungen entstanden sind

Pisolith: ein Mineralaggregat aus kleinen Kugeln (1 mm bis 10 mm)

Polymorph: sind zwei Minerale mit der gleichen chemischen Zusammensetzung, die aber in zwei unterschiedlichen Kristallsystemen kristallisieren, z. B. Diamant und Graphit

Pseudomorphose: Ersetzen eines Minerals durch ein anderes, ohne Veränderung der äußeren kristallinen Formen

Revier: geologisches Gebiet, in dem einige Vorkommen desselben Ursprungs liegen

Sauer: Gestein, in dem Silizium als Quarz vorliegt

Säulig: in Form einer Säule

Schneidbar: ist ein Mineral, das sich schneiden lässt

Skalar: eine physikalische Eigenschaft, die in allen Richtungen des Raums konstant ist (z. B. Dichte); umgekehrt ist eine physikalische Eigenschaft vektoriell, die sich je nach Richtung im Kristall ändert (Härte).

Skarn: ein Kalkgestein oder Dolomitgestein, das sich durch Kontaktmetamorphose bildet

Sublimation: Übergang vom Festen in den Gaszustand ohne die flüssige Zwischenstufe

Tafelig: ist ein abgeflachter Kristall

Tönnchenförmig/fässchenförmig: hat die Form eines Tönnchens

Trapp: großer Stapel vulkanischen Gesteins, insbesondere von Basalten; basaltische Ausschüttung, die große Flächen bedeckt (mehrere tausend Quadratkilometer) und mehrere hundert Meter dick ist

Traubig: Aggregat in Form einer Weintraube

REGISTER

Die **halbfetten** Ziffern verweisen auf die Beschreibung des jeweiligen Minerals, die mageren Ziffern verweisen auf die Beschreibung, in der das Mineral erwähnt wird.

BILDNACHWEIS

Die Dokumentation der Fotos wurde erstellt von l'AGENCE NATURE, B.P. 7 63405 CHAMALIÈRES Cedex, FRANCE.
Die meisten Fotos in diesem Buch sind von ÉRIC ASSELBORN, mit Ausnahme de nachfolgend aufgeführten:

CHAUMETON – COUTOURIÉ/NATURE: 58; CHAUMETON/NATURE: 2, 8–9, 1 21, 44, 59, 67; GALVIER: 52, 56.

Zeichnungen: NOËL GOUILLOUX